OPÉRATIONS COMMERCIALES ET FINANCIÈRES

———

II. — ÉLÉMENTS D'ALGÈBRE FINANCIÈRE

La première partie du présent Ouvrage,

" Arithmétique commerciale "

se vend à part, en un volume 22/14^{cm}, 4^{fr},50

PETIT TRAITÉ

MATHÉMATIQUE ET PRATIQUE

DES

OPÉRATIONS COMMERCIALES

ET

FINANCIÈRES

PAR

J. PATOU

Agrégé des Sciences Mathématiques, Professeur au Lycée de Tunis.

II

ÉLÉMENTS D'ALGÈBRE FINANCIÈRE

PARIS

VUIBERT ET NONY, ÉDITEURS

63, BOULEVARD SAINT-GERMAIN, 63

1905

ÉLÉMENTS D'ALGÈBRE

FINANCIÈRE

CHAPITRE I

ÉQUATIONS ET PROBLÈMES

1. Si les principes du calcul arithmétique abrégé, que nous avons exposés dans la première partie de cet ouvrage, rendent de grands services dans les opérations ordinaires de la banque et du commerce, les principes du calcul algébrique sont indispensables pour résoudre un certain nombre de questions et pour aborder l'étude des opérations financières à *long terme* auxquelles on applique les règles de l'intérêt composé.

Nous allons consacrer ce chapitre à l'étude de la résolution des équations du premier degré, du second degré et de quelques autres équations, et nous appliquerons à divers problèmes les règles obtenues.

ÉQUATIONS DU PREMIER DEGRÉ

2. Dans tout ce qui va suivre nous supposerons connus les principes élémentaires du calcul algébrique qui conduisent à la résolution des équations du premier degré, et nous nous bornerons à rappeler, pour ces équations, les règles étudiées dans tous les cours d'Algèbre élémentaire.

3. Équations à une inconnue. — Une équation du premier

degré à une inconnue est une égalité qui contient une inconnue x au premier degré, et d'autres quantités connues, les deux membres de l'égalité étant entiers et rationnels par rapport à x.

Dans cette égalité peuvent figurer des dénominateurs et plusieurs parenthèses.

Une pareille égalité est en général vérifiée pour une seule valeur de x. *Résoudre l'équation*, c'est trouver cette valeur de x. Pour cela, on fait les opérations successives suivantes :

1° *On chasse les dénominateurs ;*

2° *On effectue les parenthèses ;*

3° *On fait passer dans un membre tous les termes inconnus, et dans l'autre membre tous les termes connus ;*

4° *On réunit en un seul les termes inconnus, ou bien on met l'inconnue en facteur ;*

5° *On divise les deux membres de l'équation par le coefficient de l'inconnue.*

Lorsqu'on a effectué les quatre premières de ces opérations, l'équation se présente sous la forme générale suivante :

$$A x = B,$$

A et B étant des quantités connues, et alors trois cas peuvent se présenter suivant les valeurs respectives de A et de B :

1er Cas : *On a* $A \neq 0$. — L'équation admet une solution unique, qui est donnée par la formule $x = \dfrac{B}{A}$. Si B est nul, cette solution devient $x = 0$.

2e Cas : *On a* $A = 0$ et $B \neq 0$. — L'équation se présente alors sous la forme $0 = B$, c'est-à-dire est *impossible*.

3e Cas : *On a* $A = 0$ et $B = 0$. — L'équation se présente alors sous la forme $0 = 0$, ce qui est une *identité*. Cela signifie que l'équation proposée est satisfaite quelle que soit la valeur attribuée à l'inconnue x. On dit que cette équation est *indéterminée*.

Exemple I. — *Résoudre l'équation*

$$\frac{5x - 2}{3} + \frac{x - 1}{6} = 22 - \frac{3x - 1}{2}.$$

Le p. p. c. m. des trois dénominateurs est 6. Nous pouvons donc écrire, en chassant ces dénominateurs,

$$2(5x - 2) + x - 1 = 22 \times 6 - 3(3x - 1),$$

ou, en effectuant les parenthèses,

$$10x - 4 + x - 1 = 132 - 9x + 3,$$

ou encore, en faisant passer les termes inconnus dans le 1er membre et les termes connus dans le second,

$$10x + x + 9x = 132 + 3 + 4 + 1,$$

c'est-à-dire $\qquad\qquad 20x = 140\,;$

on en déduit

$$x = \frac{140}{20}, \qquad \text{c'est-à-dire} \qquad x = 7.$$

Exemple II. — *Résoudre l'équation*

$$\frac{m^2}{12} - (x - 6) = \frac{mx}{6} + \frac{m + 18}{3},$$

dans laquelle m est une quantité connue.

Le p. p. c. m. des trois dénominateurs est 12, et l'on obtient, en chassant ces dénominateurs,

$$m^2 - 12(x - 6) = 2mx + 4(m + 18),$$

c'est-à-dire, en effectuant les parenthèses,

$$m^2 - 12x + 72 = 2mx + 4m + 72,$$

ou, en faisant passer les termes inconnus dans le second membre et les termes connus dans le premier,

$$m^2 + 72 - 4m - 72 = 2mx + 12x,$$

ou encore $\qquad\qquad m^2 - 4m = 2mx + 12x,$

ce qu'on peut écrire

$$m(m - 4) = 2x(m + 6).$$

On en déduit

$$x = \frac{m(m-4)}{2(m+6)}.$$

Remarquons que l'équation proposée serait impossible si l'on avait $m+6=0$, c'est-à-dire $m=-6$.

La valeur de l'inconnue est nulle si l'on a $m=0$ ou bien $m=4$.

Exemple III. — *Résoudre l'équation*

$$\frac{x}{a} + \frac{a}{a+b} - 1 = \frac{x}{a-b} - \frac{2ab}{a^2 - b^2}.$$

Prenons pour dénominateur la quantité $a(a^2 - b^2)$, qui est exactement divisible par chacun des quatre dénominateurs de l'équation. Les quotients sont $a^2 - b^2$, $a(a-b)$, $a(a+b)$ et a. Si nous chassons les dénominateurs, nous aurons donc

$$x(a^2 - b^2) + a^2(a-b) - a(a^2 - b^2) = ax(a+b) - 2a^2 b,$$

ou, en effectuant les parenthèses,

$$a^2 x - b^2 x + a^3 - a^2 b - a^3 + ab^2 = a^2 x + abx - 2a^2 b.$$

En retranchant $a^2 x$ à chacun des deux membres, en remarquant que les termes a^3 et $-a^3$ se détruisent, en faisant passer les termes connus dans le premier membre et les termes inconnus dans le second, on obtient

$$2a^2 b - a^2 b + ab^2 = abx + b^2 x,$$

ou

$$a^2 b + ab^2 = abx + b^2 x,$$

ou encore

$$ab(a+b) = bx(a+b);$$

on en déduit, en divisant les deux membres par $b(a+b)$,

$$x = a.$$

Remarquons que la division par $b(a+b)$ n'est légitime que si l'on a $b \neq 0$ et $a+b \neq 0$.

4. Systèmes d'équations. — Un système d'équations du premier degré est un ensemble de plusieurs équations, renfermant plusieurs inconnues au premier degré, et qui doivent être toutes vérifiées pour les mêmes valeurs attribuées aux inconnues. La recherche de ces valeurs s'appelle *la résolution du système*. Le nombre des équations est égal au nombre des inconnues.

On commence ordinairement par transformer chacune des équations comme il a été dit dans le cas d'une équation à une inconnue : on chasse les dénominateurs, on effectue les parenthèses, on fait passer dans un membre les termes inconnus et dans l'autre membre les termes connus. Cela fait, il y a deux méthodes principales pour effectuer la résolution.

La première méthode, dite *méthode par substitution*, consiste à tirer de l'une des équations la valeur de l'une des inconnues en traitant les autres inconnues comme des quantités connues. Ensuite, dans les autres équations, on substitue à l'inconnue considérée la valeur obtenue, et ces autres équations forment alors un nouveau système renfermant une équation et une inconnue de moins. Ce système est traité de la même façon, et ainsi de suite jusqu'à ce qu'on arrive à une équation à une seule inconnue. On cherche la valeur de cette inconnue et l'on en déduit aisément les valeurs de toutes les autres.

La seconde méthode, dite *méthode par addition ou soustraction*, consiste à multiplier les deux membres de chacune des équations du système par des multiplicateurs convenables, de telle façon qu'en les ajoutant ou en les retranchant membre à membre on fasse disparaître du résultat une ou plusieurs inconnues. On obtient ainsi une équation plus simple, qui peut remplacer l'une quelconque des équations considérées.

En sus de ces deux méthodes on peut employer d'autres procédés, et notamment certains *artifices de calcul* qu'enseigne la pratique.

Exemple I. — *Résoudre le système*

$$\left.\begin{array}{l} \dfrac{2x}{3} + y = \dfrac{19}{6}, \\[2ex] 8x - \dfrac{y}{3} = 1. \end{array}\right\} \qquad (1)$$

Ces deux équations peuvent s'écrire, en chassant les dénominateurs,

$$4x + 6y = 19, \quad \Big\rbrace \qquad (2)$$
$$24x - y = 3. \quad \Big\rbrace$$

Opérons d'abord par substitution, et pour cela tirons y de la seconde équation ; on a

$$y = 24x - 3. \qquad (3)$$

Portons cette valeur de y dans la première équation, on obtient

$$4x + 6(24x - 3) = 19,$$

c'est-à-dire
$$4x + 144x - 18 = 19,$$

ou
$$148x = 19 + 18 = 37,$$

d'où
$$x = \frac{37}{148} = \frac{1}{4}.$$

Si nous portons cette valeur de x dans l'égalité (3), nous obtenons

$$y = \frac{24}{4} - 3 = 6 - 3 = 3.$$

Ainsi donc, le système proposé admet pour solution

$$x = \frac{1}{4}, \qquad y = 3.$$

Si nous voulons résoudre ce même système par la seconde méthode, nous multiplierons par 6 les deux membres de la seconde des équations (2), qui s'écrivent alors

$$4x + 6y = 19,$$
$$144x - 6y = 18,$$

et l'on obtient, en ajoutant ces deux équations membre à membre,

$$148x = 37, \qquad \text{d'où} \qquad x = \frac{37}{148} = \frac{1}{4}.$$

Pour avoir y d'une façon analogue, nous multiplierons par 6 les deux membres de la première des équations (2), puis nous retrancherons membre à membre la seconde équation de la première ; nous aurons alors

$$36y + y = 114 - 3,$$

c'est-à-dire
$$37y = 111,$$

d'où
$$y = \frac{111}{37} = 3.$$

Exemple II. — *Résoudre le système*

$$\begin{cases} x + y = 12, \\ y + z = 7, \\ z + x = 11. \end{cases}$$

Au lieu de procéder par substitution, ajoutons membre à membre ces trois équations ; nous obtenons

$$2x + 2y + 2z = 30,$$

c'est-à-dire
$$x + y + z = 15.$$

Et alors, si dans cette dernière égalité on remplace successivement $x + y$ par 12, $y + z$ par 7, $z + x$ par 11, on obtient

$$12 + z = 15,$$
$$x + 7 = 15,$$
$$y + 11 = 15,$$

d'où l'on déduit

$$x = 15 - 7 = 8,$$
$$y = 15 - 11 = 4,$$
$$z = 15 - 12 = 3.$$

Exemple III. — *Résoudre le système*

$$\begin{cases} \dfrac{2x - 5}{3} = \dfrac{3y + 1}{4} = \dfrac{z - 2}{5}, \\ 4x + 3y + 2z = 53. \end{cases}$$

Multiplions par 2 les deux termes du premier rapport, et par 2 les deux termes du troisième ; nous pourrons écrire, en appliquant le théorème sur les rapports égaux,

$$\frac{4x - 10}{6} = \frac{3y + 1}{4} = \frac{2z - 4}{10} = \frac{4x + 3y + 2z - 13}{20},$$

c'est-à-dire

$$\frac{2x - 5}{3} = \frac{3y + 1}{4} = \frac{z - 2}{5} = \frac{53 - 13}{20} = \frac{40}{20} = 2.$$

On a donc

$$\frac{2x - 5}{3} = 2,$$

d'où l'on déduit

$$2x - 5 = 6,$$

ou $\qquad 2x = 11,\qquad$ d'où $\qquad x = \frac{11}{2}.$

On a de même

$$\frac{3y + 1}{4} = 2,$$

d'où l'on déduit

$$3y + 1 = 8,$$

ou $\qquad 3y = 7,\qquad$ d'où $\qquad y = \frac{7}{3}.$

On a enfin

$$\frac{z - 2}{5} = 2,$$

d'où l'on déduit

$$z - 2 = 10,$$

ou $\qquad z = 12.$

Le système proposé admet donc pour solution

$$x = \frac{11}{2}, \qquad y = \frac{7}{3}, \qquad z = 12.$$

5. Équations et systèmes se ramenant au premier degré. — Certaines équations, qui ne sont ni entières ni rationnelles par rapport à l'inconnue, ou qui contiennent cette inconnue à diverses puissances, peuvent, par des transformations simples, se réduire à des équations du premier degré analogues à celles que nous venons de résoudre.

Pour effectuer ces transformations, on peut être conduit à multiplier les deux membres de l'équation par une quantité contenant l'inconnue. Or on a vu, en algèbre théorique, qu'une pareille opération n'est légitime que si cette quantité a toujours une valeur numérique déterminée et différente de zéro. La valeur trouvée pour l'inconnue ne sera donc acceptable que si la quantité qui a servi de multiplicateur ne s'annule pas quand on y remplace x par cette valeur.

Si l'équation n'est pas rationnelle, on est conduit à faire des élévations au carré, et alors la solution de l'équation obtenue peut ne pas convenir à l'équation proposée. On voit en effet que si A et B sont des quantités algébriques quelconques contenant x, les deux égalités $A = B$ et $A^2 = B^2$ peuvent ne pas être vérifiées pour la même valeur de x, car pour que la première de ces égalités soit vérifiée il faut que A et B prennent la même valeur numérique, tandis que la seconde est vérifiée si A et B prennent la même valeur numérique ou bien des valeurs numériques égales et de signes contraires. Il faut donc toujours dans un pareil cas vérifier si la solution obtenue convient à l'équation proposée.

Exemple I. — *Résoudre l'équation*

$$25 - \frac{6x}{2x - 1} = \frac{22x}{x + 2}.$$

En chassant les dénominateurs, on obtient

$$25(2x - 1)(x + 2) - 6x(x + 2) = 22x(2x - 1),$$

ou, en effectuant les parenthèses,

$$50x^2 + 75x - 50 - 6x^2 - 12x = 44x^2 - 22x,$$

ou encore, en remarquant que les termes en x^2 se détruisent,

$$85x = 50,$$

d'où

$$x = \frac{50}{85} = \frac{10}{17}.$$

Cette solution convient à l'équation proposée, car le nombre $\frac{10}{17}$ n'annule pas la quantité $(2x - 1)(x + 2)$ par laquelle on a multiplié les deux membres de cette équation.

Exemple II. — *Résoudre l'équation*

$$9 - \sqrt{4x^2 + 27} = 2x.$$

Cette équation peut s'écrire

$$\sqrt{4x^2 + 27} = 9 - 2x,$$

ou, en élevant les deux membres au carré,

$$4x^2 + 27 = (9 - 2x)^2,$$

c'est-à-dire

$$4x^2 + 27 = 81 - 36x + 4x^2,$$

$$27 = 81 - 36x,$$

d'où

$$36x = 81 - 27 = 54,$$

et par suite

$$x = \frac{54}{36} = \frac{6}{4} = \frac{3}{2}.$$

La solution ainsi obtenue, $x = \dfrac{3}{2}$, peut être *étrangère* à l'équation proposée, car nous avons fait une élévation au carré. Il faut donc faire une vérification.

Si l'on fait $x = \dfrac{3}{2}$, le second membre de l'équation proposée devient égal à 3 et le premier devient

$$9 - \sqrt{4 \times \frac{9}{4} + 27}, \quad \text{c'est-à-dire} \quad 9 - \sqrt{36}, \quad \text{ou} \quad 9 - 6 \quad \text{ou } 3.$$

Les deux membres prenant des valeurs numériques égales, $\dfrac{3}{2}$ est solution de l'équation proposée.

REMARQUE. — Ce qui précède montre que lorsqu'une équation contient un radical, on *isole* ce radical dans un membre de l'équation, puis on élève au carré les deux membres de l'équation obtenue.

Exemple III. — *Résoudre le système*

$$\left. \begin{array}{l} \dfrac{5}{x} + \dfrac{8}{y} = 19, \\[2mm] \dfrac{3}{x} - \dfrac{2}{y} = 8. \end{array} \right\} \tag{1}$$

Si l'on chassait les dénominateurs x et y, on obtiendrait deux équations du second degré. Au lieu d'opérer ainsi, posons

$$u = \frac{1}{x}, \qquad v = \frac{1}{y}; \tag{2}$$

le système pourra s'écrire

$$\begin{cases} 5u + 8v = 19, \\ 3u - 2v = 8. \end{cases}$$

En résolvant ce système, on obtient

$$u = 3, \qquad v = \frac{1}{2} ;$$

et alors, d'après les relations (2), on a

$$\frac{1}{x} = 3, \qquad \frac{1}{y} = \frac{1}{2},$$

d'où l'on déduit

$$x = \frac{1}{3} \qquad \text{et} \qquad y = 2.$$

Analyse indéterminée du 1er degré

6. L'analyse indéterminée du premier degré est le problème qui consiste, étant donnée une équation du premier degré à deux inconnues, à trouver pour ces deux inconnues des valeurs numériques entières satisfaisant à l'équation.

Ainsi, soit l'équation

$$3x + 5y = 22.$$

Si l'on donne à y une valeur entière quelconque, on pourra déduire de l'équation une valeur correspondante de x, mais cette valeur ne sera généralement pas un nombre entier. Ainsi, si l'on fait $y = 4$ par exemple, on obtient

$$3x = 22 - 20 = 2,$$

d'où
$$x = \frac{2}{3}.$$

Les nombres 4 et $\frac{2}{3}$ satisfont bien à l'équation considérée, mais ces deux nombres ne constituent pas une *solution entière*. Il y a ainsi une infinité de solutions ; aussi une équation à deux inconnues est-elle dite *indéterminée*.

Si l'on fait $x = 4$ et $y = 2$, l'équation est satisfaite et ces deux nombres 4 et 2 forment une solution entière. Il en est de même des deux nombres 9 et — 1. La recherche de ces solutions entières est un problème important que nous allons résoudre.

7. Considérons l'équation générale

$$ax + by = c, \qquad (1)$$

dans laquelle les coefficients a, b, c sont des nombres entiers. Si l'un des coefficients a ou b est égal à l'unité, on obtient d'une façon très simple toutes les solutions entières. Supposons en effet $a = 1$; l'équation peut s'écrire

$$x = c - by$$

et alors il suffit de donner à y une valeur entière quelconque pour avoir pour x une valeur entière correspondante.

Nous pouvons supposer que l'équation a été simplifiée autant que possible, c'est-à-dire que les coefficients a, b, c n'ont aucun facteur commun. Dans ces conditions, les deux nombres a et b doivent être premiers entre eux, car s'ils avaient un diviseur commun, et si l'équation admettait la solution entière (x_1, y_1), le diviseur en question diviserait la somme $ax_1 + by_1$, c'est-à-dire c, et par suite les trois nombres a, b et c auraient un facteur commun.

Nous supposerons donc qu'après simplification les deux coefficients a et b sont premiers entre eux, car si cela n'était pas, le problème serait impossible. Nous supposerons en outre, pour fixer les idées, que l'on a $a < b$.

L'équation (1) peut s'écrire

$$x = \frac{c - by}{a}.$$

Soient q et r le quotient et le reste de la division de b par a; on a $b = aq + r$, et par suite l'égalité ci-dessus devient

$$x = \frac{c - (aq + r)y}{a} = \frac{c - aqy - ry}{a},$$

ou
$$x = -qy + \frac{c - ry}{a}.$$

x et $-qy$ devant être des nombres entiers, la fraction $\dfrac{c-ry}{a}$ doit être aussi un nombre entier ; soit z ce nombre ; on a

$$\frac{c-ry}{a} = z,$$

d'où l'on déduit

$$c - ry = az,$$

c'est-à-dire

$$y = \frac{c - az}{r}.$$

Soient q' et r' le quotient et le reste de la division de a par r ; on a $\quad a = rq' + r', \quad$ et par suite

$$y = \frac{c - rq'z - r'z}{r} = -q'z + \frac{c - r'z}{r}.$$

La fraction $\dfrac{c - r'z}{r}$ doit être un nombre entier ; soit u ce nombre ; on a

$$\frac{c - r'z}{r} = u,$$

d'où l'on déduit

$$c - r'z = ru,$$

c'est-à-dire

$$z = \frac{c - ru}{r'}.$$

Soient q'' et r'' le quotient et le reste de la division de r par r' ; on voit qu'en désignant par v la fraction $\dfrac{c - r''u}{r'}$, on est conduit à l'égalité

$$u = \frac{c - r'v}{r''}.$$

Et ainsi de suite.

Les nombres r, r', r'', etc. ainsi obtenus sont les restes successifs de la recherche du p. g. c. d. des deux nombres a et b. Ces deux nombres étant premiers entre eux, on arrivera certainement à un reste égal à l'unité.

Supposons, par exemple, que r'' soit égal à 1 ; on aura alors

$$u = c - r'v.$$

Par suite, la valeur de z devient

$$z = \frac{c - rc + rr'v}{r'} = rv - \frac{c(r-1)}{r'}.$$

Mais on a $\quad r = r'q'' + r''$, $\quad$ c'est-à-dire $\quad r = r'q'' + 1$, $\quad$ d'où l'on

déduit $\quad r - 1 = r'q''$ $\quad$ et $\quad \dfrac{r-1}{r'} = q''$. $\quad$ On a donc

$$z = vr - cq''.$$

v étant un nombre entier quelconque, on obtient pour u et pour z deux valeurs entières, et alors on a pour y et pour x deux valeurs entières correspondantes satisfaisant à l'équation (1).

On aura donc toutes les solutions du problème en donnant successivement à v toutes les valeurs entières.

Remarque. — Lorsqu'on a trouvé pour x et y deux valeurs entières satisfaisant à l'équation proposée, il est facile d'en déduire toutes les autres solutions. En effet, soient m et n ces deux valeurs entières ; considérons les deux égalités

$$am + bn = c,$$
$$ax + by = c.$$

On en déduit, en retranchant membre à membre,

$$a(m - x) + b(n - y) = 0,$$

ou $\qquad\qquad \dfrac{m - x}{y - n} = \dfrac{b}{a}.$

La fraction $\dfrac{b}{a}$ étant irréductible, les deux termes de la première fraction doivent être des équimultiples des deux termes de la seconde. Donc, si t est un nombre entier quelconque, positif ou négatif, on doit avoir

$$m - x = bt,$$
$$y - n = at,$$

d'où l'on déduit

$$\left\{ \begin{aligned} x &= m - bt, \\ y &= n + at. \end{aligned} \right.$$

Ces deux formules donnent toutes les solutions entières de l'équation (1).

8. Exemple. — *Trouver les solutions entières de l'équation*

$$8x + 13y = 81. \qquad (1)$$

De cette équation on déduit

$$x = \frac{81 - 13y}{8} = 10 - y + \frac{1 - 5y}{8}. \qquad (2)$$

Posons $\dfrac{1 - 5y}{8} = z$; on a alors

$$1 - 5y = 8z,$$

c'est-à-dire

$$y = \frac{1 - 8z}{5} = -z + \frac{1 - 3z}{5}. \qquad (3)$$

Posons $\dfrac{1 - 3z}{5} = u$; on a $1 - 3z = 5u$, d'où l'on déduit

$$z = \frac{1 - 5u}{3} = -u + \frac{1 - 2u}{3}. \qquad (4)$$

Posons $\dfrac{1 - 2u}{3} = v$; on a $1 - 2u = 3v$, d'où l'on déduit

$$u = \frac{1 - 3v}{2} = -v + \frac{1 - v}{2}. \qquad (5)$$

Posons $\dfrac{1 - v}{2} = w$; on a $1 - v = 2w$, c'est-à-dire

$$v = 1 - 2w. \qquad (6)$$

Si nous donnons à w la valeur particulière 0, nous obtenons pour v, u et z les valeurs entières 1, -1 et 2, et on a alors

$$y = -3, \qquad x = 15.$$

Par suite, toutes les solutions entières de l'équation (1) sont données par les formules suivantes où t est un nombre entier quelconque :

$$x = 15 - 13t, \atop y = -3 + 8t. \quad \Big\} \qquad (7)$$

Remarque I. — Dans la pratique, on abrège les calculs en s'exerçant à trouver mentalement des valeurs particulières des lettres y, z, u, etc. rendant entières les fractions qui figurent dans les seconds membres des égalités (2), (3), etc. Ainsi, dans le calcul ci-dessus on peut s'arrêter à l'égalité (4) si l'on remarque, ce qui est très aisé, que la fraction $\dfrac{1 - 2u}{3}$ est entière pour $u = -1$. Un calculateur un peu exercé doit même s'arrêter à l'égalité (2), en remarquant que la fraction $\dfrac{1 - 5y}{8}$ est entière pour $y = -3$.

Remarque II. — Si l'on veut que les valeurs entières des inconnues x et y soient positives, il faut donner à t des valeurs qui rendent positifs les seconds membres des formules (7). Il faut avoir pour cela

$$13t < 15 \qquad \text{et} \qquad 8t > 3,$$

c'est-à-dire $\qquad t < \dfrac{15}{13} \qquad \text{et} \qquad t > \dfrac{3}{8}.$

L'unique valeur entière que peut prendre t pour que ces deux inégalités soient vérifiées est l'unité. L'équation proposée n'admet donc qu'une seule solution entière positive, donnée par les deux égalités

$$\left\{ \begin{array}{l} x = 15 - 13 = 2, \\ y = -3 + 8 = 5. \end{array} \right.$$

ÉQUATIONS DU SECOND DEGRÉ

9. On appelle équation du second degré à une inconnue x toute équation qui, rendue entière et rationnelle par rapport à

cette inconnue, contient la deuxième puissance de x et pas de puissance supérieure.

Toutes les fois qu'on a une pareille équation, on fait passer tous les termes dans le premier membre et on ordonne par rapport aux puissances décroissantes de x. L'équation se présente alors sous la forme générale suivante :

$$ax^2 + bx + c = 0.$$

Les lettres a, b, c représentent des nombres connus qui peuvent être entiers ou fractionnaires, positifs ou négatifs. Ces lettres sont appelées les *coefficients* de l'équation.

Résoudre une pareille équation, c'est trouver les nombres positifs ou négatifs, qui, mis à la place de x, rendent nul le premier membre de cette équation. Ces nombres sont appelés les *racines* ou *solutions* de l'équation.

Il peut arriver que les coefficients b et c soient nuls tous les deux, ou que l'un d'eux seulement soit nul ; mais le coefficient a est certainement différent de zéro, car si a était nul l'équation ne serait pas du second degré.

10. Cas particuliers. — 1° *On a* $b = 0$ *et* $c = 0$. — L'équation se réduit alors à $ax^2 = 0$, et cette équation n'admet évidemment que la solution $x = 0$.

2° *On a* $c = 0$. — L'équation se présente sous la forme

$$ax^2 + bx = 0,$$

ou

$$x(ax + b) = 0$$

et par suite l'équation est satisfaite si l'on a $x = 0$ ou si l'on a $ax + b = 0$. Cette dernière égalité est vérifiée si l'on a

$$ax = -b, \qquad \text{c'est-à-dire} \qquad x = -\frac{b}{a}.$$

Donc, dans ce cas particulier, l'équation du second degré est satisfaite pour deux valeurs de x, c'est-à-dire admet deux racines, qui sont $x = 0$ et $x = -\frac{b}{a}$.

Ainsi, soit l'équation $3x^2 + 12x = 0$.

Cette équation admet pour racines

$$x = 0 \qquad \text{et} \qquad x = -\frac{12}{3} = -4.$$

3° *On a* $b = 0$. — L'équation est alors

$$ax^2 + c = 0.$$

On peut l'écrire

$$ax^2 = -c, \qquad \text{ou} \qquad x^2 = -\frac{c}{a}.$$

$-\dfrac{c}{a}$ est un nombre qui peut être *entier ou fractionnaire,*
positif ou négatif. Si $-\dfrac{c}{a}$ est négatif, l'égalité $x^2 = -\dfrac{c}{a}$
ne peut pas être satisfaite, car quel que soit le nombre que l'on mette
à la place de x, le carré de ce nombre est positif et par suite ne
peut être égal à une quantité négative ; l'équation est alors
impossible.

Si $-\dfrac{c}{a}$ est positif, il y a deux nombres et deux seulement
qui élevés au carré reproduisent le nombre positif $-\dfrac{c}{a}$; ces
deux nombres, qui sont de signes contraires, sont égaux en valeur
absolue à la racine carrée de $-\dfrac{c}{a}$. L'équation admet donc
alors deux solutions, qui sont

$$x = +\sqrt{-\frac{c}{a}} \qquad \text{et} \qquad x = -\sqrt{-\frac{c}{a}}.$$

On réunit ordinairement ces deux égalités en une seule formule

$$x = \pm\sqrt{-\frac{c}{a}},$$

formule qu'on énonce : x *égale plus ou moins racine de* $-\dfrac{c}{a}$.

En résumé, on voit que dans ce troisième cas particulier l'équation du second degré est impossible, ou admet deux racines
égales en valeur absolue et de signes contraires.

Ainsi, soit l'équation $\qquad 9x^2 - 4 = 0$.

Cette équation s'écrit

$$9x^2 = 4, \qquad \text{ou} \qquad x^2 = \frac{4}{9},$$

d'où l'on déduit $\qquad x = \pm \sqrt{\frac{4}{9}} = \pm \frac{2}{3}.$

L'équation considérée admet donc deux racines : $+\frac{2}{3}$ et $-\frac{2}{3}.$

En second lieu, soit l'équation $\qquad 3x^2 + 75 = 0$.
Cette équation s'écrit

$$3x^2 = -75, \qquad \text{ou} \qquad x^2 = -25,$$

égalité impossible, car on ne peut trouver aucun nombre qui élevé au carré reproduise -25.

Dans les cas particuliers que nous venons d'examiner, on dit que l'équation du second degré est *incomplète*.

11. Cas général. — Proposons-nous maintenant de résoudre l'équation générale

$$ax^2 + bx + c = 0. \qquad (1)$$

Multiplions par $4a$ les deux membres de cette égalité ; nous obtenons

$$4a^2x^2 + 4abx + 4ac = 0,$$

ou $\qquad 4a^2x^2 + 4abx = -4ac.$

Aux deux membres de cette nouvelle égalité ajoutons b^2, afin d'obtenir dans le premier membre le carré de la somme $2ax + b$;

nous aurons $\qquad 4a^2x^2 + 4abx + b^2 = b^2 - 4ac,$

ou $\qquad (2ax + b)^2 = b^2 - 4ac. \qquad (2)$

Pour obtenir cette équation (2), nous n'avons fait subir à l'équation (1) que des transformations légitimes ; nous n'avons ni multiplié ni divisé par des quantités pouvant devenir nulles ou infinies et nous n'avons fait aucune élévation au carré. Par conséquent, cette équation (2) est *équivalente* à l'équation (1), et la résolution de l'équation (1) se ramène à celle de l'équation (2).

Dans cette équation (2) le premier membre étant un carré est toujours positif, quels que soient les signes des quantités a, b, x. Par conséquent, pour que le second membre puisse être égal au premier, il faut que ce second membre ne soit pas négatif. Or le second membre est une différence qui peut être positive ou négative ou même nulle. Cela nous conduit à examiner trois cas :

1er CAS : *On a* $b^2 - 4ac < 0$. — L'égalité (2) est alors impossible et par suite l'équation proposée (1) n'admet aucune solution.

2e CAS : *On a* $b^2 - 4ac = 0$. — Le second membre de l'égalité (2) étant nul, il faut que le premier le soit aussi, et pour cela il faut avoir

$$2ax + b = 0,$$

c'est-à-dire
$$2ax = -b,$$

d'où l'on déduit
$$x = -\frac{b}{2a}.$$

Donc, dans ce 2e cas, l'équation (1) admet une solution unique qui est $x = -\dfrac{b}{2a}.$

3e CAS : *On a* $b^2 - 4ac > 0$. — On déduit alors de l'égalité (2) que la quantité $2ax + b$ doit être égale en valeur absolue à la racine carrée de la quantité positive $b^2 - 4ac$. On a donc

$$2ax + b = \pm\sqrt{b^2 - 4ac},$$

ou
$$2ax = -b \pm \sqrt{b^2 - 4ac},$$

et par suite
$$x = \frac{-b \pm \sqrt{b^2 - 4ac}}{2a}. \tag{3}$$

Cette dernière formule donne pour x deux valeurs différentes, suivant que l'on prend le signe $+$ ou le signe $-$ devant le radical. Ces deux valeurs sont les racines de l'équation (1).

On représente ces deux racines par x' et x'', et l'on pose

$$x' = \frac{-b - \sqrt{b^2 - 4ac}}{2a}, \\[2ex] x'' = \frac{-b + \sqrt{b^2 - 4ac}}{2a}. \qquad (4)$$

Il faut savoir par cœur les formules (3) et (4).

En résumé, trois cas peuvent se présenter dans la résolution de l'équation générale du second degré ; ces trois cas résultent des diverses valeurs que peut prendre la quantité $b^2 - 4ac$, qui joue ainsi un rôle très important dans les équations du second degré.

Quand on veut résoudre une équation du second degré, la première chose à faire est donc de calculer la quantité $b^2 - 4ac$, que nous appellerons *le $b^2 - 4ac$ de l'équation* ([1]), et alors :

Si l'on a $b^2 - 4ac < 0$, l'équation est impossible ;

Si l'on a $b^2 - 4ac = 0$, l'équation admet une seule solution,

$$x = -\frac{b}{2a} \, ;$$

Si l'on a $b^2 - 4ac > 0$, l'équation a deux solutions, x' et x''.

Remarque. — Lorsque dans l'équation générale du second degré les coefficients a et c sont de signes contraires, on peut affirmer que cette équation admet deux racines. En effet, le produit $4ac$ est alors négatif et par suite la différence $b^2 - 4ac$ devient la somme de deux nombres positifs ; cette différence est donc positive, ce qui prouve que l'équation admet deux solutions.

12. Formule b'. — Lorsque le coefficient b est un nombre pair, la formule (3), que nous appellerons *formule b*, se simplifie et donne une nouvelle formule que nous appellerons *formule b'*.

A cet effet, désignons par b' la moitié du coefficient b. On a alors $b = 2b'$, $b^2 = 4b'^2$, et par suite la formule (3) s'écrit

$$x = -\frac{2b' \pm \sqrt{4b'^2 - 4ac}}{2a}.$$

([1]) On l'appelle aussi *discriminant*, mot tiré de la théorie algébrique des formes quadratiques. Quelques auteurs lui donnent le nom peu justifié de *réalisant*.

Or on a $\quad \sqrt{4b'^2 - 4ac} = \sqrt{4(b'^2 - ac)} = 2\sqrt{b'^2 - ac}.$

On peut donc écrire

$$x = \frac{-2b' \pm 2\sqrt{b'^2 - ac}}{2a},$$

ou, en divisant par 2 les deux termes de la fraction qui est dans le second membre,

$$x = \frac{-b' \pm \sqrt{b'^2 - ac}}{a}.$$

Telle est la formule b'. Cette formule, qu'il faut savoir par cœur, doit être appliquée chaque fois que le coefficient b est un nombre pair.

Remarquons que puisqu'on a $\quad b^2 - 4ac = 4(b'^2 - ac)$, les deux quantités $b^2 - 4ac$ et $b'^2 - ac$ sont toujours de même signe, et si l'une d'elles est nulle il en est de même de l'autre. Donc, lorsque le coefficient b sera un nombre pair, on formera le $b'^2 - ac$; si cette quantité est négative, c'est que l'équation est impossible; si cette quantité est nulle, l'équation admet une solution unique qui est $\quad x = -\dfrac{b}{2a} \quad$ ou $\quad x = -\dfrac{b'}{a}$; et enfin si cette quantité est positive, l'équation admet deux racines données par la formule b'.

13. Exemples numériques. — Exemple I. — *Résoudre l'équation*

$$2x^2 + 17x + 8 = 0.$$

On a $\quad a = 2, \quad b = 17, \quad c = 8, \quad$ et par suite
$$b^2 - 4ac = 17^2 - 4 \times 2 \times 8 = 289 - 64 = 225.$$

Le $b^2 - 4ac$ étant positif, l'équation admet deux solutions, qui sont

$$x' = \frac{-b - \sqrt{b^2 - 4ac}}{2a} = \frac{-17 - \sqrt{225}}{4} = \frac{-17 - 15}{4}$$
$$= \frac{-32}{4} = -8,$$

$$x'' = \frac{-b + \sqrt{b^2 - 4ac}}{2a} = \frac{-17 + 15}{4} = \frac{-2}{4} = -\frac{1}{2}.$$

Il est aisé de vérifier que le premier membre de l'équation proposée s'annule quand on y remplace x par -8 ou par $-\dfrac{1}{2}$.

Exemple II. — *Résoudre l'équation*

$$3x^2 - 13x - 10 = 0.$$

On a $a = 3$, $b = -13$, $c = -10$, et par suite

$$b^2 - 4ac = (-13)^2 - 4 \times 3 \times (-10)$$
$$= 169 - 12 \times (-10)$$
$$= 169 + 120 = 289.$$

Le $b^2 - 4ac$ est positif, ce qu'on pouvait prévoir sans faire le calcul, car dans l'équation proposée les coefficients a et c sont de signes contraires. L'équation admet donc deux racines, qui sont

$$x' = \frac{13 - \sqrt{289}}{6} = \frac{13 - 17}{6} = \frac{-4}{6} = -\frac{2}{3},$$
$$x'' = \frac{13 + 17}{6} = \frac{30}{6} = 5.$$

Exemple III. — *Résoudre l'équation*

$$x^2 - 5x + 6 = 0.$$

On a $a = 1$, $b = -5$, $c = 6$, et par suite

$$b^2 - 4ac = (-5)^2 - 4 \times 1 \times 6$$
$$= 25 - 24 = 1.$$

Le $b^2 - 4ac$ étant positif, l'équation admet deux solutions

$$x' = \frac{5 - \sqrt{1}}{2} = \frac{5 - 1}{2} = \frac{4}{2} = 2,$$
$$x'' = \frac{5 + 1}{2} = \frac{6}{2} = 3.$$

Exemple IV. — *Résoudre l'équation*

$$8x^2 + 18x + 7 = 0.$$

Le coefficient b étant un nombre pair, nous appliquerons la formule b'. On a

$$a = 8, \qquad b' = 9, \qquad c = 7, \qquad \text{et par suite}$$
$$b'^2 - ac = 9^2 - 8 \times 7 = 81 - 56 = 25.$$

Le $b'^2 - ac$ étant positif, l'équation admet deux solutions qui sont

$$x' = \frac{-b' - \sqrt{b'^2 - ac}}{a} = \frac{-9 - \sqrt{25}}{8} = \frac{-9 - 5}{8} = \frac{-14}{8} = -\frac{7}{4},$$
$$x'' = \frac{-b' + \sqrt{b'^2 - ac}}{a} = \frac{-9 + 5}{8} = \frac{-4}{8} = -\frac{1}{2}.$$

Exemple V. — *Résoudre l'équation*

$$9x^2 + 6x + 1 = 0.$$

On a $\qquad a = 9, \qquad b' = 3, \qquad c = 1, \qquad$ et par suite

$$b'^2 - ac = 3^2 - 9 \times 1 = 9 - 9 = 0.$$

Le $b'^2 - ac$ étant nul, l'équation n'admet qu'une solution, qui est $\quad x = -\dfrac{b'}{a} = -\dfrac{3}{9} = -\dfrac{1}{3}.$

Exemple VI. — *Résoudre l'équation*

$$3x^2 + 2x + 5 = 0.$$

On a $\qquad a = 3, \quad b' = 1, \quad c = 5, \qquad$ et par suite

$$b'^2 - ac = 1 - 15 = -14.$$

Le $b'^2 - ac$ étant négatif, l'équation proposée est impossible.

Exemple VII. — *Résoudre l'équation*

$$\frac{2}{x} - 7 = \frac{1}{x-1}. \qquad (1)$$

Chassons d'abord les dénominateurs, on obtient

$$2(x-1) - 7x(x-1) = x,$$

ou, en effectuant les parenthèses,

$$2x - 2 - 7x^2 + 7x = x,$$

ou encore, en faisant passer tous les termes dans le second membre et en ordonnant,

$$7x^2 - 8x + 2 = 0. \qquad (2)$$

L'équation se trouvant ainsi ramenée à la forme générale, appliquons les procédés précédents. On a

$$a = 7, \qquad b' = -4, \qquad c = 2,$$
$$b'^2 - ac = (-4)^2 - 7 \times 2 = 16 - 14 = 2.$$

Le $b'^2 - ac$ étant positif, l'équation (2) admet deux solutions :

$$x' = \frac{4 - \sqrt{2}}{7} = \frac{4 - 1,414}{7} = \frac{2,586}{7} = 0,369,$$
$$x'' = \frac{4 + 1,414}{7} = \frac{5,414}{7} = 0,773.$$

REMARQUE. — Les deux racines que nous venons de trouver appartiennent à l'équation (2) mais peuvent ne pas convenir à l'équation proposée (1) ; car pour chasser les dénominateurs de cette équation (1), on a multiplié les deux membres par la quantité $x(x - 1)$, et par suite on a pu introduire des solutions étrangères. Or les seules solutions étrangères qui ont pu être introduites sont les valeurs $x = 0$ et $x = 1$ qui annulent le multiplicateur employé, et comme nous ne trouvons aucune de ces deux valeurs, il en résulte que les deux racines trouvées, 0,369 et 0,773, sont bien les solutions de l'équation proposée.

Exemple VIII. — *Résoudre l'équation*

$$x + \sqrt{x} = 12. \qquad (1)$$

Isolons le radical dans le premier membre, nous aurons

$$\sqrt{x} = 12 - x.$$

Élevons au carré les deux membres de cette égalité, on a

$$x = (12 - x)^2,$$

c'est-à-dire

$$x = 144 - 24x + x^2,$$

ou

$$x_2 - 25x + 144 = 0. \qquad (2)$$

On a $\qquad b^2 - 4ac = (-25)^2 - 4 \times 144 = 625 - 576 = 49.$

Le $b^2 - 4ac$ étant positif, l'équation (2) admet deux racines :

$$x' = \frac{25 - \sqrt{49}}{2} = \frac{25 - 7}{2} = \frac{18}{2} = 9,$$

$$x'' = \frac{25 + 7}{2} = \frac{32}{2} = 16.$$

REMARQUE. — Ces deux racines 9 et 16 de l'équation (2) peuvent ne pas convenir à l'équation (1), car on a fait une élévation au carré, ce qui a pu introduire des solutions étrangères. Il faut donc vérifier si ces racines satisfont à l'équation (1).

Si l'on fait $x = 9$, le premier membre de l'équation (1) devient $9 + \sqrt{9}$, ou $9 + 3$, ou 12 ; ce premier membre devient égal au second, donc $x = 9$ est une racine de l'équation proposée.

Si l'on fait $x = 16$, le premier membre de l'équation (1) devient $16 + \sqrt{16}$, ou $16 + 4$ ou 20 ; ce premier membre ne devient pas égal au second, donc $x = 16$ n'est pas une racine de l'équation proposée : c'est une solution étrangère, qui a été introduite par l'élévation au carré.

L'équation (1) n'admet donc qu'une solution, qui est $x = 9$.

Remarquons que la solution $x = 16$ conviendrait à l'équation $\qquad x - \sqrt{x} = 12,$ obtenue en changeant le signe qui est devant le radical.

14. Relations entre les coefficients et les racines. — Il existe entre les coefficients a, b, c et les racines x', x'' de l'équation du second degré deux relations très importantes que nous allons établir. Ces deux relations, qu'il faut savoir par cœur, sont les suivantes :

$$\begin{cases} x' + x'' = -\dfrac{b}{a}, \\[2ex] x'x'' = \dfrac{c}{a}. \end{cases}$$

Pour démontrer ces égalités, écrivons les valeurs de x' et de x'' :

$$x' = \frac{-b - \sqrt{b^2 - 4ac}}{2a}, \quad \Bigg\} \qquad x'' = \frac{-b + \sqrt{b^2 - 4ac}}{2a}. \quad \Bigg\} \tag{1}$$

Ajoutons membre à membre ces deux égalités, nous obtenons

$$x' + x'' = \frac{-b - \sqrt{b^2 - 4ac} - b + \sqrt{b^2 - 4ac}}{2a},$$

ou, en remarquant que les deux radicaux se détruisent,

$$x' + x'' = \frac{-b - b}{2a} = \frac{-2b}{2a}.$$

ou enfin

$$x' + x'' = -\frac{b}{a},$$

ce qui démontre la première relation.

Pour démontrer la seconde, multiplions membre à membre les deux égalités (1), nous obtenons

$$x'x'' = \frac{(-b - \sqrt{b^2 - 4ac})(-b + \sqrt{b^2 - 4ac})}{4a^2}.$$

Le numérateur de la fraction ainsi obtenue est le produit de la différence des deux quantités $-b$ et $\sqrt{b^2 - 4ac}$ par la somme de ces deux mêmes quantités. On sait qu'un pareil produit est égal à la différence des carrés des deux quantités en question. On peut donc écrire

$$x'x'' = \frac{(-b)^2 - (\sqrt{b^2 - 4ac})^2}{4a^2},$$

c'est-à-dire

$$x'x'' = \frac{b^2 - (b^2 - 4ac)}{4a^2} = \frac{b^2 - b^2 + 4ac}{4a^2} = \frac{4ac}{4a^2},$$

ou, après simplification, $\quad x'x'' = \dfrac{c}{a},$

ce qui démontre la seconde relation.

Ces deux relations se traduisent ordinairement de la façon suivante :

1° *La somme des racines d'une équation du second degré est égale à* $-\dfrac{b}{a}$;

2° *Le produit des racines d'une équation du second degré est égal à* $\dfrac{c}{a}$.

15. Applications des relations précédentes. — Parmi les applications des relations entre les coefficients et les racines, nous citerons les trois suivantes :

1° *Détermination des signes des racines.* — Lorsqu'une équation du second degré admet des racines, on peut sans résoudre l'équation, à la seule inspection des coefficients, dire quels sont les signes des deux racines. Il suffit pour cela de regarder les signes des quotients $\dfrac{c}{a}$ et $-\dfrac{b}{a}$.

Si l'on a $\dfrac{c}{a} > 0$, cela montre que les deux racines sont de même signe, puisque leur produit est positif ; ces deux racines seront donc positives si leur somme $-\dfrac{b}{a}$ est positive, et seront négatives dans le cas contraire.

Si l'on a $\dfrac{c}{a} < 0$, cela montre que les deux racines sont de signes contraires.

Comme exemple, soit l'équation $5x^2 - 7x + 2 = 0$.

On a $b^2 - 4ac = 49 - 40 = 9$, résultat positif ; donc l'équation admet deux racines. Le produit $\dfrac{2}{5}$ est positif, donc les deux racines sont de même signe ; la somme $\dfrac{7}{5}$ est positive, donc les deux racines sont positives.

En second lieu, soit l'équation $8x^2 + 9x - 7 = 0$.

Les coefficients a et c étant de signes contraires, l'équation admet deux racines, et ces deux racines sont de signes contraires puisque leur produit $-\dfrac{7}{8}$ est négatif. La somme $-\dfrac{9}{8}$ étant aussi négative, c'est la racine négative qui a la plus grande valeur absolue.

2° *Trouver deux nombres connaissant leur somme s et leur produit p.* — Considérons l'équation

$$x^2 - sx + p = 0. \qquad (1)$$

Si cette équation admet deux racines, x' et x'', on voit que l'on a

$$x' + x'' = s \qquad \text{et} \qquad x'x'' = p.$$

Donc ces deux racines sont deux nombres qui répondent à la question. Je dis que le problème n'a pas d'autre solution.

En effet, soient y et z deux nombres répondant à la question; on doit avoir

$$\left.\begin{aligned} y + z &= s, \\ yz &= p, \end{aligned}\right\} \qquad (2)$$

et, comme de la première de ces deux égalités on déduit $y = s - z$, la seconde s'écrit

$$(s - z)z = p,$$

ou

$$sz - z^2 = p,$$

ou encore

$$z^2 - sz + p = 0,$$

ce qui montre que le nombre z doit satisfaire à l'équation (1). En tirant z de la première des égalités (2), on voit de même que le nombre y doit aussi satisfaire à l'équation (1). Donc tous les nombres qui répondent à la question sont racines de (1), et comme cette équation n'a que deux racines, le problème n'admet qu'une solution, qui est constituée par les deux nombres x' et x''.

Remarquons que le problème n'est possible que si l'on a $s^2 - 4p \geqslant 0$. Dans le cas particulier où l'on a $s^2 - 4p = 0$, l'équation (1) n'admet qu'une racine $\dfrac{s}{2}$, et les deux nombres cherchés sont égaux à cette racine, car la somme de deux pareils nombres est $\dfrac{s}{2} + \dfrac{s}{2}$, c'est-à-dire s, et leur produit est $\dfrac{s^2}{4}$, c'est-à-dire p.

Soit à trouver deux nombres ayant pour somme 9 et pour produit 14. Ces deux nombres sont les racines de l'équation

$$x^2 - 9x + 14 = 0.$$

En résolvant cette équation, on trouve pour racines les deux nombres 2 et 7, qui répondent bien au problème.

3° *Transformation du premier membre de l'équation générale du second degré en un produit de facteurs du premier degré.* — Des relations entre les coefficients et les racines on déduit

$$b = - a(x' + x''), \qquad c = ax'x'',$$

et par suite on peut écrire

$$ax^2 + bx + c = ax^2 - ax(x' + x'') + ax'x''$$
$$= a[x^2 - x(x' + x'') + x'x''].$$

Or la quantité entre crochets est égale au produit

$$(x - x')(x - x'')$$

et par suite on a

$$ax^2 + bx + c = a(x - x')(x - x''). \qquad (1)$$

Sous cette forme, on voit bien que la quantité $ax^2 + bx + c$ doit s'annuler quand on y remplace x par x' ou par x''. Cette quantité $ax^2 + bx + c$ est ordinairement appelée *trinome du second degré.*

Soit le trinome $\qquad 6x^2 - 7x + 2.$

Si l'on résout l'équation obtenue en égalant ce trinome à zéro, on trouve pour racines $x' = \dfrac{1}{2}$ et $x'' = \dfrac{2}{3}$; ce trinome peut donc s'écrire

$$6\left(x - \frac{1}{2}\right)\left(x - \frac{2}{3}\right).$$

Cette transformation du trinome en un produit de facteurs est très utile dans beaucoup de calculs.

Remarque. — Si l'on a $b^2 - 4ac = 0$, l'équation générale du second degré n'a qu'une racine. Le premier membre de cette équation peut alors s'écrire

$$ax^2 + bx + c = \frac{1}{4a}(4a^2x^2 + 4abx + 4ac)$$

$$= \frac{1}{4a}(4a^2x^2 + 4abx + b^2)$$

$$= \frac{1}{4a}(2ax + b)^2$$

$$= a\left(x + \frac{b}{2a}\right)^2.$$

Si l'on désigne par x' la racine unique, on sait que $\quad x' = -\dfrac{b}{2a}$, et par suite on a

$$ax^2 + bx + c = a(x - x')^2.$$

C'est le résultat qu'on obtiendrait si l'on faisait $\quad x' = x''\quad$ dans l'égalité (1). Aussi dit-on quelquefois que, lorsque le $\quad b^2 - 4ac$ est nul, l'équation du second degré a *deux racines égales entre elles*.

16. Systèmes se ramenant au second degré. — Nous allons étudier quelques systèmes de deux équations à deux inconnues dont la résolution se ramène à la résolution d'une équation du second degré.

1er **Système.** — *Soit à résoudre*

$$\left. \begin{aligned} 2x + 3y &= 21, \\ 2x^2 - 4xy + y^2 - 2x + y + 18 &= 0. \end{aligned} \right\} \qquad (1)$$

La première équation est du premier degré et la deuxième est du second degré. Dans ce cas, on opère ordinairement par substitution, en tirant l'une des deux inconnues de la première équation. Tirons par exemple y, on a

$$y = \frac{21 - 2x}{3}. \qquad (2)$$

Portons cette valeur de y dans la deuxième équation, on obtient

$$2x^2 - \frac{4x(21-2x)}{3} + \frac{(21-2x)^2}{9} - 2x + \frac{21-2x}{3} + 18 = 0,$$

ou, en chassant les dénominateurs,

$$18x^2 - 12x(21-2x) + (21-2x)^2 - 18x + 3(21-2x) + 162 = 0,$$

ou encore, en effectuant les parenthèses,

$$18x^2 - 252x + 24x^2 + 441 - 84x + 4x^2$$
$$- 18x + 63 - 6x + 162 = 0,$$

ou enfin, en réduisant les termes semblables et en ordonnant,

$$46x^2 - 360x + 666 = 0,$$

d'où, en divisant par 2,

$$23x^2 - 180x + 333 = 0. \tag{3}$$

Nous obtenons ainsi une équation du second degré sous la forme générale. On a

$$b'^2 - ac = (-90)^2 - 23 \times 333 = 8100 - 7659 = 441.$$

Le $b'^2 - ac$ est positif, sa racine est 21, et par suite l'équation (3) admet deux racines, qui sont

$$x' = \frac{90 - 21}{23} = \frac{69}{23} = 3,$$

$$x'' = \frac{90 + 21}{23} = \frac{111}{23}.$$

Portons successivement ces deux valeurs de x dans l'égalité (2), nous obtenons

$$y' = \frac{21 - 6}{3} = \frac{15}{3} = 5,$$

$$y'' = \frac{21 - \dfrac{222}{23}}{3} = \frac{483 - 222}{69} = \frac{261}{69} = \frac{87}{23}.$$

On voit alors que le système proposé admet deux solutions :

$$1° \qquad\qquad x' = 3, \qquad y' = 5.$$

$$2° \qquad\qquad x'' = \frac{111}{23}, \qquad y'' = \frac{87}{23}.$$

Si l'équation (3) n'avait eu aucune solution, on en aurait conclu que le système à résoudre était impossible.

2° Système. — *Soit à résoudre*

$$\begin{cases} x + y = a, \\ x^2 + y^2 = b^2, \end{cases}$$

a et b représentant deux nombres connus.

On pourrait encore opérer par substitution ; mais, toutes les fois que les inconnues entrent dans les équations d'une façon symétrique, il est préférable d'avoir recours à certains artifices de calcul qui conduisent plus aisément au résultat.

Ainsi, élevons au carré les deux membres de la première équation, nous obtenons

$$x^2 + y^2 + 2xy = a^2,$$

ou, en remplaçant $x^2 + y^2$ par sa valeur b^2,

$$b^2 + 2xy = a^2,$$

d'où

$$xy = \frac{a^2 - b^2}{2}.$$

On obtient ainsi une équation qui peut remplacer l'une des deux équations du système proposé, la seconde par exemple, et alors ce système s'écrit

$$\begin{cases} x + y = a, \\ xy = \dfrac{a^2 - b^2}{2}. \end{cases}$$

Maintenant, puisqu'on connaît la somme et le produit des deux nombres cherchés x et y, on voit que ces deux nombres sont les racines de l'équation du second degré

$$z^2 - az + \frac{a^2 - b^2}{2} = 0.$$

Si le $b^2 - 4ac$ de cette équation est positif, on pourra écrire $x = z'$ et $y = z''$, ou $x = z''$ et $y = z'$.

Si le $b^2 - 4ac$ est nul, on aura $x = y = \dfrac{a}{2}$.

Si le $b^2 - 4ac$ est négatif, cette dernière équation est impossible et il en est alors de même du système proposé.

3ᵉ Système. — *Soit à résoudre*

$$\begin{cases} x^2 + y^2 = a^2, \\ \qquad xy = b^2. \end{cases}$$

Multiplions par 2 les deux membres de la seconde équation et, cela fait, ajoutons puis retranchons membre à membre les deux équations ; nous obtenons

$$\begin{cases} x^2 + y^2 + 2xy = a^2 + 2b^2, \\ x^2 + y^2 - 2xy = a^2 - 2b^2, \end{cases}$$

ce qu'on peut écrire

$$\begin{cases} (x + y)^2 = a^2 + 2b^2, \\ (x - y)^2 = a^2 - 2b^2. \end{cases}$$

La quantité $a^2 + 2b^2$ est certainement positive, mais il n'en est pas de même de la différence $a^2 - 2b^2$. Le premier membre de la seconde équation étant positif, le problème ne sera possible que si l'on a $a^2 - 2b^2 \geqslant 0$. Si cela a lieu, on peut écrire

$$x + y = \pm \sqrt{a^2 + 2b^2},$$
$$x - y = \pm \sqrt{a^2 - 2b^2}.$$

Ce dernier système, qui peut remplacer le système proposé, contient en réalité les quatre systèmes suivants :

$$(1) \begin{cases} x + y = + \sqrt{a^2 + 2b^2}, \\ x - y = + \sqrt{a^2 - 2b^2} ; \end{cases} \quad (2) \begin{cases} x + y = + \sqrt{a^2 + 2b^2}, \\ x - y = - \sqrt{a^2 - 2b^2} ; \end{cases}$$

$$(3) \begin{cases} x + y = - \sqrt{a^2 + 2b^2}, \\ x - y = + \sqrt{a^2 - 2b^2} ; \end{cases} \quad (4) \begin{cases} x + y = - \sqrt{a^2 + 2b^2}, \\ x - y = - \sqrt{a^2 - 2b^2}. \end{cases}$$

De ces quatre systèmes, on déduira quatre solutions pour les deux inconnues x et y. Ces solutions s'obtiennent facilement en ajoutant puis en retranchant membre à membre les deux équations de chacun de ces quatre systèmes. On a ainsi

$$1^{\text{re}} \text{ solution} \begin{cases} x = \dfrac{1}{2}\left(\sqrt{a^2 + 2b^2} + \sqrt{a^2 - 2b^2}\right), \\[2mm] y = \dfrac{1}{2}\left(\sqrt{a^2 + 2b^2} - \sqrt{a^2 - 2b^2}\right); \end{cases}$$

$$2^{e} \text{ solution} \begin{cases} x = \dfrac{1}{2}\left(\sqrt{a^2 + 2b^2} - \sqrt{a^2 - 2b^2}\right), \\[2mm] y = \dfrac{1}{2}\left(\sqrt{a^2 + 2b^2} + \sqrt{a^2 - 2b^2}\right); \end{cases}$$

$$3^{e} \text{ solution} \begin{cases} x = \dfrac{1}{2}\left(- \sqrt{a^2 + 2b^2} + \sqrt{a^2 - 2b^2}\right), \\[2mm] y = \dfrac{1}{2}\left(- \sqrt{a^2 + 2b^2} - \sqrt{a^2 - 2b^2}\right); \end{cases}$$

$$4^{e} \text{ solution} \begin{cases} x = \dfrac{1}{2}\left(- \sqrt{a^2 + 2b^2} - \sqrt{a^2 - 2b^2}\right), \\[2mm] y = \dfrac{1}{2}\left(- \sqrt{a^2 + 2b^2} + \sqrt{a^2 - 2b^2}\right). \end{cases}$$

On remarque que ces quatre solutions sont deux à deux égales et de signes contraires, résultat qu'il était facile de prévoir car les équations du système proposé ne subissent aucune modification si l'on remplace x par $-x$ et y par $-y$.

ÉQUATIONS BICARRÉES

17. Une équation *bicarrée* à une inconnue est une équation du quatrième degré qui ne renferme pas de puissances impaires de cette inconnue. Elle peut donc se ramener à la forme générale suivante :

$$ax^4 + bx^2 + c = 0. \tag{1}$$

Pour résoudre une pareille équation, on prend une inconnue auxiliaire y, déterminée par l'égalité

$$x^2 = y. \tag{2}$$

Cette inconnue y doit alors vérifier l'équation

$$ay^2 + by + c = 0. \qquad (3)$$

Supposons que cette équation (3) admette deux racines positives, y' et y'' ; la relation (2) permet alors d'écrire les égalités

$$x^2 = y', \qquad x^2 = y'', \qquad (4)$$

d'où l'on déduit $\quad x = \pm \sqrt{y'}, \qquad x = \pm \sqrt{y''},$

ce qui montre que, dans l'hypothèse faite, l'équation (1) admet quatre solutions deux à deux égales en valeur absolue et de signes contraires.

Si l'une des racines de l'équation (3) est négative, l'une des égalités (4) est impossible et par suite l'équation (1) n'a que deux solutions.

Si les deux racines y' et y'' sont négatives, les deux égalités (4) sont impossibles et par suite l'équation (1) n'a aucune solution.

Si l'équation (3) n'a qu'une racine, l'équation (1) aura deux solutions ou zéro suivant que cette racine est positive ou négative.

Si l'équation (3) est impossible, il en est de même de l'équation (1).

Exemple I. — *Résoudre l'équation*

$$9x^4 - 85x^2 + 36 = 0. \qquad (1)$$

En posant $\quad x^2 = y,\quad$ cette équation devient

$$9y^2 - 85y + 36 = 0. \qquad (2)$$

On a
$$b^2 - 4ac = (85)^2 - 4 \times 9 \times 36$$
$$= 7225 - 1296 = 5929.$$

L'équation (2) admet donc deux racines, et ces deux racines sont positives car leur produit et leur somme sont positifs. On a

$$y' = \frac{85 - \sqrt{5929}}{18} = \frac{85 - 77}{18} = \frac{8}{18} = \frac{4}{9},$$

$$y'' = \frac{85 + 77}{18} = \frac{162}{18} = 9.$$

L'équation (1) admet donc quatre solutions, qui sont

$$x = \pm \sqrt{\frac{4}{9}} \qquad \text{et} \qquad x = \pm \sqrt{9}.$$

c'est-à-dire les quatre nombres $\quad +\dfrac{2}{3}$, $\quad -\dfrac{2}{3}$, $\quad +3\quad$ et $\quad -3$.

Exemple II. — *Résoudre l'équation*

$$5x^4 + 8x^2 + 3 = 0.$$

On voit de suite que si l'équation en y admet des racines, ces racines sont négatives, car leur produit est positif et leur somme négative ; donc l'équation proposée n'admet aucune solution.

Exemple III. — *Résoudre l'équation*

$$7x^4 - 25x^2 - 12 = 0.$$

En posant $x^2 = y$, on obtient l'équation

$$7y^2 - 25y - 12 = 0.$$

Cette équation en y admet deux racines, l'une positive et l'autre négative. La première est seule acceptable, c'est

$$y'' = \frac{25 + \sqrt{(25)^2 + 4 \times 7 \times 12}}{14}.$$

La quantité sous le radical est égale à $625 + 336$, c'est-à-dire 961, et ce nombre a pour racine 31 ; on a donc

$$y'' = \frac{25 + 31}{14} = \frac{56}{14} = 4.$$

Par suite, l'équation proposée admet deux solutions, qui sont $x = \pm\sqrt{4}$, c'est-à-dire $+2$ et -2.

ÉQUATIONS RÉCIPROQUES

18. On appelle *équation réciproque* toute équation qui, admettant pour racines des nombres $r_1, r_2, r_3,\ldots$ admet aussi pour racines les nombres inverses $\dfrac{1}{r_1}, \dfrac{1}{r_2}, \dfrac{1}{r_3},\ldots$

Il résulte de là qu'une équation réciproque ne doit pas subir de modification quand on y remplace x par $\dfrac{1}{x}$. Ainsi l'équation

$$ax^3 + bx^2 + bx + a = o$$

est une équation réciproque, car si on y remplace x par $\dfrac{1}{x}$ on

obtient $\qquad a\,\dfrac{1}{x^3} + b\,\dfrac{1}{x^2} + b\,\dfrac{1}{x} + a = o,$

et, en chassant les dénominateurs puis en écrivant les termes dans l'ordre inverse, on retrouve l'équation précédente.

On écrit ordinairement ces équations en mettant tous les termes dans le premier membre et en ordonnant par rapport aux puissances décroissantes de l'inconnue x. Cela étant, il est aisé de voir qu'une équation est réciproque si l'une ou l'autre des deux conditions suivantes est remplie :

1° *Les coefficients des termes équidistants des extrêmes sont égaux et de même signe ;*

2° *Les coefficients des termes équidistants des extrêmes sont égaux et de signes contraires, le terme du milieu manquant si l'équation est de degré pair.*

Dans l'application de ces conditions il faut supposer que l'équation est complète, c'est-à-dire contient toutes les puissances décroissantes de x à partir de la plus haute. Si cela n'est pas il faut, par la pensée, introduire les puissances absentes avec le coefficient zéro.

Lorsque les équations réciproques sont du 3°, du 4° ou du 5° degré, leur résolution peut toujours se ramener à la résolution d'équations du second degré.

19. Équations du 3° degré. — Ces équations se présentent sous l'une des deux formes suivantes :

$$ax^3 + bx^2 + bx + a = o, \qquad (1)$$
$$ax^3 + bx^2 - bx - a = o. \qquad (2)$$

Pour résoudre l'équation (1), on remarque que cette équation est satisfaite quand on y fait $x = -1$. Or on démontre, en algèbre théorique, que lorsqu'un polynome en x s'annule quand on y fait $x = a$, ce polynome est divisible par $x - a$. Le premier membre de l'équation (1) est donc divisible par $x + 1$; en effectuant la division, on trouve pour quotient

$$ax^2 + (b - a)x + a,$$

et par suite l'équation (1) peut s'écrire

$$(x + 1)[ax^2 + (b - a)x + a] = 0.$$

Cette équation est satisfaite si l'on a $x + 1 = 0$, c'est-à-dire $x = -1$, ou si l'on a

$$ax^2 + (b - a)x + a = 0.$$

Si cette dernière équation admet deux racines x' et x'', on voit que l'équation (1) admet les trois racines -1, x', x''.

Pour résoudre l'équation (2), on remarque que cette équation est satisfaite quand on y fait $x = 1$, ce qui montre que le premier membre de cette équation est divisible par $x - 1$. En effectuant la division, on obtient pour quotient $ax^2 + (a + b)x + a$, et par suite l'équation (2) peut s'écrire

$$(x - 1)[ax^2 + (a + b)x + a] = 0.$$

Cette équation est satisfaite si l'on a $x - 1 = 0$, c'est-à-dire $x = 1$, ou si l'on a

$$ax^2 + (a + b)x + a = 0.$$

Si cette dernière équation admet deux racines x' et x'', on voit que l'équation (2) admet les trois racines 1, x', x'',

20. Équations du 4e degré. — Ces équations se présentent sous l'une des deux formes suivantes :

$$ax^4 + bx^3 + cx^2 + bx + a = 0, \qquad (1)$$
$$ax^4 + bx^3 - bx - a = 0. \qquad (2)$$

Pour résoudre l'équation (1), on commence par diviser ses deux membres par x^2, ce qui donne

$$ax^2 + bx + c + \frac{b}{x} + \frac{a}{x^2} = 0,$$

ou

$$a\left(x^2 + \frac{1}{x^2}\right) + b\left(x + \frac{1}{x}\right) + c = 0. \qquad (3)$$

On prend ensuite une inconnue auxiliaire y, déterminée par l'égalité

$$x + \frac{1}{x} = y, \qquad\qquad (4)$$

d'où l'on déduit, en élevant au carré,

$$x^2 + 2 + \frac{1}{x^2} = y^2,$$

c'est-à-dire

$$x^2 + \frac{1}{x^2} = y^2 - 2.$$

Dans l'équation (3) on remplace $x + \dfrac{1}{x}$ par y, $x^2 + \dfrac{1}{x^2}$ par $y^2 - 2$, et l'on obtient ainsi une équation du second degré en y

c'est-à-dire

$$a(y^2 - 2) + by + c = 0,$$

$$ay^2 + by + c - 2a = 0. \qquad\qquad (5)$$

Supposons que cette équation (5) admette deux racines y' et y''. A chacune de ces deux valeurs de y correspondent deux valeurs de x qui sont déterminées par l'équation (4), c'est-à-dire par l'équation

$$x^2 + 1 = xy,$$

ou

$$x^2 - xy + 1 = 0.$$

Cette dernière équation admet deux racines si l'on a

$$y^2 - 4 > 0, \qquad \text{c'est-à-dire} \qquad y^2 > 4.$$

Donc, si l'équation (5) admet deux racines, et si les carrés de ces racines sont supérieurs à 4, l'équation (1) aura quatre solutions.

Si l'équation (5) n'a pas de racine, ou si les carrés des racines sont inférieurs à 4, l'équation (1) n'a aucune solution.

Enfin, si l'équation (5) admet seulement une racine dont le carré soit supérieur à 4, l'équation (1) admet deux solutions.

Pour résoudre l'équation (2), on remarque que cette équation est satisfaite quand on y fait $x = 1$, et aussi quand on y fait $x = -1$. Par suite, le premier membre de cette équation est divisible par $x - 1$ et par $x + 1$. Ce premier membre est donc divisible par le produit $(x-1)(x+1)$, c'est-à-dire par x^2-1. En effectuant la division, on obtient pour quotient ax^2+bx+a. L'équation (2) peut donc s'écrire

$$(x^2-1)(ax^2+bx+a)=0,$$

et cette équation est satisfaite si l'on a $x^2-1=0$, c'est-à-dire $x=\pm 1$, ou si l'on a

$$ax^2+bx+a=0.$$

Si cette dernière équation admet deux racines x' et x'', on voit que l'équation (2) admet les quatre solutions : $+1$, -1, x', x''.

21. Équations du 5e degré. — Ces équations se présentent sous l'une des deux formes suivantes :

$$ax^5+bx^4+cx^3+cx^2+bx+a=0, \qquad (1)$$
$$ax^5+bx^4+cx^3-cx^2-bx-a=0. \qquad (2)$$

Pour résoudre l'équation (1), on remarque que cette équation est satisfaite quand on y fait $x=-1$, et par suite le premier membre de cette équation est divisible par $x+1$. En effectuant la division, on trouve pour quotient un polynome qui, égalé à zéro, donne une équation réciproque du 4e degré, équation que l'on sait résoudre.

Pour résoudre l'équation (2), on remarque que cette équation est satisfaite quand on y fait $x=1$, et par suite le premier membre de cette équation est divisible par $x-1$. En effectuant la division, on trouve pour quotient un polynome qui, égalé à zéro, donne encore une équation réciproque du 4e degré.

Exemple. — *Résoudre l'équation*

$$2x^5+3x^4-10x^3-10x^2+3x+2=0.$$

Le premier membre de cette équation s'annule quand on y fait $x=-1$; il est donc divisible par $x+1$. En effectuant la division on trouve pour quotient

$$2x^4+x^3-11x^2+x+2.$$

L'équation proposée admet donc la racine $x=-1$, ainsi

que les racines de l'équation réciproque du 4e degré

$$2x^4 + x^3 - 11x^2 + x + 2 = 0.$$

Cette équation s'écrit, en divisant par x^2 et en groupant les termes équidistants des extrêmes,

$$2\left(x^2 + \frac{1}{x^2}\right) + \left(x + \frac{1}{x}\right) - 11 = 0,$$

d'où, en remplaçant $x + \frac{1}{x}$ par y et $x^2 + \frac{1}{x^2}$ par $y^2 - 2$,

$$2(y^2 - 2) + y - 11 = 0,$$

ou

$$2y^2 + y - 15 = 0.$$

En résolvant cette dernière équation, on obtient $y' = -3$, $y'' = \frac{5}{2}$, racines dont les carrés sont supérieurs à 4. L'équation réciproque du 4e degré admet donc quatre solutions, qui sont les racines de l'équation $x^2 - yx + 1 = 0$, où l'on remplace successivement y par -3 et par $\frac{5}{2}$. On obtient ainsi

$$x^2 + 3x + 1 = 0, \quad \text{d'où} \quad x' = \frac{-3 - \sqrt{5}}{2}, \quad x'' = \frac{-3 + \sqrt{5}}{2};$$

$$2x^2 - 5x + 2 = 0, \quad \text{d'où} \quad x' = \frac{1}{2}, \quad x'' = 2.$$

Ces quatre valeurs de x, jointes à la valeur $x = -1$, constituent les cinq solutions de l'équation proposée.

22. REMARQUE. — Certaines équations, qui ne sont pas réciproques, peuvent se résoudre par un procédé analogue.

Ainsi, soit à résoudre l'équation

$$2x^4 - 11x^3 + 8x^2 + 11x + 2 = 0. \tag{1}$$

Divisons par x^2 et groupons les termes équidistants des extrêmes

$$2\left(x^2 + \frac{1}{x^2}\right) - 11\left(x - \frac{1}{x}\right) + 8 = 0. \tag{2}$$

Posons

$$x - \frac{1}{x} = y\,;$$

on en déduit

$$x^2 + \frac{1}{x^2} = y^2 + 2,$$

et alors l'équation (2) s'écrit

$$2(y^2 + 2) - 11y + 8 = 0,$$

ou

$$2y^2 - 11y + 12 = 0.$$

Le $b^2 - 4ac$ de cette dernière équation a pour valeur $121 - 96$, c'est-à-dire 25, dont la racine est 5 ; on a donc

$$y' = \frac{11 - 5}{4} = \frac{6}{4} = \frac{3}{2},$$

$$y'' = \frac{11 + 5}{4} = \frac{16}{4} = 4.$$

Les racines de l'équation (1) sont alors les solutions de l'équation $x - \dfrac{1}{x} = y$, ou $x^2 - yx - 1 = 0$, où l'on remplace y successivement par $\dfrac{3}{2}$ et par 4. On obtient ainsi

$$2x^2 - 3x - 2 = 0, \qquad \text{d'où} \qquad x' = -\frac{1}{2}, \quad x'' = 2\,;$$

$$x^2 - 4x - 1 = 0, \qquad \text{d'où} \qquad x' = 2 - \sqrt{5}, \qquad x'' = 2 + \sqrt{5}.$$

AUTRES ÉQUATIONS

23. La résolution des équations ordinaires du 3e et du 4e degré est plus compliquée que la résolution des équations réciproques, mais peut néanmoins toujours se faire d'une façon algébrique, c'est-à-dire qu'on peut obtenir des formules générales déterminant les diverses racines de ces équations.

Les équations d'un degré supérieur au 4e ne peuvent généralement pas être résolues algébriquement, et la recherche de leurs racines nécessite la connaissance de l'*algèbre supérieure*.

Dans quelques cas particuliers on peut cependant résoudre de pareilles équations à l'aide de certaines transformations simples, ou à l'aide d'un changement de variable, ou encore en s'appuyant sur la propriété déjà signalée que si un polynome s'annule quand on y fait $x = a$, ce polynome est divisible par $x - a$. Ainsi qu'on l'a déjà vu, cette propriété permet d'abaisser d'une unité le degré de l'équation. Nous allons traiter quelques exemples.

24. Exemple I. — *Résoudre l'équation*

$$x^4 + 4x^3 - 17x^2 - 42x + 54 = 0.$$

Cette équation peut s'écrire

$$x^4 + 4x^3 + 4x^2 - 21x^2 - 42x + 54 = 0,$$

ou $\qquad (x^2 + 2x)^2 - 21(x^2 + 2x) + 54 = 0.$

Posons $\qquad x^2 + 2x = y,$

l'équation devient

$$y^2 - 21y + 54 = 0.$$

On a $\qquad b^2 - 4ac = 441 - 216 = 225,$

$$y' = \frac{21 - 15}{2} = 3, \qquad y'' = \frac{21 + 15}{2} = 18.$$

Par suite, les valeurs de x qui satisfont à l'équation proposée sont les racines des deux équations suivantes :

$$x^2 + 2x = 3, \qquad \text{ou} \qquad x^2 + 2x - 3 = 0,$$

et $\qquad x^2 + 2x = 18, \qquad \text{ou} \qquad x^2 + 2x - 18 = 0.$

Ces racines sont $\quad -3, \quad 1, \quad -1 - \sqrt{19}, \quad -1 + \sqrt{19}.$

25. Exemple II. — *Résoudre l'équation*

$$8x^6 + 215x^3 - 27 = 0.$$

Si nous posons $x^3 = y,$ cette équation s'écrit

$$8y^2 + 215y - 27 = 0.$$

Le $b^2 - 4ac$ de cette équation du second degré a pour

valeur $(215)^2 + 32 \times 27$, c'est-à-dire $46\,225 + 864$, ou $47\,089$. La racine carrée de ce dernier nombre est 217. On a donc

$$y' = \frac{-215 - 217}{16} = \frac{-432}{16} = -27,$$

$$y'' = \frac{-215 + 217}{16} = \frac{2}{16} = \frac{1}{8}.$$

Par suite, les racines cherchées doivent satisfaire aux égalités

$$x^3 = -27 \qquad \text{et} \qquad x^3 = \frac{1}{8},$$

d'où l'on déduit

$$x = \sqrt[3]{-27} = -3 \qquad \text{et} \qquad x = \sqrt[3]{\frac{1}{8}} = \frac{1}{2}.$$

26. Exemple III. — *Résoudre l'équation*

$$100x^3 - 100x^2 - 549x - 153 = 0.$$

En remplaçant, dans le premier membre de cette équation, x par l'un des nombres simples 1 ou -1, 2 ou -2, 3 ou -3, etc., on voit que ce premier membre s'annule pour $x = 3$. Le premier membre est donc divisible par $x - 3$ et, en effectuant la division, on trouve pour quotient

$$100x^2 + 200x + 51.$$

Par suite, l'équation proposée peut s'écrire

$$(x - 3)(100x^2 + 200x + 51) = 0,$$

et les solutions de cette équation sont $x = 3$ et les racines de l'équation du second degré

$$100x^2 + 200x + 51 = 0.$$

Le $b'^2 - ac$ de cette équation a pour valeur $10\,000 - 5\,100 = 4\,900$, et la racine carrée de ce nombre est 70. On a donc

$$x' = \frac{-100 - 70}{100} = \frac{-170}{100} = -1,7,$$

$$x'' = \frac{-100 + 70}{100} = \frac{-30}{100} = -0,3.$$

L'équation proposée admet donc trois solutions, qui sont :

$$3, \qquad -1,7, \qquad -0,3.$$

27. Exemple IV. — *Résoudre l'équation*

$$\sqrt[3]{x^4} + 7\sqrt[3]{x^2} = 144,$$

Si nous posons $\sqrt[3]{x^2} = y$, l'équation s'écrit

$$y^2 + 7y = 144,$$

ou
$$y^2 + 7y - 144 = 0.$$

Le $b^2 - 4ac$ de cette équation a pour valeur $49 + 576 = 625$, et la racine carrée de ce nombre est 25. On a donc

$$y' = \frac{-7-25}{2} = -16,$$

$$y'' = \frac{-7+25}{2} = 9.$$

Par suite, les solutions cherchées doivent satisfaire aux égalités

$$\sqrt[3]{x^2} = -16 \qquad \text{et} \qquad \sqrt[3]{x^2} = 9,$$

d'où l'on déduit $x^2 = -16^3$, égalité impossible,

et
$$x^2 = 729.$$

Cette dernière égalité donne pour x les deux valeurs suivantes :

$$x = \pm\sqrt{729} = \pm 27.$$

PROBLÈMES

28. La solution algébrique d'un problème comprend ordinairement trois parties : la *mise en équation*, la *résolution des équations*, la *discussion des résultats obtenus*.

Pour mettre un problème en équation, on désigne par les lettres x, y, z, etc. les inconnues de ce problème et, en se servant de ces lettres et des quantités connues, on écrit les égalités que fournit l'énoncé de la question.

La résolution des équations ainsi obtenues se fait d'après les règles que nous avons indiquées.

La discussion comprend la vérification des solutions trouvées et l'interprétation de certaines de ces solutions qui, quoique satisfaisant aux équations, ne satisfont pas à l'énoncé du problème. On sait en effet que la résolution de certaines équations peut introduire des *solutions étrangères* à ces équations ; et, dans tous les cas, il est bon de faire cette vérification, afin de se mettre en garde contre les fautes de calcul. Enfin les solutions trouvées peuvent être négatives ou fractionnaires alors que l'énoncé de la question ne comporte qu'une réponse positive ou une réponse qui soit un nombre entier ; si cela se produit, c'est que le problème, tel qu'il est posé, est impossible. Ce problème est également impossible si l'on est conduit à des équations n'admettant pas de solution.

Il sera bon de s'exercer à résoudre algébriquement le plus grand nombre possible des problèmes proposés dans la première partie (*Arithmétique commerciale*) de cet ouvrage, principalement les problèmes relatifs aux questions de partage, d'intérêt et d'escompte.

Nous allons traiter quelques exemples.

29. Exemple I. — *Une personne en plaçant les 3/4 de son capital à 3 °/₀ et le reste à 5 °/₀ possède un certain revenu annuel. Si son capital, diminué de 3 600ᶠʳ, était placé à 4 °/₀, le revenu annuel serait augmenté de 95ᶠʳ. Quel est le capital ?*

Soit x le capital demandé. Dans le placement effectif, le revenu annuel a pour valeur

$$\frac{\frac{3x}{4} \times 3}{100} + \frac{\frac{x}{4} \times 5}{100}, \quad \text{c'est-à-dire} \quad \frac{9x + 5x}{400} = \frac{14x}{400} = \frac{7x}{200}.$$

Dans le placement supposé, le revenu serait

$$\frac{(x - 3600)4}{100}.$$

D'après l'énoncé, on doit avoir l'égalité

$$\frac{7x}{200} + 95 = \frac{(x - 3600)4}{100},$$

ou

$$7x + 19000 = 8x - 28800,$$

ou encore
$$x = 19000 + 28800,$$

c'est-à-dire
$$x = 47800^{fr}.$$

Il est facile de vérifier que cette valeur 47800^{fr} satisfait au problème.

30. Exemple II. — *Deux capitaux de 12000^{fr} chacun ont été placés au taux de $4\ 1/2\ \%$ à des époques différentes. Le premier a déjà produit 237^{fr} et le second 57^{fr}. On demande dans combien de temps l'intérêt rapporté par le premier sera cinq fois plus grand que l'intérêt rapporté par le second.*

Désignons par x le nombre de jours demandé. Dans x jours l'intérêt total du premier capital sera

$$237 + \frac{12000x}{8000}, \qquad \text{ou} \qquad 237 + \frac{3x}{2}.$$

l'intérêt total du second capital sera

$$57 + \frac{3x}{2},$$

et l'on devra avoir

$$237 + \frac{3x}{2} = \left(57 + \frac{3x}{2}\right)5,$$

c'est-à-dire
$$237 + \frac{3x}{2} = 285 + \frac{15x}{2},$$

ou

$$\frac{15x - 3x}{2} = 237 - 285 = -48,$$

d'où
$$6x = -48 \qquad \text{et} \qquad x = -8.$$

Cette solution négative prouve que, tel qu'il est posé, le problème est impossible. Cette solution convient au problème posé de la façon suivante : *Combien y a-t-il de temps que l'intérêt du premier capital était cinq fois plus grand que l'intérêt du second ?* En mettant alors le problème en équation, c'est-à-dire en changeant x en $-x$ dans les calculs précédents, on trouverait $x = 8$ jours. La condition du problème a donc été satisfaite il y a 8 jours.

31. Exemple III. — *Un père en mourant laisse* 100 000^{fr} *à ses trois enfants, âgés respectivement de* 12, 15 *et* 19 *ans. Opérer le partage de telle façon que les trois lots accrus de leurs intérêts simples à* 5 °/₀ *constituent trois sommes égales à la majorité des jeunes gens* (21 *ans*).

Désignons par x, y, z les trois parts cherchées ; l'énoncé du problème permet d'écrire les équations suivantes :

$$\begin{cases} x + y + z = 100\,000, \\ x + \dfrac{x \times 5 \times 9}{100} = y + \dfrac{y \times 5 \times 6}{100} = z + \dfrac{z \times 5 \times 2}{100}, \end{cases}$$

ou, en simplifiant et en chassant les dénominateurs,

$$\begin{cases} x + y + z = 100\,000, \\ 29x = 26y = 22z \, ; \end{cases}$$

on en déduit

$$\frac{x}{\dfrac{1}{29}} = \frac{y}{\dfrac{1}{26}} = \frac{z}{\dfrac{1}{22}} = \frac{x + y + z}{\dfrac{1}{29} + \dfrac{1}{26} + \dfrac{1}{22}} = \frac{100\,000}{\dfrac{491}{4\,147}},$$

et par suite

$$x = \frac{100\,000 \times 4\,147}{491 \times 29} = 29\,124^{fr},23,$$

$$y = \frac{100\,000 \times 4\,147}{491 \times 26} = 32\,484^{fr},73,$$

$$z = \frac{100\,000 \times 4\,147}{491 \times 22} = 38\,391^{fr},4 \, .$$

Comme vérification, en faisant la somme de ces trois parts on obtient 100 000 francs.

32. Exemple IV. — *Un marchand a dépensé* 827^{fr} *pour acheter des moutons de deux espèces différentes, les uns de* 16^{fr} *par tête et les autres de* 21^{fr}. *Quel est le nombre des moutons de chaque espèce?*

Soient x le nombre des moutons de 16^{fr} et y le nombre des moutons de 21^{fr}; on doit avoir

$$16x + 21y = 827,$$

et il faut trouver pour x et y des nombres entiers positifs satisfaisant à cette équation.

On peut écrire

$$x = \frac{827 - 21y}{16} = 51 - y + \frac{11 - 5y}{16}.$$

Posons

$$\frac{11 - 5y}{16} = z;$$

on a alors

$$11 - 5y = 16z, \qquad \text{d'où} \qquad y = \frac{11 - 16z}{5},$$

ou

$$y = 2 - 3z + \frac{1 - z}{5}.$$

Si l'on prend $z = 1$, cette dernière égalité donne pour y la valeur entière $y = 2 - 3 = -1$ et on a alors

$$x = \frac{827 + 21}{16} = \frac{848}{16} = 53.$$

Les solutions entières de l'équation considérée sont donc fournies par les formules suivantes :

$$\begin{cases} x = 53 - 21\,t, \\ y = -1 + 16t. \end{cases}$$

Les valeurs cherchées pour x et y devant être positives, il faut avoir les deux inégalités

$$21t < 53 \qquad \text{et} \qquad 16t > 1,$$

c'est-à-dire $\qquad t < \dfrac{53}{21} \qquad$ et $\qquad t > \dfrac{1}{16}.$

Ces deux inégalités seront satisfaites si l'on fait $t = 1$ ou $t = 2$, et par suite le problème proposé admet deux solutions.

Pour $t = 1$, on a

$$x = 53 - 21 = 32,$$
$$y = 16 - 1 = 15.$$

Pour $t = 2$, on a

$$x = 53 - 42 = 11,$$
$$y = 32 - 1 = 31.$$

Donc le marchand a dû acheter 32 moutons à 16 francs et 15 à 21 francs, ou bien 11 moutons à 16 francs et 31 à 21 francs.

33. Exemple V. — *Un négociant anglais possède deux effets de valeur égale s'élevant pour chacun à 2229£. 10 s. 10 d. et venant à échéance dans 30 jours. Il les négocie tous deux au même taux, mais l'un en dehors et l'autre en dedans. La différence des deux escomptes atteint 9 d. Quel est le taux appliqué?*

En réduisant en *pence* la valeur nominale donnée, on obtient 535 090 pence. Si nous désignons par a cette valeur nominale et par D le diviseur du taux d'escompte employé, on a l'égalité

$$\frac{a \times 30}{D} - \frac{a \times 30}{D + 30} = 9,$$

ou

$$10a\left(\frac{1}{D} - \frac{1}{D + 30}\right) = 3,$$

ou encore

$$10a\,\frac{30}{D(D + 30)} = 3,$$

ou

ou enfin

$$100a = D(D + 30),$$

$$D^2 + 30D - 100a = 0.$$

Cette équation du second degré en D admet une racine positive et une racine négative ; la première convient seule au problème.

On a
$$b'^2 - ac = (15)^2 + 100a$$
$$= 225 + 53\,509\,000 = 53\,509\,225.$$

La racine carrée de ce dernier nombre est 7315, et par suite on a
$$D = -15 + 7315 = 7300.$$

Or en Angleterre l'année commerciale étant comptée de 365 jours, le diviseur s'obtient en divisant $36\,500$ par le taux.

On a donc
$$\text{taux} = \frac{36\,500}{7\,300} = 5\,°/_°.$$

34. Exemple VI. — *Deux commerçants ont retiré d'une association, qu'ils avaient contractée pour 4 ans 1/2, la somme de $30\,000^{fr}$, mises et bénéfices comptés. La mise du premier, qui est plus forte que celle du second, s'élève à 6000^{fr}, et le gain du second égale 8000^{fr}. Combien pour cent par an a produit le capital versé dans l'association ?*

Soient x le bénéfice du premier associé et y la mise du second ; on doit avoir
$$x + y + 6000 + 8000 = 30\,000,$$
d'où l'on déduit
$$x + y = 16\,000. \tag{1}$$

D'autre part, les bénéfices étant proportionnels aux mises, on a
$$\frac{x}{6000} = \frac{8000}{y},$$
c'est-à-dire
$$xy = 48\,000\,000. \tag{2}$$

Les égalités (1) et (2) montrent que x et y sont les racines de l'équation du second degré
$$z^2 - 16\,000\,z + 48\,000\,000 = 0.$$

Le $b'^2 - ac$ de cette équation a pour valeur
$$64\,000\,000 - 48\,000\,000 = 16\,000\,000$$
et la racine carrée de cette valeur est 4000. On a alors

$$z' = 8\,000 - 4\,000 = 4\,000,$$
$$z'' = 8\,000 + 4\,000 = 12\,000.$$

La mise du second associé étant moins forte que celle du premier, nous devons prendre $y = 4\,000^{\text{fr}}$, et on a alors $x = 12\,000^{\text{fr}}$. Par suite, le capital versé dans l'association s'élève à

$$6\,000 + 4\,000 = 10\,000^{\text{fr}}.$$

Ce capital ayant produit $20\,000^{\text{fr}}$ en 4 ans 1/2, le taux du placement est

$$r = \frac{110\,i}{an} = \frac{2\,000\,000}{10\,000 \times 4,5} = \frac{200}{4,5} = 44,44\ \%.$$

35. Exemple VII. — *Deux associés ont fait un fonds commun de $2\,000^{\text{fr}}$. Le premier a laissé sa mise pendant 2 mois, et le second a laissé la sienne pendant 8 mois. Le premier a reçu $1\,800^{\text{fr}}$ tant pour gain que pour mise, tandis que le second n'a reçu que 900^{fr}. Trouver le gain et la mise de chacun.*

Soient x la mise du premier et y celle du second. Les bénéfices des associés sont alors $1\,800 - x$ pour le premier et $900 - y$ pour le second. Ces bénéfices sont proportionnels à $2x$ et $8y$, c'est-à-dire à x et $4y$. On peut donc écrire les équations suivantes

$$\left\{ \begin{aligned} &x + y = 2\,000, \\ &\frac{1\,800 - x}{x} = \frac{900 - y}{4y}. \end{aligned} \right.$$

De la seconde équation on déduit

$$\frac{1\,800 - x}{x} = \frac{900 - y}{4y} = \frac{2\,700 - (x + y)}{x + 4y} = \frac{700}{2\,000 + 3y}.$$

On a donc

$$\frac{900 - y}{4y} = \frac{700}{2\,000 + 3y},$$

d'où, en écrivant que le produit des extrêmes est égal à celui des moyens,

$$1\,800\,000 - 2\,000\,y + 2\,700\,y - 3y^2 = 2\,800\,y.$$

c'est-à-dire

$$3y^2 + 2\,100y - 1\,800\,000 = 0.$$

Cette équation du second degré a une racine positive qui est seule acceptable. Le $b'^2 - ac$ a pour valeur

$$(1\,050)^2 + 5\,400\,000 = 6\,502\,500$$

et la racine carrée de cette valeur est 2550. Donc

$$y = \frac{-1\,050 + 2\,550}{3} = \frac{1\,500}{3} = 500^{\text{fr}}.$$

On a alors $x = 1\,500^{\text{fr}}$, et les bénéfices sont : 300^{fr} pour le premier associé, 400^{fr} pour le second.

36. Exemple VII. — *Une personne possède* $110\,000^{\text{fr}}$ *placés partie à un taux, partie à un autre taux. Si la première somme était placée au taux de la seconde, et la seconde au taux de la première, elles rapporteraient des intérêts respectivement égaux à* $3\,600^{\text{fr}}$ *et* $2\,500^{\text{fr}}$.

Trouver les deux sommes et les deux taux, sachant que l'intérêt annuel produit par les $110\,000^{\text{fr}}$ *est égal à* $6\,000^{\text{fr}}$.

1re **Solution.** — Soient x et y les deux sommes placées respectivement aux taux u et v. D'après l'énoncé du problème, on peut écrire les quatre équations suivantes :

$$\begin{cases} x + y = 110\,000, \\[2mm] \dfrac{vx}{100} = 3\,600, \\[2mm] \dfrac{uy}{100} = 2\,500, \\[2mm] \dfrac{ux}{100} + \dfrac{vy}{100} = 6\,000, \end{cases}$$

ou, en chassant les dénominateurs,

$$\begin{cases} x + y = 110\,000, \\[1mm] vx = 360\,000, \\[1mm] uy = 250\,000, \\[1mm] ux + vy = 600\,000. \end{cases}$$

Ajoutons membre à membre les trois dernières équations, on obtient

$$u(x + y) + v(x + y) = 1\,210\,000,$$

ou

$$(u + v)(x + y) = 1\,210\,000,$$

ou encore

$$(u + v)\,110\,000 = 1\,210\,000,$$

d'où l'on déduit

$$u + v = 11.$$

Multiplions les deux membres de la seconde équation par u, les deux membres de la troisième par v, puis ajoutons membre à membre ces deux équations ; on obtient

$$uv(x + y) = 360\,000\,u + 250\,000\,v,$$

ou, en remplaçant $(x + y)$ par $110\,000$ et en simplifiant,

$$11\,uv = 36u + 25v.$$

Or on a $v = 11 - u$, et par suite cette dernière égalité s'écrit

$$11u(11 - u) = 36u + 25(11 - u),$$

c'est-à-dire

$$121u - 11u^2 = 36u + 275 - 25u,$$

ou

$$11u^2 - 110u + 275 = 0,$$

ou encore

$$u^2 - 10u + 25 = 0,$$

ce qu'on peut écrire

$$(u - 5)^2 = 0,$$

d'où

$$u - 5 = 0, \quad \text{c'est-à-dire} \quad u = 5.$$

On a alors $v = 6$. Les deux taux sont donc 5 °/₀ et 6 °/₀.

Le premier capital placé à 6 °/₀ rapporte $3\,600^{fr}$ par an ; ce capital est donc égal à $60\,000^{fr}$, et par suite le second capital est égal à $50\,000^{fr}$.

2° SOLUTION. — Soient x et y les deux sommes cherchées. Si x rapporte $3\,600^{fr}$ en un an, le taux est $\dfrac{360\,000}{x}$. Si y rapporte $2\,500^{fr}$ en un an, le taux est $\dfrac{250\,000}{y}$.

La somme x est donc placée à $\dfrac{250\,000}{y}$ °/₀ et la somme y à $\dfrac{360\,000}{x}$ °/₀. Par suite, on a

$$\frac{x}{100} \times \frac{250\,000}{y} + \frac{y}{100} \times \frac{360\,000}{x} = 6\,000,$$

c'est-à-dire

$$\frac{25x}{y} + \frac{36y}{x} = 60,$$

ou, en posant $\dfrac{x}{y} = t,$

$$25t + \frac{36}{t} - 60 = 0,$$

$$25t^2 - 60t + 36 = 0,$$

ce qu'on peut écrire

$$(5t - 6)^2 = 0, \qquad \text{d'où} \qquad t = \frac{6}{5}.$$

On a donc $$\frac{x}{y} = \frac{6}{5},$$

d'où l'on déduit

$$\frac{x}{6} = \frac{y}{5} = \frac{x+y}{6+5} = \frac{110\,000}{11} = 10\,000,$$

et par suite

$$x = 60\,000^{fr}, \qquad y = 50\,000^{fr}.$$

Il est alors facile de déterminer les taux.

PROBLÈMES A RÉSOUDRE

1. Résoudre les équations suivantes :

1°
$$4 - \frac{3x}{5} + \frac{5x}{6} = \frac{2x}{3} - \frac{11x}{30} ;$$

2°
$$\frac{3x+5}{4} = 2 - \frac{x+2}{3} ;$$

3°
$$\frac{5x}{6} - 12 = \frac{3x}{2} - \frac{8x}{3} ;$$

4°
$$\frac{5x}{8} - \frac{7}{27} + \frac{7x}{12} = 4x - \frac{11x}{18} ;$$

$5°$
$$5x - 17 = 38 - \frac{7 - 15x}{3}.$$

2. Résoudre les équations suivantes :

$1°$
$$\frac{3x}{2} - \frac{6 - 2x}{5} = 2x - \frac{6}{5};$$

$2°$
$$\frac{4 - x}{6} - \frac{3x - 7}{12} = 3x - \frac{2x - 3}{4};$$

$3°$
$$\frac{x - 5}{2} = \frac{3(x + 1)}{2} - (x + 4);$$

$4°$
$$\frac{7x - (x - 3)}{2(x - 5)} - \frac{2}{3} = \frac{5}{6}.$$

3. Résoudre les équations suivantes :

$1°$
$$\frac{x + 3}{x - 5} - \frac{x + 5}{x - 3} = 1 - \frac{2x^2 - 3}{2x^2 - 16x + 30};$$

$2°$
$$\frac{1}{30} - \frac{5x + 2}{35} = \frac{7 - 2x^2}{14(x - 1)};$$

$3°$
$$x - \frac{x^2 + 18}{x - 2} = \frac{4(2x - 9) - 9(x - 1)}{x - 3}.$$

4. Résoudre les équations suivantes :

$1°$
$$\frac{x}{a} + \frac{x}{b} = \frac{1}{ab};$$

$2°$
$$\frac{4ax}{b} - \frac{9by}{a} = 2a + 3b;$$

$3°$
$$\frac{x - a}{b} = \frac{x - b}{a} + \frac{a^2 - b^2}{2ab};$$

$4°$
$$\frac{2x - a}{3a^2} - \frac{13x - b}{6ab} = \frac{1}{2b} - \frac{x + 3a + b}{2b^2}.$$

5. Résoudre les équations suivantes :

$1°$
$$6x - 3\sqrt{4x^2 - 9} = 3;$$

$2°$
$$\sqrt{x + 6} - \frac{5}{\sqrt{x + 3}} = \sqrt{x + 3}.$$

6. Résoudre les équations suivantes :

$1°$
$$\sqrt{x + 24} - \sqrt{x - 8} = 4;$$

$2°$
$$\sqrt{x+8} - \sqrt{x-8} = \sqrt{2x-30}.$$

7. Résoudre les systèmes suivants :

$1°$.
$$\begin{cases} 7x + 22y = 76, \\ 21x - 11y = 35,5 ; \end{cases}$$

$2°$
$$\begin{cases} \dfrac{3x}{5} - \dfrac{2y}{3} = 2, \\ x + y = 16 ; \end{cases}$$

$3°$
$$\begin{cases} \dfrac{x}{2} - \dfrac{y}{3} = 5, \\ 3x - 2y = 30. \end{cases}$$

8. Résoudre le système
$$\begin{cases} 7x - \dfrac{3y}{8} = \dfrac{53}{8}, \\ \dfrac{2x}{5} + \dfrac{7y}{10} = 1. \end{cases}$$

9. Résoudre le système
$$\begin{cases} \dfrac{4}{3x+1} = \dfrac{5}{1-y}, \\ \dfrac{2}{7x-5} = \dfrac{11}{3-2y}. \end{cases}$$

10. Résoudre le système
$$\begin{cases} \sqrt{3x-2y} + 3\sqrt{6x+2y} = 21, \\ 15\sqrt{3x-2y} - 7\sqrt{6x+2y} = 3. \end{cases}$$

11. Résoudre le système
$$\begin{cases} x - y = 23, \\ x^2 - y^2 = 240. \end{cases}$$

12. Résoudre le système
$$\begin{cases} \dfrac{x}{a} + \dfrac{y}{b} = \dfrac{1}{b}, \\ \dfrac{x}{b} - \dfrac{y}{a} = \dfrac{1}{a}. \end{cases}$$

13. Résoudre le système

$$\begin{cases} 3x + 2y - z = 17, \\ x + 6y + 2z = 5, \\ 5x - y + 3z = 42. \end{cases}$$

14. Résoudre le système

$$\begin{cases} 4x - 6y + z = 2, \\ x + 4y - z = 6, \\ 3x + y + 5z = 7. \end{cases}$$

15. Résoudre le système

$$\begin{cases} \dfrac{3x}{2} - \dfrac{y}{3} - \dfrac{2z}{5} = 14, \\[2mm] \dfrac{x}{4} + \dfrac{5y}{6} + \dfrac{z}{15} = 11, \\[2mm] x - \dfrac{y}{4} - \dfrac{z}{3} = 10. \end{cases}$$

16. Résoudre le système

$$\begin{cases} x + y - z = 9, \\ y + z - u = 6, \\ z + u - v = 0, \\ u + v - x = -8, \\ v + x - y = -5, \end{cases}$$

17. Résoudre en nombres entiers les équations suivantes :

1° $$14x + 15y = 142 ;$$
2° $$7x - 8y = 68 ;$$
3° $$15x + 4y = 228.$$

18. Résoudre en nombres entiers et positifs les équations suivantes :

1° $$9x + 23y = 333 ;$$
2° $$19x - 7y = 5.$$

19. Résoudre les équations suivantes :

1° $$2x^2 + 37x + 156 = 0 ;$$

2° $$66x^2 - 155x + 99 = 0 ;$$

3° $$7x^2 + 4x - 75 = 0 ;$$

4° $$49x^2 - 182x + 169 = 0.$$

20. Résoudre les équations suivantes :

1° $$x^2 + 28x + 187 = 0 ;$$

2° $$6x^2 + x - 126 = 0 ;$$

3° $$248x^2 - 39x + 1 = 0.$$

21. Résoudre l'équation

$$\frac{7}{x-1} - \frac{1}{3x+2} = \frac{75}{7x+1}.$$

22. Résoudre l'équation

$$\frac{4x+4}{5x-15} - \frac{11}{2} = \frac{3}{2-x}.$$

23. Résoudre l'équation

$$\frac{11}{3(x-1)} - \frac{7}{6} = \frac{4x}{x+1} - \frac{4}{5}.$$

24. Résoudre l'équation

$$\frac{a-b}{4(x-a)} + \frac{x+2b}{a+b} = 2.$$

25. Résoudre les équations suivantes :

1° $$2x - 5\sqrt{x} = 12 ;$$

2° $$7x + 2\sqrt{16x^2 + 81} = 51.$$

26. Résoudre l'équation

$$x^2 - 6x + 9 = 4\sqrt{x^2 - 6x + 6}$$

27. Résoudre le système

$$\begin{cases} 15x - 8y - 18 = 0, \\ 18x^2 - 6xy + 7y^2 - 3x + 2y = 15 \end{cases}$$

28. Résoudre le système

$$\begin{cases} 3x - 4y + 5 = 0, \\ 4x^2 - 5xy + 3y^2 - 3x + 2y = 7. \end{cases}$$

29. Résoudre le système

$$\begin{cases} x + y = \dfrac{11}{6}, \\ \dfrac{x}{y} - \dfrac{y}{x} = \dfrac{11}{30}. \end{cases}$$

30. Résoudre le système

$$\begin{cases} 5x - 3y + 2z = 11, \\ x + 7y - z = 14, \\ x^2 + 2xz - 2z^2 - 3z + 5y + 12 = 0. \end{cases}$$

31. Résoudre le système

$$\begin{cases} 3x^2 - 2xy + 9y^2 - 8x = 72, \\ x^2 + 7xy + 3y^2 - 18x = 24. \end{cases}$$

32. Résoudre le système

$$\begin{cases} 3x^2 - y^2 = 11, \\ 4x^2 + 5xy = 96. \end{cases}$$

33. Résoudre le système

$$\begin{cases} x^2y + xy^2 = 20, \\ \dfrac{1}{x} + \dfrac{1}{y} = \dfrac{5}{4}. \end{cases}$$

34. Résoudre l'équation

$$5x^3 - 31x^2 + 31x - 5 = 0.$$

35. Résoudre l'équation

$$7x^3 + 43x^2 - 43x - 7 = 0.$$

36. Résoudre l'équation

$$12x^4 + 4x^3 - 41x^2 + 4x + 12 = 0.$$

37. Résoudre l'équation

$$4x^5 - 13x^4 - 17x^3 + 17x^2 + 13x - 4 = 0.$$

38. Résoudre l'équation

$$x^3 - x^2 - 58x + 112 = 0.$$

39. Un marchand de vin ajoute 2^{hl} de vin à 25^{fr} l'hectolitre à un certain nombre d'hectolitres de vin à 27^{fr}. Il complète le mélange avec 1^{hl} d'eau, et obtient ainsi du vin qu'il peut vendre $23^{fr},90$ l'hectolitre. Quel est le nombre d'hectolitres de vin à 27^{fr} ?

40. On a deux tonneaux renfermant, l'un 200^l de vin à 30^{fr} l'hecto, l'autre 120^l de vin à 23^{fr} l'hecto. On demande de tirer de chacun de ces tonneaux la même quantité de liquide, de telle façon qu'en mettant dans chaque tonneau le liquide tiré de l'autre, les deux mélanges obtenus soient identiques.

41. L'escompte rationnel d'un effet qui a 120 jours à courir est de 84^{fr}, et l'escompte commercial de $85^{fr}, 26$. On demande de trouver le taux de l'escompte et la valeur nominale de l'effet.

42. On a deux qualités de vin. En mélangeant 3^{hl} de la première à 5^{hl} de la seconde, on obtient du vin à $29^{fr},25$ l'hecto. En mélangeant 7^{hl} de la première qualité à 3^{hl} de la seconde, on obtient du vin à $30^{fr},80$ l'hecto. Quel est le prix de chaque qualité de vin ?

43. Une personne qui possède $105\,000^{fr}$ a fait trois parts de sa fortune pour les placer respectivement à $3\,1/2\,°/_°$, $4\,1/2\,°/_°$ et $4\,°/_°$. L'intérêt annuel ainsi obtenu est de $4\,141^{fr}$. Si la première et la troisième parts réunies étaient placées au taux de la seconde, ces deux parts produiraient ensemble un intérêt annuel de $3\,600^{fr}$. On demande de trouver les trois parts.

44. On veut former une somme de 45^{fr} en prenant des pièces de 5^{fr} et des pièces de 2^{fr}. Combien doit-on prendre de pièces de chaque espèce ?

45. Dans une librairie on achète, pour une somme totale de 105^{fr}, des volumes à 4^{fr} et des volumes à 7^{fr}. Quel est le nombre des volumes de chaque espèce ainsi achetés ?

46. Un marchand a acheté, pour une somme totale de 542^{fr}, 31 moutons de trois espèces différentes qu'il a payés : les premiers 21^{fr} par tête, les seconds 19^{fr} et les troisièmes 16^{fr}. Quel est le nombre des moutons de chaque espèce?

47. Un capitaliste place $35\,000^{fr}$ à un certain taux. Au bout d'un an il place ce même capital, augmenté de ses intérêts, à un taux supérieur d'une unité au taux primitif. Ce second placement lui procure un revenu annuel de $1\,820^{fr}$. Quel était le taux primitif?

48. Un bassin qui a la forme d'un tronc de cône a le même volume qu'un réservoir cylindrique de même profondeur et de 1^m de rayon. La petite base de ce bassin a $0^m,85$ de rayon. On demande de trouver le rayon de la grande base.

49. L'escompte à $5\,°/_0$ d'un effet de $26\,765^{fr}$ varie de $2^{fr},65$ suivant que l'escompte est pris en dehors ou en dedans. Dans combien de jours doit avoir lieu l'échéance de cet effet ?

50. Deux associés, à la fin de leur entreprise, ont à se partager une somme de $193\,500^{fr}$, mises et bénéfices compris. La mise du premier était de $12\,690^{fr}$ et le bénéfice du second est de $111\,649^{fr},50$. On demande de trouver le bénéfice du premier et la mise du second.

51. Deux associés ayant constitué un capital de $36\,000^{fr}$ ont laissé leurs mises dans l'entreprise : le premier pendant 16 mois, le second pendant 9 mois. A la fin de cette entreprise chaque associé reçoit en tout $36\,000^{fr}$. On demande de trouver la mise et le bénéfice de chacun d'eux.

52. Deux capitaux ayant pour somme $9\,000^{fr}$ ont été placés à $5\,°/_0$. Le premier, qui est resté placé 2 mois de plus que le second, a rapporté 270^{fr}, et le second a rapporté 150^{fr}. Quels sont ces deux capitaux?

53. Deux personnes ont mis des capitaux différents dans une entreprise, la première pendant 4 ans et la seconde pendant 5 ans. La somme des mises est de $9\,100^{fr}$. Ces deux personnes reçoivent, mises et bénéfices compris : la première $5\,694^{fr}$ et la seconde $10\,028^{fr}$. On demande de trouver la mise et le bénéfice de chaque associé.

54. Deux capitaux, se montant ensemble à $65\,100^{fr}$, sont placés à des taux différents mais produisent le même revenu annuel. On demande de trouver ces deux capitaux ainsi que les taux des deux placements, sachant que si le premier capital était placé au deuxième taux et le second capital au premier taux, les revenus annuels seraient respectivement égaux à $1417^{fr},50$ et $1612^{fr},80$.

55. Deux capitaux égaux chacun à 35100^{fr}, placés à des taux différents et pendant des durées différentes, ont produit des intérêts respectivement égaux à 819^{fr} et $1579^{fr},50$. Les durées étant exprimées en mois, la somme du taux et de la durée dans le second placement surpasse de $5,5$ la somme du taux et de la durée dans le premier placement. De plus, si ce même capital de 35100^{fr} était placé au taux du premier placement pendant la durée du second, l'intérêt produit serait égal à 1404^{fr}. On demande de trouver les deux taux et les deux durées.

CHAPITRE II

PROGRESSIONS ET LOGARITHMES

PROGRESSIONS ARITHMÉTIQUES

37. Définitions. — Une *progression arithmétique* est une suite de nombres tels que chacun d'eux est égal au précédent augmenté d'un nombre constant appelé *raison*.

Chacun des nombres de cette suite s'appelle un *terme* de la progression.

Si la raison est positive, les termes vont en augmentant et la progression est dite *croissante*. Si la raison est négative, les termes vont en diminuant et la progression est dite *décroissante*.

Pour écrire une progression arithmétique, on place les différents termes sur une ligne horizontale, en mettant un point entre chaque terme et le suivant, et en plaçant devant le premier terme le signe $\div$.

Voici deux progressions arithmétiques :

$$\div 7.10.13.16.19.22\ldots$$
$$\div 11.9.7.5.3.1.-1.-3\ldots$$

Dans la première, la raison est égale à 3, et la progression est croissante ; dans la seconde, la raison est égale à — 2, et la progression est décroissante.

Plus généralement, nous représenterons une progression arithmétique de la façon suivante :

$$\div a.b.c.d\ldots\ldots l\ldots$$

Nous désignerons par r la raison de cette progression et par n

le rang du terme l. On pourra écrire

$$b = a + r, \qquad c = b + r, \qquad d = c + r, \qquad \text{etc.}$$
$$\text{ou} \qquad b - a = c - b = d - c = \cdots = r.$$

Le nombre des termes d'une progression arithmétique peut être illimité. S'il n'y a aucun terme après l, on dit que la progression est *limitée* et contient n termes. Une telle progression peut être considérée comme ayant pour premier terme l, pour raison $-r$ et pour dernier terme a.

38. Valeur du terme de rang n. — Puisque chaque terme s'obtient en ajoutant r au précédent, on voit que les termes successifs de la progression arithmétique peuvent s'écrire

$$a, \qquad a + r, \qquad a + 2r, \qquad a + 3r, \qquad \text{etc.}$$

Cela montre que *chaque terme est égal au premier augmenté d'autant de fois la raison qu'il y a de termes avant lui.*

On peut donc écrire la formule suivante :

$$l = a + (n - 1)r. \tag{1}$$

39. Théorème. — *Dans toute progression arithmétique limitée, la somme de deux termes équidistants des deux termes extrêmes est constante et est égale à la somme de ces deux termes extrêmes.*

Soit la progression $\div a.b.c.d\ldots g.h.k.l$.

Les termes extrêmes sont a et l. Deux termes équidistants des extrêmes sont, par exemple, d et g ; nous voulons démontrer que l'on a $d + g = a + l$.

En effet, d étant le 4° terme, on peut écrire, d'après la formule (1),

$$d = a + 3r.$$

D'autre part, g est aussi le 4° terme d'une progression ayant pour 1°° terme l et pour raison $-r$. On peut donc écrire, d'après la même formule,

$$g = l - 3r.$$

Ajoutons membre à membre ces deux dernières égalités, on obtient

$$d + g = a + l. \qquad \text{C. q. f. d.}$$

40. Somme des termes d'une progression limitée. — Considérons la progression suivante, qui contient n termes :

$$\div a.b.c\ d\ldots g.h.k.l.$$

Soit S la somme des termes de cette progression ; on peut écrire les deux égalités suivantes :

$$S = a + b + c + d + \cdots + g + h + k + l,$$
$$S = l + k + h + g + \cdots + d + c + b + a.$$

Ajoutons membre à membre ces deux égalités, nous aurons

$$2S = (a + l) + (b + k) + (c + h) + \cdots + (l + a).$$

Le second membre de cette dernière égalité contient n parenthèses toutes égales entre elles, car chacune d'elles contient la somme de deux termes équidistants des extrêmes de la progression donnée. On a donc

$$2S = (a + l)n.$$

d'où l'on déduit

$$S = \frac{(a + l)n}{2}. \qquad (2)$$

Cette formule montre que *la somme des termes d'une progression arithmétique limitée est égale à la demi-somme des termes extrêmes multipliée par le nombre des termes.*

41. Formules fondamentales. — Nous avons établi entre les cinq lettres a, r, l, n, S les deux relations suivantes :

$$l = a + (n - 1)r, \qquad (1)$$
$$S = \frac{(a + l)n}{2}. \qquad (2)$$

Ces formules, qu'il faut savoir par cœur, sont *distinctes*, car elles ne contiennent pas les mêmes lettres. Elles sont de plus *fondamentales*, c'est-à-dire qu'entre les cinq lettres qu'elles renferment il ne peut pas exister une troisième relation distincte des deux précédentes ; car si cela avait lieu, on pourrait, connaissant deux de ces lettres, a et r par exemple, déterminer les trois autres, ce qui est absurde.

Ces deux formules permettent de résoudre tous les problèmes

relatifs aux progressions arithmétiques. Dans chacun de ces problèmes il faut connaître au moins trois des cinq lettres a, r, l, n, S, et alors les formules (1) et (2) se transforment en deux équations à deux inconnues permettant de trouver la valeur de chacune des deux autres lettres.

Il est aisé de voir qu'en combinant ces cinq lettres de toutes les manières possibles de façon à n'avoir que deux inconnues, on obtient dix problèmes distincts. Deux de ces problèmes conduisent à une équation du second degré, ce sont ceux dans lesquels on a pour inconnues a et n ou l et n. Les huit autres problèmes se résolvent par le premier degré.

42. Théorème. — *Dans toute progression arithmétique croissante non limitée, il existe un rang à partir duquel les termes sont plus grands qu'un nombre donné, aussi grand que soit ce nombre.*

Soit A le nombre donné. Le terme de rang n sera supérieur à ce nombre si l'on a

$$a + (n - 1)r > A,$$

ou
$$(n - 1)r > A - a.$$

La progression étant croissante, la raison r est positive, et par suite on peut diviser par r les deux membres de cette inégalité, ce qui donne

$$n - 1 > \frac{A - a}{r},$$

ou
$$n > \frac{A - a}{r} + 1.$$

Quel que soit le nombre A, on pourra toujours calculer l'expression $\dfrac{A - a}{r} + 1$, et l'on voit alors que le terme dont le rang n sera supérieur à cette expression sera lui-même plus grand que A ; il en sera de même *a fortiori* pour les termes suivants.   C. q. f. d.

Exemple. — Soit la progression

$$\div 38 . 43 . 48 \ldots$$

Cherchons à déterminer le rang à partir duquel les termes de cette progression sont supérieurs à 100000. On a ici

$$\frac{A - a}{r} + 1 = \frac{100000 - 38}{5} + 1 = 19993,4.$$

Donc le 19994ᵉ terme est plus grand que 100000, et il en est de même à plus forte raison pour les termes suivants.

43. Moyens arithmétiques. — On appelle *moyens arithmétiques* des nombres compris entre deux nombres donnés a et b et formant une progression arithmétique limitée commençant par a et finissant par b.

Proposons-nous *d'insérer*, entre les deux nombres a et b, m *moyens arithmétiques*.

Cela revient à former une progression arithmétique contenant $m + 2$ termes, le premier étant a et le dernier b. Le problème sera résolu si nous pouvons trouver la raison r de cette progression, car lorsqu'on connaît le premier terme et la raison d'une progression on peut en écrire les termes successifs.

Appliquons la formule fondamentale (1) au dernier terme b qui en a $m + 1$ avant lui ; nous aurons

$$b = a + (m + 1)r,$$

ou
$$b - a = (m + 1)r,$$

d'où l'on déduit
$$r = \frac{b - a}{m + 1},$$

égalité qui résout le problème.

Exemple. — *Insérer 9 moyens arithmétiques entre 37 et 43.*

La raison de la progression cherchée est

$$r = \frac{43 - 37}{9 + 1} = \frac{6}{10} = 0,6,$$

et par suite cette progression est la suivante :

$\div$ 37. 37,6. 38,2. 38,8. 39,4. 40. 40,6. 41,2. 41,8. 42,4. 43.

44. Théorème. — *Si l'on insère entre les termes consécutifs* *d'une progression arithmétique le même nombre de moyens arithmétiques, on forme une succession de progressions partielles dont l'ensemble constitue une seule progression.*

Soit la progression arithmétique de raison r

$$\div a.b.c.d\ldots$$

Si l'on insère m moyens arithmétiques entre a et b, on forme une progression arithmétique ayant pour raison $\dfrac{b-a}{m+1}$, c'est-à-dire $\dfrac{r}{m+1}$.

Si l'on insère m moyens arithmétiques entre b et c, on forme une progression arithmétique ayant pour raison $\dfrac{c-b}{m+1}$, c'est-à-dire $\dfrac{r}{m+1}$.

Et ainsi de suite. Toutes les progressions partielles ainsi formées ont donc la même raison, et, comme le dernier terme de chacune d'elles est le premier terme de la suivante, il en résulte que ces diverses progressions forment une progression unique ayant pour premier terme a et pour raison $\dfrac{r}{m+1}$.

C. q. f. d.

45. Applications. — **I. Somme des n premiers nombres entiers.**

$$S = 1 + 2 + 3 + 4 + \cdots + n.$$

Ces différents nombres constituent une progression arithmétique de premier terme 1, de raison 1, dans laquelle chaque terme est égal à son rang. Le second membre de la formule fondamentale (2) devient donc $\dfrac{(1+n)n}{2}$, et par suite on peut écrire

$$S = \frac{n(n+1)}{2}.$$

Donc *la somme des n premiers nombres entiers s'obtient en prenant la moitié du produit du nombre n par le nombre entier suivant.*

D'après cela, la somme des 18 premiers nombres entiers est $9 \times 19 = 171$; la somme des 25 premiers nombres entiers est $25 \times 13 = 325$.

II. Somme des n premiers nombres impairs.

$$S' = 1 + 3 + 5 + 7 + \cdots$$

Ces différents nombres constituent une progression arithmétique de premier terme 1 et de raison 2. D'après la formule (1), le n^e terme a pour valeur

$$l = 1 + (n - 1)2 = 1 + 2n - 2 = 2n - 1.$$

Par suite, en appliquant la formule (2), on obtient

$$S' = \frac{(1 + 2n - 1)n}{2} = \frac{2n^2}{2},$$

c'est-à-dire
$$S' = n^2.$$

Donc *la somme des n premiers nombres impairs s'obtient en faisant le carré du nombre n.*

Ainsi, la somme des 25 premiers nombres impairs est

$$25^2 = 625.$$

III. Somme des carrés des n premiers nombres entiers.

$$S_2 = 1^2 + 2^2 + 3^2 + 4^2 + \cdots + n^2.$$

On a l'égalité suivante :

$$(a + 1)^3 = a^3 + 3a^2 + 3a + 1.$$

Dans cette égalité, remplaçons successivement a par les nombres 1, 2, 3, 4, ..., n ; nous pourrons écrire

$$(1 + 1)^3 = 1^3 + 3 \times 1^2 + 3 \times 1 + 1,$$
$$(2 + 1)^3 = 2^3 + 3 \times 2^2 + 3 \times 2 + 1,$$
$$(3 + 1)^3 = 3^3 + 3 \times 3^2 + 3 \times 3 + 1,$$
$$\cdots \cdots \cdots \cdots \cdots \cdots$$
$$(n + 1)^3 = n^3 + 3 \times n^2 + 3 \times n + 1.$$

Ajoutons membre à membre ces n égalités. Dans le résultat obtenu, nous pouvons supprimer $(1 + 1)^3$ dans le premier membre et 2^3 dans le second, puis $(2 + 1)^3$ dans le premier et

3^3 dans le second, et ainsi de suite. Il reste alors

$$(n + 1)^3 = 1^3 + 3(1^2 + 2^2 + 3^2 + \cdots + n^2)$$
$$+ 3(1 + 2 + 3 + \cdots + n) + n,$$

ou

$$(n + 1)^3 = 3S_2 + 3\,\frac{n(n + 1)}{2} + n + 1,$$

ou encore

$$3S_2 = (n + 1)^3 - \frac{3n(n + 1)}{2} - (n + 1)$$

$$= \frac{(n + 1)[2(n + 1)^2 - 3n - 2]}{2}$$

$$= \frac{(n + 1)(2n^2 + n)}{2} = \frac{n(n + 1)(2n + 1)}{2},$$

d'où enfin

$$S_2 = \frac{n(n + 1)(2n + 1)}{6}.$$

IV. Somme des cubes des n premiers nombres entiers.

$$S_3 = 1^3 + 2^3 + 3^3 + 4^3 + \cdots + n^3.$$

On a l'égalité suivante

$$(a + 1)^4 = a^4 + 4a^3 + 6a^2 + 4a + 1.$$

Dans cette égalité remplaçons successivement a par les nombres 1, 2, 3, 4, ..., n; nous pourrons écrire

$$(1 + 1)^4 = 1^4 + 4 \times 1^3 + 6 \times 1^2 + 4 \times 1 + 1,$$
$$(2 + 1)^4 = 2^4 + 4 \times 2^3 + 6 \times 2^2 + 4 \times 2 + 1,$$
$$(3 + 1)^4 = 3^4 + 4 \times 3^3 + 6 \times 3^2 + 4 \times 3 + 1,$$
$$\cdots\cdots\cdots\cdots\cdots\cdots\cdots\cdots\cdots\cdots\cdots$$
$$(n + 1)^4 = n^4 + 4 \times n^3 + 6 \times n^2 + 4 \times n + 1.$$

Ajoutons membre à membre ces n égalités; nous aurons, en tenant compte des simplifications qui se produisent,

$$(n + 1)^4 = 1^4 + 4S_3 + 6S_2 + 4S + n,$$

ou

$$(n + 1)^4 = 4S_3 + n(n + 1)(2n + 1) + 2n(n + 1) + n + 1,$$

ou encore

$$4\,S_3 = (n+1)[(n+1)^3 - n(2n+1) - 2n - 1]$$
$$= (n+1)(n^3 + 3n^2 + 3n + 1 - 2n^2 - n - 2n - 1)$$
$$= (n+1)(n^3 + n^2)$$
$$= n^2(n+1)(n+1)$$
$$= n^2(n+1)^2,$$

d'où enfin

$$S_3 = \frac{n^2(n+1)^2}{4} = \left[\frac{n(n+1)}{2}\right]^2 = S^2.$$

Donc *la somme des cubes des n premiers nombres entiers est égale au carré de la somme des n premiers nombres entiers.*

REMARQUE. — Des calculs identiques permettent d'obtenir les sommes des 4es puissances, des 5es puissances, etc... des n premiers nombres entiers.

V. Sommation des piles de boulets. — Les piles de boulets sont de trois sortes : 1° *la pile à base carrée*, dont les tranches successives sont des carrés superposés, et qui se termine par un boulet unique ; 2° *la pile à base triangulaire*, dont les tranches successives sont des triangles équilatéraux, et qui se termine aussi par un boulet unique ; 3° *la pile à base quadrangulaire*, dont les tranches successives sont des rectangles, et qui se termine par une ligne de boulets.

Dans chacune de ces piles le côté d'une tranche quelconque contient un boulet de moins que le côté correspondant de la tranche précédente.

Nous allons montrer comment on peut, connaissant le nombre des boulets qui forment chacun des côtés de la première tranche, calculer le nombre total des boulets de la pile.

1° *Pile à base carrée*. — Soit n le nombre des boulets contenus dans l'un des côtés de la tranche inférieure ; le nombre des boulets contenus dans cette tranche est donc égal à n^2. De même les nombres de boulets contenus dans les tranches successives suivantes sont respectivement égaux à

$$(n-1)^2, \qquad (n-2)^2, \qquad (n-3)^2, \qquad \ldots, \qquad 1.$$

Le nombre total des boulets de la pile est donc égal à la somme des carrés des n premiers nombres entiers, c'est-à-dire à

$$\frac{n(n+1)(2n+1)}{6}.$$

2° *Pile à base triangulaire.* — Soit n le nombre des boulets contenus dans l'un des côtés du triangle inférieur. Ce triangle peut être considéré comme formé de plusieurs lignes de boulets dont la première contient n boulets, la seconde $n-1$ boulets, la troisième $n-2$ boulets, et ainsi de suite jusqu'à 1 boulet. Ce triangle contient donc un nombre de boulets égal à $1+2+3+\cdots+n$, c'est-à-dire $\dfrac{n(n+1)}{2}$. Ce résultat peut s'écrire $\dfrac{n^2}{2}+\dfrac{n}{2}$ et par suite on peut dresser le tableau suivant :

la 1re tranche contient $\dfrac{n^2}{2}+\dfrac{n}{2}$ boulets,

$$-\ 2^e\ \quad - \qquad \frac{(n-1)^2}{2}+\frac{n-1}{2} \quad -$$

$$-\ 3^e\ \quad - \qquad \frac{(n-2)^2}{2}+\frac{n-2}{2} \quad -$$

$$\cdots\cdots\cdots\cdots\cdots\cdots\cdots\cdots$$

$$-\ n^e\ \quad - \qquad \frac{1^2}{2}+\frac{1}{2} \quad -$$

Il résulte de là que le nombre total des boulets de la pile est égal à

$$\frac{1^2+2^2+3^2+\cdots+n^2}{2}+\frac{1+2+3+\cdots+n}{2},$$

c'est-à-dire

$$\frac{n(n+1)(2n+1)}{12}+\frac{n(n+1)}{4},$$

ou

$$\frac{n(n+1)(2n+1+3)}{12},$$

ou enfin

$$\frac{n(n+1)(n+2)}{6}.$$

3° *Pile à base quadrangulaire.* — Soient n et $n+p$ les nombres des boulets contenus dans les deux côtés de la tranche inférieure. Le nombre des boulets de cette tranche est égal au produit $n(n+p)$, c'est-à-dire n^2+np.

Dans chacune des tranches successives le plus grand côté contient p boulets de plus que le plus petit, et par suite la pile se termine supérieurement par une ligne de $p+1$ boulets. On peut donc dresser le tableau suivant :

la 1re tranche contient $\qquad n^2+np \qquad$ boulets.

$\qquad — 2^e \qquad — \qquad (n-1)^2+(n-1)p \qquad —$

$\qquad — 3^e \qquad — \qquad (n-2)^2+(n-2)p \qquad —$

$\qquad \cdots \cdots \cdots \cdots$

$\qquad — n^e \qquad — \qquad 1^2+1\times p \qquad —$

Il résulte de là que le nombre total des boulets de la pile est égal à

$$1^2+2^2+3^2+\cdots+n^2+(1+2+3+\cdots+n)p,$$

c'est-à-dire

$$\frac{n(n+1)(2n+1)}{6}+\frac{pn(n+1)}{2},$$

ou

$$\frac{n(n+1)(2n+1+3p)}{6}.$$

PROGRESSIONS GÉOMÉTRIQUES

46. Définitions. — Une progression géométrique est une suite de nombres tels que chacun d'eux est égal au précédent multiplié par un nombre constant appelé *raison*.

Chacun des nombres de cette suite s'appelle un *terme* de la progression.

On ne considère ordinairement que les progressions géométriques dont tous les termes sont positifs, ce qui a lieu si le premier terme et la raison sont des nombres positifs. Si dans une pareille progression la raison est plus grande que l'unité, les termes vont en augmentant et la progression est dite *croissante ;*

si la raison est inférieure à l'unité, les termes vont en diminuant et la progression est dite *décroissante*.

Pour écrire une progression géométrique, on place les différents termes sur une ligne horizontale, en mettant deux points entre chaque terme et le suivant, et en plaçant devant le premier terme le signe $\div$.

Voici deux progressions géométriques :

$$\div \; 3 : 12 : 48 : 192 : \ldots$$
$$\div \; 24 : 12 : 6 : 3 : {}^{3}/_{2} : {}^{3}/_{4} : {}^{3}/_{8} : \ldots$$

Dans la première, la raison est égale à 4 et la progression est croissante. Dans la seconde, la raison est $^{1}/_{2}$ et la progression est décroissante.

Plus généralement, nous représenterons une progression géométrique de la façon suivante :

$$\div \; a : b : c : d : \ldots : l : \ldots$$

Nous désignerons par q la raison de cette progression et par n le rang du terme l. On pourra écrire

$$b = aq, \qquad c = bq, \qquad d = cq, \qquad \text{etc.},$$

ou

$$\frac{b}{a} = \frac{c}{b} = \frac{d}{c} = \ldots = q.$$

Le nombre des termes d'une progression géométrique peut être illimité. S'il n'y a aucun terme après l, on dit que la progression est *limitée* et contient n termes. Une telle progression peut être considérée comme ayant pour premier terme l, pour raison $\dfrac{1}{q}$ et pour dernier terme a.

47. **Valeur du terme de rang** n. — Puisque chaque terme s'obtient en multipliant le précédent par la raison q, on voit que les termes successifs de la progression géométrique peuvent s'écrire :

$$a, \; aq, \; aq^2, \; aq^3, \; \ldots$$

ce qui montre que *chaque terme est égal au premier multiplié par une puissance de la raison ayant pour exposant le nombre des termes précédents.* On peut donc écrire

$$l = aq^{n-1}. \tag{1}$$

48. Somme des termes d'une progression limitée. — Considérons la progression suivante contenant n termes :

$$\div a : b : c : d : \cdots : g : h : k : l.$$

Soit S la somme des termes de cette progression

$$S = a + b + c + d + \cdots + g + h + k + l.$$

Multiplions par q les deux membres de cette égalité ; nous aurons, en remarquant qu'on peut remplacer aq par b, bq par c, etc.,

$$Sq = b + c + d + e + \cdots + h + k + l + lq.$$

Retranchons membre à membre la première égalité de la seconde ; nous aurons, en tenant compte des simplifications qui se produisent,

$$Sq - S = lq - a,$$

ou

$$S(q - 1) = lq - a,$$

d'où l'on déduit

$$S = \frac{lq - a}{q - 1}. \tag{2}$$

49. Formules fondamentales. — Nous avons obtenu entre les cinq lettres a, q, l, n, S, les deux relations suivantes :

$$l = aq^{n-1}, \tag{1}$$

$$S = \frac{lq - a}{q - 1}. \tag{2}$$

Ces formules doivent être sues par cœur. On voit, comme dans le cas des progressions arithmétiques (n° 41), qu'elles sont *distinctes* et *fondamentales*. Elles permettent de résoudre tous les problèmes relatifs aux progressions géométriques ; toutefois, certains de ces problèmes sont compliqués et ne peuvent être résolus par les procédés de l'algèbre élémentaire.

50. Théorème. — *Les puissances successives d'un nombre supérieur à l'unité forment une progression géométrique croissante dont les termes peuvent devenir plus grands que tout nombre donné, aussi grand que soit ce nombre.*

Nous représenterons un nombre plus grand que l'unité par l'expression $1 + x$, dans laquelle x désigne une quantité positive. Les puissances successives de ce nombre sont

$$1 + x, \qquad (1 + x)^2, \qquad (1 + x)^3, \qquad \text{etc.}$$

Ces puissances forment une progression géométrique croissante, puisque chacune d'elles se déduit de la précédente en multipliant cette dernière par le nombre $1 + x$, qui est plus grand que 1.

Nous voulons démontrer de plus qu'on peut trouver une puissance n telle que, si grand que soit le nombre A, l'inégalité suivante soit satisfaite :

$$(1 + x)^n > A.$$

Pour cela, remarquons que l'on a

$$(1 + x)^2 = 1 + 2x + x^2,$$

d'où l'on déduit

$$(1 + x)^2 > 1 + 2x,$$

Multiplions par $1 + x$ les deux membres de cette inégalité, on obtient

$$(1 + x)^3 > (1 + 2x)(1 + x),$$

c'est-à-dire

$$(1 + x)^3 > 1 + 2x + x + 2x^2,$$

et, à plus forte raison,

$$(1 + x)^3 > 1 + 3x.$$

En multipliant par $1 + x$ les deux membres de cette nouvelle inégalité, on est conduit à

$$(1 + x)^4 > 1 + 4x.$$

Et ainsi de suite. On peut donc écrire l'inégalité

$$(1 + x)^n > 1 + nx.$$

Si le second membre de cette inégalité est supérieur à A, il en sera de même du premier membre, à plus forte raison. Ce second membre sera supérieur à A si l'on a

$$1 + nx > A,$$

c'est-à-dire

$$nx > A - 1,$$

ou, puisque x est positif,

$$n > \frac{A - 1}{x}.$$

Quel que soit le nombre A, on pourra toujours calculer la valeur de la fraction $\dfrac{A - 1}{x}$ et, si l'on donne au nombre n une valeur supérieure au résultat trouvé, on aura certainement $(1 + x)^n > A.$ C. q. f. d.

REMARQUE. — Soient a un nombre quelconque, n et p deux nombres entiers. Considérons l'expression $\sqrt[p]{a^n}$. On sait que cette expression peut se représenter par le symbole $a^{\frac{n}{p}}$, qu'on appelle *puissance fractionnaire de* a, et l'on démontre que les règles du calcul des puissances *entières* s'appliquent aux puissances *fractionnaires*.

On peut démontrer aussi que, comme les puissances entières, *les puissances fractionnaires d'un nombre supérieur à l'unité augmentent avec l'exposant.*

Soient en effet $a^{\frac{n}{p}}$ et $a^{\frac{n'}{p'}}$ deux puissances entières ou fractionnaires du nombre a, que nous supposons plus grand que 1. Supposons en outre que $\dfrac{n}{p}$ soit plus grand que $\dfrac{n'}{p'}$. Nous voulons prouver que la première puissance est supérieure à la seconde, c'est-à-dire que l'on a

$$a^{\frac{n}{p}} - a^{\frac{n'}{p'}} > 0,$$

ou, en désignant par $\dfrac{h}{k}$ la différence $\dfrac{n}{p} - \dfrac{n'}{p'}$,

$$a^{\frac{n'}{p'}}\left(a^{\frac{h}{k}} - 1\right) > 0,$$

ou encore, en divisant par la quantité positive $a^{\frac{n'}{p'}}$ les deux membres de cette inégalité,

$$a^{\frac{h}{k}} - 1 > 0,$$

c'est-à-dire

$$a^{\frac{h}{k}} > 1.$$

Or on a, d'après le théorème ci-dessus, $a^h > 1$; et par suite, on a aussi

$$\sqrt[k]{a^h} > 1, \qquad \text{c'est-à-dire} \qquad a^{\frac{h}{k}} > 1.$$

Donc les inégalités précédentes sont vraies, ce qui démontre la proposition.

Corollaire. — *Dans toute progression géométrique croissante non limitée, il existe un rang à partir duquel les termes sont plus grands qu'un nombre donné, aussi grand que soit ce nombre.*

Considérons une progression de raison q supérieure à 1 ; cette progression peut s'écrire

$$\div a : aq : aq^2 : aq^3 : \ldots$$

Le terme aq^n sera supérieur à un nombre A si l'on a

$$q^n > \frac{A}{a}.$$

Or, d'après le théorème précédent, cette inégalité peut toujours être satisfaite, puisque q est un nombre plus grand que 1. Cela démontre le corollaire.

Exemple. — Soit la progression croissante de raison 3

$$\div 7 : 21 : 63 : \ldots$$

Cherchons un rang à partir duquel les termes seront certainement plus grands que 70 000 par exemple. Si n est ce rang, le terme correspondant sera $7 \times 3^{n-1}$, et l'on devra avoir

$$7 \times 3^{n-1} > 70\,000,$$

c'est-à-dire

$$3^{n-1} > 10\,000,$$

ou

$$(1 + 2)^{n-1} > 10\,000.$$

Or on a

$$(1 + 2)^{n-1} > 1 + 2(n - 1)$$

et par suite les inégalités précédentes seront satisfaites si l'on a

$$1 + 2(n - 1) > 10\,000,$$

c'est-à-dire

$$n - 1 > \frac{9\,999}{2},$$

d'où $\qquad n > \dfrac{10\,001}{2}.$ $\qquad$ ou $\qquad n > 5\,000,5.$

Donc on est certain qu'à partir du terme dont le rang est 5001, les termes de la progression seront supérieurs à 70 000.

En réalité c'est bien avant ce rang que les termes sont supérieurs à 70 000.

51. Théorème. — *Les puissances successives d'un nombre inférieur à l'unité forment une progression géométrique décroissante dont les termes peuvent devenir plus petits que tout nombre donné, aussi petit que soit ce nombre.*

Soit h un nombre supérieur à 1 ; un nombre inférieur à 1 peut se représenter par $\dfrac{1}{h}$. Les puissances successives de ce nombre, $\dfrac{1}{h}$, $\dfrac{1}{h^2}$, $\dfrac{1}{h^3}$, etc., forment une progression géométrique de raison $\dfrac{1}{h}$, c'est-à-dire une progression décroissante.

Soit α un nombre donné, aussi petit que l'on voudra. Le terme $\dfrac{1}{h^n}$ sera inférieur à α si l'on a

$$\frac{1}{h^n} < \alpha, \qquad \text{c'est-à-dire} \qquad h^n > \frac{1}{\alpha}.$$

α étant très petit, $\dfrac{1}{\alpha}$ sera très grand ; mais, comme h est plus grand que 1, il existe certainement une puissance de ce nombre supérieure à $\dfrac{1}{\alpha}$. Donc les inégalités ci-dessus peuvent être satisfaites, ce qui démontre le théorème.

REMARQUE I. — Les puissances fractionnaires d'un nombre inférieur à l'unité diminuent quand l'exposant augmente.

En effet, si l'on a $x > y$, on doit avoir $\dfrac{1}{h^x} < \dfrac{1}{h^y}$, car on a alors $h^x > h^y$.

REMARQUE II. — L'expression $\dfrac{1}{h^n}$, dans laquelle n représente un nombre positif quelconque, entier ou fractionnaire, peut se représenter par le symbole h^{-n}, qu'on appelle *puissance négative de* h, et l'on démontre que les règles du calcul des puissances positives s'appliquent aux puissances négatives.

Corollaire. — *Dans toute progression géométrique décroissante non limitée, il existe un rang à partir duquel les termes sont plus petits qu'un nombre donné, aussi petit que soit ce nombre.*

En effet, la raison d'une progression décroissante étant inférieure à l'unité peut se représenter par $\dfrac{1}{h}$, h étant un nombre plus grand que 1. Une telle progression peut alors s'écrire

$$\div\ a : \frac{a}{h} : \frac{a}{h^2} : \frac{a}{h^3} : \ldots$$

Soit α un nombre donné, aussi petit que l'on voudra ; le terme $\dfrac{a}{h^n}$ sera inférieur à α si l'on a

$$\frac{a}{h^n} < \alpha, \qquad \text{c'est-à-dire} \qquad \frac{1}{h^n} < \frac{\alpha}{a}.$$

Or, d'après le théorème précédent, cette inégalité peut toujours être satisfaite, ce qui démontre le corollaire.

52. Limite de la somme des termes d'une progression géométrique décroissante illimitée. — Soit une progression géométrique de premier terme a et de raison $q < 1$. La somme des n premiers termes de cette progression est

$$S = \frac{lq - a}{q - 1},$$

ce qu'on peut écrire

$$S = \frac{a - lq}{1 - q} = \frac{a}{1 - q} - \frac{lq}{1 - q} .$$

ou

$$S = \frac{a}{1 - q} - l \frac{q}{1 - q} .$$

On voit que la somme des n premiers termes est égale à la fraction $\dfrac{a}{1 - q}$, qui a la même valeur quel que soit le nombre n, diminuée du produit $l \times \dfrac{q}{1 - q}$. Dans ce produit, le facteur $\dfrac{q}{1 - q}$ a la même valeur quel que soit n ; mais, d'après le corollaire précédent, le facteur l devient de plus en plus petit à mesure qu'on prend un nombre de termes de plus en plus grand. On peut donc prendre un nombre de termes suffisamment grand pour que ce produit devienne plus petit qu'un nombre donné, aussi petit que soit ce nombre.

Il résulte de là que lorsqu'on prend dans la progression géométrique décroissante, à partir du premier terme a, un très grand nombre de termes, la somme de tous ces termes, qui est inférieure à la fraction $\dfrac{a}{1 - q}$, est très voisine de cette fraction et d'autant plus voisine que le nombre des termes est plus grand.

On exprime cela en disant que *la fraction* $\dfrac{a}{1 - q}$ *est la limite vers laquelle tend la somme des n premiers termes de la progression quand n augmente indéfiniment*, et l'on écrit

$$\text{Limite } S = \frac{a}{1 - q} .$$

Exemples. — 1° Soit la progression décroissante

$$\div 6 : 3 : \frac{3}{2} : \frac{3}{4} : \ldots :$$

la limite de la somme des termes de cette progression a pour valeur

$$\frac{6}{1-\dfrac{1}{2}} = \frac{6}{\dfrac{1}{2}} = 12.$$

2° Soit la fraction décimale périodique 0,565656..., qui peut se représenter par la somme

$$\frac{56}{100} + \frac{56}{100^2} + \frac{56}{100^3} + \cdots.$$

c'est-à-dire par la somme des termes d'une progression géométrique décroissante, de raison $\dfrac{1}{100}$. Cette somme a pour limite

$$\frac{\dfrac{56}{100}}{1-\dfrac{1}{100}} = \frac{\dfrac{56}{100}}{\dfrac{99}{100}} = \frac{56}{99}.$$

On obtient ainsi la fraction ordinaire *génératrice* trouvée en arithmétique.

53. Moyens géométriques. — On appelle *moyens géométriques* des nombres compris entre deux nombres donnés a et b et formant une progression géométrique limitée commençant par a et finissant par b.

Proposons-nous *d'insérer, entre les deux nombres a et b*, m *moyens géométriques*. Cela revient à former une progression géométrique contenant $m+2$ termes, le premier étant a et le dernier b. Le problème sera résolu si nous pouvons trouver la raison q de cette progression ; car lorsqu'on connaît le premier terme et la raison d'une progression, on peut en écrire les termes successifs.

Appliquons la formule fondamentale (1) au dernier terme b qui en a $m+1$ avant lui ; nous aurons

$$b = aq^{m+1},$$

ou

$$q^{m+1} = \frac{b}{a},$$

d'où l'on déduit

$$q = \sqrt[m+1]{\frac{b}{a}}.$$

égalité qui résout le problème, pourvu que l'on sache extraire la racine $(m+1)^{ième}$ de la fraction $\frac{b}{a}$.

Exemple. — *Insérer 7 moyens géométriques entre 3 et 48.*
La raison de la progression cherchée est

$$q = \sqrt[7+1]{\frac{48}{3}} = \sqrt[8]{16}.$$

Or on a

$$\sqrt[8]{16} = \sqrt{\sqrt{\sqrt{16}}} = \sqrt{\sqrt{4}} = \sqrt{2}.$$

La raison est donc $\sqrt{2}$, et par suite la progression est la suivante :

$$\div 3 : 3\sqrt{2} : 6 : 6\sqrt{2} : 12 : 12\sqrt{2} : 24 : 24\sqrt{2} : 48.$$

54. Théorème. — *Si l'on insère entre les termes consécutifs d'une progression géométrique le même nombre de moyens géométriques, on forme une succession de progressions partielles dont l'ensemble constitue une seule progression.*

Soit la progression géométrique de raison q

$$\div a : b : c : d : \ldots$$

Si l'on insère m moyens géométriques entre a et b, on forme une progression géométrique ayant pour raison $\sqrt[m+1]{\frac{b}{a}}$, c'est-à-dire $\sqrt[m+1]{q}$.

Si l'on insère m moyens entre b et c, on forme une progression géométrique ayant pour raison $\sqrt[m+1]{\frac{c}{b}}$, c'est-à-dire encore $\sqrt[m+1]{q}$.

Et ainsi de suite. Toutes les progressions partielles ainsi formées ont donc la même raison, et, comme le dernier terme de chacune d'elles est le premier terme de la suivante, il en résulte

que ces diverses progressions forment une progression unique
ayant pour premier terme a et pour raison $\sqrt[m+1]{q}$. C. q. f. d.

LOGARITHMES

55. Définition. — Pour définir les logarithmes, on considère
deux progressions, l'une géométrique commençant par l'unité,
l'autre arithmétique commençant par zéro :

$$\div\ 1 : q : q^2 : q^3 : \ldots q^n : \ldots$$

$$\dot{\div}\ 0 . r . 2r . 3r . \ldots nr . \ldots$$

On suppose que les nombres q et r sont positifs et que l'on
a $q > 1$; les termes des deux progressions sont alors positifs
et croissants.

On dit que *chaque terme de la progression arithmétique est le
logarithme du terme correspondant de la progression géométrique*,
ce que l'on écrit de la façon suivante :

$$\log 1 = 0, \quad \log q = r, \quad \log q^2 = 2r, \quad \ldots \quad \log q^n = nr, \quad \ldots$$

D'après cette définition, les termes de la progression géométrique considérée sont les seuls nombres ayant des logarithmes.
Pour en avoir une plus grande quantité, on insère des moyens
géométriques entre les termes successifs de la première progression.
et le même nombre de moyens arithmétiques entre les termes successifs de la seconde. On obtient ainsi deux nouvelles progressions et, si le nombre des moyens insérés est très grand, les
termes successifs de la nouvelle progression géométrique ont
entre eux des différences très petites. On a par suite une grande
quantité de nombres ayant pour logarithmes les termes correspondants de la nouvelle progression arithmétique.

Les moyens ainsi insérés pouvant être plus ou moins nombreux,
cette extension de la définition des logarithmes n'est légitime
que si un même nombre, amené par deux insertions différentes
à faire partie de la nouvelle progression géométrique, admet dans
les deux cas le même logarithme. On démontre qu'il en est ainsi.

Les nombres q et r étant donnés, les deux progressions ci-dessus définissent ce qu'on appelle un *système de logarithmes*. Ces nombres q et r pouvant être pris d'une façon quelconque, il y a un infinité de systèmes de logarithmes. Si l'on fait $q = 10$ et $r = 1$, on a le système des *logarithmes vulgaires* dont nous parlerons plus loin.

Remarque. — D'après ce qui précède les nombres positifs et supérieurs à l'unité ont pour logarithmes des nombres supérieurs à zéro. Pour donner des logarithmes aux nombres inférieurs à l'unité, on prolonge sur la gauche les deux progressions ci-dessus, ce qui donne

$$\ldots : \frac{1}{q^2} : \frac{1}{q} : 1 : q : q^2 : q^3 : \ldots$$

$$\ldots . -2r . -r . 0 . r . 2r . 3r \ldots$$

et l'on écrit

$$\log \frac{1}{q} = -r, \quad \log \frac{1}{q^2} = -2r, \quad \ldots, \quad \log \frac{1}{q^n} = -nr, \quad \ldots$$

En insérant des moyens, on peut obtenir une très grande quantité de nombres inférieurs à l'unité ayant des logarithmes. Il importe de remarquer que *tous ces logarithmes sont négatifs*.

Dans ce qui va suivre, nous supposerons toujours que les nombres dont nous nous occuperons peuvent être amenés à figurer dans la progression géométrique, c'est-à-dire ont des logarithmes.

Les nombres négatifs ne pouvant pas faire partie de la progression géométrique, *n'ont pas de logarithmes*.

56. Propriétés des logarithmes. — **I. Logarithme d'un produit.** — *Le logarithme d'un produit de plusieurs facteurs est égal à la somme des logarithmes de ces facteurs.*

Considérons, par exemple, les trois nombres q^2, q^3, q^5; nous voulons démontrer que l'on a

$$\log (q^2 \times q^3 \times q^5) = \log q^2 + \log q^3 + \log q^5. \qquad (1)$$

En effet, on peut écrire

$$q^2 \times q^3 \times q^5 = q^{2+3+5} = q^{10},$$

et par suite on a

$$\log (q^2 \times q^3 \times q^5) = \log q^{10} = 10\,r. \qquad (2)$$

D'autre part, on a

$$\log q^2 = 2r, \qquad \log q^3 = 3r, \qquad \log q^5 = 5r,$$

d'où l'on déduit

$$\log q^2 + \log q^3 + \log q^5 = 2r + 3r + 5r = 10\,r. \qquad (3)$$

Les égalités (2) et (3) montrent que chacun des deux membres de l'égalité (1) est égal à $10\,r$: donc ces deux membres sont égaux entre eux. $\qquad$ C. q. f. d.

La démonstration est anologue dans le cas où certains facteurs du produit sont inférieurs à l'unité. On a donc, en désignant par a, b, c, ... des nombres positifs quelconques.

$$\log (abc\ldots) = \log a + \log b + \log c + \ldots$$

II. Logarithme d'un quotient. — *Le logarithme d'un quotient est égal au logarithme du dividende moins le logarithme du diviseur.*

En effet, soit c le quotient de la division des deux nombres a et b. On a

$$c = \frac{a}{b}, \qquad \text{ou bien} \qquad cb = a,$$

d'où l'on déduit

$$\log (cb) = \log a,$$

c'est-à-dire

$$\log c + \log b = \log a,$$

ou

$$\log c = \log a - \log b. \qquad \text{C. q. f. d.}$$

III. Logarithme d'une puissance. — *Le logarithme d'une puissance d'un nombre est égal à l'exposant de cette puissance multiplié par le logarithme du nombre.*

Soit en effet a^n une puissance entière quelconque du nombre a ; cette puissance est le produit de n facteurs égaux au nombre a

$$a^n = a.a.a\ldots a.$$

On a donc, d'après la première propriété,

$$\log a^n = \log(a.a.a\ldots a) = \log a + \log a + \log a + \cdots + \log a,$$

c'est-à-dire
$$\log a^n = n \log a. \qquad \text{C. q. f. d.}$$

IV. Logarithme d'une racine. — *Le logarithme d'une racine d'un nombre est égal au logarithme de ce nombre divisé par l'indice de la racine.*

Soit la racine $\sqrt[p]{a}$. Désignons par b la valeur de cette racine. On a par définition
$$b^p = a,$$
d'où l'on déduit
$$\log b^p = \log a,$$
c'est-à-dire
$$p \log b = \log a,$$
ou bien
$$\log b = \frac{\log a}{p}. \qquad \text{C. q. f. d.}$$

Remarque I. — L'expression $\sqrt[p]{a}$ s'écrit encore $a^{\frac{1}{p}}$ (n° 50, Remarque), et on a alors
$$\log a^{\frac{1}{p}} = \frac{1}{p} \log a.$$

De même, l'expression $\sqrt[k]{a^h}$ peut s'écrire $a^{\frac{h}{k}}$ et on a
$$\log a^{\frac{h}{k}} = \frac{1}{k} \log a^h, \qquad \text{c'est-à-dire} \qquad \log a^{\frac{h}{k}} = \frac{h}{k} \log a.$$

Nous avons dit que les règles du calcul des exposants entiers s'appliquaient aux exposants fractionnaires. Ce qui précède montre que ces règles sont encore identiques lorsqu'il s'agit de logarithmes, puisque, d'après les égalités
$$\log a^n = n \log a, \qquad \log a^{\frac{h}{k}} = \frac{h}{k} \log a,$$

le logarithme de la puissance entière ou fractionnaire d'un nombre est égal au logarithme du nombre multiplié par l'exposant de la puissance.

Cette même règle est encore applicable aux puissances négatives. On sait en effet que le symbole a^{-n} représente la fraction $\frac{1}{a^n}$, et on a alors
$$\log a^{-n} = \log \left(\frac{1}{a^n} \right) = \log 1 - \log a^n$$
$$= 0 - n \log a,$$

c'est-à-dire

$$\log a^{-n} = - n \log a.$$

Remarque II. — Il résulte des propriétés précédentes que la multiplication et la division des nombres correspondent à une addition et à une soustraction des logarithmes de ces nombres, tandis que l'élévation aux puissances et l'extraction des racines correspondent à la multiplication et à la division d'un logarithme par un nombre. En d'autres termes, des opérations compliquées sur les nombres correspondent à des opérations simples sur leurs logarithmes.

Les opérations de l'arithmétique seront donc simplifiées si l'on a à sa disposition une *table* permettant d'obtenir aisément le logarithme d'un nombre quelconque, et permettant aussi de trouver un nombre lorsqu'on connaît son logarithme. De pareilles tables ont été calculées, principalement dans le cas du système des logarithmes vulgaires dont nous allons parler maintenant.

57. Logarithmes vulgaires. — Ce sont les logarithmes qui sont définis par les deux progressions suivantes :

$$\begin{cases} \div\ 1 : 10 : 10^2 : 10^3 : 10^4 : \ldots \\ \div\ 0 \,.\ 1\,.\ 2\,.\ 3\,.\ 4\,\ldots \end{cases}$$

On a alors

$$\log 1 = 0,$$
$$\log 10 = 1,$$
$$\log 10^2 = \log 100 = 2,$$
$$\log 10^3 = \log 1\,000 = 3,$$

ce qui montre que *le logarithme d'une puissance quelconque de* 10 *est égal à l'exposant de cette puissance, ou au nombre de zéros contenus dans cette puissance.*

Pour avoir les logarithmes des nombres compris entre 1 et 10, entre 10 et 100, etc., on insérera des moyens entre les termes successifs des deux progressions.

Dans cette insertion de moyens les termes de la progression arithmétique obtenue seront des nombres entiers ou fractionnaires, c'est-à-dire des nombres *commensurables* ; mais il n'en sera pas de même pour les termes de la nouvelle progression géométrique autres que les puissances de 10. Pour le prouver nous allons montrer qu'un nombre commensurable, A par exemple, autre qu'une puissance de 10; ne peut pas avoir pour logarithme un nombre commensurable.

Soit en effet $\dfrac{m}{n}$ une fraction quelconque. Si l'on avait

$$\log A = \frac{m}{n},$$

on en déduirait

$$n \log A = m,$$

ou

$$\log A^n = \log 10^m,$$

c'est-à-dire

$$A^n = 10^m = 2^m \times 5^m.$$

Or une pareille égalité ne peut avoir lieu que si le nombre commensurable A est entier et ne contient que les facteurs premiers 2 et 5 à des puissances égales entre elles, ce qui exige que A soit une puissance de 10.

Les nombres commensurables ne pouvant faire partie de la progression géométrique, n'ont donc pas de logarithmes. Toutefois un pareil nombre, A par exemple, est toujours compris entre deux termes consécutifs B et C de la progression géométrique, lesquels termes sont incommensurables et ont pour logarithmes des nombres commensurables b et c. Si le nombre des moyens insérés est très grand, les deux nombres B et C diffèrent peu l'un de l'autre et il en est de même de leurs logarithmes b et c qui sont des nombres décimaux ayant plusieurs décimales communes. On dit alors que le nombre A a un logarithme qui est *le nombre incommensurable compris entre b et c, et vers lequel tendent b et c lorsque le nombre des moyens insérés devient très grand.*

D'après cela un nombre commensurable, compris entre 100 et 1000 par exemple, a pour logarithme un nombre incommensurable compris entre 2 et 3. Les valeurs approchées de ce logarithme sont donc des nombres décimaux ayant 2 pour partie entière. Dans la pratique on calcule ordinairement ces valeurs approchées avec 5 ou 7 chiffres décimaux ; on a ainsi des logarithmes qui donnent une approximation suffisante dans les calculs ordinaires.

58. Caractéristique. — On appelle *caractéristique* d'un logarithme la partie entière de ce logarithme. La partie décimale est quelquefois appelée *mantisse*.

Théorème. — *La caractéristique du logarithme d'un nombre supérieur à l'unité s'obtient en retranchant l'unité au nombre des chiffres de la partie entière de ce nombre.*

Supposons en effet que le nombre ait 4 chiffres à sa partie entière; ce nombre est compris entre 1 000 et 10 000, et par suite son logarithme est compris entre 3 et 4. La partie entière de ce logarithme est donc 3, ce qui démontre le théorème.

Si le nombre est　37,　le logarithme a pour caractéristique 1 ;

$$
\begin{aligned}
&—— \qquad 256, \qquad \cdots \qquad\qquad — \qquad 2 ; \\
&—— \qquad 48{,}56, \qquad\quad\cdot\qquad\qquad — \qquad 1 ; \\
&\,—\, \qquad\; 3{,}27. \qquad — \qquad\qquad — \qquad 0.
\end{aligned}
$$

Théorème. — *Si l'on multiplie ou si l'on divise un nombre par une puissance de 10, la partie décimale du logarithme ne change pas, la caractéristique est augmentée ou diminuée de l'exposant de cette puissance de 10.*

Soit en effet A un nombre quelconque; on peut écrire

$$\log (A \times 10^{n}) = \log A + \log 10^{n} = \log A + n,$$

$$\log \left(\frac{A}{10^{n}} \right) = \log A - \log 10^{n} = \log A - n.$$

Le nombre n étant entier on voit bien que la partie décimale de $\log A$ ne change pas, la caractéristique seule augmente ou diminue de n. 　　　　　C. q. f. d.

D'après ce théorème, la partie décimale du logarithme d'un nombre décimal quelconque est égale à la partie décimale du logarithme du nombre entier obtenu en supprimant la virgule du nombre donné.

59. Nombres inférieurs à l'unité. — Les nombres inférieurs à l'unité ont des logarithmes négatifs. On a

$$\log \frac{1}{10} = -1. \qquad \log \frac{1}{100} = -2, \qquad \text{etc.}$$

Les nombres compris entre $\dfrac{1}{100}$ et $\dfrac{1}{1\,000}$ par exemple ont pour logarithmes des nombres négatifs compris entre -2 et -3.

On transforme de pareils logarithmes en logarithmes dans lesquels la caractéristique seule est négative. Ainsi, soit a un nombre inférieur à l'unité et compris entre $\dfrac{1}{100}$ et $\dfrac{1}{1\,000}$ par exemple. Supposons que l'on ait, à 1 cent-millième près,

$$\log a = -2,62194.$$

On peut écrire

$$\log a = -2 - 0,62194,$$

ou

$$\log a = -2 - 1 + 1 - 0,62194,$$

ou encore

$$\log a = -3 + 0,37806.$$

Pour simplifier l'écriture, on convient d'écrire ce résultat de la façon suivante :

$$\log a = \overline{3},37806.$$

Un pareil logarithme est dit *logarithme à caractéristique négative*. Le signe $-$ est ainsi placé au-dessus de la partie entière pour indiquer que cette partie entière seule est négative.

Théorème. — *La partie décimale du logarithme d'un nombre décimal inférieur à l'unité est égale à la partie décimale du logarithme du nombre entier obtenu en supprimant la virgule du nombre donné, et la caractéristique négative de ce logarithme est égale en valeur absolue au rang du premier chiffre significatif après la virgule dans le nombre donné.*

En effet, soit par exemple le nombre 0,006475 dans lequel le premier chiffre significatif occupe le troisième rang après la virgule. Si l'on déplace cette virgule de trois rangs vers la droite, c'est-à-dire si l'on multiplie le nombre par 1 000, le logarithme augmente de trois unités. On a donc

$$\log 0,006475 = \log 6,475 - 3.$$

Or le logarithme du nombre 6,475 a pour caractéristique zéro et pour partie décimale celle du logarithme du nombre entier 6 475 ; donc la différence   log 6,475 — 3   aura cette même partie décimale et pour caractéristique — 3.   C. q. f. d.

60. Tables de logarithmes vulgaires. — On appelle ainsi des tables, divisées en plusieurs colonnes, et donnant en regard des divers nombres les parties décimales des logarithmes vulgaires de ces nombres. Ces parties décimales ayant un nombre illimité de chiffres décimaux, on a dû se contenter d'une approximation plus ou moins grande en prenant un nombre limité de ces chiffres. On a ainsi construit des tables diverses donnant les logarithmes vulgaires, depuis trois décimales jusqu'à quinze décimales.

Dans ce qui va suivre nous supposerons que l'on opère avec des tables à *cinq décimales*, qui donnent une approximation suffisante dans la pratique. Les tables à *sept décimales* sont également très répandues en France.

Ces diverses tables donnent seulement les logarithmes des nombres entiers. Nous savons en effet que la recherche de la partie décimale du logarithme d'un nombre décimal supérieur ou inférieur à l'unité se ramène toujours à la recherche de la partie décimale du logarithme d'un nombre entier ; et, s'il s'agit d'un nombre fractionnaire quelconque, $\dfrac{a}{b}$ par exemple, on est également ramené au cas des nombres entiers en écrivant $\log \dfrac{a}{b} = \log a - \log b$.   Les tables à cinq décimales donnent les logarithmes des nombres entiers depuis 1 jusqu'à 10 000 seulement.

Ainsi, soit à trouver le logarithme du nombre 452,7. En parcourant la table on trouve que la partie décimale qui correspond au nombre entier 4 527 est 65581. D'autre part, le nombre donné ayant 3 chiffres à sa partie entière, son logarithme doit avoir pour caractéristique 2. On a donc

$$\log 452,7 = 2,65581.$$

On a de même

$$\log 0,004527 = \overline{3},65581.$$

Inversement, étant donné le logarithme d'un nombre, les tables permettent de trouver ce nombre. A cet effet on parcourt les tables jusqu'à ce que l'on ait trouvé la partie décimale du logarithme donné et l'on prend le nombre qui se trouve en regard de cette partie décimale. La caractéristique intervient ensuite pour fixer le nombre des chiffres de la partie entière.

Ainsi, proposons-nous de trouver le nombre x sachant que l'on a $\log x = 3,29732$. On trouve que la partie décimale 29732 correspond au nombre 1983; d'autre part, puisque la caractéristique est 3. le nombre x doit avoir quatre chiffres à sa partie entière. On a donc $x = 1983$. De même,

$$\text{pour} \quad \log x = 1,29732, \quad \text{on a} \quad x = 19,83 ;$$
$$- \quad \log x = 5,29732, \quad - \quad x = 198300 ;$$
$$- \quad \log x = 0,29732, \quad - \quad x = 1,983 ;$$
$$- \quad \log x = \overline{2},29732, \quad - \quad x = 0,01983.$$

On peut avoir à chercher les logarithmes de nombres entiers supérieurs à 10000, lesquels logarithmes ne se trouvent pas dans les tables à cinq décimales; et, inversement, on peut avoir à chercher un nombre dont le logarithme ne se trouve pas dans ces mêmes tables. Nous allons examiner ces deux cas :

1° Logarithme d'un nombre entier supérieur à 10000. — Soit à trouver le logarithme du nombre 284536. On cherche d'abord le logarithme du nombre 2845 formé par les quatre premiers chiffres à gauche du nombre donné ; on trouve pour partie décimale 45408 et par suite on peut écrire

$$\log 284500 = 5,45408.$$

On obtient de même

$$\log 284600 = 5,45423.$$

Le nombre donné étant compris entre 284500 et 284600, son logarithme doit être compris entre les deux logarithmes ci-dessus. La différence entre ces deux logarithmes est égale à

15 unités du cinquième ordre décimal. Cette différence entre un logarithme et le suivant s'appelle *différence tabulaire*.

Si l'on admet, ce qui est sensiblement exact, que *lorsqu'un nombre reçoit une augmentation relative faible, l'augmentation correspondante du logarithme est proportionnelle à l'augmentation du nombre*, on peut faire la règle de trois suivante :

Lorsque le nombre 284 500 augmente de 100 unités, son logarithme augmente de 15 unités du cinquième ordre. Par suite, si ce nombre augmente d'une unité seulement, son logarithme augmentera de $\dfrac{15}{100}$; et enfin, si ce même nombre augmente de 36 unités, son logarithme augmentera de

$$\frac{15 \times 36}{100} = 5,4 \text{ unités du cinquième ordre.}$$

On a donc

$$\log 284\,536 = 5,45408 + 0,000054$$
$$= 5,454134.$$

et, comme on ne doit conserver que cinq chiffres décimaux, on écrira simplement $\log 284\,536 = 5,45413$.

Si, au lieu du dernier chiffre 4, nous avions eu 6 ou 7 par exemple, nous aurions augmenté d'une unité le cinquième chiffre décimal.

De là résulte la règle suivante :

Règle. — *Pour avoir la partie décimale du logarithme d'un nombre entier supérieur à 10000, on cherche la partie décimale du logarithme du nombre formé par les quatre premiers chiffres à gauche du nombre donné. On ajoute ensuite à cette partie décimale le nombre obtenu en faisant le produit de la différence tabulaire par le nombre que forment les autres chiffres du nombre donné, et en divisant ce produit par une puissance de 10 d'exposant égal au nombre de ces autres chiffres.*

Remarque. — Comme les logarithmes ne sont que des nombres approchés, et que l'on ne conserve jamais plus de cinq décimales, il n'est pas nécessaire de tenir compte de tous les chiffres d'un nombre entier lorsque ce nombre est supérieur à 10000.

On ne tient ordinairement compte que des cinq ou six premiers chiffres à gauche de ce nombre. Ainsi, pour chercher la partie décimale du logarithme du nombre 37262816, on considérera seulement le nombre 372628. Si le nombre est 4501247, on prendra 450125. Le nombre réel des chiffres n'interviendra que pour fixer la caractéristique.

2° **Recherche d'un nombre qui n'a pas son logarithme dans les tables.** — Soit à trouver le nombre x sachant que l'on a

$$\log x = 2,36947.$$

En parcourant les tables on trouve que la partie décimale donnée est comprise entre les deux parties décimales 36940 et 36959 qui correspondent respectivement aux nombres 2341 et 2342. La différence tabulaire est 19 et la différence entre 36940 et 36947 est 7. On peut alors, d'après l'hypothèse précédemment faite, raisonner comme il suit :

Lorsque la partie décimale 36940 augmente de 19 unités, le nombre correspondant augmente d'une unité. Par suite, si cette partie décimale augmente d'une unité seulement, le nombre augmentera de $\dfrac{1}{19}$; et enfin, si cette même partie décimale augmente de 7 unités le nombre augmentera de

$$\frac{7}{19} = 0,368 \ldots$$

Le nombre entier qui correspond à la partie décimale donnée est donc 2341368 ..., et, comme la caractéristique du logarithme est 2, on doit avoir

$$x = 234,1368 \ldots$$

De là résulte la règle suivante :

Règle. — *Pour trouver le nombre qui correspond à un logarithme qui n'est pas dans les tables, on cherche dans ces tables la partie décimale qui se rapproche le plus, par défaut, de la partie décimale donnée. Le nombre qui correspond à la partie décimale ainsi trouvée forme les quatre premiers chiffres à gauche du nom-*

bre cherché. Les autres chiffres de ce nombre cherché sont les chiffres de la partie décimale du quotient obtenu en divisant par la différence tabulaire la différence entre la partie décimale donnée et la partie décimale approchée par défaut.

REMARQUE. — On ne cherche ordinairement que les cinq ou six premiers chiffres à gauche du nombre demandé, car on ne peut pas compter sur l'exactitude des autres. Ainsi, dans l'exemple ci-dessus on écrira simplement $x = 234{,}137$.

Disposition pratique. — On dispose ordinairement les calculs des deux problèmes précédents de la façon suivante :

$$
\begin{array}{ll}
1° \quad x = 284\,536 & \\[4pt]
\text{pour} \quad\quad 2\,845 \quad\quad 45\,408 & \\[4pt]
\quad\quad D = 15 & \\[4pt]
15 \times 36 = 540 \quad\quad 5{,}4 & \\[4pt]
\quad \log 284\,536 = 5{,}45413 &
\end{array}
$$

$$
\begin{array}{ll}
2° \quad \log x = 2{,}36947 \\[4pt]
\text{pour} \quad\quad\quad 940 \quad 2\,341 \\[4pt]
\quad\quad\quad\quad\quad 7 \\[4pt]
\quad D = 19 \\[4pt]
\begin{array}{c|c} 70 & 19 \\ 130 & 0{,}368 \\ 160 & \end{array} \quad\quad 234\,137 \\[4pt]
\quad\quad x = 234{,}137.
\end{array}
$$

REMARQUE. — Dans les marges des tables de logarithmes se trouvent de petites tables appelées *tables de parties proportionnelles*, dont l'usage permet d'éviter les multiplications et les divisions par les différences tabulaires. Toutefois, ces opérations étant ordinairement très simples, il est tout aussi avantageux d'opérer comme nous l'avons dit.

61. Opérations sur les logarithmes. — Les logarithmes à caractéristique positive étant des nombres décimaux ordinaires, les opérations sur ces logarithmes se font d'après des règles bien connues. Nous allons étudier ces mêmes opérations dans le cas où certains logarithmes sont à caractéristique négative.

1° **Addition des logarithmes.** — On écrit ces logarithmes les uns au-dessous des autres, comme dans le cas des nombres décimaux ordinaires. On additionne les parties décimales qui sont toutes positives ; on ajoute ensuite la *retenue* qui provient de cette addition à la somme des caractéristiques positives, et l'on retranche du total la valeur absolue de la somme des caractéristiques négatives.

C'est ainsi qu'on fera l'addition suivante :

$$\log a = 2,48503$$
$$\log b = 5,20946$$
$$\log c = \overline{4},47620$$
$$\log d = 0,92675$$
$$\log e = \overline{7},24346$$

$$\log(a.b.c.d.e) = 4,34090.$$

Dans cette addition la somme des parties décimales est 34090 avec une retenue de deux unités ; cette retenue ajoutée à la somme des caractéristiques positives 2 et 5 donne 9 pour total. D'autre part, la valeur absolue de la somme des caractéristiques négatives est 5, et l'on a $9 - 5 = 4$ qui est la caractéristique de la somme cherchée.

2° **Soustraction des logarithmes**. — On peut opérer d'une façon analogue. Toutefois, dans la plupart des cas il y avantage à remplacer la soustraction par une addition.

Pour cela, il suffit de remarquer qu'on peut écrire

$$\log a - \log b = \log a + (-\log b).$$

L'expression $-\log b$ s'appelle le *cologarithme* de b et se représente par colog b. On écrit alors

$$\log a - \log b = \log a + \text{colog } b.$$

La soustraction $\log a - \log b$ se remplacera donc par une addition pourvu qu'on sache calculer aisément colog b.

A cet effet représentons par c et d la caractéristique et la partie décimale de $\log b$, on a

$$\log b = c + d,$$

et par suite
$$\text{colog } b = -c - d,$$

ou
$$\text{colog } b = -c - 1 + 1 - d$$

Cette dernière égalité montre que colog b est un logarithme ayant pour partie décimale la partie positive $1 - d$, et pour caractéristique, positive ou négative, le nombre $-c - 1$.

Ainsi, supposons $\qquad \log b = 2,46103$;

on obtient $\qquad \operatorname{colog} b = -2 - 1 + 1 - 0,46103$
$$= -3 + 0,53897$$
$$= \overline{3},53897.$$

De là résulte la règle suivante :

Pour avoir le cologarithme d'un nombre dont on connaît le logarithme : 1° on change le signe de la caractéristique et on ajoute — 1 au résultat ; 2° on retranche de 9 tous les chiffres de la partie décimale sauf le dernier chiffre significatif à droite, qu'on retranche de 10.

Ainsi, si l'on a
$$\log a = \overline{4},34620, \qquad \log b = 0,69056,$$
on doit écrire immédiatement
$$\operatorname{colog} a = 3,65380, \qquad \operatorname{colog} b = \overline{1},30944.$$

L'emploi des cologarithmes est surtout avantageux quand on veut faire l'opération indiquée par une suite d'additions et de soustractions telle que
$$\log a + \log b - \log c + \log d - \log e + \log f.$$

Une pareille opération se remplace par l'addition suivante :
$$\log a + \log b + \operatorname{colog} c + \log d + \operatorname{colog} e + \log f.$$

3° **Multiplication d'un logarithme par un nombre entier positif.** — Si la caractéristique est positive, cette opération se fait comme dans le cas des nombres décimaux. Si la caractéristique est négative, on multiplie d'abord la partie décimale qui donne un produit positif, puis on fait la somme algébrique de la retenue et du produit de la caractéristique par le nombre donné.

Ainsi, si l'on a $\qquad \log a = \overline{3},98214,$

on écrira
$$4 \log a = \overline{9},92856.$$

La retenue est 3, et cette retenue ajoutée au produit de — 3 par 4, c'est-à-dire à — 12, donne — 9.

4° **Division d'un logarithme par un nombre entier positif.** —
Si la caractéristique est positive, cette opération se fait comme
dans le cas des nombres décimaux. Si la caractéristique est négative et si elle est exactement divisible par le diviseur, on divisera
séparément cette caractéristique, puis la partie décimale, par ce
diviseur. Si la caractéristique négative n'est pas divisible par le
diviseur, on augmente sa valeur absolue d'une ou de plusieurs
unités pour que la division puisse se faire, puis, par compensation, on ajoute le même nombre d'unités à la partie décimale ;
on divise ensuite séparément par le diviseur la nouvelle caractéristique négative et le nombre décimal positif.

Ainsi, soit $\qquad \log a = \overline{3},53205$;

on écrira

$$\frac{1}{3} \log a = \overline{1},17735,$$

$$\frac{1}{5} \log a = \overline{1},50641.$$

Dans cette dernière opération on a ajouté deux unités à la valeur absolue de la caractéristique — 3 et on a dit : *le cinquième de* — 5 est — 1, puis *le cinquième de* 25 *est* 5, *le cinquième de* 3 *est* 0, etc.

5° **Multiplication ou division d'un logarithme par un logarithme.**
— Si les logarithmes sont à caractéristique positive on opère
comme pour les nombres décimaux. S'ils sont à caractéristique
négative, on les remplace par des logarithmes entièrement négatifs.

62. Formules calculées par logarithmes. — Les logarithmes
permettent de faire rapidement les opérations dans lesquelles
figurent des multiplications, des divisions, des élévations aux
puissances et des extractions de racines. On applique pour cela les
propriétés des logarithmes étudiées plus haut (n° 56).

Ainsi, les lettres a, b, c, d, e représentant des nombres connus, proposons-nous de calculer l'expression suivante :

$$x = \frac{a^3 \sqrt{b}\ \sqrt[3]{c^4}}{d^5 \sqrt[7]{e^2}}.$$

Le calcul direct de cette expression serait difficile et très long. En employant les logarithmes, on peut écrire

$$\log x = \log(a^3 \sqrt{b}\ \sqrt[3]{c^4}) - \log(d^5 \sqrt[7]{e^2}),$$

ou

$$\log x = \log a^3 + \log \sqrt{b} + \log \sqrt[3]{c^4} - \log d^5 - \log \sqrt[7]{e^2}$$

$$= 3 \log a + \frac{1}{2} \log b + \frac{1}{3} \log c^4 - 5 \log d - \frac{1}{7} \log e^2$$

$$= 3 \log a + \frac{1}{2} \log b + \frac{4}{3} \log c - 5 \log d - \frac{2}{7} \log e$$

$$= 3 \log a + \frac{1}{2} \log b + \frac{4}{3} \log c + 5 \operatorname{colog} d + \frac{2}{7} \operatorname{colog} e.$$

On est ainsi conduit à chercher cinq logarithmes, à faire les opérations indiquées sur chacun d'eux, et enfin à faire l'addition finale, ce qui donne $\log x$. La recherche du nombre correspondant à ce logarithme donne x.

Nous allons montrer, par un exemple, comment on doit disposer les calculs dans la pratique.

Exemple. — *Calculer le nombre x déterminé par l'égalité*

$$x = \frac{a^5 \sqrt[3]{b^2}}{c^3 \sqrt{d}},$$

sachant que l'on a

$$a = 36{,}458, \qquad c = 4{,}367,$$
$$b = 488, \qquad d = 5209{,}76.$$

On peut écrire

$$\log x = 5 \log a + \frac{2}{3} \log b + 3 \operatorname{colog} c + \frac{1}{2} \operatorname{colog} d.$$

CALCULS PRÉPARATOIRES	CALCULS DÉFINITIFS

$a = 36,458$

pour 3645 56170

D $=$ 12

12 $\times$ 8 $=$ 96 9,6

$\log a \quad = \quad 1,56180$

$5 \log a \quad = \quad 7,80900$

$b = 488$

$\log b = \quad 2,68842$

$2 \log b = \quad 5,37684$

$\dfrac{2}{3} \log b = \quad 1,79228$

$c = 4.367$

$\log c = 0,64018$

$\operatorname{colog} c = \overline{1},35982$

$3 \operatorname{colog} c = \overline{2},07946$

$d = 5209,76$

pour 5209 71675

D $=$ 9

76 $\times$ 9 $=$ 684 6,84

$\log d \quad = \quad 3,71682$

$\operatorname{colog} d \quad = \quad \overline{4},28318$

$\dfrac{1}{2} \operatorname{colog} d \quad = \quad \overline{2}.14159$

Calculs définitifs :

$5 \log a = 7,80900$

$\dfrac{2}{3} \log b = 1,79228$

$3 \operatorname{colog} c = \overline{2},07946$

$\dfrac{1}{2} \operatorname{colog} d = \overline{2},14159$

$\log x \quad = 5,82233$

pour 230 6642

D $=$ 6 3

3 : 6 $\quad = 0,5$ 66425

$$x = 664250.$$

63. Résolution de certaines équations. — Les logarithmes permettent de résoudre certaines équations dans lesquelles l'inconnue est en exposant. De pareilles équations sont dites *exponentielles*.

Telle est par exemple l'équation suivante :

$$a^x = b.$$

Si a et b sont des nombres positifs, on peut écrire, en prenant les logarithmes des deux membres,

$$x \log a = \log b,$$

d'où l'on déduit

$$x = \frac{\log b}{\log a}.$$

En second lieu, considérons l'équation

$$a^{4x} - a^{2x} = 1,$$

dans laquelle a représente un nombre positif.

Si nous posons $a^{2x} = y$, cette équation devient

$$y^2 - y = 1,$$

c'est-à-dire

$$y^2 - y - 1 = 0.$$

Cette équation du second degré admet deux racines de signes contraires. La racine positive est seule acceptable, car la valeur de y doit satisfaire à l'égalité $a^{2x} = y$, dans laquelle le premier membre est positif quel que soit x. Cette racine est

$$y = \frac{1 + \sqrt{5}}{2}.$$

On a donc

$$a^{2x} = \frac{1 + \sqrt{5}}{2},$$

d'où l'on déduit

$$2x \log a = \log(1 + \sqrt{5}) - \log 2,$$

c'est-à-dire

$$x = \frac{\log(1 + \sqrt{5}) - \log 2}{2 \log a}.$$

PROBLÈMES A RÉSOUDRE

56. Trouver la somme des 60 premiers nombres pairs.

57. Trouver la somme des 91 premiers termes de la progression
$\div 6$. $6\,{}^1/_3$. $6\,{}^2/_3$.....

58. Quel est le premier terme d'une progression arithmétique de raison 3, sachant que le 58e terme a pour valeur 120 ?

59. Quelle est la raison d'une progression arithmétique qui a pour premier terme — 6, sachant que le 121e terme est égal à 474 ?

60. Une progression arithmétique a pour premier terme $-\dfrac{3}{2}$ et pour raison $\dfrac{1}{3}$; quel est le rang du terme qui a pour valeur $18\,{}^1/_2$?

61. Une progression arithmétique a pour premier terme 2 et pour raison 5. Une autre progression arithmétique a pour premier terme 50 et pour raison 3. Le n^e terme de la première progression a la même valeur que le n^e terme de la seconde; quelle est la valeur de ce terme et quelle est la valeur de n ?

62. Trois nombres en progression arithmétique ont pour somme 24 et pour produit 312. Quels sont ces trois nombres ?

63. Calculer la somme des n premiers termes de la progression arithmétique
$$\div \frac{n-1}{n}.\ \frac{n-2}{n}.\ \frac{n-3}{n}\ \ldots$$

64. Dans une progression arithmétique limitée on a $a = 2$, $r = 3$, $l = 89$. Trouver n et S.

65. Dans une progression arithmétique limitée on donne le premier terme $\dfrac{1}{2}$, la raison $\dfrac{3}{2}$, et la somme 7 475 des termes. Déterminer le dernier terme et le nombre des termes.

66. La somme des termes d'une progression arithmétique limitée de raison 4 est 7 015, le dernier terme est 235 ; trouver le premier terme et le nombre des termes.

67. Combien faut-il prendre de termes dans une progression arithmétique dont le premier terme est 3,5 et la raison 0,2 pour que leur somme soit 836 ?

68. On donne la suite : 1, 3, 6, 10, 15, 21, etc., dans laquelle la différence entre deux termes consécutifs va en augmentant d'une unité chaque fois. Trouver la somme des n premiers termes de cette suite.

69. On donne la suite q, $2q^2$, $3q^3$, $4q^4$, etc. Trouver la somme des n premiers termes de cette suite.

70. Trois nombres en progression géométrique ont pour somme 156. Trouver ces trois nombres sachant que le troisième surpasse le premier de 96.

71. On donne deux progressions à trois termes, l'une arithmétique, l'autre géométrique. Les trois termes de la première sont respectivement la moitié, le quart et le neuvième des termes correspondants de la seconde. Trouver les deux progressions, sachant d'ailleurs que la somme des six termes réunis est égale à 305.

72. Un joueur perd 5 fr. Il joue quitte ou double et perd ainsi dix fois de suite. Quelle est sa perte finale ?

73. Dans un cercle ayant 5ᶜᵐ de rayon on inscrit un carré, dans ce carré on inscrit un cercle, et dans ce cercle encore un carré, et ainsi de suite. On demande la limite de la somme des aires des carrés ainsi obtenus lorsqu'on prolonge indéfiniment l'opération.

74. Dans chacun des intervalles formés par deux termes consécutifs de la progression géométrique limitée

$$\div\ 1 : q : q^2 : q^3 : \ \ldots : q^n,$$

on insère k moyens arithmétiques dont on demande la somme totale exprimée en fonction des quantités q, n, k. Que devient le résultat obtenu pour une progression géométrique décroissante que l'on prolonge indéfiniment ?

75. Un maréchal-ferrant répond à un cavalier qui veut faire ferrer son cheval : « Je vous prendrai 1 centime pour le premier clou, 2 centimes pour le second, 4 pour le troisième, 8 pour le quatrième, et ainsi de suite en doublant toujours jusqu'au 24ᵉ clou. » Le cavalier accepte ce marché ; quelle somme devra-t-il débourser ?

76. Un individu a un tonneau qui contient 100 litres de vin. Chaque jour il tire un litre et le remplace par un litre d'eau. On demande de trouver la quantité de vin pur que contient le tonneau après le 60ᵉ jour. Généraliser le problème en supposant que le tonneau contienne l litres et qu'on en tire chaque jour a litres pendant n jours.

77. On rapporte que l'inventeur du jeu des échecs, prié de fixer lui-même sa récompense, demanda un grain de blé pour la première case de l'échiquier, deux grains de blé pour la seconde, quatre pour la troisième, et ainsi de suite en doublant toujours jusqu'à la 64ᵉ case. On demande de calculer : 1° le nombre de ces grains de blé ; 2° leur poids et leur volume, sachant qu'un kilogramme en contient environ 26 000 et que le poids moyen d'un hectolitre de blé est de 77^{kg} ; 3° le temps pendant lequel ce blé nourrirait la population du globe (1 500 millions d'habitants) s'il faut en moyenne 2hl 1/2 de blé par an et par tête.

78. Effectuer à l'aide des logarithmes les calculs suivants :

$$x = \sqrt[7]{\frac{2665}{322 \times 17}}, \qquad y = \sqrt[8]{\frac{2425^2 \times 12^3}{6427^3 \times 13}}.$$

79. Calculer l'expression

$$x = \sqrt[3]{\frac{32{,}5576 \times (0{,}0276)^4 \times \sqrt[4]{0{,}43800}}{1476 \times 0{,}53 \times \sqrt[3]{(1{,}0375)^{-2}}}}.$$

(Écoles supérieures de commerce, 1903.)

80. Effectuer le calcul suivant

$$x = \frac{a \sqrt{b^3}\ \sqrt[5]{c}}{\sqrt{d}},$$

sachant que l'on a

$$a = 25, \qquad c = 0{,}000253,$$
$$b = 47, \qquad d = 0{,}037.$$

81. Effectuer le calcul suivant

$$x = \frac{a^4 \sqrt[4]{b^2} \sqrt[3]{2^4}}{c^3 \sqrt[5]{d}},$$

sachant que l'on a

$$a = 32,964, \qquad c = 45,782,$$
$$b = 87,522, \qquad d = 0,0043.$$

82. Résoudre l'équation

$$0,06971^x = 0,00856.$$

83. Résoudre l'équation

$$10^{x^2-6x+13} = 1000.$$

84. Résoudre l'équation

$$10^x - 10^{-x} = 2.$$

85. Résoudre le système

$$\begin{cases} x + y = 30, \\ \log x + \log y = 2,27646. \end{cases}$$

86. Résoudre le système

$$\begin{cases} 10^x \times 100^y = 1000 \\ 5x = 3y. \end{cases}$$

CHAPITRE III

COMPLÉMENTS D'ALGÈBRE ÉLÉMENTAIRE

ARRANGEMENTS

64. Étant données m lettres a, b, c, d,..., l, on appelle *arrangements* de ces m lettres p à p, p étant un nombre inférieur à m, les divers groupes que l'on peut former en écrivant sur une même ligne p de ces lettres, de toutes les manières possibles, de telle sorte que deux groupes diffèrent, soit par la *nature* des lettres qui y entrent, soit par l'*ordre* de ces lettres.

Désignons par le symbole A_m^p le nombre de ces arrangements, et proposons-nous de chercher ce nombre.

Pour cela, supposons que l'on ait formé un premier tableau avec tous les arrangements $p-1$ à $p-1$ des m lettres données : ce premier tableau contient un nombre de groupes égal à A_m^{p-1}. Prenons l'un des groupes de ce tableau, et inscrivons dans un 2e tableau tous les arrangements obtenus en plaçant successivement à la suite de ce groupe chacune des lettres qui n'y entrent pas ; nous obtenons ainsi $m-(p-1)$ arrangements contenant chacun p des m lettres données. Opérons de la même façon avec tous les groupes du premier tableau, et inscrivons toujours dans le 2e tableau les arrangements p à p ainsi formés. Je dis que ce 2e tableau contient alors tous les arrangements p à p des m lettres données, aucun de ces arrangements n'étant répété.

En effet, imaginons l'un quelconque des arrangements p à p des m lettres données, et supprimons la dernière lettre de cet arrangement ; il reste un arrangement $p-1$ à $p-1$, c'est-à-dire un groupe du premier tableau. Or ce groupe a été pris, nous avons successivement placé à sa suite chacune des lettres qui n'y entraient pas et par suite nous avons formé l'arrangement considéré. D'autre part, tous les groupes du second tableau sont distincts car deux quelconques de ces groupes diffèrent, soit parce qu'ils proviennent de deux groupes différents du premier tableau, soit parce que provenant d'un même groupe de ce premier tableau ils ne se terminent pas par la même lettre.

Le nombre des groupes du second tableau est donc égal au nombre cherché A_m^p. Or chacun des A_m^{p-1} groupes du premier tableau en a fourni $m - (p - 1) = m - p + 1$ dans le second ; on a donc l'égalité

$$A_m^p = A_m^{p-1} (m - p + 1). \tag{1}$$

Cette égalité a lieu quelle que soit la valeur du nombre p pourvu que ce nombre ne soit pas supérieur à m. Si $p = 1$, on a évidemment $A_m^1 = m$. Si l'on a $p = 5$ par exemple, on aura

$$A_m^5 = A_m^4 (m - 5 + 1) = A_m^4 (m - 4).$$

Remplaçons successivement, dans l'égalité (1), p par $p - 1$, $p - 2$, $p - 3$, ..., 3, 2, 1 ; nous aurons les égalités suivantes :

$$A_m^p = A_m^{p-1} (m - p + 1),$$
$$A_m^{p-1} = A_m^{p-2} (m - p + 2),$$
$$A_m^{p-2} = A_m^{p-3} (m - p + 3),$$
$$\cdots\cdots\cdots\cdots\cdots\cdots\cdots$$
$$A_m^3 = A_m^2 (m - 2),$$
$$A_m^2 = A_m^1 (m - 1).$$
$$A_m^1 = m.$$

Multiplions membre à membre ces diverses égalités et divisons les deux membres de l'égalité obtenue par le produit $A_m^1 A_m^2 A_m^3 \ldots A_m^{p-1}$, nous aurons

$$A_m^p = m(m - 1)(m - 2)(m - 3) \ldots (m - p + 1). \tag{2}$$

Telle est la formule cherchée ; elle permet d'énoncer la règle suivante :

Le nombre des arrangements de m lettres p à p est égal au produit des p nombres entiers consécutifs décroissants à partir de m.

Exemple. — Le nombre des arrangements de 9 lettres 4 à 4 est égal à $9 \times 8 \times 7 \times 6 = 3\,024.$

PERMUTATIONS

65. Étant données m lettres a, b, c, d,..., l, on appelle *permutations* de ces m lettres les divers groupes que l'on peut former en écrivant ces m lettres sur des lignes horizontales par exemple, dans tous les ordres possibles.

Ces permutations ne sont donc autre chose que les arrangements m à m des m lettres considérées, et par suite nous aurons le nombre de ces permutations en faisant $p = m$ dans le second membre de la formule (2) du n° précédent. Ce second membre devient alors

$$m(m - 1)(m - 2) \ldots 3.2.1.$$

Si donc nous désignons par P_m le nombre des permutations de m lettres, on a l'égalité

$$P_m = 1 \times 2 \times 3 \times 4 \ldots \times m, \qquad (3)$$

d'où l'on déduit la règle suivante :

Le nombre des permutations de m lettres est égal au produit des m premiers nombres entiers.

Exemple I. — Le nombre des permutations de cinq lettres est égal à

$$1 \times 2 \times 3 \times 4 \times 5 = 120.$$

Exemple II. — *De combien de manières différentes peut-on placer huit personnes autour d'une table ronde?*

Le nombre des permutations de ces huit personnes, placées en ligne droite, est égal à $1 \times 2 \times 3 \times 4 \times 5 \times 6 \times 7 \times 8.$ Or à chaque permutation autour de la table correspondent 8 permutations en ligne droite, car on peut de huit façons différentes ouvrir la permutation circulaire pour la mettre en ligne droite. Donc le nombre des permutations circulaires est 8 fois plus petit que le nombre des permutations rectilignes, et par suite le nombre cherché est

$$1.2.3.4.5.6.7 = 5\,040.$$

REMARQUE. — Pour représenter le nombre des permutations de m lettres on emploie quelquefois, au lieu de P_m, le symbole $m!$

COMBINAISONS

66. Étant données m lettres $a, b, c, d, \ldots l$, on appelle *combinaisons* de ces m lettres p à p, p étant un nombre inférieur à m, les divers groupes que l'on peut former en prenant p de ces lettres, de toutes les manières possibles, de telle sorte que deux groupes diffèrent par la *nature des lettres* qui y entrent et *non par leur ordre.*

Désignons par C_m^p le nombre de ces combinaisons et proposons-nous de chercher ce nombre.

Pour cela supposons que toutes ces combinaisons soient inscrites dans un premier tableau. Prenons l'un des groupes de ce tableau et permutons de toutes les manières possibles les p lettres qui y entrent ; nous obtenons ainsi un nombre de groupes égal à P_p. Opérons de la même façon avec tous les groupes du premier tableau, et inscrivons dans un second tableau tous les nouveaux groupes ainsi formés. Je dis que ce 2e tableau contient les arrangements des m lettres p à p.

En effet, d'abord ce sont de ces arrangements. Ensuite ils y sont tous, car si l'on imagine un arrangement quelconque p à p des m lettres données, les p lettres de cet arrangement forment l'un des groupes du premier tableau et, puisque ce groupe a été pris et qu'on a permuté ses lettres de toutes les façons possibles, on a certainement obtenu l'arrangement considéré. Enfin tous les arrangements du second tableau sont distincts, car ils diffèrent par la nature des lettres s'ils proviennent de deux groupes distincts du premier tableau, et par l'ordre des lettres s'ils proviennent du même groupe.

Chacun des C_m^p groupes du premier tableau en ayant fourni P_p dans le second, on a l'égalité

$$A_m^p = C_m^p \times P_p.$$

d'où l'on déduit

$$C_m^p = \frac{A_m^p}{P_p},$$

c'est-à-dire

$$C_m^p = \frac{m(m-1)(m-2)\dots(m-p+1)}{1.2.3\dots p}. \tag{4}$$

Telle est la formule cherchée ; elle permet d'énoncer la règle suivante :

Le nombre des combinaisons de m lettres p à p est égal au quotient obtenu en divisant par le produit des p premiers nombres entiers le produit des p nombres entiers consécutifs décroissants à partir de m.

Exemple. — Trouver le nombre des combinaisons de 10 lettres 3 à 3. On a

$$C_{10}^3 = \frac{10.9.8}{1.2.3} = \frac{720}{6} = 120.$$

67. Théorème. — *Le nombre des combinaisons de m lettres p à p est égal à celui de m lettres m — p à m — p.*

En effet, chaque fois qu'on forme une combinaison p à p des m lettres données, les lettres restantes forment une combinaison de ces m lettres m — p à m — p, et inversement. Donc le nombre des combinaisons est le même dans les deux cas.

Ce théorème se traduit par l'égalité suivante :

$$C_m^p = C_m^{m-p}$$

qu'on peut d'ailleurs vérifier directement à l'aide de la formule (4).

68. Théorème. — *Le nombre des combinaisons de m lettres p à p est égal à celui de m — 1 lettres p à p plus celui des combinaisons de m — 1 lettres p — 1 à p — 1.*

En effet, imaginons formées toutes les combinaisons p à p des m lettres données a, b, c, d, ..., l. Inscrivons dans un premier tableau toutes celles qui ne contiennent pas l'une des lettres, a par exemple, et inscrivons toutes les autres dans un second tableau. Le premier tableau contient toutes les combinaisons

p à p des $m-1$ lettres $b, c, d. \ldots, l$. Le second tableau, si nous supprimons partout la lettre a, contient les combinaisons $p-1$ à $p-1$ des $m-1$ lettres $b, c, d. \ldots l$. On peut donc écrire

$$C_m^p = C_{m-1}^p + C_{m-1}^{p-1}. \qquad\qquad \text{C. q. f. d.}$$

Cette égalité peut d'ailleurs se vérifier directement à l'aide de la formule (4).

ARRANGEMENTS AVEC RÉPÉTITION

69. Étant données m lettres $a, b, c, d, \ldots, l$, on appelle *arrangements avec répétition* de ces m lettres p à p, p étant un nombre entier quelconque inférieur, égal ou supérieur à m, les divers groupes que l'on peut former en écrivant sur une même ligne p de ces lettres, de toutes les manières possibles, de telle sorte que deux lignes diffèrent soit par la nature des lettres qui y entrent, soit par l'ordre de ces lettres, et de façon qu'une même lettre puisse être répétée jusqu'à p fois dans chaque ligne.

Désignons par A_m^p le nombre de ces arrangements et proposons-nous de chercher ce nombre.

Pour cela, supposons que l'on ait formé un premier tableau contenant tous les arrangements avec répétition des m lettres données $p-1$ à $p-1$; ce premier tableau contient un nombre de groupes égal à A_m^{p-1}. Prenons l'un des groupes de ce tableau et inscrivons dans un second tableau tous les arrangements obtenus en plaçant successivement à la suite de ce groupe chacune des m lettres données; nous obtenons ainsi m arrangements contenant chacun p des m lettres données. Opérons de la même façon avec tous les groupes du premier tableau et inscrivons toujours dans le deuxième tableau les arrangements p à p ainsi formés. Je dis que ce deuxième tableau contient alors tous les arrangements avec répétition des m lettres p à p, aucun de ces arrangements n'étant répété.

En effet, imaginons l'un quelconque des arrangements avec répétition des m lettres données p à p et supprimons la dernière lettre de cet arrangement, il reste un arrangement $p-1$ à

$p-1$, c'est-à-dire un groupe du premier tableau. Or ce groupe a été pris, nous avons successivement placé à sa suite chacune des m lettres données, et par conséquent nous avons formé l'arrangement considéré. D'autre part, tous les groupes du second tableau sont distincts, car deux de ces groupes diffèrent, soit parce qu'ils proviennent de deux groupes différents du premier tableau, soit parce que provenant d'un même groupe du premier tableau ils ne se terminent pas par la même lettre.

Le nombre des groupes du second tableau est donc égal au nombre cherché A'^p_m. Or chacun des A'^{p-1}_m groupes du premier tableau en a fourni m dans le second. On a donc l'égalité

$$A'^p_m = mA'^{p-1}_m .$$

Cette égalité a lieu quelle que soit la valeur du nombre p. Si $p=1$, on a évidemment $A'^1_m = m$. Si $p=5$ par exemple, on a $A'^5_m = mA'^4_m$. On peut donc écrire les égalités suivantes :

$$A'^p_m = mA'^{p-1}_m,$$
$$A'^{p-1}_m = mA'^{p-2}_m,$$
$$A'^{p-2}_m = mA'^{p-3}_m,$$
$$\dots \dots \dots \dots \dots$$
$$A'^2_m = mA'^1_m,$$
$$A'^1_m = m.$$

Multiplions membre à membre ces diverses égalités, et divisons les deux membres de l'égalité obtenue par le produit $A'^1_m A'^2_m \dots A'^{p-1}_m$, nous aurons

$$A'^p_m = m^p.$$

Cette formule permet d'énoncer la règle suivante :

Le nombre des arrangements avec répétition de m lettres p à p est égal au produit de p nombres égaux à m.

Exemple. — Le nombre des arrangements avec répétition de 3 lettres 5 à 5 est égal à

$$3 \times 3 \times 3 \times 3 \times 3 = 243.$$

PERMUTATIONS AVEC RÉPÉTITION

70. Étant données m lettres qui ne sont pas toutes distinctes, c'est-à-dire parmi lesquelles α sont égales à a, β égales à b, γ égales à c, etc., on appelle *permutations avec répétition* de ces m lettres, les différents groupes que l'on peut former en écrivant toutes ces lettres sur des lignes horizontales par exemple, dans tous les ordres possibles.

Pour fixer les idées, supposons qu'il n'y ait que trois lettres distinctes a, b, c, répétées respectivement α fois, β fois, γ fois, de telle sorte que l'on ait $\alpha + \beta + \gamma = m$. Désignons par $P_{\alpha\beta\gamma}^m$ le nombre des permutations avec répétition de ces m lettres et proposons-nous de chercher ce nombre.

Pour cela, supposons que toutes ces permutations aient été formées et inscrites dans un premier tableau. Prenons l'un des groupes de ce tableau et mettons des indices 1, 2, 3,..., α aux lettres a de ce groupe; mettons de même les indices 1, 2, 3, ..., β aux lettres b, et les indices 1, 2, 3, ..., γ aux lettres c. Cela fait, permutons de toutes les manières possibles les α lettres a; le nombre de ces manières étant P_α, le groupe considéré nous fournira P_α groupes nouveaux. Dans chacun de ces nouveaux groupes permutons de toutes les manières possibles les β lettres b; puis, dans chacun des groupes obtenus, permutons de toutes les manières possibles les γ lettres c. Nous formerons ainsi un nombre total de groupes égal au produit $P_\alpha P_\beta P_\gamma$. Opérons de la même façon avec tous les groupes du premier tableau et écrivons dans un second tableau tous les nouveaux groupes ainsi formés. Je dis que ce second tableau, qui contient ainsi des permutations ordinaires des m lettres $a_1, a_2, ..., a_\alpha$; $b_1, b_2, ..., b_\beta$; $c_1, c_2, ..., c_\gamma$, contient toutes ces permutations, aucune d'elles n'étant répétée.

En effet, imaginons l'une quelconque de ces permutations et faisons-y abstraction des indices 1, 2, 3,... ; il reste une permutation avec répétition, c'est-à-dire un groupe du premier tableau. Or ce groupe a été pris, on a mis des indices à toutes les lettres, on a permuté ces indices de toutes les manières possibles et par suite on a formé la permutation considérée. D'autre part, tous les groupes du second tableau sont distincts car deux quelconques de ces groupes diffèrent, soit parce qu'ils proviennent de deux groupes différents du premier tableau, soit parce que provenant d'un même groupe les indices ne sont pas dans le même ordre.

Le nombre des groupes du second tableau est donc égal à P_m. Or chacun des $P_{\alpha\beta\gamma}^{m}$ groupes du premier tableau en a fourni $P_\alpha P_\beta P_\gamma$ dans le second. On a donc l'égalité

$$P_{\alpha\beta\gamma}^{m} P_\alpha P_\beta P_\gamma = P_m,$$

d'où l'on déduit

$$P_{\alpha\beta\gamma}^{m} = \frac{P_m}{P_\alpha P_\beta P_\gamma}.$$

Telle est la formule qui donne le nombre cherché. Plus généralement, si les m lettres données étaient composées de α lettres égales à a, β lettres égales à b, γ lettres égales à c, . . ., λ lettres égales à l, on aurait la formule

$$P_{\alpha\beta\gamma\ldots\lambda}^{m} = \frac{P_m}{P_\alpha P_\beta P_\gamma \ldots P_\lambda}.$$

Exemple. — Le nombre des permutations avec répétition de 10 lettres parmi lesquelles deux sont égales à a, trois à b et cinq à c, est égal à

$$P_{2,3,5}^{10} = \frac{1.2.3.4.5.6.7.8.9.10}{1.2.1.2.3.1.2.3.4.5} = 2\,520.$$

71. Cas particulier. — Supposons que les m lettres données soient formées de p lettres égales à a et de $m-p$ lettres égales à b ; le nombre des permutations est alors égal à

$$\frac{P_m}{P_p P_{m-p}},$$

c'est-à-dire

$$\frac{1.2.3\ldots(m-p)(m-p+1)(m-p+2)\ldots(m-1)m}{1.2.3\ldots p.1.2.3\ldots(m-p)},$$

ou, en simplifiant,

$$\frac{(m-p+1)(m-p+2)\ldots(m-1)m}{1.2.3\ldots p}$$

Cette dernière expression est égale à C_m^p. Donc :

Le nombre des permutations de p lettres a et de $m-p$ lettres b est égal au nombre des combinaisons de m lettres p à p.

Ce résultat peut être démontré directement. Considérons en effet l'une des permutations en question $aabba\ldots$ Les p rangs occupés dans cette suite par les lettres a forment une combinaison p à p des m premiers nombres entiers, et par suite on peut former autant de permutations distinctes qu'il y a de ces combinaisons, c'est-à-dire C_m^p.

COMBINAISONS AVEC RÉPÉTITION

72. Étant données m lettres distinctes a, b, c, d, ..., l, on appelle *combinaisons avec répétition* de ces m lettres p à p, p étant un nombre entier quelconque inférieur, égal ou supérieur à m, les divers groupes que l'on peut former en prenant p de ces lettres, de toutes les manières possibles, de telle sorte que deux groupes diffèrent par la nature des lettres qui y entrent et non par leur ordre, et de façon qu'une même lettre puisse être répétée jusqu'à p fois dans chaque groupe.

Désignons par C_m^p le nombre de ces combinaisons et proposons-nous de chercher ce nombre. Pour cela nous allons calculer, de deux manières différentes, combien de fois l'une des lettres données entre dans toutes ces combinaisons.

Ce nombre de fois est évidemment le même pour chacune des m lettres données. Le nombre des lettres de chacun des C_m^p groupes étant p, le nombre total des lettres est pC_m^p, et par suite le nombre de fois qu'une même lettre figure dans tous les groupes est $\dfrac{pC_m^p}{m}$.

D'autre part, supposons que tous ces groupes soient inscrits dans un premier tableau. Prenons tous ceux de ces groupes qui contiennent au moins une fois la lettre a par exemple, supprimons une fois cette lettre dans chacun de ces groupes et inscrivons dans un second tableau les combinaisons ainsi formées. Je dis que ce second tableau, qui contient des combinaisons avec répétition des m lettres données $p-1$ à $p-1$, contient toutes ces combinaisons, aucune d'elles n'étant répétée.

En effet, imaginons l'une quelconque de ces combinaisons et adjoignons-lui la lettre a; nous obtiendrons une combinaison des m lettres p à p, c'est-à-dire l'un des groupes du premier tableau qui contient la lettre a. Or ce groupe a été pris, on lui a supprimé une lettre a, et par suite on a formé le groupe considéré. D'autre part, tous les groupes de ce second tableau sont distincts car deux quelconques de ces groupes proviennent de deux groupes du premier tableau qui différaient par la nature des lettres et qui diffèrent encore pour la même raison quand on a supprimé une lettre a à chacun d'eux.

Le nombre des groupes du second tableau est donc égal à $C_m^{'p-1}$. D'après ce qui précède, le nombre de fois que ces groupes contiennent la lettre a est égal à $\dfrac{(p-1)C_m^{'p-1}}{m}$. Par suite, avant la suppression de la lettre a, ces $C_m^{'p-1}$ groupes contenaient cette lettre a un nombre de fois égal à

$$C_m^{'p-1} + \frac{(p-1)C_m^{'p-1}}{m},$$

et, comme ces groupes étaient les seuls groupes du premier tableau à contenir a, nous avons là une deuxième expression du nombre de fois que la lettre a entre dans toutes les combinaisons du premier tableau. On a donc l'égalité

$$\frac{pC_m^{'p}}{m} = C_m^{'p-1} + \frac{(p-1)C_m^{'p-1}}{m},$$

ou
$$pC_m^{'p} = (m+p-1)C_m^{'p-1}.$$

Cette égalité devant avoir lieu quelle que soit la valeur donnée à p, on peut écrire la succession d'égalités suivante :

$$pC_m^{'p} = (m+p-1)C_m^{'p-1},$$
$$(p-1)C_m^{'p-1} = (m+p-2)C_m^{'p-2},$$
$$(p-2)C_m^{'p-2} = (m+p-3)C_m^{'p-3},$$
$$\cdot\ \cdot\ \cdot\ \cdot\ \cdot\ \cdot\ \cdot\ \cdot\ \cdot\ \cdot\ \cdot$$
$$2C_m^{'2} = (m+1)C_m^{'1},$$
$$C_m^{'1} = m.$$

Multiplions membre à membre ces diverses égalités et divisons les deux membres de l'égalité obtenue par le produit

$$C_m^1 . C_m^2 . C_m^3 \ldots C_m^{p-1},$$

nous aurons

$$1.2.3 \ldots p\,C_m^p = m(m+1)(m+2) \ldots (m+p-1),$$

d'où

$$C_m^p = \frac{m(m+1)(m+2) \ldots (m+p-1)}{1.2.3 \ldots p}.$$

De là résulte la règle suivante :

Le nombre des combinaisons avec répétition de m lettres p à p est égal au quotient obtenu en divisant par le produit des p premiers nombres entiers le produit des p nombres entiers consécutifs croissants à partir de m.

Exemple. — Le nombre des combinaisons avec répétition de 5 lettres 4 à 4 est égal à

$$\frac{5.6.7.8}{1.2.3.4} = 70.$$

Remarque. — Le numérateur de la fraction qui donne C_m^p étant égal au produit des p nombres entiers consécutifs décroissants à partir de $m+p-1$. on voit que l'on a

$$C_m^p = C_{m+p-1}^p$$

et par suite, d'après le théorème du n° 67, on a aussi

$$C_m^p = C_{m+p-1}^{m-1}.$$

BINOME DE NEWTON

73. On appelle *formule du binome de Newton*, ou simplement *formule du binome*, l'égalité qui donne le développement d'une puissance quelconque d'un binome, $(a+b)^m$ par exemple, m étant un nombre entier positif. Cette formule, qui est due à

Newton, et que nous allons démontrer, est la suivante :

$$(a+b)^m = a^m + \frac{m}{1} a^{m-1}b + \frac{m(m-1)}{1 \cdot 2} a^{m-2}b^2$$
$$+ \frac{m(m-1)(m-2)}{1 \cdot 2 \cdot 3} a^{m-3}b^3 + \cdots + b^m.$$

74. Considérons d'abord un produit de m binomes distincts contenant tous une même lettre x :

$$(x+a)(x+b)(x+c) \ldots (x+l).$$

Pour obtenir le développement d'un pareil produit, on peut prendre un terme dans chaque binome, multiplier ces m termes, faire cela de toutes les manières possibles et réunir tous les produits partiels ainsi formés.

En prenant le premier terme de chaque binome, on obtient le produit partiel $x.x.x\ldots x$, c'est-à-dire x^m. En prenant le second terme de chaque binome, on obtient $a.b.c\ldots l$. En prenant le premier terme dans quelques binomes et le second terme dans les autres, on obtient un produit partiel contenant x à une certaine puissance, c'est-à-dire contenant x, ou x^2, ou x^3, $\ldots$ ou x^{m-1}. Si l'on réunit tous les produits partiels qui contiennent une même puissance de x, on voit que le développement du produit considéré comprend $m+1$ termes contenant les diverses puissances de x depuis x^m jusqu'à x^0.

Cherchons quel est dans ce développement le coefficient de x^{m-p}. Pour avoir un produit partiel contenant cette puissance de x, il faut prendre x dans $m-p$ des binomes et prendre le second terme dans chacun des autres binomes. Ces seconds termes forment une combinaison p à p des m lettres a, b, $c,\ldots, l$; il y a donc autant de produits partiels contenant x^{m-p} qu'il y a de combinaisons p à p de ces m lettres. Si nous désignons par S_p la somme des produits p à p des lettres a, b, c, $\ldots$, l, cette somme S_p sera le coefficient de x^{m-p} dans le développement cherché.

On peut donc écrire l'égalité suivante :

$$(x + a)(x + b)(x + c) \ldots (x + l) = x^m + S_1 x^{m-1}$$
$$+ S_2 x^{m-2} + S_3 x^{m-3} + \cdots + a.b.c \ldots l.$$

75. Nous obtiendrons un binome de Newton en faisant dans le produit précédent $a = b = c = \cdots = l$; ce produit devient alors $(x + a)^m$. D'autre part, chacun des produits p à p des m lettres $a, b, c, \ldots, l$ devient égal à a^p, et, comme le nombre de ces produits est égal à C_m^p, le coefficient S_p devient $C_m^p a^p$. Par suite, l'égalité ci-dessus devient

$$(x + a)^m = x^m + C_m^1 a x^{m-1} + C_m^2 a^2 x^{m-2} + C_m^3 a^3 x^{m-3} + \cdots + a^m,$$

c'est-à-dire, en remplaçant C_m^1, C_m^2, C_m^3, etc., par leurs valeurs données par la formule (4) du n° 66,

$$(x + a)^m = x^m + \frac{m}{1} a x^{m-1} + \frac{m(m-1)}{1.2} a^2 x^{m-2}$$
$$+ \frac{m(m-1)(m-2)}{1.2.3} a^3 x^{m-3} + \cdots + a^m.$$

C. q. f. d.

76. Propriétés des coefficients. — Dans le développement d'un binome, on appelle *coefficients* les nombres C_m^1, C_m^2, C_m^3, etc. placés devant les produits des diverses puissances des deux termes du binome. Ces coefficients jouissent des propriétés suivantes :

1° *Les coefficients des termes équidistants des extrêmes sont égaux.*

En effet, le terme qui en a p avant lui a pour coefficient C_m^p ; celui qui en a p après lui, en a $m - p$ avant lui, et par suite a pour coefficient C_m^{m-p}. Or on a, d'après le théorème du n° 67, $C_m^p = C_m^{m-p}$.

2° *Les coefficients vont en augmentant jusqu'au terme du milieu si m est pair, jusqu'aux deux termes du milieu qui ont le même coefficient si m est impair.*

Pour démontrer cette propriété, considérons deux coefficients consécutifs C_m^{p-1} et C_m^p ; ils ont pour rapport

$$\frac{C_m^p}{C_m^{p-1}} = \frac{m(m-1)\dots(m-p+1)}{1.2.3\dots p}$$

$$\times \frac{1.2.3\dots(p-1)}{m(m-1)\dots(m-p+2)} = \frac{m-p+1}{p}.$$

Les coefficients augmenteront tant qu'on aura

$$\frac{m-p+1}{p} > 1,$$

c'est-à-dire

$$m - p + 1 > p, \qquad \text{ou} \qquad m + 1 > 2p.$$

Supposons que m soit pair et égal à $2n$. cette inégalité devient

$$p < \frac{2n+1}{2}. \qquad \text{c'est-à-dire} \qquad p < n + \frac{1}{2}.$$

Si donc on donne à p les valeurs successives $1, 2, 3, \dots, n$, les coefficients augmenteront, et ils diminueront quand p prendra les valeurs successives $n+1$. $n+2$, $n+3$, ... Par suite, le plus grand coefficient est C_m^n ; c'est le coefficient du terme qui en a n avant lui. c'est donc le coefficient du terme du milieu.

En second lieu supposons m impair et égal à $2n+1$; l'inégalité ci-dessus devient

$$p < \frac{2n+2}{2}, \qquad \text{c'est-à-dire} \qquad p < n+1.$$

Si donc on donne à p les valeurs successives $1. 2, 3, \dots n$, les coefficients augmentent. Si $p = n+1$, l'inégalité ci-dessus se change en égalité, et par suite le coefficient correspondant est égal au précédent. Si p devient supérieur à $n+1$, les coefficients diminuent. Donc les deux plus grands coefficients, égaux entre eux, sont C_m^n et C_m^{n+1} ; le premier a n termes avant lui et le second en a $m-(n+1)$, c'est-à-dire $2n+1-n-1$ ou n après lui ; ce sont donc les coefficients des deux termes du milieu.

77. Règle pratique pour écrire le développement d'un binome. — La comparaison des termes successifs du développement du binome montre que l'on passe aisément d'un terme au suivant en appliquant la règle pratique suivante :

On multiplie par l'exposant de x, on divise par le rang du terme, on diminue l'exposant de x d'une unité, on augmente l'exposant de a d'une unité.

C'est ainsi qu'on écrira

$$(x + a)^5 = x^5 + 5ax^4 + 10a^2x^3 + 10a^3x^2 + 5a^4x + a^5.$$

Pour obtenir le 3e terme $10\,a^2x^3$ on a, dans le terme précédent, multiplié le coefficient 5 par l'exposant 4 et divisé le produit par 2 ; on a ensuite diminué d'une unité l'exposant de x et augmenté d'une unité celui de a.

Si l'on applique cette même règle aux développements des premières puissances du binome $a + b$, on obtient les résultats suivants :

$$(a + b)^2 = a^2 + 2ab + b^2,$$
$$(a + b)^3 = a^3 + 3a^2b + 3ab^2 + b^3,$$
$$(a + b)^4 = a^4 + 4a^3b + 6a^2b^2 + 4ab^3 + b^4,$$

78. Développement de $(x - a)^m$. — Ce développement se déduit du précédent en changeant a en $-a$. On voit alors que les signes des termes du développement cherché doivent être alternativement positifs et négatifs, et par suite on a

$$(x - a)^m = x^m - \frac{m}{1} ax^{m-1} + \frac{m(m-1)}{1 \cdot 2} a^2x^{m-2}$$

$$- \frac{m(m-1)(m-2)}{1 \cdot 2 \cdot 3} a^3x^{m-3} + \cdots \pm a^m.$$

Si l'on applique cette formule aux développements des premières puissances du binome $a - b$, on obtient

$$(a - b)^2 = a^2 - 2ab + b^2,$$
$$(a - b)^3 = a^3 - 3a^2b + 3ab^2 - b^3,$$
$$(a - b)^4 = a^4 - 4a^3b + 6a^2b^2 - 4ab^3 + b^4.$$

79. Applications de la formule du binome. — Nous allons appliquer la formule qui donne le développement du binome à la démonstration de quelques inégalités importantes :

Théorème I. — x étant un nombre positif quelconque, et m un nombre supérieur à l'unité, on a l'inégalité

$$(1 + x)^m > 1 + mx.$$

Pour démontrer ce théorème, nous considérerons deux cas, suivant que l'exposant m est entier ou fractionnaire.

1er Cas : m est entier. — Dans ce cas l'inégalité a déjà été démontrée dans la théorie des progressions géométriques (n° 50). Nous allons en donner une autre démonstration à l'aide de la formule du binome. On a en effet

$$(1 + x)^m = 1 + C_m^1 x + C_m^2 x^2 + C_m^3 x^3 + \cdots + x^m,$$

c'est-à-dire

$$(1 + x)^m = 1 + mx + \text{une suite de termes positifs};$$

donc
$$(1 + x)^m > 1 + mx.$$

2e Cas : m est fractionnaire. — Supposons que le nombre m soit égal à la fraction $\dfrac{p}{q}$, p étant supérieur à q. Je dis que l'on a encore

$$(1 + x)^{\frac{p}{q}} > 1 + \frac{p}{q} x,$$

ou, en élevant les deux membres à la puissance q,

$$(1 + x)^p > \left(1 + \frac{p}{q} x\right)^q.$$

En effet, on a

$$(1 + x)^p = 1 + px + \frac{p(p-1)}{1.2} x^2 + \frac{p(p-1)(p-2)}{1.2.3} x^3 + \cdots$$

$$\left(1 + \frac{p}{q} x\right)^q = 1 + px + \frac{q(q-1)}{1.2} \frac{p^2}{q^2} x^2$$

$$+ \frac{q(q-1)(q-2)}{1.2.3} \frac{p^3}{q^3} x^3 + \cdots.$$

ce qu'on peut écrire

$$\left. \begin{aligned} (1+x)^p &= 1+px+\frac{1-\dfrac{1}{p}}{1.2}p^2x^2+\frac{\left(1-\dfrac{1}{p}\right)\left(1-\dfrac{2}{p}\right)}{1.2.3}p^3x^3+\cdots \\[2ex] \left(1+\frac{p}{q}x\right)^q &= 1+px+\frac{1-\dfrac{1}{q}}{1.2}p^2x^2+\frac{\left(1-\dfrac{1}{q}\right)\left(1-\dfrac{2}{q}\right)}{1.2.3}p^3x^3+\cdots \end{aligned} \right\} \quad (1)$$

Or on a $p > q$ et par suite $\dfrac{1}{p} < \dfrac{1}{q}$. Les différences

$1-\dfrac{1}{p}$, $1-\dfrac{2}{p}$, $1-\dfrac{3}{p}$. etc. sont donc respectivement supérieures aux différences $1-\dfrac{1}{q}$. $1-\dfrac{2}{q}$, $1-\dfrac{3}{q}$, etc., et par conséquent, à partir des troisièmes termes, les coefficients des diverses puissances de px sont plus grands dans le premier développement que dans le second. D'autre part, le premier développement contient plus de termes que le second. Donc, pour ce double motif, $(1+x)^p$ est plus grand que $\left(1+\dfrac{p}{q}x\right)^q$, ce qui démontre le théorème.

Théorème II. — *x étant un nombre positif quelconque, et m un nombre positif inférieur à l'unité, on a l'inégalité*

$$(1+x)^m < 1+mx.$$

Soit $m = \dfrac{p}{q}$. p étant inférieur à q. Il faut prouver que l'on a

$$(1+x)^{\frac{p}{q}} < 1+\frac{p}{q}x,$$

ou

$$(1+x)^p < \left(1+\frac{p}{q}x\right)^q.$$

Pour cela considérons les développements (1) du théorème précédent. Les différences $1-\dfrac{1}{p}$, $1-\dfrac{2}{p}$, etc. sont respectivement inférieures aux différences $1-\dfrac{1}{q}$, $1-\dfrac{2}{q}$, etc. D'autre part, le premier développement a moins de termes que le second. Donc, pour ce double motif, l'inégalité ci-dessus est exacte.

Théorème III. — *x et m étant deux nombres positifs quelconques, on a l'inégalité*

$$\frac{1}{(1+x)^m} > 1 - mx.$$

Si mx est supérieur à l'unité, cette inégalité est évidente, car la différence $1 - mx$ étant négative est certainement inférieure au premier membre qui est toujours positif. Nous allons démontrer l'inégalité dans le cas où l'on a $mx < 1$.

Considérons d'abord le cas où m est entier. L'inégalité à démontrer peut s'écrire

$$(1+x)^m < \frac{1}{1 - mx}.$$

Or on a

$$(1+x)^m = 1 + mx + \frac{m(m-1)}{1.2}x^2 + \frac{m(m-1)(m-2)}{1.2.3}x^3 + \cdots,$$

$$\frac{1}{1 - mx} = 1 + mx + m^2 x^2 + m^3 x^3 + \ldots$$

Cette dernière égalité résulte du développement de $\dfrac{1}{1-f}$ étudié dans la première partie (*Arithmétique commerciale*) de cet ouvrage (n° 33). Or, à partir des troisièmes termes, les coefficients des mêmes puissances de x sont plus grands dans le second développement que dans le premier, car on a par exemple $m^3 > \dfrac{m}{1} \cdot \dfrac{m-1}{2} \cdot \dfrac{m-2}{3}$, et de même pour les autres. D'autre part, le second développement contient plus de termes que le premier. Donc, pour ce double motif, le second développement est supérieur au premier, ce qui démontre le théorème.

En second lieu, supposons que m soit fractionnaire et inférieur à l'unité. Soit $m = \dfrac{p}{q}$, p étant inférieur à q.

On a, d'après le théorème précédent,

$$(1+x)^{\frac{p}{q}} < 1 + \frac{p}{q}x,$$

et, à plus forte raison,

$$(1 + x)^{\frac{p}{q}} < \cfrac{1}{1 - \dfrac{p}{q}x}.$$

Supposons enfin que l'exposant m soit fractionnaire et supérieur à l'unité : $m = n + \dfrac{p}{q}$, n étant entier et $\dfrac{p}{q}$ inférieur à 1.

On a, d'après ce qui précède,

$$(1 + x)^{n} < \cfrac{1}{1 - nx},$$

$$(1 + x)^{\frac{p}{q}} < \cfrac{1}{1 - \dfrac{p}{q}x}.$$

Multiplions membre à membre, on obtient

$$(1 + x)^{n + \frac{p}{q}} < \cfrac{1}{1 - nx - \dfrac{p}{q}x + n\dfrac{p}{q}x^2}$$

et, à plus forte raison,

$$(1 + x)^{n + \frac{p}{q}} < \cfrac{1}{1 - \left(n + \dfrac{p}{q}\right)x}.$$

Remarque. — Si l'on emploie les exposant négatifs, l'inégalité fournie par ce théorème s'écrit

$$(1 + x)^{-m} > 1 - mx.$$

NOTIONS SUR LES LIMITES

80. Définition. — Considérons une suite illimitée de nombres se déduisant les uns des autres d'après une loi déterminée. On dit que les termes de cette suite ont une *limite* si l'on peut déterminer le rang d'un terme de telle façon que la valeur absolue de la différence entre ce terme et chacun des termes suivants soit inférieure à un nombre donné, aussi petit que soit ce nombre.

Dans certains cas il est possible de trouver un nombre, entier ou fractionnaire, duquel se rapprochent de plus en plus les termes successifs de la suite, la différence entre ce nombre et les termes de la suite pouvant devenir aussi petite qu'on le veut : on dit alors que ce nombre est la limite des termes de la suite. Dans d'autres cas un pareil nombre n'existe pas : on dit alors que la suite a pour limite un nombre *incommensurable* dont les termes de la suite sont des valeurs approchées. Si l'on considère des suites à termes croissants, l'un des termes d'une telle suite est une valeur d'autant plus *approchée* de la *limite* que son rang est plus élevé.

Ainsi, les nombres successifs que l'on obtient en faisant la somme des n premiers termes d'une progression géométrique décroissante et en faisant croître n indéfiniment, forment une suite qui satisfait à la définition précédente. En effet, la différence entre la somme des $n + p$ premiers termes et celle des n premiers,

$$\frac{a - aq^{n+p}}{1 - q} - \frac{a - aq^n}{1 - q} \quad \text{ou} \quad \frac{aq^n(1 - q^p)}{1 - q},$$

est inférieure, quel que soit p, à $\dfrac{aq^n}{1 - q}$. Cette dernière expression sera elle-même inférieure à un nombre α, aussi petit que l'on voudra, si l'on a $q^n < \dfrac{\alpha(1 - q)}{a}$. Or, q étant inférieur à l'unité, on peut déterminer une valeur de n vérifiant cette inégalité (n° 51). Les sommes considérées ont donc une limite ; nous savons (n° 52) que cette limite est $\dfrac{a}{1 - q}$.

84. Théorème. — *Lorsque les termes d'une suite illimitée et bien définie vont toujours en croissant, tout en restant inférieurs à un nombre fixe, ces termes ont une limite, qui est inférieure ou au plus égale au nombre fixe.*

Soit a le nombre fixe, et soit la suite

$$t_1, \quad t_2, \quad t_3, \quad t_4, \quad \ldots$$

Soient t_n un terme quelconque de cette suite et r la différence $a - t_n$. Appelons b la moyenne arithmétique des nombres t_n et a. Deux cas peuvent se présenter : ou bien tous les termes de la suite sont inférieurs à b, ou bien la suite a des termes supérieurs à b. Dans le premier cas, la différence entre t_n et chacun des termes suivants est inférieure à $\dfrac{r}{2}$; dans le second cas, la différence entre un terme supérieur à b et chacun des termes suivants est inférieure à $\dfrac{r}{2}$.

Supposons-nous placés dans ce deuxième cas et soit c la moyenne arithmétique des nombres b et a. Ou bien tous les termes de la suite sont inférieurs à c, et alors la différence entre l'un des termes supérieurs à b et chacun des termes suivants est inférieure à $\dfrac{r}{4}$, c'est-à-dire à $\dfrac{r}{2^2}$; ou bien la suite a des termes supérieurs à c, et alors la différence entre l'un des termes supérieurs à c et chacun des suivants est encore inférieure à $\dfrac{r}{2^2}$.

Et ainsi de suite. On obtiendra ainsi un intervalle dans lequel la différence entre l'un des termes de la suite et chacun des suivants sera inférieure à $\dfrac{r}{2^p}$, p étant aussi grand que l'on voudra. Or, aussi petit que soit α, on peut satisfaire à l'inégalité $\dfrac{r}{2^p} < \alpha$, c'est-à-dire $2^p > \dfrac{r}{\alpha}$, car les puissances successives d'un nombre supérieur à l'unité peuvent devenir plus grandes que tout nombre donné. Donc les nombres de la suite considérée ont une limite. C. q. f. d.

On démontre de même que lorsque les termes d'une suite vont toujours en décroissant, tout en restant supérieurs à un nombre fixe, ces termes ont une limite qui est supérieure ou au moins égale au nombre fixe.

82. Théorème. — *Étant données deux suites définies et illimitées ayant chacune une limite :*

$$t_1, \quad t_2, \quad t_3, \quad \ldots, \quad t_n, \ldots, \tag{1}$$

$$t'_1, \quad t'_2, \quad t'_3, \quad \ldots, \quad t'_n, \ldots, \tag{2}$$

si l'on forme la suite

$$t_1 + t'_1, \quad t_2 + t'_2, \quad t_3 + t'_3, \quad \ldots, \quad t_n + t'_n, \quad , \tag{3}$$

les termes de cette nouvelle suite ont aussi une limite.

En effet, dire que les suites (1) et (2) ont une limite, c'est dire que, aussi petits que soient les nombres α et β, on peut trouver un rang n tel qu'un terme quelconque de rang supérieur soit égal à $l_n \pm \alpha'$ dans la première suite et à $l'_n \pm \beta'$ dans la seconde, α' et β' étant respectivement inférieurs ou au plus égaux à α et β. Par suite, le terme correspondant de la troisième suite est égal à

$$l_n + l'_n \pm \alpha' \pm \beta'.$$

Or on peut déterminer l'expression $\pm \alpha' \pm \beta'$ de telle façon qu'elle soit inférieure en valeur absolue à un nombre γ aussi petit qu'on voudra : il suffit pour cela de remarquer que la valeur absolue de chacune des deux quantités $\pm \alpha'$ et $\pm \beta'$ peut être rendue moindre que $\frac{1}{2}\gamma$, puisqu'on peut prendre α et β aussi petits qu'on le veut. Donc, dans la suite (3), un terme de rang supérieur au n^e a pour valeur $l_n + l'_n \pm \gamma'$, γ' étant inférieur ou au plus égal à γ. Donc cette troisième suite a une limite.

C. q. f. d.

REMARQUE I. — Si l_n et l'_n sont des valeurs très approchées des limites des deux premières suites, la somme $l_n + l'_n$ sera une valeur très approchée de la limite de la troisième suite. On exprime cela en disant que *la limite de la troisième suite est la somme des limites des deux premières*, et l'on écrit

$$\text{Limite}\,(l_n + l'_n) = \text{limite}\ l_n + \text{limite}\ l'_n.$$

Si les deux premières suites ont des limites commensurables l et l', la troisième suite a pour limite le nombre commensurable $l + l'$ et l'égalité symbolique ci-dessus devient alors une égalité numérique.

REMARQUE II. — Un raisonnement identique au précédent montre que la suite

$$l_1 - l'_1, \qquad l_2 - l'_2, \qquad l_3 - l'_3, \qquad \ldots, \qquad l_n - l'_n \ldots$$

a aussi une limite, qui est la différence des limites des deux premières.

Remarque III. — Le même théorème est applicable au cas de plusieurs suites, pourvu qu'elles soient en nombre fini.

83. Théorème. — *Étant données deux suites définies et illimitées ayant chacune une limite :*

$$l_1, \quad l_2, \quad l_3, \quad \ldots, \quad l_n, \quad \ldots, \qquad (1)$$

$$l'_1, \quad l'_2, \quad l'_3, \quad \ldots, \quad l'_n, \quad \ldots, \qquad (2)$$

si l'on forme la suite

$$l_1 l'_1, \quad l_2 l'_2, \quad l_3 l'_3, \quad \ldots, \quad l_n l'_n, \quad \ldots, \qquad (3)$$

les termes de cette nouvelle suite ont aussi une limite.

En effet, aussi petits que soient deux nombres α et β, on peut trouver un rang n tel que, α' et β' étant des nombres respectivement inférieurs ou au plus égaux à α et β, un terme quelconque de la troisième suite, de rang supérieur à n, ait pour valeur $(l_n \pm \alpha')(l'_n \pm \beta')$, c'est-à-dire

$$l_n l'_n \pm \alpha' l'_n \pm \beta' l_n \pm \alpha' \beta'.$$

Or, γ étant un nombre aussi petit que l'on voudra, si l'on remarque que la valeur absolue de chacune des trois quantités $\pm \alpha' l'_n$, $\pm \beta' l_n$, $\pm \alpha' \beta'$ peut être prise plus petite que $\frac{1}{3} \gamma$, on voit que, dans la troisième suite, un terme quelconque de rang supérieur au n^e a pour valeur $l_n l'_n \pm \gamma'$, γ' étant inférieur ou au plus égal à γ. Cette troisième suite a donc une limite.

C. q. f. d.

Remarque I. — Si l_n et l'_n sont des valeurs très approchées des limites des deux premières suites, le produit $l_n l'_n$ sera une valeur très approchée de la limite de la troisième suite. On exprime cela en disant que *la limite de la troisième suite est le produit des limites des deux premières*, et l'on écrit l'égalité suivante :

$$\text{Limite } (l_n l'_n) = \text{limite } l_n \times \text{limite } l'_n,$$

qui est une égalité entre nombres commensurables lorsque les deux premières suites ont des limites commensurables.

Remarque II. — Le même théorème est applicable au cas de plusieurs suites, pourvu qu'elles soient en nombre fini.

84. Théorème. — *Étant données deux suites définies et illimitées ayant chacune une limite :*

$$t_1, \quad t_2, \quad t_3, \quad \ldots, \quad t_n, \quad \ldots, \qquad (1)$$

$$t'_1, \quad t'_2, \quad t'_3, \quad \ldots, \quad t'_n, \quad \ldots, \qquad (2)$$

si la limite de la deuxième suite n'est pas nulle, et si l'on considère la suite

$$\frac{t_1}{t'_1}, \quad \frac{t_2}{t'_2}, \quad \frac{t_3}{t'_3}, \quad \ldots, \quad \frac{t_n}{t'_n}, \quad \ldots, \qquad (3)$$

les termes de cette nouvelle suite ont aussi une limite.

Ce théorème sera une conséquence immédiate du précédent si nous démontrons que la suite

$$\frac{1}{t'_1}, \quad \frac{1}{t'_2}, \quad \frac{1}{t'_3}, \quad \ldots, \quad \frac{1}{t'_n}, \quad \ldots \qquad (4)$$

a une limite, car les termes de la suite (3) sont les produits de deux termes de même rang des suites (1) et (4).

Pour cela, remarquons d'abord que la limite de la suite (2) n'étant pas nulle, il existe un rang à partir duquel tous les termes de cette suite sont des nombres de même signe, positifs ou négatifs. En effet, si cela n'avait pas lieu, la différence entre un terme et les suivants ne pourrait pas devenir aussi faible qu'on le voudrait, puisque la différence entre deux nombres de signes contraires ne peut être très petite que si ces deux nombres sont très voisins de zéro.

Nous pouvons supposer que c'est à partir de ce rang que nous avons écrit les suites (1) et (2), car au commencement de toute suite illimitée on peut évidemment supprimer un nombre fini de termes.

Ceci posé, formons la différence entre le n^e terme de la suite (4) et le $(n+p)^e$ terme de cette même suite. On a

$$\frac{1}{t'_n} - \frac{1}{t'_{n+p}} = \frac{t'_{n+p} - t'_n}{t'_n \, t'_{n+p}}.$$

Désignons par a un nombre ayant une valeur absolue inférieure à celle de chacun des termes de la suite (2) ; le produit $t'_n \, t'_{n+p}$ est un nombre positif supérieur à a^2, et par suite la valeur absolue du second membre de l'égalité ci-dessus sera

augmentée si nous remplaçons le dénominateur $t'_n \, t'_{n+p}$ par a^2.
On a donc

$$\text{valeur absolue de } \left(\frac{1}{t'_n} - \frac{1}{t'_{n+p}} \right) < \frac{\text{valeur absolue de } (t'_{n+p} - t'_n)}{a^2}.$$

Soit α un nombre positif aussi petit que l'on voudra. Le second membre de cette inégalité sera inférieur à α si l'on a

$$\text{valeur absolue de } (t'_{n+p} - t'_n) < a^2 \, \alpha.$$

Or, la suite (2) ayant une limite, on peut déterminer n pour que, quel que soit p, cette dernière inégalité soit réalisée. *A fortiori* on a alors, quel que soit p,

$$\text{valeur absolue de } \left(\frac{1}{t'_n} - \frac{1}{t'_{n+p}} \right) < \alpha,$$

ce qui prouve que la suite (4) a une limite, et le théorème est ainsi démontré.

Remarque. — Si t_n et t'_n sont des valeurs très approchées des limites des deux premières suites, le quotient $\dfrac{t_n}{t'_n}$ sera une valeur très approchée de la limite de la troisième suite. On exprime cela en disant que *la limite de la troisième suite est le quotient des limites des deux premières*, et l'on écrit l'égalité suivante :

$$\text{Limite } \frac{t_n}{t'_n} = \frac{\text{limite } t_n}{\text{limite } t'_n},$$

qui est une égalité entre nombres commensurables lorsque les deux premières suites ont des limites commensurables.

85. Série e. — On appelle *série e* la suite formée par les fractions suivantes :

$$1, \quad \frac{1}{1}, \quad \frac{1}{1.2}, \quad \frac{1}{1.2.3}, \quad \frac{1}{1.2.3.4}, \quad \dots, \quad \frac{1}{1.2.3 \dots n}, \quad \dots$$

Nous allons prouver que *la somme des n premiers termes de cette série a une limite quand n augmente indéfiniment.*

En effet, soit S_n cette somme ; on a

$$S_n = 1 + \frac{1}{1} + \frac{1}{1.2} + \frac{1}{1.2 \, 3} + \dots + \frac{1}{1.2 \, 3 \dots (n-1)}.$$

Soit S'_{n-1} la somme des $n-1$ premiers termes d'une progression géométrique décroissante de premier terme 1 et de raison $\dfrac{1}{2}$, et considérons les deux égalités

$$S_n - 1 = \frac{1}{1} + \frac{1}{1.2} + \frac{1}{1.2.3}$$
$$+ \frac{1}{1.2.3.4} + \cdots + \frac{1}{1.2.3\ldots(n-1)},$$
$$S'_{n-1} = \frac{1}{1} + \frac{1}{2} + \frac{1}{2.2} + \frac{1}{2.2.2} + \cdots + \frac{1}{2.2.2\ldots2}.$$

Chacune des fractions de la seconde égalité est plus grande que la fraction de même rang de la première, sauf les deux premières fractions, qui sont égales entre elles. On a donc

$$S_n - 1 < S'_{n-1}$$

et cette inégalité est vraie quel que soit le nombre n, pourvu qu'il soit supérieur à 2. Or, quand n croît indéfiniment, S'_{n-1} tend vers une limite qui est

$$\frac{a}{1-q} = \frac{1}{1 - \dfrac{1}{2}} = \frac{1}{\dfrac{1}{2}} = 2 \; ;$$

on a donc, quel que soit n,

$$S_n - 1 < 2,$$

c'est-à-dire

$$S_n < 3.$$

Donc la somme des n premiers termes de la série e est toujours inférieure à 3. Par suite, quand n augmente, nous avons une somme qui va constamment en croissant tout en restant inférieure à un nombre fixe 3 ; cette somme a donc une limite inférieure ou au plus égale à 3.   C. q. f. d.

D'autre part, la somme des trois premiers termes de la série e étant égale à 2,5, on voit que la limite est comprise entre 2,5 et 3. On démontre que cette limite est un nombre incommensurable ; on en obtient des valeurs de plus en plus approchées en prenant dans la série un nombre de plus en plus grand de termes. Cette limite se représente par la lettre e ; voici une valeur de e avec 12 décimales exactes :

$$e = 2{,}718\ 281\ 828\ 459\ldots$$

REMARQUE. — Toute série dans laquelle la somme des n premiers termes a une limite quand n augmente indéfiniment, est appelée série *convergente*. Dans le cas contraire, on dit que la série est *divergente*.

86. Limite de $\left(1 + \dfrac{1}{m}\right)^m$. — Considérons l'expression $\left(1 + \dfrac{1}{m}\right)^m$, dans laquelle nous supposerons que la lettre m représente un nombre entier positif prenant successivement des valeurs de plus en plus grandes ; nous allons démontrer que *cette expression* $\left(1 + \dfrac{1}{m}\right)^m$, *quand m augmente indéfiniment, a une limite qui est le nombre e.*

Pour cela, nous démontrerons d'abord le théorème suivant :

Théorème. — *Les lettres a, b, c, ..., l représentant des nombres positifs inférieurs à l'unité, on a l'inégalité*

$$(1 - a)(1 - b)(1 - c)\ldots(1 - l) > 1 - (a + b + c + \ldots + l).$$

En effet, considérons d'abord le produit des deux premiers facteurs ; on a

$$(1 - a)(1 - b) = 1 - (a + b) + ab,$$

et par suite

$$(1 - a)(1 - b) > 1 - (a + b).$$

Multiplions les deux membres de cette inégalité par le nombre positif $1 - c$; nous obtenons

$$(1 - a)(1 - b)(1 - c) > 1 - (a + b) - c + (a + b)c,$$

ou $\quad (1 - a)(1 - b)(1 - c) > 1 - (a + b + c) + (a + b)c,$

et, à plus forte raison,

$$(1 - a)(1 - b)(1 - c) > 1 - (a + b + c).$$

En multipliant les deux membres de cette dernière inégalité par le nombre positif $1 - d$, on est de même conduit à l'inégalité

$$(1 - a)(1 - b)(1 - c)(1 - d) > 1 - (a + b + c + d).$$

Et ainsi de suite. De proche en proche on obtiendra l'inégalité à démontrer.

Par suite, on peut déterminer un nombre positif α inférieur à 1, tel que l'on ait

$$(1-a)(1-b)(1-c)\ldots(1-l) = 1 - \alpha(a+b+c+\ldots+l),$$

Dans le cas de deux facteurs, ce nombre α aurait une valeur déterminée par la succession d'égalités suivantes :

$$(1-a)(1-b) = 1 - \alpha(a+b),$$
$$1 - (a+b) + ab = 1 - \alpha(a+b),$$
$$\alpha(a+b) = a+b - ab,$$
$$\alpha = 1 - \frac{ab}{a+b}.$$

Revenons maintenant à l'expression $\left(1 + \dfrac{1}{m}\right)^m$ et développons cette expression par la formule du binome ; nous obtenons

$$\left(1 + \frac{1}{m}\right)^m = 1 + \frac{m}{1} \cdot \frac{1}{m} + \frac{m(m-1)}{1 \cdot 2} \cdot \frac{1}{m^2}$$
$$+ \frac{m(m-1)(m-2)}{1 \cdot 2 \cdot 3} \cdot \frac{1}{m^3}$$
$$+ \cdots + \frac{m(m-1(m-2)\ldots(m-p+1)}{1 \cdot 2 \cdot 3 \ldots p} \cdot \frac{1}{m^p}$$
$$+ \cdots + \frac{m(m-1)(m-2)\ldots(m-m+1)}{1 \cdot 2 \cdot 3 \ldots m} \cdot \frac{1}{m^m},$$

ce qu'on peut écrire de la manière suivante :

$$\left(1 + \frac{1}{m}\right)^m = 1 + \frac{1}{1} + \frac{1 - \dfrac{1}{m}}{1 \cdot 2} + \frac{\left(1 - \dfrac{1}{m}\right)\left(1 - \dfrac{2}{m}\right)}{1 \cdot 2 \cdot 3 \ldots}$$
$$+ \cdots + \frac{\left(1 - \dfrac{1}{m}\right)\left(1 - \dfrac{2}{m}\right)\ldots\left(1 - \dfrac{p-1}{m}\right)}{1 \cdot 2 \cdot 3 \ldots p}$$
$$+ \cdots + \frac{\left(1 - \dfrac{1}{m}\right)\left(1 - \dfrac{2}{m}\right)\ldots\left(1 - \dfrac{m-1}{m}\right)}{1 \cdot 2 \cdot 3 \ldots m}.$$

A partir du troisième terme de ce développement, chaque

numérateur est un produit analogue à celui du théorème précédent. Soit α_p un nombre convenablement choisi entre 0 et 1, le numérateur du terme général peut s'écrire

$$\left(1 - \frac{1}{m}\right)\left(1 - \frac{2}{m}\right)\cdots\left(1 - \frac{p-1}{m}\right)$$

$$= 1 - \alpha_p\left(\frac{1}{m} + \frac{2}{m} + \cdots + \frac{p-1}{m}\right)$$

$$= 1 - \frac{\alpha_p}{m}\Big[1 + 2 + \cdots + (p-1)\Big] = 1 - \frac{\alpha_p}{2m}(p-1)p.$$

Par suite, ce terme général peut s'écrire

$$\frac{1}{1.2\ 3\ldots p} - \frac{1}{2m}\cdot\frac{\alpha_p(p-1)p}{1.2.3\ldots p},$$

c'est-à-dire

$$\frac{1}{1.2.3\ldots p} - \frac{1}{2m}\cdot\frac{\alpha_p}{1.2.3\ldots(p-2)}.$$

Le terme général se trouve ainsi transformé en une différence de deux nombres, et la même transformation peut se faire pour tous les autres termes. En groupant d'une part les premiers nombres de chaque différence, et d'autre part les seconds nombres, le développement précédent devient

$$\left(1 + \frac{1}{m}\right)^m = \left(1 + \frac{1}{1} + \frac{1}{1.2} + \frac{1}{1.2.3} + \cdots + \frac{1}{1.2.3\ldots m}\right)$$

$$- \frac{1}{2m}\left(1 + \frac{\alpha_3}{1} + \frac{\alpha_4}{1.2} + \frac{\alpha_5}{1.2.3} + \cdots + \frac{\alpha_m}{1.2.3\ldots(m-2)}\right).$$

La quantité comprise dans la première parenthèse est la somme des $m+1$ premiers termes de la série e; soit S_{m+1} cette somme. La quantité comprise dans la deuxième parenthèse est inférieure à la somme S_{m-1} des $m-1$ premiers termes de cette série, et par suite, en désignant par α un nombre compris entre 0 et 1, on a

$$\left(1 + \frac{1}{m}\right)^m = S_{m+1} - \frac{1}{2m}\alpha S_{m-1}.$$

Si le nombre m augmente indéfiniment, la fraction $\dfrac{1}{2m}$

devient de plus en plus petite et, comme le produit αS_{m-1} est constamment inférieur à 3, la quantité $\dfrac{1}{2m}\,\alpha S_{m-1}$ peut devenir plus petite que toute quantité donnée, aussi petite que l'on voudra. Par suite, l'expression $\left(1+\dfrac{1}{m}\right)^{m}$ se rapproche de plus en plus de S_{m+1}. On a donc

$$\text{Limite}\left(1+\frac{1}{m}\right)^{m} = \text{limite } S_{m+1},$$

c'est-à-dire

$$\text{Limite}\left(1+\frac{1}{m}\right)^{m} = e.$$

$$\text{C. q. f. d.}$$

REMARQUE 1. — Le nombre m peut croître indéfiniment par valeurs fractionnaires. Nous allons montrer que dans ce cas l'expression $\left(1+\dfrac{1}{m}\right)^{m}$ a encore pour limite le nombre e.

En effet, soient n et $n+1$ les deux entiers consécutifs entre lesquels se trouve compris le nombre m ; on a

$$n < m < n+1$$

et par suite

$$\frac{1}{n} > \frac{1}{m} > \frac{1}{n+1},$$

ou

$$1+\frac{1}{n} > 1+\frac{1}{m} > 1+\frac{1}{n+1},$$

ou encore, en élevant chaque membre à la puissance positive m,

$$\left(1+\frac{1}{n}\right)^{m} > \left(1+\frac{1}{m}\right)^{m} > \left(1+\frac{1}{n+1}\right)^{m}.$$

À plus forte raison, on a

$$\left(1+\frac{1}{n}\right)^{n+1} > \left(1+\frac{1}{m}\right)^{m} > \left(1+\frac{1}{n+1}\right)^{n},$$

ce qu'on peut écrire

$$\left(1+\frac{1}{n}\right)^{n}\left(1+\frac{1}{n}\right) > \left(1+\frac{1}{m}\right)^{m} > \frac{\left(1+\dfrac{1}{n+1}\right)^{n+1}}{1+\dfrac{1}{n+1}}$$

Lorsque le nombre fractionnaire m augmente indéfiniment, il en est de même des deux nombres entiers n et $n+1$; par suite $\left(1+\dfrac{1}{n}\right)^{n}$ et $\left(1+\dfrac{1}{n+1}\right)^{n+1}$ se rapprochent de plus en plus du nombre e. D'autre part, les fractions $\dfrac{1}{n}$ et $\dfrac{1}{n+1}$ deviennent de plus en plus petites, de telle sorte que les quantités $1+\dfrac{1}{n}$ et $1+\dfrac{1}{n+1}$ se rapprochent de plus en plus de l'unité. Par conséquent, le premier et le troisième membres de la double inégalité ci-dessus se rapprochent de plus en plus de e, et il en est alors de même du second membre $\left(1+\dfrac{1}{m}\right)^{m}$.

C. q. f. d.

Remarque II. — On démontre aussi que $\left(1+\dfrac{1}{m}\right)^{m}$ tend vers e quand m augmente indéfiniment par valeurs négatives.

87. Limite de $\left(1+\dfrac{x}{m}\right)^{m}$. — Considérons l'expression $\left(1+\dfrac{x}{m}\right)^{m}$, dans laquelle x représente un nombre quelconque ; on peut écrire

$$\left(1+\frac{x}{m}\right)^{m} = \left(1+\frac{1}{\dfrac{m}{x}}\right)^{m} = \left[\left(1+\frac{1}{\dfrac{m}{x}}\right)^{\frac{m}{x}}\right]^{x}.$$

Lorsque m augmente indéfiniment, il en est de même de $\dfrac{m}{x}$ et par suite l'expression $\left(1+\dfrac{1}{\dfrac{m}{x}}\right)^{\frac{m}{x}}$ tend vers e. Donc on a

$$\text{Limite} \left(1+\frac{x}{m}\right)^{m} = e^{x}.$$

Par conséquent, en cherchant le développement de $\left(1+\dfrac{x}{m}\right)^{m}$ quand m croît indéfiniment par valeurs positives et entières, par exemple, on aura le développement de e^{x}. Un calcul analogue à celui qui a été fait pour le développement de $\left(1 + \dfrac{1}{m}\right)^m$ montre que l'on a

$$e^x = 1 + \frac{x}{1} + \frac{x^2}{1.2} + \frac{x^3}{1.2.3} + \cdots$$

REMARQUE. — L'expression e^x ne peut être qu'un symbole, puisque la lettre e ne représente pas un nombre commensurable. Ce symbole représente la limite vers laquelle tendent les termes de la suite obtenue en élevant à la puissance x des valeurs de plus en plus approchées de e.

Si x est un nombre entier, le théorème du n° 83 montre que cette suite a une limite. On peut, en effet, la considérer comme obtenue en faisant les produits des termes de même rang de x suites identiques.

On démontre qu'il en est de même si x est fractionnaire.

88. Logarithmes népériens. — On appelle *base* d'un système de logarithmes le nombre qui dans ce système a pour logarithme l'unité. Dans les logarithmes vulgaires la base est égale à 10.

Le système de *logarithmes népériens* est le système dans lequel la base est égale au nombre e. Il a été imaginé en 1614 par l'Écossais *Néper*, qui est l'inventeur des logarithmes.

Ce système peut donc être défini par les deux progressions

$$\div 1 : e : e^2 : e^3 : \ldots,$$
$$\div 0.\ 1.\ 2.\ 3.\ \ldots$$

Le logarithme d'un nombre quelconque a se représente par La. On a $\quad Le = 1, \quad Le^2 = 2, \quad \ldots, \quad Le^n = n$, etc.

Le logarithme vulgaire de e^n est

$$\log e^n = n \log e, \qquad \text{ou } \log e^n = Le^n \times \log e,$$

ce qui montre que *pour avoir le logarithme vulgaire d'un nombre, on peut multiplier le logarithme népérien de ce nombre par le logarithme vulgaire de e.*

Ce multiplicateur, $\log e$, s'appelle *module de la transformation des logarithmes népériens en logarithmes vulgaires* ; il se représente par la lettre **M**.

D'autre part, on peut écrire

$$\mathrm{L}\,10^{n} = n\,\mathrm{L}\,10, \qquad \text{ou } \mathrm{L}\,10^{n} = \log 10^{n} \times \mathrm{L}\,10,$$

ce qui montre que *pour avoir le logarithme népérien d'un nombre, on peut multiplier le logarithme vulgaire de ce nombre par le logarithme népérien de* 10.

Ce multiplicateur, L 10, s'appelle *module de la transformation des logarithmes vulgaires en logarithmes népériens.*

Si nous appliquons ces règles à un nombre quelconque a, nous pouvons écrire les deux égalités

$$\log a = \mathrm{L}\,a \times \log e,$$
$$\mathrm{L}a = \log a \times \mathrm{L}\,10,$$

d'où l'on déduit, en multipliant membre à membre et en simplifiant,

$$1 = \log e \times \mathrm{L}\,10,$$

c'est-à-dire

$$\mathrm{L}\,10 = \frac{1}{\log e} = \frac{1}{\mathrm{M}}.$$

Voici des valeurs approchées de ces modules :

$$\log e = \mathrm{M} = 0,43429448{\scriptstyle1}9,$$

$$\mathrm{L}\,10 = \frac{1}{\mathrm{M}} = 2,3025850930.$$

Remarque. — Les logarithmes népériens sont encore appelés *logarithmes naturels.* Voici comment Néper a été conduit à prendre pour base de son système le nombre e :

Définissons les logarithmes par les deux progressions suivantes :

$$\dot{\div}\ 1 : (1 + r) : (1 + r)^{2} : (1 + r)^{3} : \ldots,$$
$$\div\ 0. \qquad r. \qquad 2r. \qquad 3r. \qquad \ldots,$$

r étant un nombre excessivement petit. Si la seconde progression contient un terme mr égal à l'unité, le nombre correspondant à ce logarithme, c'est-à-dire la base du système, sera $(1 + r)^{m}$, ou bien $\left(1 + \dfrac{1}{m}\right)^{m}$. Or, pour donner des logarithmes à tous les nombres, il faut faire tendre r vers zéro et par suite m vers l'infini ; dans ces conditions la base $\left(1 + \dfrac{1}{m}\right)^m$ tend vers e.

FONCTIONS

89. Définitions. — 1° **Fonction d'une variable indépendante.** — On appelle *variable indépendante* toute quantité x qui peut recevoir successivement toutes les valeurs qu'on veut.

On appelle *fonction* d'une variable indépendante toute expression contenant cette seule variable x et d'autres quantités fixes connues. Une pareille expression se représente ordinairement par y, et l'on écrit $y = f(x)$, en disant : y *égale f de x*.

On dit qu'une fonction de x est *définie* pour toutes les valeurs de x, si pour chaque valeur numérique donnée à x cette fonction prend une valeur *déterminée*, c'est-à-dire une valeur qui ne soit ni infinie, ni sous la forme indéterminée $\dfrac{0}{0}$.

Une fonction est dite *définie entre a et b* si elle est définie pour toutes les valeurs de x comprises entre a et b. L'ensemble des nombres a et b et de tous les nombres compris entre a et b s'appelle *intervalle a, b*.

Les fonctions suivantes sont des fonctions définies de x :

$$y = ax + b,$$
$$y = ax^2 + bx + c,$$
$$y = a^x. \ (a \text{ étant positif})$$

La 1re est une fonction du *premier degré*, la 2° est une fonction du *second degré*, la 3° est dite *fonction exponentielle*.

La fonction suivante :

$$y = \frac{ax + b}{a'x + b'},$$

est une fonction définie pour toutes les valeurs de x, sauf pour la valeur $x = -\dfrac{b'}{a'}$, qui annule le dénominateur $a'x + b'$, et qui par suite fait prendre à y une valeur infinie.

2° **Accroissements.** — On appelle *accroissement* d'une quantité variable qui passe d'une valeur à une autre, la différence positive ou négative entre la nouvelle valeur et l'ancienne. Si x prend les deux valeurs successives a et $a + h$, l'accroissement de cette variable est h, et l'accroissement correspondant de la fonction $f(x)$ est $f(a + h) - f(a)$. Ces accroissements peuvent être positifs ou négatifs.

3° **Fonctions continues.** — Une fonction $f(x)$, définie dans l'intervalle (a, b), est dite *continue* pour une valeur x_0 de cet intervalle, lorsqu'il existe un nombre positif k tel que, h étant un nombre quelconque compris entre $-k$ et $+k$, la différence $f(x_0 + h) - f(x_0)$ soit en valeur absolue inférieure à un nombre positif α aussi petit que l'on voudra.

En d'autres termes, étant donné un nombre α très petit, la fonction est continue pour $x = x_0$ s'il existe un intervalle comprenant x_0 tel que, x passant de la valeur x_0 à une valeur quelconque de cet intervalle, l'accroissement correspondant de la fonction soit inférieur en valeur absolue au nombre α. Cet intervalle dépend évidemment de la valeur de α, mais il doit exister quelque petit que soit ce nombre.

On dit encore, mais d'une façon moins précise, qu'une fonction est continue pour $x = x_0$ lorsqu'il est possible de faire varier x de part et d'autre de x_0 de telle façon que les variations de la fonction soient aussi faibles qu'on le désire.

La fonction $f(x)$ étant continue, soient h et h' deux nombres ayant des valeurs absolues inférieures à k ; nous pouvons écrire, en désignant par β et γ des nombres positifs inférieurs à α,

$$f(x_0 + h) = f(x_0) \pm \beta,$$
$$f(x_0 + h') = f(x_0) \pm \gamma,$$

et par suite on a

$$f(x_0 + h) - f(x_0 + h') = \pm \beta \mp \gamma.$$

Or, puisque le nombre α peut être aussi petit qu'on le veut, il en est de même de la valeur absolue de l'expression $\pm \beta \mp \gamma$, c'est-à-dire de la valeur absolue de la différence

$$f(x_0 + h) - f(x_0 + h') ;$$

cette valeur absolue sera certainement inférieure au nombre positif α' si β et γ sont inférieurs à $\dfrac{\alpha'}{2}$, c'est-à-dire si l'on a

$$\alpha < \frac{\alpha'}{2}.$$

Il résulte de là que si l'on donne à la variable x une succession de valeurs ayant pour limite le nombre x_0, la fonction continue $f(x)$ prend une succession de valeurs qui forment une suite satisfaisant à la définition du n° 80, c'est-à-dire ayant une limite, et cette limite est $f(x_0)$.

Inversement, si une fonction $f(x)$ est définie pour $x = x_0$ et pour les valeurs voisines, et si les valeurs successives de cette fonction ont pour limite $f(x_0)$ quand x tend vers x_0 par valeurs supérieures ou inférieures, cette fonction est continue pour $x = x_0$.

On dit qu'une fonction est continue dans un intervalle (a, b), si elle est définie et continue lorsqu'on donne à x une valeur quelconque de cet intervalle.

La fonction du second degré $ax^2 + bx + c$ est continue pour toutes les valeurs de x. Soit en effet x_0 une valeur quelconque de x ; on a

$$f(x_0) = ax_0^2 + bx_0 + c,$$
$$f(x_0 + h) = a(x_0 + h)^2 + b(x_0 + h) + c,$$
$$= ax_0^2 + bx_0 + c + ah^2 + 2ahx_0 + bh,$$

et par suite

$$f(x_0 + h) - f(x_0) = ah^2 + (2ax_0 + b)h.$$

Or cette différence peut être rendue, en valeur absolue, inférieure à un nombre positif α, aussi petit que soit ce nombre. Il suffit pour cela de donner à h la plus petite des deux valeurs satisfaisant aux deux inégalités

$$\text{valeur absolue de } ah^2 < \frac{\alpha}{2},$$

$$\text{valeur absolue de } (2ax_0 + b)h < \frac{\alpha}{2}.$$

On démontre d'une façon analogue qu'un polynome de degré quelconque par rapport à x est une fonction continue pour toutes les valeurs de x.

On démontre aussi, mais par un raisonnement un peu plus compliqué, que la fonction exponentielle a^x, dans laquelle a représente un nombre positif différent de l'unité, est une fonction continue pour toutes les valeurs de x.

REMARQUE. — Si l'on considère plusieurs fonctions d'une même variable x, continues pour $x = x_0$, les valeurs successives que prennent ces fonctions quand x tend vers x_0 forment des suites auxquelles on peut appliquer les théorèmes des n°^{s} 82, 83 et 84. On en déduit les propriétés suivantes :

I. — *Si plusieurs fonctions, en nombre fini, sont continues dans l'intervalle (a, b), toute somme algébrique de ces fonctions est aussi continue dans le même intervalle.*

II. — *Le produit de ces fonctions est également une fonction continue dans l'intervalle (a, b).*

III. — *Si l'on considère deux fonctions seulement, $f_1(x)$ et $f_2(x)$, le quotient $\dfrac{f_1(x)}{f_2(x)}$ est aussi une fonction continue de x dans l'intervalle (a, b), à la condition que la fonction $f_2(x)$ ne s'annule pour aucune des valeurs de cet intervalle.*

D'après cette troisième propriété, la fonction $\dfrac{ax + b}{a'x + b'}$ est une fonction continue pour toutes les valeurs de x, sauf pour la valeur $x = -\dfrac{b'}{a'}$ qui annule le dénominateur. On dit que pour cette valeur de x la fonction est *discontinue*.

4° **Fonction croissante ou décroissante.** — On dit qu'une fonction est *croissante* pour toutes les valeurs de x comprises entre a et b, lorsque, x variant dans cet intervalle d'aussi peu que l'on voudra, l'accroissement correspondant de la fonction est de même signe que l'accroissement de la variable.

En d'autres termes, si α et β sont deux valeurs quelconques comprises entre a et b, le quotient $\dfrac{f(\alpha) - f(\beta)}{\alpha - \beta}$ est positif.

Si ce quotient est toujours négatif, on dit que la fonction est *décroissante*.

Lorsque x varie depuis a jusqu'à b, une pareille fonction passe une fois, et une fois seulement, par chacune des valeurs comprises entre $f(a)$ et $f(b)$.

On dit qu'une fonction est croissante ou décroissante pour $x = a$ si l'on peut calculer un nombre α tel que cette fonction soit croissante ou décroissante entre $a - \alpha$ et $a + \alpha$.

5° **Maximum et minimum.** — On dit qu'une fonction $f(x)$ est *maximum* pour $x = a$ quand, x variant de part et d'autre de a dans un intervalle aussi petit que l'on voudra, $f(x)$ prend des valeurs inférieures à $f(a)$.

De même, $f(x)$ est *minimum* pour $x = a$ quand, x variant comme il vient d'être dit, la fonction prend des valeurs supérieures à $f(a)$.

90. Représentation graphique. — La variation d'une fonction lorsque x prend toutes les valeurs possibles, positives ou négatives, se représente graphiquement de la façon suivante :

Sur une droite indéfinie $X'X$, appelée *axe des x*, on porte à

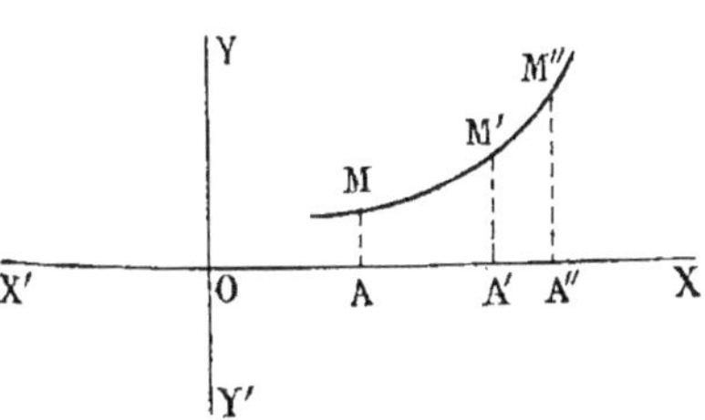

partir d'un point O, appelé *origine*, des longueurs OA, OA', OA'', etc. qui ont pour mesures les différentes valeurs de x ; ces longueurs étant portées dans le sens OX ou dans le sens OX', suivant que les valeurs correspondantes de x sont positives ou négatives. Aux points A, A', A'', on mène des perpendiculaires sur X'X, sur lesquelles on porte les longueurs AM, A'M', A''M'', qui ont pour mesures les diverses valeurs de la fonction qui correspondent aux valeurs considérées de la variable ; ces longueurs AM, A'M', A"M" étant portées au-dessus de OX par exemple lorsqu'elles sont positives, et au-dessous lorsqu'elles sont négatives.

Pour indiquer le sens positif des valeurs de la fonction, on mène ordinairement par l'origine une droite Y'Y perpendiculaire sur X'X, et le sens positif est celui de OY. Cette droite Y'Y s'appelle *axe des y*.

Les longueurs telles que OA sont appelées *abscisses*, et les longueurs telles que AM *ordonnées*. L'abscisse et l'ordonnée d'un point M sont dites les *coordonnées de ce point*.

Si les points M, M', M", etc. sont suffisamment rapprochés, ce qui aura toujours lieu si les points A, A', A", etc. sont eux-mêmes suffisamment rapprochés et si la fonction est continue, on pourra unir tous ces points par un trait continu, et l'on dit que la courbe ainsi tracée représente la variation de la fonction.

Fonction du premier degré. — *La fonction du premier degré se représente par une ligne droite.*

Pour démontrer cette propriété, nous considérerons d'abord la fonction $y = ax$ et nous distinguerons deux cas suivant le signe de a.

1° *On a* $a > 0$. — On peut écrire $\dfrac{y}{x} = a$, ce qui montre que dans la courbe cherchée le rapport de l'ordonnée à l'abscisse doit toujours être positif. Prenons une abscisse positive quelconque OA et menons l'ordonnée positive AM $= a \times$ OA. Menons OM ; je dis que la droite ainsi obtenue représente la fonction $y = ax$.

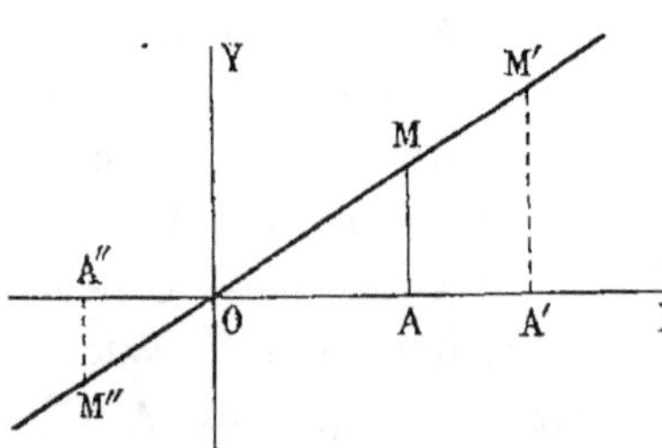

En effet, prenons deux points quelconques M' et M" de part et d'autre du point O et menons les ordonnées M'A', M"A". D'après la similitude des triangles rectangles de la figure, et si l'on ne considère que les valeurs absolues des côtés de ces triangles, les rapports $\dfrac{A'M'}{OA'}$ et $\dfrac{A''M''}{OA''}$ sont égaux au rapport $\dfrac{AM}{OA}$, c'est-à-dire à a. D'autre part, ces deux rapports sont positifs, car leurs deux termes sont toujours de même signe. La droite M'M'' représente donc bien la fonction $y = ax$, puisque le rapport de l'ordonnée à l'abscisse d'un point quelconque de cette droite est égal au nombre positif a. D'ailleurs, si l'on prend un point en dehors de cette droite, on voit aisément que le rapport en question est supérieur ou inférieur à a.

$2°$ *On a* $a < 0$. — La fonction $y = ax$ est alors représentée

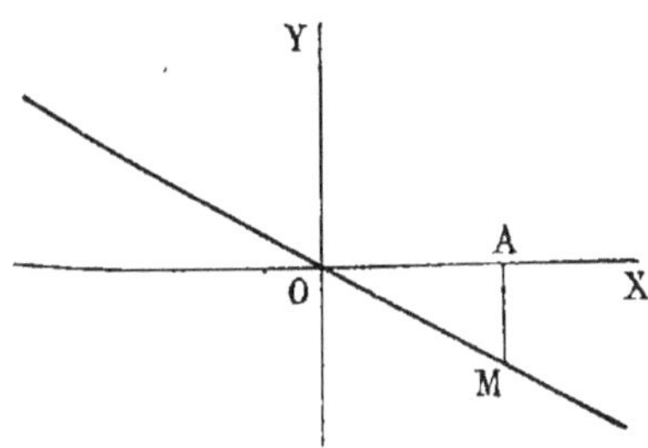

par une droite obtenue en prenant l'abscisse positive OA, puis en traçant l'ordonnée négative AM qui a pour longueur la valeur absolue du produit $a \times OA$, et enfin en menant OM. Il est aisé de voir, en effet, que le rapport de l'ordonnée d'un point quelconque de cette droite à l'abscisse correspondante est égal au nombre négatif a, et que ce rapport est différent de a pour tout point hors de la droite.

En second lieu, considérons la fonction $y = ax + b$, et construisons d'abord la droite DD' qui représente la fonction

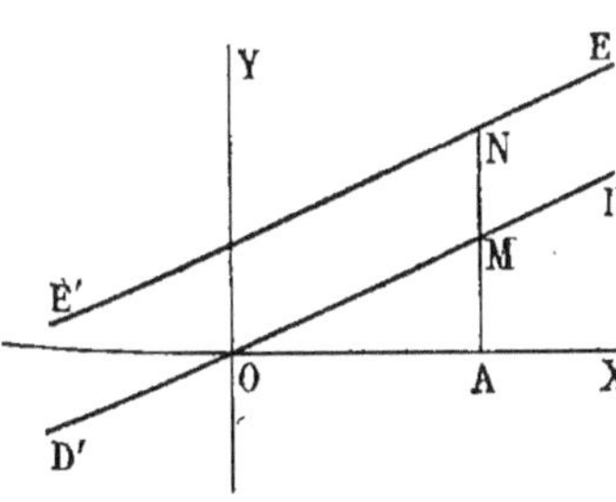

$y = ax$. Portons ensuite, à partir d'un point M et sur l'ordonnée AM, la longueur MN $= b$, dans le sens OY ou en sens inverse suivant que b est positif ou négatif. L'ordonnée AN ainsi obtenue représente la valeur de la fonction $y = ax + b$ qui correspond à la valeur OA donnée à x. Si l'on fait cette construction pour toutes les valeurs de x, les segments tels que MN seront tous égaux et parallèles entre eux, et par suite le point N doit se trouver sur une droite EE′ parallèle à DD′. Cette droite EE′ représente donc la fonction $y = ax + b$.

REMARQUE I. — La droite EE′ coupe l'axe des y en un point qui a pour ordonnée $y = b$. Cette même droite coupe l'axe des x en un point pour lequel on a $y = 0$, c'est-à-dire $ax + b = 0$; ce point d'intersection a donc pour abscisse $x = -\dfrac{b}{a}$. La détermination des deux points où une droite coupe les deux axes donne pour la construction de cette droite un graphique plus simple que celui qui résulte du raisonnement précédent.

REMARQUE II. — L'égalité $y = b$ peut se représenter par une droite parallèle à l'axe des x.

Autres fonctions. — La construction des courbes qui représentent les autres fonctions se fait par des procédés plus ou moins compliqués, dont l'étude n'entre pas dans le cadre de cet ouvrage. Nous ferons seulement quelques remarques simples :

Si une fonction est maximum ou minimum pour une valeur de x, la tangente à la courbe au point correspondant est parallèle à l'axe des x. La figure ci-contre représente une courbe qui a un maximum pour $x = OA$ et un minimum pour $x = OB$.

Les points où une courbe $y = f(x)$ rencontre l'axe des x sont les points pour lesquels on a $y = 0$. Les abscisses de ces points de rencontre sont donc les racines de l'équation $f(x) = 0$.

Si une fonction est croissante entre deux valeurs de x, a et b, la courbe affecte entre les deux points correspondants M et N l'une des deux formes MIIN et MKN indiquées par la figure ci-dessus.

Si la fonction est discontinue pour une valeur de x, l'ordonnée qui correspond à cette valeur de x est infinie.

Ainsi, soit la fonction $y = \dfrac{2x}{x-3}$, qui est discontinue pour la valeur 3 donnée à x. Si α est un nombre positif très petit et si l'on fait $x = 3 - \alpha$, la valeur correspondante de y est

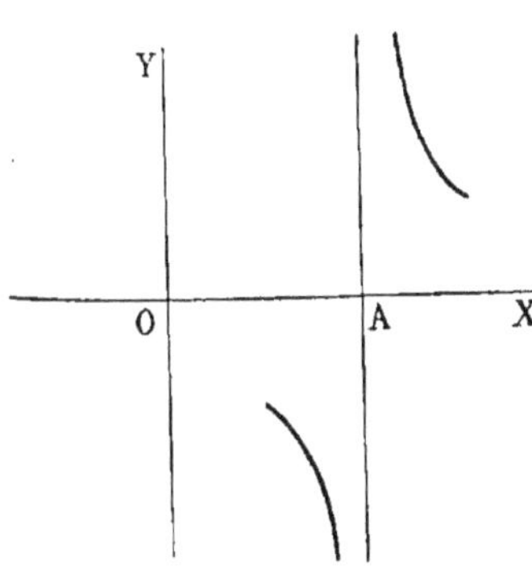

$$y = \frac{2(3-\alpha)}{-\alpha},$$

valeur négative très grande en valeur absolue. Si l'on fait

$$x = 3 + \alpha,$$

on obtient $y = \dfrac{2(3+\alpha)}{\alpha}$, valeur positive très grande. On dit alors que lorsque x en croissant franchit la valeur 3, la fonction passe brusquement de *moins l'infini* à *plus l'infini*, et la courbe, dans le voisinage de $x = 3$, se représente par la figure ci-dessus, où l'on a $OA = 3$.

La droite menée par A parallèlement à OY s'appelle une *asymptote*.

Les deux courbes ci-dessous représentent la variation de la

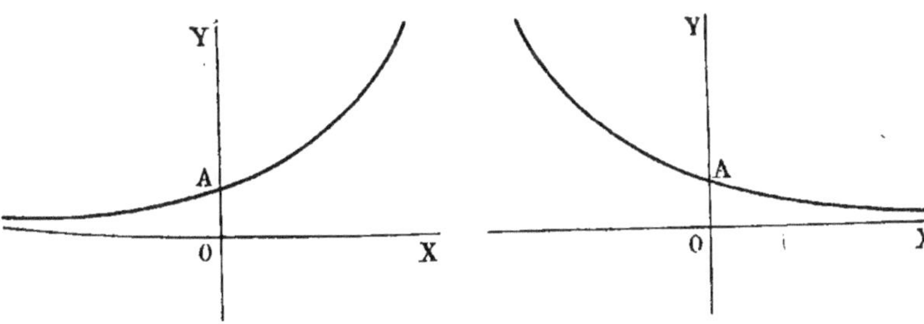

fonction continue $y = a^x$, a étant un nombre positif. La première est relative au cas de $a > 1$ et la deuxième au cas de $a < 1$.

Dans chacune de ces deux courbes, l'axe des x est une asymptote et l'on a $OA = 1$.

91. Interpolation. — Considérons une fonction $f(x)$ définie et continue entre a et b. Supposons de plus que dans cet intervalle la fonction varie toujours dans le même sens, c'est-à-dire soit constamment croissante ou constamment décroissante. Supposons enfin que l'on ait calculé $f(a)$ et $f(b)$.

Il peut y avoir intérêt à calculer les valeurs de $f(x)$ pour des valeurs de x comprises entre a et b. Si la fonction $f(x)$ n'est pas très simple, ces calculs sont parfois compliqués. Inversement, on peut avoir besoin de connaître la valeur de x, comprise entre a et b, qui fait prendre à la fonction une valeur déterminée intermédiaire à $f(a)$ et $f(b)$. L'interpolation est le double problème qui permet d'obtenir simplement des valeurs approchées des résultats ainsi cherchés.

Parmi les diverses méthodes d'interpolation, nous indiquerons seulement la méthode d'interpolation *par parties proportionnelles*. C'est la plus simple, mais c'est aussi la moins rigoureuse. Toutefois, si les valeurs a et b sont très rapprochées, elle donne ordinairement des résultats suffisamment exacts.

Cette méthode consiste à admettre que *dans l'intervalle a, b l'accroissement de la fonction est proportionnel à l'accroissement de la variable*. On peut alors écrire, en désignant par c un nombre compris entre a et b,

$$\frac{f(c) - f(a)}{f(b) - f(a)} = \frac{c - a}{b - a},$$

et cette égalité permet de calculer $f(c)$ quand on se donne c, ou, inversement, de calculer c quand on se donne $f(c)$. Dans le premier cas, on a

$$f(c) = f(a) + \frac{c - a}{b - a}\,[f(b) - f(a)]. \tag{1}$$

Interprétation géométrique. — Considérons l'arc de courbe

MN qui représente la fonction $y = f(x)$ dans l'intervalle ab.

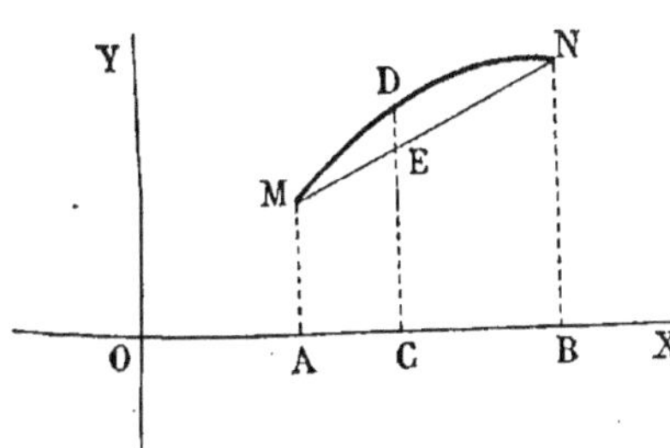

Soient
$$OA = a, \qquad OB = b,$$
$$OC = c.$$

On a
$$f(a) = AM, \qquad f(b) = BN,$$
$$f(c) = CD.$$

Traçons la droite MN ; je dis que cette droite représente la fonction z définie par l'égalité

$$\frac{z - f(a)}{f(b) - f(a)} = \frac{x - a}{b - a},$$

c'est-à-dire

$$z = f(a) + \frac{x - a}{b - a}\,[f(b) - f(a)]. \qquad (2)$$

En effet, cette équation représente une droite qui passe par les deux points M et N, car si l'on fait $x = a$ on obtient $z = f(a)$, c'est-à-dire $z = AM$, et si l'on fait $x = b$ on obtient

$z = f(a) + f(b) - f(a)$,   c'est-à-dire $z = f(b) = BN$.

Dans l'égalité (2) faisons $x = c$, z prendra la valeur CE, et par suite on a

$$CE = f(a) + \frac{c - a}{b - a}\,[f(b) - f(a)].$$

Si l'on compare cette égalité à l'égalité (1), on voit que l'interpolation par parties proportionnelles donne pour $f(c)$ la valeur approchée CE, au lieu de la valeur exacte CD.

Cette méthode revient donc à supposer que dans l'intervalle a, b l'arc de courbe MN est remplacé par la corde MN. L'hypothèse faite donne donc des résultats d'autant plus exacts que les deux points M et N sont plus rapprochés.

Remarque. — Cette méthode d'interpolation par parties proportionnelles a déjà été appliquée, dans l'étude des logarithmes, pour la recherche du logarithme d'un nombre entier supérieur à 10 000, et pour la recherche du nombre qui correspond à un logarithme dont la partie décimale n'est pas dans les tables.

Nous aurons l'occasion d'appliquer cette même méthode à l'interpolation des tables relatives aux calculs d'intérêts composés.

PROBLÈMES A RÉSOUDRE

87. Dans un sac on a 8 billes diversement colorées. On en retire successivement 5. De combien de manières peut-on faire cette opération, de telle façon que les billes tirées diffèrent soit par leurs couleurs, soit par l'ordre dans lequel ces couleurs se succèdent ?

88. Combien de nombres distincts supérieurs à 10 000 peut-on former avec les cinq chiffres 0, 1, 2, 3, 4, chaque chiffre ne figurant qu'une fois dans chacun des nombres ?

89. Au jeu de cartes un joueur reçoit 8 cartes sur 32. Quel est le nombre des jeux différents qu'il peut avoir ?

90. Combien de nombres distincts peut-on former avec les trois chiffres 3, 4, 5, chacun de ces nombres contenant 5 chiffres et pouvant contenir jusqu'à 5 fois le même chiffre ?

91. Avec les neuf chiffres 1, 2, 3, ..., 9 combien peut-on former de nombres de 4 chiffres, de telle façon que les chiffres de chacun de ces nombres aillent en augmentant de gauche à droite ?

92. Dans un jeu de 32 cartes deux joueurs reçoivent chacun 12 cartes et il en reste 8 au talon. Quel est le nombre des jeux différents que l'on peut ainsi obtenir ?

93. On a 15 jetons différents que l'on veut répartir dans quatre casiers, de manière qu'il y en ait 6 dans le 1er, 4 dans le 2e, 3 dans le 3e et 2 dans le 4e. De combien de manières distinctes peut-on faire cette répartition ?

94. Dix personnes prennent leurs repas dans la même salle et ont à leur disposition deux tables rondes pouvant recevoir, la première 6 personnes, et la deuxième 4 personnes. De combien de manières différentes ces dix personnes peuvent-elles se grouper autour des deux tables ?

95. Étant donnés m jetons numérotés de 1 à m, quel est le nombre des arrangements p à p que l'on peut former, de telle façon que, dans chaque arrangement, n jetons déterminés occupent chacun le rang indiqué par son numéro ?

96. On a dans une boite 15 jetons numérotés de 1 jusqu'à 15 ; on tire un à un 10 de ces jetons. Quel est le nombre des cas qui peuvent se présenter, de telle façon que dans chacun d'eux les 5 jetons numérotés de 1 à 5 soient tirés dans l'ordre de leurs numéros dans cinq tirages successifs ?

97. Former les développements de $(a + b)^7$ et de $(a - b)^7$.

98. Quels sont les coefficients de x^9 et de y^8 dans les développements de $(x + 1)^{15}$ et de $(y - 1)^{17}$?

99. Démontrer, à l'aide de la formule du binome, que si l'on a m lettres, le nombre des combinaisons 1 à 1, plus le nombre des combinaisons 2 à 2, etc., plus le nombre des combinaisons m à m, est égal à $2^m - 1$, c'est-à-dire que l'on a

$$C_m^1 + C_m^2 + C_m^3 + \ldots + C_m^m = 2^m - 1.$$

100. Étant données m lettres, démontrer que la somme des combinaisons contenant un nombre pair de lettres, c'est-à-dire $C_m^2 + C_m^4 + C_m^6 + \ldots$ est égale à 2^{m-1}.

101. Calculer à 1 cent-millième près la valeur de la limite de $\left(1 + \dfrac{15}{m}\right)^m$ quand m augmente indéfiniment.

102. Quelle est la limite de $\left(1 + \alpha\right)^{\frac{1}{\alpha}}$ quand α tend vers zéro ?

103. Démontrer que lorsque m augmente indéfiniment, l'expression $\left(1 + \dfrac{a}{m} + \dfrac{b}{m^2}\right)^m$, dans laquelle a et b sont des nombres constants, tend vers e^a.

104. Démontrer, en se servant du développement de e^x, que l'on a

$$\frac{1}{e} = \frac{1}{1.2} - \frac{1}{1.2.3} + \frac{1}{1.2.3.4} - \frac{1}{1.2.3.4.5} + \ldots.$$

105. On considère les deux fonctions de x définies par les deux équations

$$2x + 3y - 6 = o,$$

$$x - 4y + 4 = o\,;$$

on demande de construire les deux droites qui représentent ces deux fonctions, et de calculer les coordonnées du point de rencontre de ces deux droites.

CHAPITRE IV

INTÉRÊTS COMPOSÉS

DÉFINITIONS ET FORMULES

92. Définitions. — On dit qu'une somme est placée à *intérêts composés* lorsque, à la fin de chaque période de temps généralement égale à une année, l'intérêt produit pendant cette période est joint au capital et rapporte intérêt pendant les périodes suivantes.

On appelle *taux de l'intérêt* ce que rapporte un franc pendant une durée égale à la période choisie. Ce taux est dit *annuel, semestriel, trimestriel*, etc., selon que cette période est une année, un semestre, un trimestre, etc.

Remarquons que le taux ainsi défini est la centième partie du taux employé dans l'intérêt simple, car si en un an 100^{fr} rapportent 5^{fr} par exemple, 1^{fr} rapportera $0^{\text{fr}},05$ pendant le même temps. Par conséquent, dire qu'un capital est placé à intérêts composés à 5 °/。, ou bien que ce capital est placé à intérêts composés au taux 0,05, sont deux expressions équivalentes. Cette nouvelle définition du taux conduit à des formules et à des calculs plus simples.

Dans ce qui va suivre, nous désignerons par a la somme placée ou *capital initial*, par r le taux, par n le nombre des périodes de temps pendant lesquelles le capital reste placé, par A le *capital final*, c'est-à-dire le capital a augmenté de tous les intérêts produits. Nous allons chercher la relation qui existe entre ces quatre quantités.

Le capital a peut rester placé pendant un nombre entier de périodes, ou bien pendant un certain nombre de périodes plus une fraction de période, d'où deux cas que nous examinerons séparément : le cas où n est un nombre entier, le cas où n est un nombre fractionnaire.

93. Formule des intérêts composés lorsque n est entier. — Pour simplifier le langage, supposons que la période de temps choisie pour la capitalisation des intérêts soit une année.

Puisqu'un franc en un an rapporte r, le capital a rapporte ar, et par suite la valeur acquise à la fin de la première année par le capital a est

$$a + ar, \qquad \text{c'est-à-dire} \qquad a(1 + r).$$

Donc, *pour obtenir ce que devient un capital au bout d'un an, il faut multiplier par* $1 + r$ *la valeur de ce capital.*

Pendant la seconde année, le capital qui produit intérêt est égal à $a(1 + r)$. Ce capital devient donc à la fin de cette seconde année

$$a(1 + r)(1 + r), \qquad \text{c'est-à-dire} \qquad a(1 + r)^2.$$

Pendant la troisième année, le capital qui produit intérêt est égal à $a(1 + r)^2$. Ce capital devient donc à la fin de cette troisième année

$$a(1 + r)^2(1 + r), \qquad \text{c'est-à-dire} \qquad a(1 + r)^3.$$

Et ainsi de suite. A la fin de la n^e année, le capital a est donc devenu $a(1 + r)^n$, et par suite on a l'égalité suivante :

$$A = a(1 + r)^n. \tag{1}$$

Telle est la formule cherchée.

Cette formule est évidemment applicable au cas où les intérêts, au lieu d'être capitalisés chaque année, le sont tous les six mois, ou tous les trois mois, etc., r représentant l'intérêt de 1^{fr} pendant la période de temps choisie et n le nombre de ces périodes.

Si l'on prend les logarithmes des deux membres de la formule (1), on obtient

$$\log A = \log a + n \log (1 + r).$$

C'est cette dernière égalité qui est employée dans les applications numériques.

REMARQUE. — Si le capital a restait placé à *intérêt simple* pendant n années, son intérêt serait arn, et par suite le capital final serait égal à

$$a + arn, \qquad \text{c'est-à-dire} \qquad a(1 + rn).$$

Or on a (n° 79, théorème I)

$$(1 + r)^n > 1 + rn.$$

Donc la valeur acquise par un même capital, après un nombre entier de périodes, est plus grande dans l'intérêt composé que dans l'intérêt simple ; cela était évident *a priori*, puisqu'au bout de chaque période le capital qui produit intérêt va en augmentant.

94. Taux équivalents. — On appelle ainsi des taux qui correspondent à des périodes de capitalisation différentes, mais qui font acquérir la même valeur à un même capital pendant une même durée.

Soit r le taux annuel ; proposons-nous de trouver les taux semestriel, trimestriel et mensuel équivalents à ce taux r.

1° **Taux semestriel.** — Soit s ce taux. Un capital de 1^{fr} placé au taux semestriel s devient au bout d'un an, c'est-à-dire au bout de deux semestres,

$$(1 + s)^2.$$

Ce même capital de 1^{fr}, au taux annuel r, devient au bout d'un an $1 + r$.

Les deux taux s et r seront équivalents si l'on a

$$(1 + s)^2 = 1 + r,$$

c'est-à-dire $$1 + s = \sqrt{1 + r}.$$

On ne met pas le double signe $\pm$ devant $\sqrt{1 + r}$, car le taux s et par suite $1 + s$ sont des quantités positives. On a alors

$$s = \sqrt{1 + r} - 1.$$

2° **Taux trimestriel.** — Soit t ce taux. Un capital de 1^{fr} placé à ce taux devient au bout d'un an, c'est-à-dire au bout de quatre trimestres, $(1 + t)^4$.

On doit donc avoir $(1 + t)^4 = 1 + r$,

c'est-à-dire $1 + t = \sqrt[4]{1 + r}$,

et par suite $t = \sqrt[4]{1 + r} - 1$.

Pour extraire la racine 4e de $1 + r$, on peut extraire la racine carrée de $1 + r$, puis la racine carrée du résultat obtenu. On peut aussi se servir des logarithmes.

3° **Taux mensuel.** — Soit m ce taux ; on doit avoir

$$(1 + m)^{12} = 1 + r,$$

c'est-à-dire

$$1 + m = \sqrt[12]{1 + r},$$

et par suite

$$m = \sqrt[12]{1 + r} - 1.$$

Pour extraire la racine 12e de $1 + r$, on peut d'abord extraire la racine 4e de $1 + r$, puis la racine cubique du résultat ; mais il est plus simple de se servir des logarithmes. On a en effet

$$\log \sqrt[12]{1 + r} = \frac{1}{12} \log (1 + r),$$

et il est aisé de calculer le second membre de cette égalité, puis d'en déduire la valeur de la racine cherchée en cherchant le nombre correspondant au logarithme obtenu.

4° **Taux d'une période quelconque.** — Soit r_k le taux qui correspond à une période de temps contenue exactement k fois dans l'année. Ce taux est équivalent au taux annuel r si l'on a

$$(1 + r_k)^k = 1 + r,$$

c'est-à-dire

$$1 + r_k = \sqrt[k]{1 + r},$$

et par suite

$$r_k = \sqrt[k]{1 + r} - 1.$$

La racine k^e de $1 + r$ se calcule à l'aide des logarithmes. Si l'on emploie les exposants fractionnaires, le radical $\sqrt[k]{1 + r}$

peut s'écrire $(1 + r)^{\frac{1}{k}}$, et par suite on a

$$r_k = (1 + r)^{\frac{1}{k}} - 1.$$

Nous emploierons désormais cette façon d'écrire, qui est plus commode dans la pratique.

Remarque. — Le taux r_k, équivalent au taux annuel r, est inférieur à la k^e partie de r. On a en effet, d'après le théorème I du n° 79,

$$(1 + r_k)^k > 1 + kr_k,$$

c'est-à-dire

$$1 + r > 1 + kr_k,$$

ou

$$r > kr_k, \qquad \text{d'où} \qquad r_k < \frac{r}{k}. \qquad \text{C. q. f. d.}$$

Voici, pour les principales valeurs du taux annuel, un tableau donnant les valeurs correspondantes des taux semestriels, trimestriels et mensuels équivalents :

TAUX ANNUEL	TAUX SEMESTRIEL	TAUX TRIMESTRIEL	TAUX MENSUEL
0,02	0, 0099 5049	0, 0049 6293	0, 0016 5158
0,025	0, 0124 2283	0, 0061 9224	0, 0020 5983
0,03	0, 0148 8915	0, 0074 1707	0, 0024 6627
0,035	0, 0173 4950	0, 0086 3744	0, 0028 7089
0,04	0, 0198 0390	0, 0098 5340	0, 0032 7374
0,045	0, 0222 5241	0, 0110 6499	0, 0036 7481
0,05	0, 0246 9507	0, 0122 7223	0, 0040 7412
0,06	0, 0295 6301	0, 0146 7384	0, 0048 6755

Ce tableau permet de vérifier que les taux semestriel, trimestriel et mensuel équivalents à un taux annuel r sont respectivement inférieurs à $\dfrac{r}{2}$, $\dfrac{r}{4}$, $\dfrac{r}{12}$.

95. Taux proportionnels. — Soient r le taux annuel et r_k

le taux relatif à la k^e partie de l'année. On dit que les deux taux r et r_k sont *proportionnels* si l'on a

$$r_k = \frac{r}{k}.$$

Ainsi les taux semestriel, trimestriel et mensuel proportionnels à un taux annuel r sont $\dfrac{r}{2}$, $\dfrac{r}{4}$ et $\dfrac{r}{12}$.

Un même capital de 1^{fr}, placé à intérêts composés à ces différents taux, devient au bout d'un an :

$$1 + r \qquad \text{avec le taux annuel,}$$

$$\left(1 + \frac{r}{2}\right)^2 \qquad - \qquad \text{semestriel,}$$

$$\left(1 + \frac{r}{4}\right)^4 \qquad - \qquad \text{trimestriel,}$$

$$\left(1 + \frac{r}{12}\right)^{12} \qquad - \qquad \text{mensuel.}$$

Je dis que chacune de ces valeurs est supérieure à la première. En effet, on peut écrire, d'après le théorème I du n° 79,

$$\left(1 + \frac{r}{2}\right)^2 > 1 + 2\frac{r}{2}, \qquad \text{c'est-à-dire} \qquad > 1 + r,$$

$$\left(1 + \frac{r}{4}\right)^4 > 1 + 4\frac{r}{4}, \qquad - \qquad > 1 + r,$$

$$\left(1 + \frac{r}{12}\right)^{12} > 1 + 12\frac{r}{12}, \qquad - \qquad > 1 + r,$$

et, plus généralement,

$$\left(1 + \frac{r}{k}\right)^k > 1 + k\frac{r}{k}, \qquad \text{c'est-à-dire} \qquad > 1 + r,$$

Je dis de plus que la valeur de $\left(1 + \dfrac{r}{k}\right)^k$ augmente lorsque k augmente. On a en effet, d'après la formule du binome,

$$\left(1 + \frac{r}{k}\right)^k = 1 + \frac{k}{1} \cdot \frac{r}{k} + \frac{k(k-1)}{1.2} \cdot \frac{r^2}{k^2} + \frac{k(k-1)(k-2)}{1.2.3} \cdot \frac{r^3}{k^3}$$

$$+ \frac{k(k-1)(k-2)(k-3)}{1.2.3.4} \cdot \frac{r^4}{k^4} + \cdots,$$

ce qu'on peut écrire

$$\left(1+\frac{r}{k}\right)^{k} = 1 + r + \frac{1-\frac{1}{k}}{1\,.\,2}\,r^2 + \frac{\left(1-\frac{1}{k}\right)\left(1-\frac{2}{k}\right)}{1\,.\,2\,.\,3}\,r^3$$

$$+ \frac{\left(1-\frac{1}{k}\right)\left(1-\frac{2}{k}\right)\left(1-\frac{3}{k}\right)}{1\,.\,2\,.\,3\,.\,4}\,r^4 + \cdots$$

Si k augmente d'une unité par exemple, les fractions $\frac{1}{k}$, $\frac{2}{k}$, $\frac{3}{k}$, etc. diminuent, et par suite les différences $1-\frac{1}{k}$, $1-\frac{2}{k}$, etc., augmentent. Il en résulte que si l'on compare le développement de $\left(1+\frac{r}{k+1}\right)^{k+1}$ au développement précédent, les coefficients des mêmes puissances de r sont plus grands dans le second développement que dans le premier ; en outre, le second développement a un terme de plus que le premier, et par suite, pour ce double motif, on a

$$\left(1+\frac{r}{k+1}\right)^{k+1} > \left(1+\frac{r}{k}\right)^{k},$$

d'où la conclusion suivante :

Dans l'intérêt composé, les valeurs acquises par un même capital augmentent lorsque les périodes adoptées pour la capitalisation des intérêts deviennent plus petites et que les taux restent proportionnels.

REMARQUE. — Dans le cas de l'intérêt simple, les taux proportionnels sont en même temps équivalents. En effet, un capital de 1^{fr} placé au taux annuel r devient au bout d'un an $1+r$; si ce même capital de 1^{fr} est placé à intérêt simple au taux $\frac{r}{k}$ pendant les k périodes égales d'une année, le capital final est égal à

$$1 + \frac{r}{k}\,k, \qquad \text{c'est-à-dire encore} \qquad 1+r.$$

96. Taux instantané. — Supposons que, les taux restant proportionnels, la période de capitalisation des intérêts devienne de plus en plus petite ; le nombre k devient alors de plus en plus grand, et par suite le capital constitué au bout d'un an par un capital de 1^{fr}, c'est-à-dire l'expression $\left(1 + \dfrac{r}{k}\right)^{k}$, se rapproche de plus en plus de e^{r} qui est sa limite (n° 87).

D'après ce qui précède, on a évidemment $e^{r} > 1 + r$, ce qu'on peut encore voir en remarquant que l'on a

$$e^{r} = 1 + r + \frac{r^2}{1.2} + \cdots$$

La période de capitalisation devenant ainsi de plus en plus courte, cette capitalisation tend à se faire à chaque instant. A la limite, on dit que les intérêts sont capitalisés *instantanément*, ou bien que l'intérêt est *continu*.

Si, au lieu de placer 1 franc pendant un an, on place a francs pendant n années, à intérêt continu, on obtient pour capital final

$$A = ae^{rn}.$$

On appelle *taux instantané* équivalent à un taux annuel r le taux annuel r' qui, variant proportionnellement lorsque les périodes de capitalisation deviennent de plus en plus petites et tendent vers zéro, fait acquérir la même valeur à un même capital au bout d'un an.

Cherchons ce taux instantané r'.

Avec le taux annuel r, 1^{fr} devient au bout d'un an $1 + r$. Avec le taux instantané r', 1^{fr} devient $e^{r'}$. Donc on doit avoir

$$e^{r'} = 1 + r,$$

d'où, en prenant les logarithmes népériens,

$$r'Le = r' = L(1 + r).$$

Donc, *le taux instantané équivalant au taux annuel r est égal au logarithme népérien de* $1 + r$.

Si nous supposons que le taux annuel est 0,05, le taux instantané équivalent est

$$r' = L\,1,05$$

c'est-à-dire $\qquad r' = \log 1,05 \times \mathrm{L}\, 10,$

ou $\qquad r' = \log 1,05 \times 2,302585 = 0,048790.$

97. Formule des intérêts composés lorsque n est fractionnaire.
— Pour simplifier le langage, supposons que les intérêts soient capitalisés chaque année, et que la durée du placement comprenne un nombre entier d'années n plus une fraction d'année égale à $\frac{h}{q}$.

A la fin de la n^e année, le capital initial a est devenu $a(1+r)^n$, et ce nouveau capital rapporte intérêt pendant la fraction d'année $\frac{h}{q}$. Pour obtenir le capital final, deux procédés peuvent être employés.

1ᵉʳ Procédé : Solution rationnelle. — D'après la définition de l'intérêt composé, le capital qui rapporte intérêt reste invariable pendant chaque année et s'accroît de son intérêt simple à la fin de l'année. Nous devons donc admettre que, pendant la fraction d'année $\frac{h}{q}$, le capital $a(1+r)^n$ reste invariable et produit un intérêt simple au taux r.

Un capital de 1^{fr} rapporte, pendant la fraction d'année $\frac{h}{q}$, un intérêt simple égal à $\frac{h}{q}\, r$; ce capital devient alors $1 + \frac{h}{q}\, r$. Par conséquent, au bout de la fraction d'année $\frac{h}{q}$, le capital $a(1+r)^n$ a acquis la valeur $a(1+r)^n\left(1 + \frac{h}{q}\, r\right)$, et par suite la formule de l'intérêt composé est la suivante :

$$A = a(1+r)^n\left(1 + \frac{h}{q}\, r\right). \qquad (\text{II})$$

2ᵉ Procédé : Solution des financiers. — La formule que nous venons d'établir conduit dans la pratique a des calculs compliqués. D'autre part, le principe sur lequel elle repose, l'*invaria-*

bilité du capital pendant une année, ne correspond pas à la réalité des faits. En effet, les capitaux sont ordinairement répartis en de nombreux placements dans lesquels les intérêts sont payés à des époques différentes et sont immédiatement capitalisés, de telle sorte que l'augmentation du capital a lieu d'une façon presque continue.

Pour ce double motif les financiers emploient *exclusivement* une autre formule, qui n'est autre que la formule (1) dans laquelle on remplace n par $p + \dfrac{h}{k}$, et qui donne dans la pratique très sensiblement les mêmes résultats que la formule ci-dessus.

Le raisonnement que font pour cela les financiers consiste à admettre que les intérêts sont capitalisés au bout de chaque fraction d'année égale à $\dfrac{1}{k}$, à un taux r_k équivalent au taux annuel r. Dans ce cas, comme dans la capitalisation annuelle, le capital initial a sera devenu au bout de p années $a(1+r)^p$, et ce nouveau capital va être placé à intérêts composés pendant h périodes égales à la fraction d'année $\dfrac{1}{k}$; il deviendra donc

$$A = a(1+r)^p(1+r_k)^h.$$

Or, nous avons (n° 94)

$$1 + r_k = \sqrt[k]{1+r} = (1+r)^{\frac{1}{k}},$$

et par suite

$$(1+r_k)^h = (1+r)^{\frac{h}{k}}.$$

On peut donc écrire

$$A = a(1+r)^p(1+r)^{\frac{h}{k}},$$

c'est-à-dire

$$A = a(1+r)^{p+\frac{h}{k}},$$

ou enfin, en remplaçant $p + \dfrac{h}{k}$ par n,

$$A = a(1+r)^n.$$

On retrouve donc la formule (1), mais ici n est un exposant fractionnaire tandis que dans la formule (1) n est entier.

En prenant les logarithmes des deux membres de cette dernière formule, on obtient le même résultat que dans le cas de la formule (I). Avec la formule (II) on a

$$\log A = \log a + p \log (1 + r) + \log \left(1 + \frac{h}{k} r \right).$$

REMARQUE I. — La valeur de A fournie par le premier procédé est supérieure à la valeur de A fournie par le second. En effet, ces deux valeurs sont

$$a(1 + r)^p \left(1 + \frac{h}{k} r \right),$$

$$a(1 + r)^p (1 + r)^{\frac{h}{k}}.$$

Or, $\frac{h}{k}$ étant inférieur à l'unité, on a, d'après le théorème II du n° 79,

$$(1 + r)^{\frac{h}{k}} < 1 + \frac{h}{k} r.$$

Donc la première des deux valeurs ci-dessus est supérieure à la seconde.

Par suite, en employant le second procédé, les banquiers ont une formule plus simple, et la différence des deux résultats est à leur avantage. Toutefois, dans les limites ordinaires de la pratique, cette différence est très faible ainsi que nous le verrons dans les problèmes suivants.

REMARQUE II. — Si l'on applique la formule (I) de l'intérêt composé à des durées inférieures à une année, l'inégalité $(1 + r)^{\frac{h}{k}} < 1 + \frac{h}{k} r$ montre que la valeur acquise par le capital initial est inférieure à celle qu'il acquerrait dans l'intérêt simple, le taux restant le même.

PROBLÈMES SUR L'INTÉRÊT COMPOSÉ

98. Dans les formules que nous avons établies figurent quatre quantités : le capital initial, le capital final, le taux et le temps. Par conséquent, chacune de ces formules détermine l'une de ces quatre quantités quand on se donne les trois autres. Il résulte de là qu'on peut se proposer quatre problèmes différents sur l'intérêt composé.

Dans la pratique, ces problèmes se résolvent uniquement par l'emploi de la formule (I), dans laquelle n est supposé entier ou fractionnaire. Nous emploierons aussi la formule (II) afin de montrer que les calculs sont plus compliqués et que les résultats qu'elle donne sont peu différents de ceux que l'on obtient avec la formule (I).

Ainsi que nous l'avons dit, on applique les logarithmes à l'une et à l'autre de ces deux formules. Dans les seconds membres des égalités obtenues se trouve alors $\log (1 + r)$ multiplié par n ou par p. Le logarithme de $1 + r$ n'est connu, avec les tables à cinq décimales, qu'à 1 cent-millième près ; en le multipliant par l'un des multiplicateurs n ou p, on multiplie aussi l'erreur par ce multiplicateur, et par suite, dans le produit obtenu, le cinquième chiffre décimal et même le quatrième peuvent être inexacts. Dès lors il est nécessaire d'avoir le logarithme de $1 + r$ avec quelques décimales de plus que les autres logarithmes. Il existe des tables spéciales qui donnent de pareils logarithmes avec une grande approximation. Dans la pratique, on prend autant de chiffres décimaux de plus qu'il y a de chiffres dans le multiplicateur.

A la fin de ce livre la Table I donne avec huit chiffres décimaux les logarithmes de $1 + r$ pour les valeurs du taux r augmentant de l'une à l'autre de 1 dix-millième, depuis 0,02 jusqu'à 0,06.

Voici avec dix chiffres décimaux les logarithmes de $1 + r$ pour les taux simples usuels de 1 % à 6 % :

$1 + r$	LOGARITHMES	$1 + r$	LOGARITHMES
1,01	0, 00432 13738	1,035	0, 01494 03498
1,0125	0, 00539 50319	1,0375	0, 01598 81054
1,015	0, 00646 60422	1,04	0, 01703 33393
1,0175	0, 00753 44179	1,0425	0, 01807 60636
1,02	0, 00860 01718	1,045	0, 01911 62904
1,0225	0, 00966 33167	1,0475	0, 02015 40316
1,025	0, 01072 38654	1,05	0, 02118 92991
1,0275	0, 01178 18305	1,0525	0, 02222 21045
1,03	0, 01283 72247	1,055	0, 02325 24596
1,0325	0, 01389 00603	1,0575	0, 02428 03760
		1,06	0, 02530 58653

Il existe aussi d'autres tables spéciales qui permettent de résoudre rapidement les problèmes d'intérêt composé sans avoir recours aux logarithmes. Ce sont les tables qui, pour les principales valeurs du taux et du temps, donnent les valeurs correspondantes de $(1 + r)^n$ et de $\dfrac{1}{(1 + r)^n}$. A la fin de ce livre les Tables II et III donnent ces valeurs, n variant de 1 à 50, et r de 0,02 à 0,06.

Les exemples suivants montreront l'usage de chacune de ces tables.

99. Problème I : Recherche du capital final. — Exemple I. — *Que devient au bout de 17 ans un capital de* 2 500^{fr} *placé à intérêts composés à 5°/₀ par an ?*

On a $r = 0,05$, $1 + r = 1,05$, et par suite la formule (1) permet d'écrire

$$A = 2\,500 \times 1,05^{17}. \tag{1}$$

Le calcul direct de $1,05^{17}$ serait long, mais en consultant la Table II qui donne les valeurs de $(1 + r)^n$, on trouve

$$1,05^{17} = 2,292018.$$

On a alors
$$A = 2500 \times 2{,}292018,$$
c'est-à-dire, en effectuant, $A = 5\,730^{fr}{,}045.$

Si l'on calcule A par logarithmes, on déduit de l'égalité (1)
$$\log A = \log 2500 + 17 \log 1{,}05,$$
et l'on fait alors le calcul suivant :

$$\log 1{,}05 = 0{,}0211893$$
$$17$$
$$\overline{}$$
$$1483251$$
$$211893$$
$$\overline{}$$
$$17 \log 1{,}05 = 0{,}3602181$$

$$\log 2500 = 3{,}39794$$
$$17 \log 1{,}05 = 0{,}36022$$
$$\overline{}$$
$$\log A \quad = 3{,}75816$$
pour   815   5730
$$D = 8 \qquad\qquad 1$$
$$1 : 8 = 0{,}125 \qquad 5730\,125$$
$$A = 5\,730^{fr}{,}125.$$

Exemple II. — *Que devient, au bout de 12 ans 3 mois 10 jours, un capital de 4 800^{fr} placé à intérêts composés, sachant que les intérêts sont capitalisés tous les six mois au taux semestriel 2 ½ %?*

La durée du placement comprend 24 semestres, plus $\dfrac{1}{2}$ semestre, plus $\dfrac{1}{3}$ de mois, c'est-à-dire $\dfrac{1}{18}$ de semestre. On a donc
$$n = 24 + \frac{1}{2} + \frac{1}{18} = 24 + \frac{10}{18} = 24 + \frac{5}{9}.$$

On a d'autre part $r = 0{,}025,$ $1 + r = 1{,}025,$ et par suite la formule des financiers permet d'écrire
$$A = 4\,800 \times 1{,}025^{\,24+\frac{5}{9}} = 4\,800 \times 1{,}025^{\frac{221}{9}}.$$

La Table II ne donnant pas les puissances fractionnaires de $1 + r$, nous opérerons par logarithmes :
$$\log A = \log 4\,800 + \frac{221}{9} \log 1{,}025 :$$

$$\log 1,025 = 0,01072386$$
$$221$$
$$\overline{}$$
$$1072386$$
$$2144772$$
$$2144772$$
$$221 \log 1,025 = 2,36997306$$
$$\frac{221}{9} \log 1,025 = 0,263330\ldots$$

$$\log 4800 = 3,68124$$
$$\frac{221}{9} \log 1,025 = 0,26333$$
$$\log A = 3,94457$$
$$\text{pour} \qquad 453\ 8801$$
$$D = 5 \qquad 4$$
$$4 : 5 = 0,8 \qquad 8801\ 8$$
$$A = 8801^{\text{fr}},80.$$

Emploi de la formule rationnelle (II). — Cette formule devient ici

$$A = 4\,800 \times 1,025^{24} \times \left(1 + \frac{5}{9}\,0,025\right),$$

c'est-à-dire

$$A = 4\,800 \times 1,025^{24} \times \frac{9,125}{9},$$

ou

$$A = \frac{1\,600 \times 1,025^{24} \times 9,125}{3}.$$

Le calcul peut alors s'achever, soit en prenant dans la Table II la valeur de $1,025^{24}$, soit en employant les logarithmes. Dans le premier cas, on obtient

$$A = \frac{1\,600 \times 9,125 \times 1,808726}{3} = 8\,802^{\text{fr}},46.$$

Le calcul par logarithmes donne, en remplaçant d'abord $1\,600 \times 9,125$ par le produit effectué $14\,600$,

$$\log A = \log 14\,600 + 24 \log 1,025 + \text{colog } 3 :$$

$$\log 1,025 = 0,0107239$$
$$24$$
$$\overline{}$$
$$428956$$
$$214478$$
$$24 \log 1,025 = 0,2573736$$
$$\log 3 = 0,47712$$

$$\log 14600 = 4,16435$$
$$24 \log 1,025 = 0,25737$$
$$\text{colog } 3 = \overline{1},52288$$
$$\log A = 3,94460$$
$$\text{pour} \qquad 458\ 8802$$
$$D = 5 \qquad 2$$
$$2 : 5 = 0,4 \qquad 8802\ 4$$
$$A = 8\,802^{\text{fr}},40.$$

On voit que le résultat fourni par la formule (II est peu différent de celui que donne la formule des financiers.

100. Problème II : Recherche du capital initial.— Exemple I. — *Quelle somme faut-il placer à intérêts composés à $4\,{}^1/_2\,{}^0/_0$ par an pour avoir $25\,000^{fr}$ au bout de 12 ans?*

On a $r = 0,045$, $1 + r = 1,045$, et par suite la formule (1) devient

$$25\,000 = a \times 1,045^{12}.$$

On déduit de là

$$a = \frac{25\,000}{1,045^{12}}.$$

Cette valeur de a peut s'écrire $25\,000 \times \dfrac{1}{1,045^{12}}$. Or, en consultant la Table III qui donne les valeurs de $\dfrac{1}{(1+r)^n}$, on trouve

$$\frac{1}{1,045^{12}} = 0,589664\,;$$

on a donc

$$a = 25\,000 \times 0,589664 = 14\,741^{fr},60.$$

Si l'on veut opérer par logarithmes, on fait le calcul suivant :

$$\log a = \log 25\,000 - 12 \log 1,045$$

$$
\begin{array}{l|l}
\log 1,045 = 0,0191163 & \log 25\,000 = 4,39794 \\
\qquad\qquad\qquad\quad 12 & 12\log 1,045 = 0,22940 \\[2pt]
\hline
\qquad\qquad\quad 382326 & \qquad \log a = 4,16854 \\
\qquad\qquad\quad 191163 & \text{pour} \qquad\quad 850 \quad 1474 \\[2pt]
\hline
12\,\log 1,045 = 0,2293956 & \qquad\quad D = 29 \qquad\quad 4 \\
 & \begin{array}{r|l} 40 & 29 \\ 110 & \overline{0,137} \\ 230 & \end{array} \qquad 1474 \quad 137 \\
 & \qquad\quad a = 14\,741^{fr},37.
\end{array}
$$

Exemple II.— *Quelle somme faut-il placer à intérêts composés à $3\,{}^1/_2\,{}^0/_0$ par an pour avoir $20\,000^{fr}$ au bout de 8 ans 5 mois 15 jours?*

La durée du placement comprend 8 années, plus $\dfrac{5}{12}$ d'année, plus $\dfrac{1}{2}$ mois, c'est-à-dire $\dfrac{1}{24}$ d'année. On a donc

$$n = 8 + \frac{5}{12} + \frac{1}{24} = 8 + \frac{11}{24}.$$

On a d'autre part $r = 0,035,\quad 1 + r = 1,035,\quad$ et par suite la formule des financiers donne

$$20\,000 = a \times 1,035^{8 + \frac{11}{24}} = a \times 1,035^{\frac{203}{24}}.$$

On déduit de là

$$a = \frac{20\,000}{1,035^{\frac{203}{24}}}.$$

Opérons par logarithmes :

$$\log a = \log 20\,000 - \frac{203}{24} \log 1,035$$

$$\log 1,035 = 0,01494035$$
$$203$$
$$\overline{}$$
$$4482105$$
$$2988070$$
$$\overline{}$$
$$203 \log 1,035 = 3,03289105$$
$$\frac{203}{24} \log 1,035 = 0,126370$$

$$\log 20\,000 = 4,30103$$
$$\frac{203}{24} \log 1,035 = 0,12637$$
$$\overline{}$$
$$\log a = 4,17466$$
$$\text{pour} \qquad 464 \quad 1495$$
$$\overline{}$$
$$D = 29 \qquad 2$$
$$200 \quad \big|\ 29$$
$$260 \quad \big|\ \overline{0,068} \qquad 1495068$$
$$a = 14950^{\text{fr}},68.$$

Emploi de la formule rationnelle (II). — Cette formule devient ici

$$20\,000 = a \times 1,035^8 \times \left(1 + \frac{11}{24}\,0,035 \right),$$

c'est-à-dire

$$20\,000 = a \times 1,035^8 \times \frac{24,385}{24},$$

d'où l'on déduit

$$a = \frac{480\,000}{24,385 \times 1,035^8}.$$

Opérons par logarithmes :

$$\log a = \log 480\,000 + \operatorname{colog} 24,385 + 8\operatorname{colog} 1,035$$

$$
\begin{array}{ll}
\log 24,38 \;= 1,38703 & \log 480\,000 = 5,68124 \\
\text{D} = 18,\text{ pour }5 \qquad\quad 9 & \operatorname{colog} 24,385 = \overline{2},61288 \\
\log 24,385 = \overline{1,38712} & 8\operatorname{colog} 1,035 = \overline{1},88048 \\
\log \;\; 1,035 = 0,01494 & \log a = \overline{4,17460} \\
8\log \;\; 1,035 = 0,11952 & \text{pour} \qquad\quad 435 \quad 1494
\end{array}
$$

$$\text{D} = 29 \qquad 25$$

$$
\begin{array}{c|c}
250 & 29 \\
180 & \overline{0,862} \qquad\qquad 1494862 \\
60 &
\end{array}
$$

$$a = 14\,948^{\text{fr}},62.$$

Ce résultat diffère du précédent d'environ 2^{fr}, différence faible sur un capital voisin de $15\,000^{\text{fr}}$.

101. Problème III : Recherche du taux. — Exemple. — *A quel taux faut-il placer, à intérêts composés annuellement, la somme de* $4\,500^{\text{fr}}$, *pour obtenir au bout de* 15 *ans* 8 *mois un capital final de* $8\,900^{\text{fr}}$?

Appliquons d'abord la formule (1) ; on obtient

$$8\,900 = 4\,500(1+r)^{15+\frac{8}{12}},$$

ou

$$89 = 45(1+r)^{15+\frac{2}{3}} = 45(1+r)^{\frac{47}{3}},$$

d'où l'on déduit

$$(1+r)^{\frac{47}{3}} = \frac{89}{45},$$

ou, en prenant les logarithmes,

$$\frac{47}{3}\log(1+r) = \log 89 - \log 45$$

$$= 1,94939 - 1,65321.$$

$$= 0,29618,$$

et par suite

$$\log(1 + r) = \frac{0,29618 \times 3}{47} = 0,01891.$$

En cherchant le nombre correspondant à ce logarithme, on trouve

$$1 + r = 1,0445,$$

d'où

$$r = 0,0445.$$

Tel est le taux demandé. Si on l'exprime en tant.pour cent, on a 4,45 °/₀.

Emploi de la formule rationnelle (II). — Appliquons la formule (II) au problème général de la recherche du taux dans le cas où n est fractionnaire. Dans cette formule l'inconnue r est au $(p + 1)^e$ degré, et dans deux binomes distincts; par suite, sauf dans certains cas très particuliers, la résolution de la formule ne peut se faire ni directement, ni par logarithmes. Nous allons montrer comment on peut obtenir une valeur suffisamment approchée de r au moyen d'*approximations successives*.

L'équation (II) peut se mettre sous la forme suivante :

$$(1 + r)^p = \frac{A}{a} \cdot \frac{1}{1 + \frac{p}{q}r} \cdot \tag{1}$$

Cette égalité (1) est certainement vérifiée par une valeur positive de r et par une seule. En effet, pour $r = 0$, le premier membre se réduit à l'unité et le second se réduit au rapport $\frac{A}{a}$ qui est supérieur à 1 ; si, à partir de zéro, on donne à r une succession de valeurs positives croissantes, $(1 + r)^p$ augmente constamment, tandis que le second membre diminue constamment et tend vers zéro quand r devient très grand. Les deux membres étant des fonctions continues de r, ces augmentations et diminutions se font par degrés insensibles si les accroissements successifs donnés à r sont très petits. Par suite, il y a une valeur positive de r, et une seule, pour laquelle les deux membres de l'égalité (1) ont la même valeur. C'est cette valeur de r qui est le taux cherché.

Si dans le second membre de l'égalité (1) on remplace r par un nombre positif inférieur au taux réel, ce second membre prend une valeur supérieure à sa valeur réelle, et par suite l'égalité ainsi modifiée détermine pour l'inconnue r du premier membre une valeur supérieure au taux réel. Cette valeur peut se calculer par logarithmes ; elle sera d'autant plus voisine du taux cherché que le nombre mis à la place de r dans $\dfrac{h}{k}r$ sera plus voisin de ce taux.

De même, si dans le second membre de l'égalité (1) on remplace r par un nombre supérieur à la valeur réelle du taux, l'égalité détermine pour r une valeur inférieure au taux réel ; et cette valeur, qui peut se calculer par logarithmes, est d'autant plus voisine du taux réel que le nombre mis à la place de r dans $\dfrac{h}{k}r$ est plus voisin de ce taux.

Les valeurs ainsi obtenues pour r, à l'aide des égalités déduites de (1), seront positives si les seconds membres de ces égalités sont supérieurs à l'unité, c'est-à-dire si la valeur mise à la place de r dans $\dfrac{h}{k}r$ satisfait à l'inégalité

$$A > a\left(1 + \frac{h}{k}r\right). \tag{2}$$

D'après cela, remplaçons r par o dans le second membre de l'égalité (1) ; nous obtiendrons pour r une valeur r_1 supérieure au taux cherché. Cette valeur r_1 est le taux qui ferait acquérir au capital a la valeur A au bout de p années.

Remplaçons maintenant r par r_1 dans le second membre de l'égalité (1), cette égalité détermine alors une valeur r_2 inférieure au taux cherché. Je dis que cette valeur r_2 est positive. On a en effet

$$A = a(1 + r_1)^p$$

et par suite

$$A \geqslant a(1 + r_1).$$

Il y a égalité si l'on a $p = 1$. Si l'on remplace r_1 par $\dfrac{h}{k}r_1$, qui est une fraction de r_1, on a à plus forte raison

$$A > a\left(1 + \frac{h}{k}r_1\right).$$

Le nombre r_1 satisfaisant à l'inégalité (2), la valeur trouvée r_2 est positive.

Dans le second membre de l'égalité (1), remplaçons r par la valeur r_2 qui est trop faible, mais qui est plus rapprochée du taux cherché que la valeur o qui a été substituée en premier lieu ; nous obtiendrons pour r une valeur r_3, supérieure au taux réel, mais plus rapprochée de ce taux que la valeur r_1.

En remplaçant r par r_3 dans $\dfrac{h}{k}r$, on obtiendra pour r la valeur r_4, inférieure au taux réel, mais plus rapprochée de ce taux que la valeur r_2.

Et ainsi de suite. On obtient ainsi deux séries de valeurs. Les premières, r_1, r_3, r_5, …, sont toutes supérieures au taux cherché, mais vont constamment en décroissant. Les secondes, $r_2, r_4, r_6, …$, sont toutes inférieures au taux cherché, mais vont constamment en croissant. Les termes de chacune de ces deux suites ont donc une limite. Je dis que cette limite est la même pour les deux suites, c'est-à-dire est le nombre cherché r.

Pour le prouver, supposons un instant que les deux limites sont distinctes et représentons par u la limite de la première suite, par v celle de la seconde, on a $u > v$.

Soit v' une valeur de la deuxième suite et soit u' la valeur de la première suite qui est déterminée par l'égalité (1) lorsqu'on remplace dans le second membre de cette égalité r par v'.

Si dans ce second membre nous remplaçons ensuite r par u', l'égalité détermine pour le taux une valeur approchée, supérieure à v', que nous pouvons représenter par $v' + \alpha$, α étant un nombre inférieur à la différence $v - v'$.

Dans l'hypothèse faite on a donc les deux égalités

$$(1 + u')^p = \frac{A}{a} \cdot \frac{1}{1 + \dfrac{h}{k}v'},$$

$$(1 + v' + \alpha)^p = \frac{A}{a} \cdot \frac{1}{1 + \dfrac{h}{k} u'} \cdot$$

On en déduit

$$(1 + u')^p \left(1 + \frac{h}{k} v' \right) = (1 + v' + \alpha)^p \left(1 + \frac{h}{k} u' \right) \cdot \qquad (3)$$

Nous allons montrer que si la valeur v' est suffisamment approchée de sa limite, cette dernière égalité est impossible.

En effet, u' étant supérieur à $v' + \alpha$, si nous faisons voir que l'on peut avoir

$$(1 + u') \left(1 + \frac{h}{k} v' \right) > (1 + v' + \alpha) \left(1 + \frac{h}{k} u' \right),$$

le premier membre de l'égalité (3) sera, *a fortiori*, supérieur au second. Cette inégalité peut s'écrire

$$1 + u' + \frac{h}{k} v' + \frac{h}{k} u'v' > 1 + v' + \alpha + \frac{h}{k} u' + \frac{h}{k} u'v' + \alpha \frac{h}{k} u',$$

ou
$$u' + \frac{h}{k} v' > v' + \frac{h}{k} u' + \alpha \left(1 + \frac{h}{k} u' \right),$$

ou encore

$$(u' - v') \left(1 - \frac{h}{k} \right) > \alpha \left(1 + \frac{h}{k} u' \right) \cdot$$

Or, cette dernière inégalité peut être certainement réalisée si la valeur v est suffisamment approchée de sa limite, c'est-à-dire si le nombre α est suffisamment petit, car le premier membre est un produit de deux facteurs positifs qui ne peut pas devenir nul dans l'hypothèse des deux limites distinctes. Donc l'égalité (3) n'est pas toujours possible, et par suite les deux limites u et v doivent être confondues en une seule, qui est le taux réel.

La méthode qui précède permet donc d'obtenir pour le taux des valeurs aussi approchées que l'on voudra. Remarquons toutefois que ces valeurs s'obtiennent à l'aide des logarithmes, qui ne sont que des nombres approchés, et par suite l'approximation devient illusoire si l'on pousse trop loin les calculs.

Dans la pratique, on a ordinairement une approximation suffisante au bout de deux ou trois essais. On peut encore augmenter cette approximation en prenant la moyenne arithmétique des deux dernières valeurs trouvées pour r.

Considérons en effet les deux valeurs approchées r_3 et r_4. Le taux cherché r est compris entre ces deux nombres, et si l'on prend pour valeur de ce taux l'un des nombres r_3 et r_4, l'erreur commise est inférieure à la différence $r_3 - r_4$. Soit r' la moyenne arithmétique des nombres r_3 et r_4, c'est-à-dire soit $r' = \dfrac{r_3 + r_4}{2}$. Le taux cherché est compris entre r_3 et r' ou bien entre r' et r_4, et par suite, si l'on prend $r = r'$, l'erreur commise est inférieure à $r_3 - r'$ dans le premier cas, ou à $r' - r_4$ dans le second cas, c'est-à-dire inférieure dans les deux cas à $\dfrac{r_3 - r_4}{2}$.

L'approximation est donc deux fois plus grande, mais on ne sait pas alors si cette valeur r' est approchée par défaut ou par excès.

APPLICATION. — Appliquons ce qui précède à l'exemple précédemment traité. L'égalité (1) est alors

$$(1 + r)^{15} = \frac{89}{45} \cdot \frac{1}{1 + \dfrac{2r}{3}}, \qquad (1)$$

c'est-à-dire, en prenant les logarithmes,

$$15 \log (1 + r) = \log 89 - \log 45 - \log \left(1 + \frac{2r}{3}\right),$$

ou

$$\log (1 + r) = \frac{1}{15} 0,29618 - \frac{1}{15} \log \left(1 + \frac{2r}{3}\right),$$

ou enfin

$$\log (1 + r) = 0,01975 - \frac{1}{15} \log \left(1 + \frac{2r}{3}\right). \qquad (1')$$

Pour $r = 0$, on obtient

$$\log (1 + r_1) = 0,01975,$$

et le nombre correspondant à ce logarithme est $1,04652$. On a donc

$$r_1 = 0,04652.$$

Dans le second membre de l'égalité (1′) remplaçons r par cette valeur r_1 qui est trop forte, nous obtenons

$$\log(1 + r_2) = 0,01975 - \frac{1}{15}\log 1,03101$$

$$= 0,01975 - \frac{1}{15}\,0,01326$$

$$= 0,01886,$$

et le nombre correspondant à ce logarithme est $1,04438$. On a donc $\qquad r_2 = 0,04438.$

Dans le second membre de l'égalité (1′) remplaçons r par cette valeur r_2 qui est trop faible, il vient

$$\log(1 + r_3) = 0,01975 - \frac{1}{15}\log 1,02959,$$

d'où l'on déduit $\qquad r_3 = 0,04447.$

Et ainsi de suite. Si nous ne poussons pas les calculs plus loin, nous voyons que le taux cherché est compris entre les deux valeurs

$$r_2 = 0,04438 \qquad \text{et} \qquad r_3 = 0,04447,$$

qui ont pour différence $r_3 - r_2 = 0,00009$. La moyenne arithmétique de ces deux valeurs de r est $0,044425$, et la différence entre cette moyenne arithmétique et la véritable valeur du taux est certainement inférieure à $0,000045$.

Si donc nous prenons $r = 0,04442$, nous commettons une erreur par excès ou par défaut qui est certainement inférieure à une demi-unité du quatrième ordre décimal.

D'après cela, le taux demandé est très voisin de $4,442\,°/_{\circ}$. C'est un résultat peu différent de celui qui a été obtenu à l'aide de la formule des financiers, par des calculs plus rapides.

102. Problème IV: Recherche du temps. — Exemple. — *Pendant combien de temps faut-il placer à intérêts composés $21\,000^{\text{fr}}$ pour obtenir un capital final de $35\,000^{\text{fr}}$, sachant que la capitalisation des intérêts se fait annuellement à $5\,°/_{\circ}$?*

Appliquons d'abord la formule (1), nous obtenons
$$35\,000 = 21\,000\,(1,05)^n,$$

ou, en simplifiant

$$5 = 3\,(1{,}05)^n,$$

d'où

$$(1{,}05)^n = \frac{5}{3}.$$

La fraction $\dfrac{5}{3}$ est égale à $1{,}6666\ldots$ La Table II montre que la puissance de $1{,}05$ qui est égale à ce nombre décimal est comprise entre $(1{,}05)^{10}$ et $(1{,}05)^{11}$. La durée cherchée est donc comprise entre 10 ans et 11 ans.

Pour obtenir un résultat plus précis, prenons les logarithmes des deux membres de l'égalité ci-dessus ; on obtient

$$n \log 1{,}05 = \log 5 - \log 3 = 0{,}22185,$$

d'où

$$n = \frac{0{,}22185}{0{,}02119} = \frac{22185}{2119}.$$

Effectuons la division à une unité près, puis transformons la partie complémentaire du quotient en mois et en jours; nous aurons le calcul suivant :

```
2 2 1 8 5  | 2 1 1 9
  9 9 5     | 10 ans 5 mois 19 jours.
    1 2
  _______
  1 9 9 0
    9 9 5
  1 1 9 4 0
    1 3 4 5
        3 0
  _______
  4 0 3 5 0
  1 9 1 6 0
        8 9
```

Le temps cherché est donc 10 ans 5 mois 19 jours.

Emploi de la formule rationnelle (II). — Appliquons la formule (II) au problème général de la recherche du temps ; nous avons l'égalité suivante, dans laquelle tout est connu sauf p et $\dfrac{h}{k}$:

$$\log \mathrm{A} = \log a + p \log (1 + r) + \log \left(1 + \frac{h}{k}\,r\right),$$

ou

$$\log A - \log a = p \log (1 + r) + \log \left(1 + \frac{h}{k} r \right).$$

La fraction $\frac{h}{k}$ étant inférieure à l'unité, la somme $1 + \frac{h}{k} r$ est inférieure à $1 + r$, et par suite on a

$$\log \left(1 + \frac{h}{k} r \right) < \log (1 + r).$$

L'égalité ci-dessus exprime donc que p est le quotient entier et $\log \left(1 + \frac{h}{k} r \right)$ le reste de la division de $\log A - \log a$ par $\log (1 + r)$.

De là résulte la règle suivante pour obtenir p et $\frac{h}{k}$:

On divise $\log A - \log a$ *par* $\log (1 + r)$, *le quotient entier de cette division est le nombre p. Si* R *est le reste, on écrit*

$$\log \left(1 + \frac{h}{k} r \right) = R,$$

d'où l'on déduit la valeur de $1 + \frac{h}{k} r$, *et par suite celle de* $\frac{h}{k}$.

Appliquons cette règle à l'exemple que nous avons traité ci-dessus par la formule des financiers. On a

$$\log A - \log a = \log 35\,000 - \log 21\,000 = 0,22185,$$
$$\log (1 + r) = \log 1,05 = 0,02119.$$

Effectuons la division de ces deux logarithmes :

$$\begin{array}{r|l} 22185 & 2119 \\ 995 & \overline{10} \end{array}$$

Le quotient entier est 10 ; et, puisque le dividende et le diviseur ont été multipliés par 100000, le reste 995 est 100000 fois trop fort. On a donc

$$\log \left(1 + \frac{h}{k} r \right) = 0,00995.$$

Le nombre correspondant à ce logarithme est 1,02317. On a

donc

$$\frac{h}{k}\,r = 0,02317,$$

d'où

$$\frac{h}{k} = \frac{0,02317}{0,05} = \frac{2,317}{5}\,.$$

Or le cinquième de l'année vaut 72 jours et l'on a

$$72 \times 2,317 = 166,824\,.$$

La fraction $\dfrac{h}{k}$ est donc égale à 167 jours, c'est-à-dire 5 mois 17 jours, et par suite le temps cherché est

$$10 \text{ ans} \quad 5 \text{ mois} \quad 17 \text{ jours}.$$

VALEUR ACTUELLE. ESCOMPTE

103. On peut avoir à négocier certaines créances dont le paiement ne doit avoir lieu qu'au bout d'un certain nombre d'années. Dans ce cas, on ne peut pas employer l'escompte commercial ni l'escompte rationnel, que nous avons étudiés dans le cas de l'intérêt simple (*Arithmétique commerciale*). Il est indispensable d'appliquer le principe des intérêts composés.

104. Valeur actuelle. — On appelle *valeur actuelle* d'un capital payable dans n années la somme qui, placée à intérêts composés pendant n années, acquiert une valeur égale au capital considéré.

Si a et r représentent le capital considéré et le taux annuel, et si l'on désigne par v la valeur actuelle, on doit avoir

$$a = v(1 + r)^n,$$

d'où l'on déduit

$$v = \frac{a}{(1 + r)^n}\,. \tag{1}$$

Cette formule est évidemment applicable au cas où les intérêts, au lieu d'être capitalisés chaque année, sont capitalisés au bout d'une période de temps quelconque, r représentant alors le taux relatif à cette période et n le nombre des périodes.

Si le nombre des périodes est fractionnaire, on applique encore la même formule (1) de préférence à celle qui serait déduite de la formule (II) de l'intérêt composé. Nous avons vu, en effet, que l'emploi de cette formule (II) conduit à des calculs compliqués et donne des résultats peu différents de ceux qui sont fournis par la formule (I).

On déduit de là la règle suivante :

La valeur actuelle d'un capital payable dans n années s'obtient en divisant ce capital par la n^e puissance de $1 + r$, n étant un nombre entier ou fractionnaire.

Remarque I. — La formule (1) peut s'écrire

$$v = a \times \frac{1}{(1 + r)^n},$$

et alors le calcul de v peut se faire à l'aide de la Table III pourvu que n soit un nombre entier inférieur à 51, et que r soit l'un des taux qui figurent dans cette Table.

Ainsi, un capital de $12\,000^{fr}$ payable dans 8 ans a pour valeur actuelle à 4 $^1/_2$ °/₀

$$12\,000 \times \frac{1}{1,045^8},$$

c'est-à-dire, d'après la Table III,

$$12\,000 \times 0,703185 = 8\,438^{fr},22.$$

Si l'on ne peut pas se servir de la Table III, on calcule v en employant les logarithmes.

Remarque II. — Cherchons quelle sera la valeur actuelle du capital a dans p années.

Si l'on a $p < n$, ce capital aura encore $n - p$ années à courir avant son échéance et par suite sa valeur actuelle sera

$$\frac{a}{(1 + r)^{n-p}}, \quad\text{ou}\quad \frac{a(1 + r)^p}{(1 + r)^n}, \quad\text{ou enfin}\quad v(1 + r)^p.$$

Si l'on a $p = n$, ce capital aura pour valeur actuelle a, c'est-à-dire encore $v(1 + r)^p$.

Enfin, si l'on a $p > n$, le capital sera échu depuis $p - n$ années et devra être considéré comme ayant été placé à intérêts composés au taux annuel r pendant ces $p - n$ années ; sa valeur sera donc

$$a(1 + r)^{p-n}, \qquad \text{ou} \qquad \frac{a(1 + r)^{p}}{(1 + r)^{n}}, \qquad \text{ou encore} \qquad v(1 + r)^{p}.$$

Donc, *la valeur actuelle qu'aura un capital dans p années s'obtient en multipliant la valeur actuelle présente par* $(1 + r)^{p}$.

Inversement, la valeur actuelle qu'avait un capital il y a p années s'obtient en divisant la valeur actuelle présente par $(1 + r)^{p}$.

Remarque III. — Si l'on emploie les exposants négatifs, la formule (1) s'écrit $\qquad v = a(1 + r)^{-n}$;
et par suite, si nous considérons la formule (I) de l'intérêt composé

$$A = a(1 + r)^{n},$$

nous voyons que si n est positif, cette formule donne la valeur actuelle d'un capital qui a été payé il y a n années ; et, si n est négatif, cette même formule donne la valeur actuelle d'un capital qui sera payable dans n années. En particulier, si n est nul, on a $A = a$. La formule (I) donne donc, dans tous les cas, la valeur actuelle d'un capital passé, futur, ou présent.

105. **Escompte.** — On dit qu'un capital a est *escompté à intérêts composés* lorsque la personne qui doit toucher ce capital dans n années reçoit, en échange des titres qui représentent sa créance, la valeur actuelle du capital a, calculée d'après la formule (1) du n° précédent.

Soit e l'escompte prélevé par le banquier escompteur, on a

$$e = a - \frac{a}{(1 + r)^{n}} = \frac{a(1 + r)^{n} - a}{(1 + r)^{n}} = \frac{i}{(1 + r)^{n}}.$$

Donc, l'escompte est la valeur actuelle de l'intérêt total i produit par le capital a, et par ses intérêts successifs, pendant les n années que doit encore courir ce capital.

106. **Capitaux équivalents.** — On dit que deux capitaux sont *équivalents* lorsque leurs valeurs actuelles, calculées avec le même taux, sont égales.

Ainsi, soient a et a' deux capitaux respectivement payables dans n et n' années ; ces deux capitaux sont équivalents si l'on a

$$\frac{a}{(1+r)^n} = \frac{a'}{(1+r)^{n'}},$$

ou

$$a(1+r)^{-n} = a'(1+r)^{-n'}.$$

Théorème. — *Si deux capitaux sont équivalents à une certaine époque, ils sont constamment équivalents.*

En effet, soit v la valeur actuelle commune de deux capitaux a et a'. Dans p années, cette valeur actuelle sera devenue $v(1+r)^p$ et par suite sera encore la même pour les deux capitaux.

REMARQUE. — Ce théorème n'a pas lieu dans le cas de l'escompte commercial ou de l'escompte rationnel avec intérêt simple.

107. Comparaison des trois systèmes d'escompte. — Nous désignerons par v' et v'' les valeurs actuelles du capital a, obtenues, la première par l'escompte commercial, la seconde par l'escompte rationnel. On peut écrire

$$v' = a - arn,$$

c'est-à-dire

$$v' = a(1 - rn).$$

On a d'autre part

$$v'' + v''rn = a,$$

c'est-à-dire

$$v''(1 + rn) = a,$$

d'où

$$v'' = \frac{a}{1 + rn}.$$

Ainsi donc, les valeurs actuelles d'un même capital a obtenues dans les trois systèmes d'escompte sont les suivantes :

$$\left\{ \begin{aligned} v &= \frac{a}{(1+r)^n}, \\ v' &= a(1-rn), \\ v'' &= \frac{a}{1+rn}. \end{aligned} \right.$$

Nous allons étudier les grandeurs relatives de ces trois valeurs actuelles. Pour cela, nous supposerons que le nombre n est positif, entier ou fractionnaire, mais inférieur à $\dfrac{1}{r}$, de façon à ne pas annuler ni rendre négative la valeur v'.

Remarquons d'abord que l'on a $v' < v''$. En effet, il faut avoir pour cela

$$1 - rn < \frac{1}{1+rn},$$

c'est-à-dire

ou

$$(1-rn)(1+rn) < 1.$$

$$1 - r^2n^2 < 1,$$

inégalité qui est toujours satisfaite. Pour comparer la valeur v aux valeurs v' et v'', nous distinguerons trois cas.

1er Cas : $n < 1$. — D'après le deuxième théorème du n° 79, on a alors

$$(1+r)^n < 1 + rn,$$

c'est-à-dire

$$\frac{1}{(1+r)^n} > \frac{1}{1+rn}.$$

Donc on a $\qquad v > v''$,

et par suite on peut écrire

$$v > v'' > v'.$$

2e Cas : $n = 1$. — On a alors

$$v = v'' = \frac{a}{1+r},$$

c'est-à-dire $\qquad v = v'' > v'.$

3e Cas : $n > 1$. — D'après le premier théorème du n° 79, on a alors

$$(1 + r)^n > 1 + rn,$$

c'est-à-dire

$$\frac{1}{(1 + r)^n} < \frac{1}{1 + rn},$$

et par suite

$$v < v''.$$

D'autre part, d'après le troisième théorème du n° 79, on peut écrire

$$\frac{1}{(1 + r)^n} > 1 - rn,$$

et par suite on a $\qquad v > v'$.

Donc, dans ce troisième cas, qui est le cas général lorsqu'il s'agit d'intérêts composés, la valeur actuelle v est comprise entre les valeurs actuelles v' et v'' relatives à l'intérêt simple :

$$v'' > v > v'.$$

REMARQUE. — Si le nombre d'années n est déterminé par l'égalité $\quad 1 - rn = 0$,   c'est-à-dire si l'on a $\quad n = \dfrac{1}{r}$,   les trois valeurs actuelles v, v', v'' deviennent

$$v = \frac{1}{(1 + r)^{\frac{1}{r}}}, \qquad v' = 0, \qquad v'' = \frac{a}{2}.$$

Si le taux est 5 % par exemple, ce cas particulier se présentera pour un nombre d'années égal à

$$\frac{1}{0,05}, \quad \text{c'est-à-dire} \quad 20 \text{ ans.}$$

108. Escompte fait sur plusieurs capitaux. — Soient plusieurs capitaux a, a', a'' payables respectivement au bout de n, n', n'' années. Si leurs valeurs actuelles sont calculées avec le même taux d'intérêt, la *valeur actuelle de l'ensemble de ces capitaux* est

$$v = \frac{a}{(1 + r)^n} + \frac{a'}{(1 + r)^{n'}} + \frac{a''}{(1 + r)^{n''}},$$

ou

$$v = a(1 + r)^{-n} + a'(1 + r)^{-n'} + a''(1 + r)^{-n''}.$$

Cette valeur actuelle est *équivalente* à l'ensemble des capitaux, c'est-à-dire qu'à une époque quelconque le capital v aura une valeur qui sera la somme des valeurs actuelles correspondantes des capitaux considérés.

En effet, dans p années par exemple, la valeur actuelle de chacun des capitaux aura été multipliée par $(1+r)^p$; il en sera alors de même de la somme de ces valeurs actuelles, qui sera devenue égale à $v(1+r)^p$, c'est-à-dire égale à la valeur acquise par le capital v au bout de ces p années.

Il résulte de là que dans les problèmes relatifs à la transformation des capitaux en capitaux équivalents, il n'y aura pas lieu de se préoccuper du choix de l'époque d'équivalence. Quelle que soit cette époque, les résultats obtenus seront les mêmes. Nous avons vu (*Arithmétique commerciale*) qu'il n'en est pas de même dans l'escompte à intérêt simple.

109. Échéance commune. — Le problème de l'échéance commune consiste à remplacer un certain nombre de capitaux payables à des époques diverses par un capital unique, payable à une certaine époque, qu'on appelle *échéance commune*.

Ce problème se subdivise en deux autres : 1° On se donne la date de l'échéance commune et on cherche la valeur du capital unique ; 2° On se donne la valeur du capital unique et on cherche la date de l'échéance commune.

1° Soient a, a', a'' les capitaux donnés payables respectivement dans n, n', n'' années. Proposons-nous de chercher un capital unique équivalent x, payable dans N années.

Ce capital doit avoir pour valeur actuelle la valeur actuelle de l'ensemble des trois capitaux donnés. Donc on a

$$x(1+r)^{-N} = a(1+r)^{-n} + a'(1+r)^{-n'} + a''(1+r)^{-n''},$$

d'où l'on déduit, en multipliant les deux membres par $(1+r)^N$,

$$x = a(1+r)^{N-n} + a'(1+r)^{N-n'} + a''(1+r)^{N-n''}.$$

2° Proposons-nous de chercher dans combien d'années doit être payé un capital A équivalent à l'ensemble des trois capitaux a, a', a''. On doit avoir

$$A(1 + r)^{-x} = a(1 + r)^{-n} + a'(1 + r)^{-n'} + a''(1 + r)^{-n''},$$

d'où

$$(1 + r)^x = \frac{A}{a(1 + r)^{-n} + a'(1 + r)^{-n'} + a''(1 + r)^{-n''}},$$

ou, en prenant les logarithmes,

$$x \log (1 + r) = \log A - \log [a(1 + r)^{-n} + a'(1 + r)^{-n'} + a''(1 + r)^{-n''}],$$

et par suite

$$x = \frac{\log A - \log [a(1 + r)^{-n} + a'(1 + r)^{-n'} + a''(1 + r)^{-n''}]}{\log (1 + r)}.$$

Exemple. — *Deux capitaux, l'un de 4 500^{fr}, l'autre de 6 000^{fr}, sont payables respectivement dans 4 ans et dans 6 ans 1/2. On veut remplacer ces deux paiements par un paiement unique fait dans 5 ans. Quel doit être le montant de ce paiement unique, les intérêts étant capitalisés tous les six mois au taux semestriel 2 %?*

En désignant par x le capital demandé et en écrivant que ce capital est équivalent aujourd'hui à l'ensemble des deux capitaux donnés, on obtient

$$\frac{x}{(1,02)^{10}} = \frac{4\,500}{(1,02)^8} + \frac{6\,000}{(1,02)^{13}},$$

ou

$$x = 4\,500\,(1,02)^2 + 6\,000 \times \frac{1}{(1,02)^3},$$

ou encore, d'après les Tables II et III,

$$x = 4\,500 \times 1,0404 + 6\,000 \times 0,942322$$
$$= 4\,681,80 + 5653,93$$
$$= 10\,335^{fr},95.$$

110. Échéance moyenne. — C'est le problème qui consiste à trouver l'échéance d'un capital unique, équivalent à l'ensemble de plusieurs capitaux donnés, et ayant pour valeur nominale la somme des valeurs nominales des capitaux donnés.

C'est un cas particulier du second problème du n° précédent; le cas où l'on a $A = a + a' + a''$. Donc, si l'on ne considère que les trois capitaux a, a', a'', l'échéance moyenne est déterminée par

$$x = \frac{\log(a+a'+a'') - \log[a(1+r)^{-n} + a'(1+r)^{-n'} + a''(1+r)^{-n''}]}{\log(1+r)}.$$

Exemple. — *Calculer l'échéance moyenne des deux capitaux considérés dans l'exemple du n° précédent.*

La somme des deux capitaux est $4\,500 + 6\,000 = 10\,500^{fr}$. On doit donc avoir, en désignant par x le nombre des semestres qui doivent s'écouler avant l'échéance moyenne,

$$\frac{10\,500}{(1,02)^x} = \frac{4\,500}{(1,02)^8} + \frac{6\,000}{(1,02)^{13}},$$

ou

$$\frac{105}{(1,02)^x} = 45 \times \frac{1}{(1,02)^8} + 60 \times \frac{1}{(1,02)^{13}},$$

ou encore, d'après la Table III,

$$\frac{105}{(1,02)^x} = 45 \times 0,853\,490 + 60 \times 0,773\,032$$
$$= 38,40\,705 + 46,38\,192$$
$$= 84,78\,897.$$

On déduit de là

$$1,02^x = \frac{105}{84,78\,897},$$

et par suite

$$x \log 1,02 = \log 105 - \log 84,78897$$
$$\log 105 = \qquad 2,02119$$

$$\log 84,78 = 1,92829$$
$$D = 5$$
$$897 \times 5 = 4485 \qquad \underline{4}$$
$$\log 84,78897 = 1,92833 \qquad\qquad \underline{1,92833}$$
$$x \log 1,02 = 0,09286\ .$$

On a donc

$$x = \frac{0,09\,286}{\log 1,02} = \frac{0,09\,286}{0,00\,860} = \frac{9\,286}{860}.$$

En effectuant la division de $9\,286$ par 860, on obtient 10 pour quotient entier. Ce nombre 10 représente des semestres. Si l'on transforme la partie complémentaire du quotient en mois et en jours, on obtient 4 mois 24 jours. On a donc

$$x = 5 \text{ ans } 4 \text{ mois } 24 \text{ jours.}$$

111. Échéance moyenne de deux capitaux égaux. — Soient deux capitaux de même valeur nominale a ayant leurs échéances dans n et n' années. L'échéance moyenne de ces deux capitaux est alors déterminée par l'égalité

$$x = \frac{\log 2a - \log a[(1 + r)^{-n} + (1 + r)^{-n'}]}{\log (1 + r)},$$

ou, en simplifiant,

$$x = \frac{\log 2 - \log [(1 + r)^{-n} + (1 + r)^{-n'}]}{\log (1 + r)}.$$

Nous allons montrer que, *si n et n' sont des nombres positifs, l'échéance moyenne est moins éloignée que la moyenne des échéances primitives, c'est-à-dire que l'on a*

$$x < \frac{n + n'}{2}.$$

En effet, la formule ci-dessus provient de l'égalité

$$(1 + r)^x = \frac{2}{(1 + r)^{-n} + (1 + r)^{-n'}},$$

et cette égalité peut s'écrire

$$2(1 + r)^{-x} = (1 + r)^{-n} + (1 + r)^{-n'},$$

ou, en posant $1 + r = t,$

$$2t^{-x} = t^{-n} + t^{-n'}.$$

Élevons au carré les deux membres de cette dernière égalité ; on obtient

$$4t^{-2x} = t^{-2n} + t^{-2n'} + 2t^{-(n+n')}. \tag{1}$$

Or, on a évidemment

$$(t^{-n} - t^{-n'})^2 > 0,$$

c'est-à-dire $\qquad t^{-2n} + t^{-2n'} - 2t^{-(n+n')} > 0,$

ou $\qquad\qquad t^{-2n} + t^{-2n'} > 2t^{-(n+n')},$

et par suite l'égalité (1) permet d'écrire

$$4t^{-2x} > 2t^{-(n+n')} + 2t^{-(n+n')},$$

ou
$$4t^{-2x} > 4t^{-(n+n')},$$

ou encore
$$t^{-2x} > t^{-(n+n')},$$

ou enfin
$$t^{2x} < t^{n+n'}.$$

Et comme t est supérieur à l'unité, on doit avoir

$$2x < n + n',$$

c'est-à-dire
$$x < \frac{n + n'}{2}.$$

$$\text{C. q. f. d.}$$

REMARQUE. — Les nombres n et n' peuvent être négatifs. La formule qui détermine x donne alors pour cette inconnue un résultat négatif, car le numérateur du second membre est négatif. Dans un pareil cas, le problème consiste à trouver à quelle époque *a eu lieu* l'échéance d'un capital $2a$ équivalent à l'ensemble de deux capitaux ayant chacun pour valeur nominale a, échus il y a N et N' années, N et N' représentant les valeurs absolues des nombres négatifs n et n'.

On a encore l'inégalité

$$t^{-2x} > t^{-(n+n')},$$

ou, en représentant par X la valeur absolue du nombre négatif x,

$$t^{2X} > t^{N+N'},$$

d'où l'on déduit

$$X > \frac{N + N'}{2}.$$

L'échéance moyenne est donc alors plus éloignée de l'époque actuelle que la moyenne des deux échéances données.

PROBLÈMES A RÉSOUDRE

106. Calculer le taux annuel équivalent au taux mensuel 0,3 %.

107. Calculer le taux équivalent au taux semestriel 3 % et correspondant à une capitalisation faite tous les deux mois.

108. Calculer le taux quotidien équivalent au taux trimestriel 2 %.

109. Calculer le taux annuel équivalent au taux 3 % qui correspond à une capitalisation faite tous les 8 mois.

110. Calculer le taux instantané équivalent au taux semestriel 2 1/2 %.

111. Calculer le taux annuel équivalent au taux instantané 4,8 %.

112. Calculer le taux trimestriel équivalent au taux annuel instantané 4 %.

113. Que devient un capital de 32 500^{fr} placé à intérêts composés à 5 % par an pendant 5 ans 8 mois 15 jours ?

114. Trouver ce que devient un capital de 16 900^{fr} placé pendant 7 ans 4 mois, les intérêts étant capitalisés chaque semestre à un taux équivalent au taux annuel 4 %.

115. Un capital de 25 400^{fr} est placé à intérêts composés trimestriellement à 1 1/2 %. Quelle sera la valeur acquise par ce capital au bout de 4 ans 7 mois 18 jours ?

116. Quelle est la valeur acquise par un capital de 20 000^{fr} placé à intérêts composés pendant 6 ans 5 mois 10 jours, sachant que les intérêts sont capitalisés tous les deux mois à un taux équivalent au taux annuel 4 3/4 % ?

117. Le taux de l'intérêt étant 5 % par an, on demande de former un tableau permettant de comparer les valeurs acquises par un capital de 1 000^{fr} pendant les durées suivantes : 1, 3, 6 et 9 mois ; 1, 3, 6 et 10 ans, suivant que ce capital a été placé à intérêt simple ou à intérêt composé. Dans le cas de l'intérêt composé, on appliquera la formule des financiers.

118. Un capital de 5 400^{fr} est placé à intérêts composés instantanés pendant trois ans. Quelle est la valeur acquise par ce capital, sachant que le taux instantané est équivalent au taux annuel 5 % ?

119. Trouver la valeur acquise par un capital de 4 800^{fr} placé pendant 2 ans 8 mois au taux instantané équivalent à 4 1/2 % par an.

120. Que devient un capital de 13 850ᶠʳ placé pendant 7 mois 20 jours à intérêts composés continus au taux instantané équivalent à 4 % par an ?

121. Calculer ce que devient un capital de 20 000ᶠʳ placé à intérêts composés pendant 3 ans 7 mois 19 jours, à partir du 1ᵉʳ janvier 1905, les intérêts étant capitalisés chaque jour à un taux quotidien équivalent au taux 5 % pour 360 jours.

122. Même question, sachant que le taux quotidien est proportionnel au taux 5 % pour 360 jours.

123. Quelle somme faut-il placer à 4 % à intérêts composés, pendant 8 ans 5 mois, pour obtenir 25 000ᶠʳ ?

124. Un capital placé à intérêts composés à 4 1/2 % par an a subi au bout de 10 ans une augmentation de 14 045ᶠʳ,40. Quel est ce capital ?

125. Quel est le capital qui, placé à intérêts composés pendant 5 ans 8 mois, a acquis la valeur de 20 000ᶠʳ, sachant que les intérêts ont été capitalisés à la fin de chaque trimestre à un taux équivalent au taux annuel 4 3/4 % ?

126. Quel capital faut-il placer à 2 % par semestre pour obtenir 18 000ᶠʳ au bout de 7 ans 10 mois ?

127. Quelle somme faut-il placer à intérêts composés à 5 % par an pendant 24 ans pour obtenir un intérêt total de 33 376ᶠʳ,50 ?

128. Une personne a placé un capital de 12 500ᶠʳ il y a onze ans chez un banquier. Ce capital accru de ses intérêts composés est devenu 18 740ᶠʳ,40. A quel taux annuel ont été calculés les intérêts ?

129. A quel taux un capital est-il quintuplé en 33 ans à intérêts composés annuellement ?

130. Sachant que la loi d'accroissement de la valeur d'un *bois taillis* est la même que celle de l'accroissement d'un capital placé à intérêts composés, on demande de trouver le taux du revenu d'un pareil bois qui est estimé 360ᶠʳ l'hectare au moment où l'on vient de faire une coupe et qui, 20 ans après, produit une coupe qui se vend 400ᶠʳ l'hectare.

131. Une somme de 36 824^{fr},80, placée à intérêts composés pendant 8 ans, a augmenté de 15 467^{fr},30. On demande quel était le taux annuel de l'intérêt.

132. Deux capitaux égaux sont placés à intérêts composés, l'un au taux 2 1/8 % par an, l'autre au taux 5 % par an. Au bout de combien de temps l'un des deux capitaux sera-t-il devenu le double de l'autre ?

133. Un capitaliste a placé 12 800 roubles à intérêts composés annuellement le 1er janvier 1897. Il ajoute à ce placement un supplément de 6 500 roubles le 1er janvier 1901. Au 1er janvier 1905 le compte est créditeur de 22 770 roubles 34 kopecks, capital et intérêts réunis. Quel est le taux de l'intérêt ?

134. Au bout de combien de temps une somme de 1 500^{fr}, placée à intérêts composés annuellement à 5 %, aura-t-elle atteint la valeur de 2 800^{fr} ?

135. Pendant combien de temps faut-il placer 14 560^{fr} à 4 1/2 % par an pour obtenir un capital final de 20 000^{fr} ?

136. Au bout de combien de temps un capital placé à intérêts composés annuellement à 3 % est-il doublé ? Examiner aussi les cas où le taux est 4 % ou 5 %.

137. Au bout de combien de temps un capital placé à intérêts composés semestriellement est-il triplé, sachant que le taux semestriel est équivalent au taux annuel 4 % ? Même question lorsque le taux semestriel est équivalent au taux annuel 5 %.

138. On place le 1er décembre 1904 une somme de 11 847^{fr},50 au taux de 1 % par trimestre. A quelle époque cette somme accrue de ses intérêts composés deviendra-t-elle égale à 14 441^{fr},65 ?

139. Un capitaliste place un capital de 625 000^{fr} à 4 %, à intérêts composés annuellement. Au bout de quelques années, le taux est abaissé à 3 1/2 %. Puis, après une deuxième période égale à la première, le taux descend encore à 3 %. Enfin, après une troisième période encore égale à la première, le capitaliste retire ses fonds qui s'élèvent en tout, capital et intérêts réunis, à 1 426 809^{fr},37. Quelle a été la durée totale du placement ?

140. Il y a 4 ans, un capitaliste avait prêté 15 000fr à la condition de recevoir, 6 ans après, la somme de 19 533fr,90. A quel taux avait-il placé son argent, et quelle somme doit-il recevoir s'il accepte le remboursement que lui offre actuellement son débiteur ?

141. Une personne doit toucher 22 500fr dans 10 ans. Calculer la valeur actuelle de cette créance dans chacun des trois systèmes d'escompte, le taux de l'intérêt étant 5 °/°.

142. Même question, la somme étant de 5 700fr payables dans 8 ans, et le taux 4 1/4 °/°.

143. On veut remplacer deux dettes de 14 000fr et 20 000fr, payables respectivement dans 6 ans et 10 ans, par une dette unique payable dans 7 ans 1/2. Quel est le montant de cette dette unique, les intérêts étant composés annuellement à 4 °/° ?

144. Dans combien de temps aura lieu l'échéance commune de deux effets, l'un de 3 800fr payable dans 4 ans, l'autre de 7 500fr payable dans 10 ans, si on veut les remplacer par un seul effet de 10 500fr, le taux annuel étant de 4 1/2 °/° ?

145. Trouver la date de l'échéance moyenne des deux effets du problème précédent.

146. Quel capital unique faut-il payer dans 3 ans pour remplacer les trois dettes suivantes :

2 000fr payables dans 2 ans,
8 500fr — 4 ans,
9 800fr — 5 ans,

le taux de l'intérêt composé étant de 4 °/° par an ?

CHAPITRE V

RENTES ET ANNUITÉS

RENTES

112. Définitions. — On appelle *rente* une suite de sommes payables à des intervalles de temps égaux.

L'intervalle de temps qui sépare deux paiements consécutifs s'appelle *période de la rente*. Cette période est généralement d'un an, ou de six mois, ou de trois mois, et la rente est alors dite *annuelle*, ou *semestrielle*, ou *trimestrielle*.

Chacune des sommes qui doivent être ainsi payées s'appelle *terme de la rente* ou encore *annuité*. Ce dernier mot, qui ne devrait être employé que lorsque la rente est annuelle, est généralement employé quelle que soit la période de cette rente.

Les différents termes de la rente peuvent être constants, ou bien peuvent varier d'après une loi déterminée, par exemple comme les termes d'une progression. Généralement, cependant, ces termes sont constants et nous nous bornerons à l'étude de ce cas dans ce qui va suivre.

Si les termes de la rente sont en nombre illimité, on dit que la rente est *perpétuelle*, et on appelle *perpétuité* chacun des termes de cette rente.

Si les termes de la rente sont en nombre fini, on dit que la rente est *temporaire*.

En sus de ces deux cas, dans lesquels le paiement des diverses annuités n'est soumis à aucune condition aléatoire, il existe d'autres rentes dans lesquelles le paiement des différents termes est subordonné au décès ou à l'existence d'une ou de plusieurs personnes ; ce sont les *rentes viagères*, dont nous parlerons au chapitre des *assurances*.

On dit qu'une rente est *immédiate*, par rapport à l'époque actuelle, lorsque le paiement du premier terme de cette rente doit avoir lieu au bout d'une durée égale à une période. Cette époque, qui précède d'une période la date du premier paiement de la rente, est appelée *époque initiale*.

On dit que la rente est *différée* lorsque le premier paiement doit avoir lieu au bout d'un temps supérieur à une période ; et, si ce premier paiement a déjà eu lieu ou bien doit avoir lieu au bout d'un temps inférieur à une période, on dit que la rente est *anticipée*.

Lorsque la rente est temporaire, elle a ordinairement pour but, soit de constituer un capital, soit d'éteindre une dette. Les différents termes de cette rente sont alors appelés *annuités de placement* dans le premier cas, *annuités d'amortissement* dans le second cas.

113. Valeur actuelle d'une rente. — Chacun des termes d'une rente est un capital dont l'intérêt se calcule d'après le principe de l'intérêt composé. La capitalisation des intérêts se fait ordinairement au moment du paiement de chaque annuité ; dans certains cas, cependant, la période de capitalisation n'est pas égale à la période de la rente.

Chercher la *valeur actuelle d'une rente*, ou bien faire l'*évaluation de cette rente*, c'est rechercher un capital qui soit la somme des valeurs actuelles de tous les termes de cette rente. Le résultat de cette évaluation dépend évidemment de la date de l'époque initiale par rapport à la date actuelle.

Nous désignerons par a la valeur de chacun des termes de la rente ; par n le nombre des termes de cette rente lorsqu'elle est temporaire ; par r le taux de l'intérêt, c'est-à-dire l'intérêt de 1^{fr} pendant une durée égale à la période de capitalisation, période que nous supposerons d'abord identique à celle de la rente ; enfin, nous appellerons V la valeur actuelle cherchée.

Nous distinguerons trois cas, suivant que la rente est immédiate, différée ou anticipée.

1er Cas : **Valeur actuelle d'une rente immédiate.** — Considérons en premier lieu le cas d'une rente perpétuelle. Les termes successifs de cette rente ont respectivement pour valeur actuelle :

$$\frac{a}{1+r}, \qquad \frac{a}{(1+r)^2}, \qquad \frac{a}{(1+r)^3}, \quad \cdots$$

et par suite on a

$$V = \frac{a}{1+r} + \frac{a}{(1+r)^2} + \frac{a}{(1+r)^3} + \cdots$$

Les différents termes du second membre forment une progression géométrique décroissante de raison $\dfrac{1}{1+r}$, et par suite, d'après la formule Limite $S = \dfrac{a}{1-q}$ (n° 52), on a

$$V = \frac{\dfrac{a}{1+r}}{1 - \dfrac{1}{1+r}} = \frac{a}{1+r-1},$$

ou

$$V = \frac{a}{r}. \tag{1}$$

Ce résultat aurait pu être écrit directement, car une rente perpétuelle constante n'est autre chose que l'intérêt simple d'un capital qui reste placé indéfiniment au même taux. Si ce capital, supposé placé aujourd'hui, vaut V, son intérêt simple, qu'on touchera au bout de chaque période, vaut Vr. Donc on a

$$Vr = a, \qquad \text{d'où} \qquad V = \frac{a}{r}.$$

Considérons en second lieu le cas d'une rente temporaire. On a alors

$$V = \frac{a}{1+r} + \frac{a}{(1+r)^2} + \cdots + \frac{a}{(1+r)^n},$$

c'est-à-dire, d'après la formule $\dfrac{lq - a}{q - 1}$ ou $\dfrac{a - lq}{1 - q}$ qui donne la somme des n premiers termes d'une progression géométrique,

$$V = \frac{\dfrac{a}{1+r} - \dfrac{a}{(1+r)^{n+1}}}{1 - \dfrac{1}{1+r}} = \frac{a - \dfrac{a}{(1+r)^n}}{1+r-1} = \frac{a - \dfrac{a}{(1+r)^n}}{r},$$

ou

$$V = \frac{a[(1+r)^n - 1]}{r(1+r)^n}. \tag{2}$$

Au lieu d'effectuer la somme des termes de cette progression géométrique, on écrit quelquefois

$$V = a\left[\frac{1}{1+r} + \frac{1}{(1+r)^2} + \cdots + \frac{1}{(1+r)^n}\right].$$

La quantité entre crochets, qui est la valeur actuelle d'une rente temporaire immédiate de 1 franc comprenant n termes, se représente de la façon suivante :

$$\sum_{x=1}^{x=n} \frac{1}{(1+r)^x}, \qquad \text{ou} \qquad \sum_{1}^{n} \frac{1}{(1+r)^x}.$$

Le signe Σ, qu'on énonce *sigma*, est une lettre de l'alphabet grec qui correspond à la lettre S, première lettre du mot *somme*.

On écrit alors

$$V = a \sum_{1}^{n} \frac{1}{(1+r)^x},$$

et l'on dit : V *égale a sigma depuis* $x = 1$ *jusqu'à* $x = n$, (ou bien *depuis 1 jusqu'à n*) *de 1 sur* $(1+r)^x$.

On a construit des tables spéciales qui, pour les principales valeurs du taux r et du temps n, font connaître les valeurs correspondantes de $\displaystyle\sum_{1}^{n} \frac{1}{(1+r)^x}$. A la fin de ce livre, la Table V donne ces valeurs, n variant de 1 à 50 et r de 0,02 à 0,06. On a alors par une simple multiplication la valeur actuelle d'une rente temporaire a.

REMARQUE. — Au lieu de la formule (2) on peut écrire, en employant lesexposan ts négatifs,

$$V = \frac{a\left[1 - (1 + r)^{-n}\right]}{r}. \qquad (2')$$

2° CAS : **Valeur actuelle d'une rente différée.** — On dit qu'une rente est *différée de p périodes*, p étant un nombre entier ou fractionnaire, lorsque le premier terme de cette rente doit être payé au bout de $p + 1$ périodes.

L'époque initiale d'une pareille rente a lieu dans p périodes.

D'après ce qui a été dit dans le chapitre précédent sur la valeur actuelle d'un ensemble de capitaux (n° 108), la valeur actuelle d'une rente immédiate, qui au moment de l'époque initiale est équivalente à l'ensemble des termes de la rente différée, doit être équivalente à l'ensemble de ces termes à n'importe quelle époque.

Nous obtiendrons donc la valeur actuelle d'une rente différée de p périodes en divisant par $(1 + r)^p$ la valeur actuelle qu'aurait cette même rente si elle était immédiate.

Par suite, s'il s'agit d'une rente perpétuelle, on a

$$V = \frac{a}{r(1 + r)^p}, \qquad \text{ou} \qquad V = \frac{a}{r}(1 + r)^{-p},$$

et s'il s'agit d'une rente temporaire,

$$V = \frac{a\left[(1 + r)^n - 1\right]}{r(1 + r)^{n+p}}, \qquad \text{ou} \qquad V = \frac{a\left[1 - (1 + r)^{-n}\right](1 + r)^{-p}}{r}.$$

Dans ce second cas, on peut encore écrire

$$V = \frac{a}{(1 + r)^p} \sum_{1}^{n} \frac{1}{(1 + r)^x}.$$

3° CAS : **Valeur actuelle d'une rente anticipée.** — On dit qu'une rente est *anticipée de p périodes*, p étant un nombre entier ou fractionnaire, lorsque le premier terme de cette rente a été payé il y a $p - 1$ périodes, si p est supérieur à l'unité, ou lorsque ce premier paiement aura lieu au bout d'une fraction de période égale à $1 - p$, si l'on a $p < 1$.

Cela signifie que l'époque initiale d'une pareille rente a eu lieu il y a p périodes, et par suite on obtiendra la valeur actuelle de cette rente en multipliant par $(1+r)^p$ la valeur actuelle qu'aurait cette même rente si elle était immédiate.

Par conséquent, s'il s'agit d'une rente perpétuelle, on a

$$V = \frac{a}{r}(1+r)^p,$$

et s'il s'agit d'une rente temporaire,

$$V = \frac{a[(1+r)^n - 1](1+r)^p}{r(1+r)^n}, \quad \text{ou} \quad V = \frac{a[1-(1+r)^{-n}](1+r)^p}{r}.$$

Ce troisième cas présente trois cas particuliers importants :

1° *Rente temporaire anticipée d'une période.* — Cela signifie que le paiement de la première annuité a lieu actuellement. La valeur actuelle d'une pareille rente s'obtient en faisant $p = 1$ dans la formule ci-dessus, qui devient

$$V = \frac{a(1+r)[(1+r)^n - 1]}{r(1+r)^n}.$$

2° *Rente temporaire anticipée de n périodes.* — Le paiement de la dernière annuité a lieu actuellement. La valeur actuelle s'obtient en faisant $p = n$ dans la formule générale, ce qui donne

$$V = \frac{a[(1+r)^n - 1]}{r}.$$

3° *Rente temporaire anticipée de $n+1$ périodes.* — Le paiement de la dernière annuité a eu lieu il y a une période. On a alors

$$V = \frac{a(1+r)[(1+r)^n - 1]}{r}.$$

On peut encore écrire

$$V = a(1+r)^{n+1} \sum_{1}^{n} \frac{1}{(1+r)^x},$$

c'est-à-dire

$$V = a(1+r)^{n+1}\left[\frac{1}{1+r} + \frac{1}{(1+r)^2} + \cdots + \frac{1}{(1+r)^n}\right],$$

ou

$$V = a[1 + r + (1+r)^2 + \cdots + (1+r)^n],$$

ou encore
$$V = a \sum_{1}^{n} (1 + r)^x.$$

On a construit des tables spéciales qui, pour les principales valeurs du taux et du temps, font connaître les valeurs correspondantes de $\sum_{1}^{n}(1+r)^x$ (voir la Table IV à la fin de ce livre). On a alors par une simple multiplication la valeur actuelle d'une rente dont le dernier paiement a été fait il y a une période.

114. Exemples. — 1° *Quelle est, d'après le taux annuel 4 %, la valeur actuelle d'une perpétuité annuelle de 1200[fr] différée de six années ?*

On a
$$V = \frac{1\,200}{0,04} (1,04)^6 = 30\,000\,(1,04)^6,$$
ou, d'après la Table II,
$$V = 30\,000 \times 1,265319 = 37\,959^{fr},57.$$

2° *Quelle est, d'après le taux annuel 5 %, la valeur actuelle d'une rente annuelle temporaire immédiate comprenant 25 annuités de 800[fr] ?*

On a
$$V = 800 \sum_{1}^{25} \frac{1}{(1,05)^x},$$
c'est-à-dire, d'après la Table V,
$$V = 800 \times 14,093945 = 11\,275^{fr},15.$$

3° *Quelle est, d'après le taux semestriel 2 %, la valeur actuelle d'une rente semestrielle temporaire anticipée de 10 ans 1/2 et comprenant 20 annuités de 600[fr] ?*

Dans 10 ans et demi il y a 21 semestres, et par suite le paiement de la dernière annuité a eu lieu il y a un semestre. Nous sommes donc dans le troisième cas particulier qui termine le n° précédent, et par conséquent on a
$$V = 600 \sum_{1}^{20} (1,02)^x,$$
c'est-à-dire, d'après la Table IV,
$$V = 600 \times 24,783317 = 14\,870^{fr}.$$

REMARQUE. — Si pour certaines valeurs particulières de r, de n ou de p, on ne peut pas faire usage des Tables que nous avons indiquées, on fera le calcul de V au moyen des logarithmes, en calculant d'abord les expressions $(1 + r)^n$ et $(1 + r)^{n+p}$.

Nous trouverons plus loin des calculs analogues.

115. Cas où la période de capitalisation n'est pas égale à la période de la rente. — Désignons par a la valeur de chacun des termes d'une rente dans laquelle les intérêts sont capitalisés toutes les k périodes, et soit r le taux de cette capitalisation. Proposons-nous de chercher la valeur actuelle de cette rente supposée temporaire et immédiate.

Pour cela, désignons par r' le taux équivalent au taux r et correspondant à une durée égale à la période de la rente ; on doit avoir

$$(1 + r')^k = 1 + r, \qquad \text{c'est-à-dire} \qquad 1 + r' = (1 + r)^{\frac{1}{k}}.$$

La somme des valeurs actuelles des différentes annuités de la rente considérée est égale à

$$V = \frac{a}{1 + r'} + \frac{a}{(1 + r')^2} + \cdots + \frac{a}{(1 + r')^{kn}},$$

n désignant le nombre des périodes de capitalisation. Cette égalité peut s'écrire

$$V = a \, \frac{\dfrac{1}{1 + r'} - \dfrac{1}{(1 + r')^{kn+1}}}{1 - \dfrac{1}{1 + r'}} = a \, \frac{1 - \dfrac{1}{(1 + r')^{kn}}}{r'},$$

ou

$$V = \frac{a[(1 + r')^{kn} - 1]}{r'(1 + r')^{kn}},$$

ou encore, en remplaçant $1 + r'$ et r' par leurs valeurs,

$$V = \frac{a[(1 + r)^n - 1]}{[(1 + r)^{\frac{1}{k}} - 1](1 + r)^n},$$

ce qu'on peut écrire, avec un exposant négatif,

$$V = \frac{a[1 - (1 + r)^{-n}]}{(1 + r)^{\frac{1}{k}} - 1}.$$

On déduit aisément de cette formule les valeurs actuelles qui correspondent aux rentes différées et aux rentes anticipées.

Dans ce qui va suivre, nous supposerons toujours que la période de capitalisation et la période de la rente sont les mêmes.

ANNUITÉS DE PLACEMENT

116. Formule générale. — On appelle *annuité de placement* chacun des termes d'une rente temporaire ayant pour but la constitution d'un capital.

Le problème général est le suivant :

On place, au commencement de chaque période de temps, et pendant n périodes, une somme a à intérêts composés au taux r. A la fin de la n^e période ces diverses annuités, augmentées de leurs intérêts, ont constitué un capital total C. Trouver la relation qui existe entre les quantités C, a, r, n.

D'après ce qui précède, on voit que C est la valeur actuelle d'une rente temporaire a comprenant n termes et anticipée de $n + 1$ périodes. Par suite, on doit avoir

$$C = \frac{a(1 + r)[(1 + r)^n - 1]}{r}. \tag{1}$$

On peut encore obtenir cette relation par un raisonnement direct. Pour cela, on remarque que la première annuité est restée placée pendant n périodes, la seconde pendant $n - 1$ périodes, la troisième pendant $n - 2$ périodes, et ainsi de suite jusqu'à la dernière annuité, qui est restée placée pendant une période. Ces diverses annuités ont donc constitué les capitaux respectifs suivants :

$$a(1 + r)^n, \qquad a(1 + r)^{n-1}, \qquad a(1 + r)^{n-2}, \qquad \ldots, \qquad a(1 + r),$$

et par suite on a

$$C = a(1 + r) + a(1 + r)^2 + \cdots + a(1 + r)^n,$$

c'est-à-dire

$$C = a \frac{(1 + r)^{n+1} - (1 + r)}{1 + r - 1} = \frac{a(1 + r)[(1 + r)^n - 1]}{r}.$$

On retrouve donc l'égalité (I).

On peut encore écrire

$$C = a \sum_{1}^{n} (1 + r)^x. \qquad (I')$$

REMARQUE. — La formule (I) contient quatre quantités : C, a, r, n. Elle permet donc de calculer l'une de ces quatre quantités quand on connaît les trois autres. Il résulte de là que la constitution d'un capital par annuités donne lieu à quatre problèmes distincts que nous allons examiner successivement.

117. Problème I : Recherche du capital. — On connaît a, r, n et on veut trouver C. La formule (I') résout immédiatement le problème si l'on peut se servir de la Table IV qui donne les valeurs de $\sum_{1}^{n} (1 + r)^x$.

Si l'on emploie la formule (I), il faut d'abord calculer la quantité entre crochets $(1 + r)^n - 1$, c'est-à-dire calculer $(1 + r)^n$. Ce calcul se fait par logarithmes ; on a

$$\log (1 + r)^n = n \log (1 + r),$$

et alors, connaissant $\log (1 + r)^n$, on obtient $(1 + r)^n$ par la recherche du nombre correspondant. On peut éviter ce calcul par l'emploi de la Table II, lorsque les valeurs de r et de n sont des nombres de cette table.

Connaissant $(1 + r)^n - 1$, on appliquera à la formule (I) le calcul par logarithmes, ou on fera directement les calculs indiqués. Si l'on opère par logarithmes, on doit écrire

$$\log C = \log a + \log (1 + r) + \log [(1 + r)^n - 1] + \operatorname{colog} r.$$

Exemple I. — *On place chaque année dans une maison de banque, à intérêts composés à 5 %, une somme de 500ʳ. Quel capital aura-t-on 20 ans après le premier versement ?*

1ʳᵉ SOLUTION. — La formule (I') donne

$$C = 500 \sum_{1}^{20} (1{,}05)^x,$$

c'est-à-dire, d'après la Table IV,

$$C = 500 \times 34{,}719252 = 17\,359^{fr}{,}626.$$

2ᵉ **Solution.** — Employons la formule (I). On trouve dans la Table II

$$(1,05)^{20} = 2,653\,298.$$

On a alors $\qquad (1,05)^{20} - 1 = 1,653\,298,$

et par suite la formule (I) s'écrit

$$C = \frac{500 \times 1,05 \times 1,653\,298}{0,05},$$

ou

$$C = 10\,500 \times 1,653\,298,$$

c'est-à-dire

$$C = 17\,359^{\text{fr}},629.$$

Exemple II. — *Trouver le capital constitué par 23 annuités de placement de 540ᶠʳ au taux 4,7 %.*

Le taux 4,7 % ne se trouvant pas dans les Tables II et IV, nous aurons un calcul plus long que le précédent. Nous calculerons d'abord $(1,047)^{23}$ et pour cela nous nous servirons de la Table I qui donne log 1,047 avec huit chiffres décimaux. On a

$$\log 1,047 = 0,01\,99467$$
$$\underline{\hspace{3cm} 23}$$
$$598401$$
$$398934$$
$$\overline{\hspace{3cm}}$$
$$23 \log 1,047 = 0,4587741.$$

On a donc

$$\log (1,047)^{23} = 0,45877,$$

d'où l'on déduit

$$(1,047)^{23} = 2,8759,$$

et par suite $\qquad (1,047)^{23} - 1 = 1,8759.$

On a alors

$$C = \frac{540 \times 1,047 \times 1,8759}{0,047} = \frac{540 \times 1\,047 \times 1,8759}{47}.$$

Achevons le calcul à l'aide des logarithmes :

$$\log C = \log 540 + \log 1\,047 + \log 1,8759 + \text{colog } 47.$$

$$\log 1,875 \ = 0,27300$$
$$D = 23$$
$$23 \times 9 = 207 \qquad 20,7$$
$$\overline{}$$
$$\log 1,8759 = 0,27321$$
$$\log 47 = 1,67210$$

$$\log 540 = 2,73239$$
$$\log 1047 = 3,01995$$
$$\log 1,8759 = 0,27321$$
$$\operatorname{colog} 47 = \overline{2},32790$$
$$\overline{\phantom{\operatorname{colog} 47 = \overline{2},32790}}$$
$$\log C = 4,35345$$
$$\text{pour} \qquad\qquad 334 \ 2256$$
$$D = 19 \qquad\qquad 11$$

$$\begin{array}{c|c} 110 & 19 \\ 150 & \overline{0,578} \\ 170 & \end{array} \qquad 2256578$$

$$C = 22565^{\text{fr}},78.$$

118. Problème II : Recherche de l'annuité. — On connaît C, r, n ; on veut trouver a. Si l'on emploie la formule (I), on en déduit

$$a = \frac{Cr}{(1+r)[(1+r)^n - 1]}.$$

Avec la formule (I') on obtient

$$a = \frac{C}{\overset{n}{\underset{1}{\Sigma}}(1+r)^x}.$$

Dans le premier cas on cherchera d'abord $(1+r)^n$, puis on achèvera le calcul, soit directement, soit à l'aide des logarithmes.

Exemple. — *On veut constituer un capital de 60 000^{fr} au moyen de 12 placements annuels égaux, à 4 °/$_{\circ}$. Quel doit être le montant de chacun de ces placements, sachant que le capital est constitué un an après le placement de la dernière annuité ?*

1re SOLUTION : *Emploi de la formule (I').* — On a

$$a = \frac{60\,000}{\overset{12}{\underset{1}{\Sigma}}1,04^x} = \frac{60\,000}{15,626838}.$$

Cette division peut s'effectuer à l'aide des logarithmes. On peut aussi employer la méthode de la division abrégée, car nous voulons obtenir le quotient à un centime près seulement ; on a alors le calcul suivant :

$$
\begin{array}{r|l}
60000000 & 156\cancel{26833} \\
13119486 & \overline{3839,54} \\
618022 & \\
149218 & \\
8584 & \\
774 & \\
150 &
\end{array}
$$

On a donc $\qquad a = 3839^{\text{fr}},54.$

2e SOLUTION : *Emploi de la formule* (1). — On trouve dans la Table II

$$1,04^{12} = 1,601032.$$

On a donc $\qquad 1,04^{12} - 1 = 0,601032,$

et par suite on peut écrire

$$a = \frac{60000 \times 0,04}{1,04 \times 0,601032} = \frac{2400}{1,04 \times 0,601032}.$$

Achevons le calcul à l'aide des logarithmes :

$$
\begin{array}{ll|l}
\log 0,6010 = \overline{1},77887 & & \log 2400 = 3,38021 \\
D = 8 & & \text{colog } 1,04 = \overline{1},98297 \\
32 \times 8 = 256 \qquad 2,56 & & \text{colog } 0,601032 = 0,22110 \\
\log 0,601032 = \overline{1},77890 & & \log a = 3,58428 \\
\log 1,04 = 0,01703 & & \text{pour} \qquad 422\ 3839 \\
& & D = 11 \qquad\quad 6 \\
& & \begin{array}{c|c} 60 & 11 \\ 50 & \overline{0,54} \\ 6 & \end{array} \qquad 383954
\end{array}
$$

$$a = 3839^{\text{fr}},54.$$

149. Problème III : Recherche du nombre des annuités. — On connaît C, a et r ; on veut trouver n. La formule (1) peut s'écrire

$$Cr = a(1 + r)^{n+1} - a(1 + r),$$

ou $\qquad a(1 + r)^{n+1} = Cr + a(1 + r),$

ou encore

$$(1 + r)^{n+1} = \frac{Cr + a(1 + r)}{a}.\qquad(1)$$

Prenons les logarithmes des deux membres de cette égalité :

$$(n + 1)\log(1 + r) = \log[Cr + a(1 + r)] - \log a,$$

d'où l'on déduit

$$n + 1 = \frac{\log[Cr + a(1 + r)] - \log a}{\log(1 + r)},$$

ou

$$n = \frac{\log[Cr + a(1 + r)] - \log a}{\log(1 + r)} - 1.\qquad(2)$$

Telle est la formule qui résout le problème.

Il importe de remarquer que, d'après la définition même des annuités de placement, *le nombre n de ces annuités est nécessairement un nombre entier*. Si donc le second membre de cette dernière égalité n'est pas un nombre entier, le problème est impossible ; c'est ce qui arrive généralement lorsque les nombres C, a et r sont pris au hasard.

Toutefois, il est alors possible de modifier légèrement les conditions du problème de façon à obtenir pour n une valeur entière.

Pour cela, remarquons que l'égalité (1) peut s'écrire

$$(1 + r)^{n+1} = \frac{C}{a}\,r + 1 + r.\qquad(3)$$

La valeur entière ou fractionnaire de n déterminée par cette égalité augmente ou diminue suivant que la fraction $\dfrac{C}{a}$ elle-même augmente ou diminue. Par suite, si l'on représente par f cette fraction, et si l'on désigne par n' et $n' + 1$ les deux nombres entiers entre lesquels se trouve compris le second membre de la formule (2), il existe deux fractions f' et f'', l'une inférieure, l'autre supérieure à f, satisfaisant aux égalités

$$(1 + r)^{n'+1} = f'r + 1 + r,$$
$$(1 + r)^{n'+2} = f''r + 1 + r.$$

Il résulte de là que lorsque le problème considéré est impossible, c'est-à-dire lorsqu'on trouve pour n une valeur fractionnaire comprise entre les deux nombres entiers n' et $n'+1$, cela signifie que n' annuités a constituent un capital C' inférieur à C, et que $n'+1$ annuités a constituent un capital C'' supérieur à C ; ou bien, cela signifie que pour obtenir un capital C il faut n' annuités supérieures à a, ou $n'+1$ annuités inférieures à a.

Par conséquent, on pourra modifier l'énoncé du problème et chercher : soit la valeur de l'annuité qu'il faut verser pendant n' ou $n'+1$ périodes pour constituer le capital C, soit la valeur du capital constitué par n' ou $n'+1$ annuités a. Pour que la modification de l'énoncé soit moins grande, on choisira celui des deux nombres n' ou $n'+1$ qui se rapproche le plus de la valeur fractionnaire trouvée pour n.

On peut encore modifier le problème de la façon suivante :

On verse n' annuités égales à a, sauf la dernière qui est égale à b, et le problème consiste alors à trouver la valeur de b, qui sera supérieure à la valeur de a.

Remarque. — L'égalité (3) peut s'écrire

$$(1+r)^{n+1} = 1 + \left(\frac{C}{a} + 1\right)r.$$

Or on a
$$(1+r)^{n+1} > 1 + (n+1)r ;$$

donc
$$1 + (n+1)r < 1 + \left(\frac{C}{a} + 1\right)r.$$

ou
$$n+1 < \frac{C}{a} + 1,$$

ou enfin
$$n < \frac{C}{a}.$$

Le nombre des annuités est donc toujours inférieur à la fraction $\dfrac{C}{a}$. Cela était facile à prévoir, car le nombre des annuités

serait égal à cette fraction si l'on ne tenait pas compte de l'intérêt que rapporte chacune de ces annuités.

Exemple. — *Combien faut-il verser d'annuités de* 1500^{fr} *au
taux* 4 % *pour former un capital de* $35\,000^{fr}$?
On a

$$Cr + a(1 + r) = 350 \times 4 + 1500 \times 1{,}04 = 2\,960.$$

Par suite, l'égalité (2) devient

$$n = \frac{\log 2\,960 - \log 1\,500}{\log 1{,}04} - 1$$

$$= \frac{3{,}47129 - 3{,}17609}{0{,}01703} - 1$$

$$= \frac{29\,520}{1\,703} - 1 = 16\,\frac{569}{1\,703}.$$

Nous trouvons pour n un nombre fractionnaire compris entre
16 et 17, mais plus rapproché de 16 que de 17. Le problème proposé est donc impossible et nous sommes conduits à modifier
l'énoncé de l'une des façons suivantes :

1re *Modification*. — Quel est le capital constitué par 16 annuités de $1\,500^{fr}$? C'est le Problème I (n° 117). On obtient

$$C = 34\,046^{fr}{,}40.$$

2e *Modification*. — Quelle annuité faut-il verser pour constituer un capital de $35\,000^{fr}$ au moyen de 16 versements ? C'est le
Problème II (n° 118). On obtient

$$a = 1\,542^{fr}.$$

3e *Modification*. — On veut constituer un capital de $35\,000^{fr}$
au moyen de 16 versements dont les 15 premiers seront égaux
chacun à $1\,500^{fr}$; quelle doit être la valeur du seizième ?
Les 15 premiers versements auront constitué à la fin de la
quinzième année un capital qui se calcule comme dans le Problème I ; on obtient $31\,236^{fr}{,}80$. Par suite, si nous désignons
par x la valeur du seizième versement, on doit avoir

$$(x + 31\,236{,}80) \times 1{,}04 = 35\,000,$$

d'où l'on déduit

$$x = \frac{35\,000}{1,04} - 31\,236,80,$$

$$= 33\,653,85 - 31\,236,80$$

$$= 2\,417^{fr},05.$$

REMARQUE. — On peut, sans se servir des logarithmes, trouver que le nombre n est compris entre 16 et 17. On a en effet, d'après la formule (1'),

$$35\,000 = 1\,500 \sum_{1}^{n} 1,04^x,$$

d'où

$$\sum_{1}^{n} 1,04^x = \frac{35\,000}{1\,500} = \frac{70}{3} = 23,333\,333.$$

Or si l'on consulte la Table IV, on voit, dans la colonne 4 %, que ce quotient $23, 33\ldots$ est compris entre deux nombres qui correspondent aux valeurs entières 16 et 17 de n.

On obtient le même résultat à l'aide de la Table II. En effet, on a, d'après l'égalité (3),

$$1,04^{n+1} = \frac{350 \times 4}{1\,500} + 1,04 = \frac{14}{15} + 1,04 = 1,973\,333,$$

et la Table II montre que ce dernier nombre est compris entre $1,04^{17}$ et $1,04^{18}$, ce qui prouve que $n+1$ est compris entre 17 et 18. Donc n est compris entre 16 et 17.

120. Problème IV : Recherche du taux. — On connaît C, a et n; on veut trouver r. Ce problème est le plus difficile, car l'équation fournie par la formule (1) est de degré $n+1$ par rapport à r, et par suite ne peut ordinairement pas être résolue algébriquement.

On a alors recours à des méthodes d'approximation dont quelques-unes conduisent à des formules d'une application simple dans la pratique; mais l'établissement de ces formules exige des calculs compliqués. Nous indiquerons une manière d'opérer qui peut conduire assez rapidement au résultat.

Pour cela, remarquons que la formule (1) peut s'écrire

$$\frac{C}{a} = \frac{(1+r)^{n+1} - (1+r)}{r} = \frac{(1+r)^{n+1} - 1}{r} - 1,$$

ou

$$\frac{C}{a} + 1 = \frac{(1+r)^{n+1} - 1}{r}. \tag{1}$$

Le second membre de cette égalité augmente quand r augmente, car il est égal à la somme des termes de la progression géométrique limitée

$$\div \quad 1: \quad 1+r: \quad (1+r)^2 : \ldots : (1+r)^n,$$

et chacun des termes de cette progression, à partir du second, augmente quand r augmente.

Par conséquent, si dans le second membre de la formule (1) on remplace r par une valeur inférieure à la véritable valeur, ce second membre prendra une valeur inférieure à $\frac{C}{a} + 1$. Si l'on remplace r par une valeur trop forte, ce second membre deviendra supérieur à $\frac{C}{a} + 1$. Si la différence entre $\frac{C}{a} + 1$ et la valeur du second membre est très faible, c'est que la valeur donnée à r est très voisine de la valeur réelle, car le second membre de l'égalité (1) étant la somme de plusieurs fonctions *continues* de r est lui-même une fonction *continue* de r.

D'après cela, on pourra par exemple, dans le second membre de la formule (1), remplacer r par 0,05 ; si le résultat obtenu est supérieur à $\frac{C}{a} + 1$, c'est que le taux est inférieur à 5 °/₀. On fera alors $r = 0,04$; si le résultat obtenu est inférieur à $\frac{C}{a} + 1$, c'est que le taux est supérieur à 4 °/₀. Ce taux est donc compris dans ce cas entre 4 °/₀ et 5 °/₀. On fera alors $r = 0,045$, et ainsi de suite. Au bout de trois ou quatre opérations, on aura une approximation suffisante dans la pratique.

Remarque I. — Les calculs précédents se simplifient si, au lieu de la formule (1), on emploie la formule suivante déduite de (1') :

$$\frac{C}{a} = \sum_1^n (1 + r)^x$$

et si l'on a à sa disposition des Tables, analogues à la Table IV,

donnant les valeurs de $\displaystyle\sum_1^n (1 + r)^x$ pour de nombreuses valeurs du taux.

En sus de ces Tables, il existe d'autres Tables spéciales qui permettent d'obtenir assez rapidement le taux cherché avec une grande précision.

Remarque II. — Lorsqu'on a trouvé deux nombres r' et r'' très voisins l'un de l'autre et comprenant le taux r, il est facile d'en déduire une valeur très approchée de ce taux en interpolant par parties proportionnelles (n° 91), c'est-à-dire en écrivant, ce qui est sensiblement exact, que les différences $r - r'$ et $r - r''$ sont proportionnelles aux différences obtenues en retranchant de $\frac{C}{a} + 1$ les valeurs que prend le second membre de l'égalité (1) quand on y remplace r par r', puis par r''.

Si v' et v'' sont ces deux valeurs, et si v est la valeur de $\frac{C}{a} + 1$, on écrira donc

$$\frac{r - r'}{r - r''} = \frac{v - v'}{v - v''},$$

ou, en retranchant à chaque dénominateur le numérateur correspondant,

$$\frac{r - r'}{r' - r''} = \frac{v - v'}{v' - v''},$$

d'où l'on déduira

$$r = r' + (r' - r'') \frac{v - v'}{v' - v''}.$$

Exemple. — *En plaçant tous les ans 1 250^{fr} à intérêts composés, on a eu à la fin de la vingt-quatrième année un capital de 56 250^{fr}. Quel a été le taux du placement?*

On a
$$\frac{C}{a} = \frac{56\,250}{1\,250} = 45.$$

D'après la formule (I'), cette valeur de $\dfrac{C}{a}$ doit être égale à

$\displaystyle\sum_{1}^{24} (1+r)^r$. Or la Table IV montre que l'on a

$$\sum_{1}^{24} 1{,}045^x = 43{,}565210,$$

$$\sum_{1}^{24} 1{,}05^x = 46{,}727099.$$

Ces deux valeurs comprenant le nombre 45, le taux cherché est compris entre 0,045 et 0,05. Pour continuer les calculs, nous emploierons la formule (1), dont le premier membre $\dfrac{C}{a} + 1$ est alors égal à 46.

Dans le second membre de cette formule, faisons $r = 0{,}0475$; nous avons

$$\begin{aligned}
\log 1{,}0475^{25} &= 25 \log 1{,}0475 \\
&= 25 \times 0{,}020154 \\
&= 0{,}50385,
\end{aligned}$$

d'où $\qquad 1{,}0475^{25} = 3{,}19043,$

et par suite le second membre en question prend la valeur

$$\frac{2{,}19043}{0{,}0475} = \frac{21904{,}3}{475} = 46{,}1.$$

Ce résultat étant supérieur à 46, le taux cherché est inférieur à 0,0475.

Remplaçons alors r par 0,0474 ; nous avons

$$\begin{aligned}
\log 1{,}0474^{25} &= 25 \times 0{,}0201126 \\
&= 0{,}50281,
\end{aligned}$$

d'où $\qquad 1{,}0474^{25} = 3{,}18278$

et alors il vient

$$\frac{(1+r)^{n+1} - 1}{r} = \frac{21827{,}8}{474} = 46{,}05.$$

Le taux est donc inférieur à 0,0474. Si l'on fait $r = 0{,}0473$, on trouve de la même façon que le second membre de la formule (1) prend la valeur 45,98, inférieure à 46.

Le taux cherché est donc compris entre 4,73 % et 4,74 %. On

peut pousser plus loin l'approximation, mais on aura un résultat suffisamment approché en interpolant entre ces deux valeurs, c'est-à-dire en écrivant

$$\frac{r - 0,0473}{0,0474 - 0,0473} = \frac{46 - 45,98}{46,05 - 45,98},$$

ou

$$\frac{r - 0,0473}{0,0001} = \frac{2}{7},$$

d'où

$$r = 0,0473 + \frac{0,0002}{7} = 0,047326.$$

121. Caisse d'amortissement. — Les Caisses d'amortissement sont des institutions créées dans la plupart des États qui émettent des emprunts en rentes perpétuelles, afin *d'amortir*, c'est-à-dire de diminuer progressivement la valeur nominale de la dette.

Cet amortissement se fait au moyen d'une annuité constante, fournie chaque année par l'État et appelée *dotation de la Caisse*. Les dotations successives sont des annuités de placement qui, augmentées de leurs intérêts annuels, constituent au bout d'un certain nombre d'années un capital égal à la valeur de la dette.

Pour faire produire de l'intérêt aux dotations successives, on achète avec chacune d'elles les rentes mêmes qu'on veut amortir. Les arrérages des rentes ainsi achetées sont versés par l'État dans la Caisse d'amortissement.

Ces achats de rentes peuvent se faire de deux façons : ou bien par voie de *remboursement au pair*, ou bien par voie de *rachat* quand le cours est au-dessous du pair.

Supposons qu'un État fasse un emprunt de valeur nominale A en rentes perpétuelles $t\,^0/_0$; soit a la dotation annuelle de la Caisse d'amortissement, et soit n le nombre des dotations nécessaires à l'amortissement complet de l'emprunt. Proposons-nous de trouver la relation qui existe entre ces diverses quantités.

Nous distinguerons deux cas, suivant que l'amortissement se fait par voie de remboursement au pair ou par voie de rachat.

1° **Remboursement au pair.** — La dette est amortie au

moment du versement de la dernière dotation, c'est-à-dire qu'à ce moment les n dotations versées dans la Caisse ont constitué le capital A. Ce capital A est donc la valeur actuelle d'une rente temporaire a comprenant n termes et anticipée de n périodes ; par suite, d'après le deuxième cas particulier de la valeur actuelle d'une rente anticipée (n° 113), on doit avoir

$$A = \frac{a[(1+r)^n - 1]}{r},$$

c'est-à-dire, en remplaçant r par sa valeur $\dfrac{t}{100}$,

$$A = \frac{a\left[\left(1+\frac{t}{100}\right)^n - 1\right]}{\frac{t}{100}} = \frac{100\,a\left[\left(1+\frac{t}{100}\right)^n - 1\right]}{t}. \quad (1)$$

Cette formule peut être obtenue par un raisonnement direct. Pour cela, remarquons que la première dotation rapporte intérêt pendant $n-1$ années, la deuxième pendant $n-2$ années, et ainsi de suite jusqu'à la dernière, qui ne rapporte aucun intérêt puisque c'est au moment de son paiement que la dette est complètement amortie. Ces diverses dotations constituent donc les capitaux successifs suivants :

$$a(1+r)^{n-1}, \qquad a(1+r)^{n-2}, \qquad \ldots, \qquad a(1+r), \qquad a,$$

et, par suite, on peut écrire

$$A = a + a(1+r) + a(1+r)^2 + \cdots + a(1+r)^{n-1},$$

ou

$$A = a\,\frac{(1+r)^n - 1}{r}.$$

On retrouve donc la formule ci-dessus.

2° **Rachats au-dessous du pair.** — 100^{fr} étant le pair, désignons par c le cours moyen, inférieur à 100, auquel s'effectuent les rachats. La valeur réelle d'une dette de 100^{fr} n'étant plus que de c^{fr}, la valeur réelle de la dette totale A se trouve réduite à $\dfrac{cA}{100}$; c'est donc ce dernier capital qu'il s'agit de constituer.

D'autre part, puisque c^{fr} rapportent t^{fr}, 1^{fr} rapporte $\dfrac{t}{c}$, et par suite, au lieu de la formule (1), on obtient la formule suivante

$$\frac{cA}{100} = \frac{a\left[\left(1+\dfrac{t}{c}\right)^{n}-1\right]}{\dfrac{t}{c}},$$

ou

$$A = \frac{100\,a\left[\left(1+\dfrac{t}{c}\right)^{n}-1\right]}{t}. \qquad (2)$$

Les formules (1) et (2) permettent de résoudre tous les problèmes relatifs aux Caisses d'amortissement.

122. La Caisse d'amortissement a fonctionné en France depuis 1816 jusqu'en 1871. Elle opérait par voie de rachat quand les rentes étaient au-dessous du pair. Le montant de la dotation annuelle était égal à la centième partie de la valeur nominale de la dette.

Avec cette dernière hypothèse, la formule (2) devient

$$1 = \frac{\left(1+\dfrac{t}{c}\right)^{n}-1}{t},$$

ou

$$t = \left(\frac{c+t}{c}\right)^{n}-1,$$

ou encore

$$\left(\frac{c+t}{c}\right)^{n} = t+1.$$

Si l'on veut obtenir le nombre n des dotations, on emploie les logarithmes, ce qui donne

$$n \log \frac{c+t}{c} = \log(t+1),$$

d'où l'on déduit

$$n = \frac{\log(t+1)}{\log(c+t)-\log c}.$$

Supposons qu'il s'agisse d'une rente perpétuelle 3 °/₀ rachetée au cours moyen 98, on aura

$$n = \frac{\log 4}{\log 101 - \log 98} = \frac{0,60206}{2,00432 - 1,99123} = \frac{60206}{1309},$$

c'est-à-dire $n = 46$.

ANNUITÉS D'AMORTISSEMENT

123. Formule générale. — On appelle *annuité d'amortissement* chacun des termes d'une rente temporaire ayant pour but l'extinction d'une dette ou le remboursement d'un emprunt.

On dit que l'amortissement est *immédiat* ou *différé* suivant que le paiement du premier terme de la rente a lieu une ou plusieurs périodes après l'emprunt.

Nous nous occuperons d'abord du premier cas. Le problème général est alors le suivant :

On emprunte une somme A, *à intérêts composés au taux* r, *et on veut se libérer de cet emprunt au moyen de* n *annuités égales à* a, *la première de ces annuités étant payable une période après l'emprunt. Trouver la relation qui existe entre les quatre quantités* A, a, r, n.

Au moment de l'emprunt, il doit y avoir égalité entre la somme empruntée A et la valeur actuelle de la rente temporaire constituée par les n annuités a. Cette rente est une rente immédiate qui a pour valeur actuelle

$$\frac{a}{1+r} + \frac{a}{(1+r)^2} + \cdots + \frac{a}{(1+r)^n}, \qquad (\text{I})$$

c'est-à-dire, d'après ce qui a été déjà vu (n° 113),

$$\frac{a[(1+r)^n - 1]}{r(1+r)^n}.$$

En égalant cette expression à A, on est conduit à la formule suivante, qu'on appelle *formule générale de l'amortissement* :

$$A(1 + r)^n = \frac{a[(1 + r)^n - 1]}{r}. \tag{II}$$

Cette formule peut être encore obtenue en raisonnant de la façon suivante :

Si la somme empruntée A était remboursée dans n années, le débiteur devrait remettre au créancier la somme $A(1 + r)^n$. Il faut donc que les n annuités a constituent, immédiatement après le versement de la dernière, un capital égal à $A(1 + r)^n$. Or le capital ainsi constitué est la valeur actuelle d'une rente temporaire a de n termes anticipée de n périodes, et par suite est égal à $\dfrac{a[(1 + r)^n - 1]}{r}$. On a donc bien l'égalité ci-dessus.

124. Diverses formes de la formule de l'amortissement. — La formule (II) peut se mettre sous plusieurs autres formes, d'une application plus simple dans certains cas.

Remarquons d'abord que, la dette A étant égale à la somme (I), on peut écrire

$$A = a \sum_{1}^{n} \frac{1}{(1 + r)^x}. \tag{II'}$$

Cette forme (II') est avantageuse si l'on a à sa disposition des tables (Table V) donnant les valeurs de $\displaystyle\sum_{1}^{n} \frac{1}{(1 + r)^x}$.

En second lieu, divisons par $(1 + r)^n$ les deux membres de l'égalité (II) ; nous obtenons

$$A = \frac{a}{r}\left[1 - \frac{1}{(1 + r)^n}\right]. \tag{II''}$$

L'usage de cette nouvelle forme est facilité par l'emploi de la Table III, qui donne les diverses valeurs de $\dfrac{1}{(1 + r)^n}$.

Cette formule (II'') donne immédiatement le résultat d'un cas particulier intéressant, celui où le nombre n croît indéfiniment.

Dans ce cas, en effet, la fraction $\dfrac{1}{(1+r)^n}$ devient de plus en plus petite et tend vers zéro quand n tend vers l'infini. Si donc le nombre n des annuités devient infini, on a l'égalité $A = \dfrac{a}{r}$, c'est-à-dire $a = Ar$, ce qui montre que l'annuité a est alors égale à l'intérêt simple de la dette. Par suite, il n'y a pas d'amortissement. C'est le cas des rentes perpétuelles.

En troisième lieu, remarquons que l'égalité (II) peut s'écrire

$$Ar(1+r)^n = a(1+r)^n - a,$$

ou

$$(a - Ar)(1+r)^n = a,$$

d'où l'on déduit la formule suivante :

$$(1+r)^n = \frac{a}{a - Ar}. \tag{II'''}$$

Sous l'une quelconque de ces formes, la formule de l'amortissement contient quatre quantités : A, a, n, r ; elle permet donc de calculer l'une d'elles quand on connaît les trois autres, et par suite l'amortissement d'une dette par annuités peut donner lieu à quatre problèmes distincts que nous allons successivement examiner.

125. Problème I : Recherche de l'emprunt. — On connaît a, n, r ; on veut trouver A.

La formule (II') résout immédiatement le problème si l'on peut se servir de la Table V. Il suffit de faire une multiplication.

Si l'on emploie la formule (II''), il faut d'abord calculer la quantité entre crochets $1 - \dfrac{1}{(1+r)^n}$, c'est-à-dire calculer $\dfrac{1}{(1+r)^n}$. Ce calcul se fait par logarithmes ; on a

$$\log \frac{1}{(1+r)^n} = n \operatorname{colog}(1+r),$$

et alors, connaissant $\log \dfrac{1}{(1+r)^n}$, on obtient $\dfrac{1}{(1+r)^n}$ par la recherche du nombre correspondant. Ce calcul peut être évité par l'emploi de la Table III, lorsque n et r sont des nombres de cette Table.

Connaissant $1 - \dfrac{1}{(1+r)^n}$, le calcul s'achève, soit directement, soit à l'aide des logarithmes. Dans ce dernier cas, on écrit

$$\log A = \log a + \operatorname{colog} r + \log\left[1 - \frac{1}{(1+r)^n}\right].$$

Exemple. — *Quel capital pourra-t-on amortir au moyen d'une rente immédiate comprenant 18 annuités de* 1 500^{fr}, *le taux de l'intérêt étant de* 4 1/2 %?

1re SOLUTION. — La formule (11′) donne

$$A = 1\,500 \sum_{1}^{18} \frac{1}{1{,}045^x},$$

c'est-à-dire, d'après la Table V,

$$A = 1\,500 \times 12{,}159992 = 18\,239^{fr}{,}98.$$

2e SOLUTION. — Employons la formule (11″). On trouve dans la Table III

$$\frac{1}{1{,}045^{18}} = 0{,}452800.$$

On a alors

$$1 - \frac{1}{1{,}045^{18}} = 0{,}5472,$$

et par suite la formule (11″) devient

$$A = \frac{1\,500 \times 0{,}5472}{0{,}045} = \frac{150 \times 5472}{45},$$

$$A = \frac{54720}{3} = 18\,240^{fr}.$$

126. Problème II : Recherche de l'annuité. — On connaît A, n, r ; on veut trouver a.

Si l'on emploie la formule (11′), on peut écrire

$$a = \frac{A}{\displaystyle\sum_{1}^{n} \frac{1}{(1+r)^x}}.$$

Avec la formule (11″) on a

$$a = \frac{Ar}{1 - \dfrac{1}{(1 + r)^n}}.$$

Si l'on peut se servir des Tables V et III, le calcul de a se fait dans les deux cas par une simple division. Si l'on ne peut pas se servir de ces Tables, on opère par logarithmes, en employant cette dernière égalité, et pour cela on commence par calculer $\dfrac{1}{(1 + r)^n}$ comme il a été dit dans le problème précédent.

Exemple. — *On fait un emprunt de 60 000^{fr} à 4 3/4 °/₀ et l'on veut se libérer au moyen de 15 versements annuels égaux, le premier étant fait un an après l'emprunt. Quel doit être le montant de chacun de ces versements ?*

Le taux 4 3/4 °/₀ ne se trouvant pas dans nos Tables, nous opérerons par logarithmes en employant la formule (11″). On a

$$\frac{1}{(1 + r)^n} = \frac{1}{1{,}0475^{15}},$$

$$\log \frac{1}{1{,}0475^{15}} = 15 \operatorname{colog} 1{,}0475.$$

Or, dans la Table I on trouve

$$\log 1{,}0475 = 0{,}020154,$$

d'où l'on déduit $\qquad 15 \log 1{,}0475 = 0{,}302310$

et $\qquad\qquad 15 \operatorname{colog} 1{,}0475 = \overline{1}{,}69769.$

La recherche du nombre correspondant à ce logarithme donne 0,498525. On a donc

$$1 - \frac{1}{1{,}0475^{15}} = 1 - 0{,}498525$$

$$= 0{,}501475,$$

et par suite

$$a = \frac{60\,000 \times 0{,}0475}{0{,}501475} = \frac{2\,850}{0{,}501475} = 5\,683^{fr}{,}23.$$

127. Problème III : Recherche du nombre des annuités. — On connaît A, a, r ; on veut trouver n.

Pour résoudre ce problème, nous emploierons la formule de l'amortissement sous la forme (II''')

$$(1 + r)^n = \frac{a}{a - Ar} \cdot$$

Pour que cette égalité puisse avoir lieu, c'est-à-dire pour que le problème soit possible, il faut, puisque le premier membre est un nombre positif, que le second membre soit également positif. Il faut donc avoir $a - Ar > 0$, c'est-à-dire $a > Ar$.

Or, Ar est l'intérêt simple de la somme empruntée A, pendant une durée égale à la période de paiement de la rente. Il faut donc que l'annuité a soit supérieure à cet intérêt simple. Cette condition est d'ailleurs évidente *a priori*, car si elle n'était pas satisfaite, c'est-à-dire si le débiteur ne payait pas au créancier une somme au moins égale à l'intérêt du capital emprunté, la dette irait en croissant et il ne pourrait y avoir amortissement.

Supposons donc que l'annuité a soit supérieure à Ar et prenons les logarithmes des deux membres de l'égalité ci-dessus ; nous obtenons

$$n \log (1 + r) = \log a - \log (a - Ar),$$

d'où

$$n = \frac{\log a - \log (a - Ar)}{\log (1 + r)} \cdot \tag{1}$$

Telle est la formule qui résout le problème.

Il importe de remarquer que, d'après la définition même des annuités d'amortissement, le nombre n de ces annuités est nécessairement un nombre entier. Si donc le second membre de cette formule n'est pas un nombre entier, le problème est impossible, et c'est ce qui arrive généralement lorsque les nombres A, a et r sont pris au hasard.

Toutefois, il est alors possible de modifier légèrement les conditions du problème, de façon à obtenir pour n une valeur entière. Pour cela, remarquons que la formule (II''') peut s'écrire

$$(1 + r)^n = \cfrac{1}{1 - \dfrac{A}{a} r} \cdot \qquad (2)$$

La valeur entière ou fractionnaire de n déterminée par cette égalité augmente ou diminue suivant que la fraction $\dfrac{A}{a}$ elle-même augmente ou diminue, r conservant la même valeur. On voit par suite, d'une façon analogue à ce qui a été vu au n° 119, que lorsque le problème est impossible, c'est-à-dire lorsque la formule (1) donne pour n une valeur fractionnaire comprise entre les deux nombres entiers n' et $n' + 1$, cela signifie que n' annuités a ne suffisent pas à amortir le capital A, et que $n' + 1$ annuités a amortissent un capital supérieur à A ; ou bien, cela signifie que pour amortir le capital A il faut n' annuités supérieures à a ou $n' + 1$ annuités inférieures à a.

Par conséquent, on pourra modifier l'énoncé du problème et chercher : soit la valeur de l'annuité qu'il faut verser pendant n' ou $n' + 1$ périodes pour amortir le capital A, soit la valeur du capital qu'on peut amortir au moyen de n' ou $n' + 1$ annuités a. Pour que la modification de l'énoncé soit moins grande, on prendra celui des deux nombres n' et $n' + 1$ qui se rapproche le plus de la valeur fractionnaire trouvée pour n.

On peut encore modifier le problème de la façon suivante :

On verse n' annuités égales à a, sauf la dernière qui est égale à b, et le problème consiste à trouver la valeur de b qui sera supérieure à la valeur de a.

REMARQUE. — On sait qu'on peut écrire (n° 79, Théorème III)

$$(1 + r)^n < \frac{1}{1 - nr} \cdot$$

Donc, d'après l'égalité (2), on doit avoir

$$\cfrac{1}{1 - \dfrac{A}{a} r} < \frac{1}{1 - nr},$$

c'est-à-dire

$$1 - \frac{A}{a} r > 1 - nr,$$

d'où l'on déduit

$$n > \frac{A}{a}.$$

Le nombre des annuités d'amortissement est donc toujours supérieur à la fraction $\frac{A}{a}$. Cela était facile à prévoir. En effet, si le nombre des annuités était égal à $\frac{A}{a}$, ces diverses annuités constitueraient bien un capital égal à A au bout des n périodes, mais le créancier éprouverait une perte d'intérêts, car l'intérêt de la somme A pendant les n périodes serait supérieur à la somme des intérêts produits par les capitaux partiels a dont les placements n'ont pas lieu au début des n périodes.

Exemple. — *En combien d'années pourra-t-on amortir un emprunt de* 50 000[fr] *par des annuités de* 4 025[fr], *le taux de l'intérêt étant* 5 °/₀?

On a
$$a = 4\,025,$$
$$a - Ar = 4\,025 - 2\,500 = 1\,525,$$

et par suite

$$n = \frac{\log 4\,025 - \log 1\,525}{\log 1,05} = \frac{3,60477 - 3,18327}{0,02119},$$

ou

$$n = \frac{42\,150}{2\,119} = 19\frac{1\,889}{2\,119}.$$

Nous trouvons pour n un nombre fractionnaire compris entre 19 et 20, mais plus rapproché de 20 que de 19. Le problème proposé est donc impossible et nous sommes conduits à modifier l'énoncé de l'une des façons suivantes :

1re *Modification.* — Quelle annuité faut-il verser pour amortir la dette en 20 ans?

C'est le Problème II (n° 126). On obtient

$$a = 4\,012[fr],20.$$

2° *Modification.* — Quelle dette peut-on amortir au moyen de 20 annuités de $4\,025^{fr}$?

C'est le Problème I (n° 125). On obtient

$$A = 50\,160^{fr},39.$$

3° *Modification.* — On veut amortir une dette de $50\,000^{fr}$ au moyen de 20 annuités dont les 19 premières sont égales à $4\,025^{fr}$. Quelle doit être la valeur de la 20°?

La valeur actuelle des 19 premières annuités est égale à

$$4025 \sum_{1}^{19} \frac{1}{1,05^{x}} = 4\,025 \times 12,085321$$

$$= 48\,643^{fr},417.$$

Si b est la valeur de la dernière annuité, sa valeur actuelle est $\dfrac{b}{1,05^{20}}$, et par suite on doit avoir

$$48\,643,417 + \frac{b}{1,05^{20}} = 50\,000,$$

d'où l'on déduit

$$b = 1\,356,583 \times 1,05^{20}$$

$$= 1\,356,583 \times 2,653298$$

$$= 3\,599^{fr},40.$$

REMARQUE. — On peut, sans employer les logarithmes, trouver que le nombre n est compris entre 19 et 20. On a en effet, d'après la formule (II'),

$$50\,000 = 4\,025 \sum_{1}^{n} \frac{1}{1,05^{x}},$$

d'où

$$\sum_{1}^{n} \frac{1}{1,05^{x}} = \frac{50\,000}{4\,025} = 12,42\ldots$$

Or, si l'on consulte la Table V, on voit, dans la colonne 5 %, que ce quotient $12,42$ est compris entre deux nombres qui correspondent aux valeurs entières 19 et 20 de n.

On peut obtenir le même résultat à l'aide de la Table II. On a en effet, d'après la formule (II'''),

$$1,05^n = \frac{4\,025}{1\,525} = 2,639344\,;$$

et, dans la Table II, on voit que ce quotient est compris entre $1,05^{19}$ et $1,05^{20}$; donc n est compris entre 19 et 20.

128. Problème IV : Recherche du taux. — On connaît A, a, n ; on veut trouver r.

Comme dans le cas des annuités de placement, ce problème est le plus difficile, car l'équation fournie par la formule de l'amortissement est de degré $n+1$ par rapport à r, et par suite ne peut généralement pas être résolue algébriquement.

On peut d'abord trouver deux nombres entre lesquels le taux cherché doit être compris.

En effet, on doit avoir d'abord, ainsi qu'on l'a vu dans le n° précédent, $a > Ar$, d'où l'on déduit

$$r < \frac{a}{A} \cdot \tag{1}$$

En second lieu, on a l'inégalité

$$(1 + r)^n > 1 + nr,$$

c'est-à-dire, en remplaçant $(1 + r)^n$ par sa valeur $\dfrac{a}{a - Ar}$ donnée par la formule (II'''),

$$\frac{a}{a - Ar} > 1 + nr,$$

ou $\qquad\qquad a > (a - Ar)(1 + nr),$

ou $\qquad\qquad a > a - Ar + anr - Anr^2,$

ou encore $\qquad Anr^2 > anr - Ar,$

ou enfin, en divisant les deux membres par Anr,

$$r > \frac{a}{A} - \frac{1}{n} \cdot \tag{2}$$

Par conséquent, si nous posons

$$r_1 = \frac{a}{A} \qquad\text{et}\qquad r_2 = \frac{a}{A} - \frac{1}{n},$$

les inégalités (1) et (2) montrent que le taux cherché est compris entre les deux nombres r_1 et r_2.

Ceci posé, pour obtenir des valeurs de plus en plus approchées de r, il existe plusieurs méthodes d'approximation dont quelques-unes conduisent à des calculs simples mais sont d'une démonstration difficile. Voici une manière d'opérer qui peut conduire assez rapidement au résultat :

La formule (II″) peut s'écrire

$$\frac{A}{a} = \frac{1}{r}\left[1 - \frac{1}{(1+r)^n}\right]. \tag{3}$$

Le second membre de cette égalité diminue quand r augmente, car il est égal à la somme des termes de la progression géométrique limitée

$$\frac{1}{1+r} : \frac{1}{(1+r)^2} : \frac{1}{(1+r)^3} : \ldots : \frac{1}{(1+r)^n},$$

et chacun des termes de cette progression diminue quand r augmente.

Par conséquent, si dans le second membre de la formule (3) on remplace r par une valeur inférieure à la véritable valeur, ce second membre prendra une valeur supérieure à $\frac{A}{a}$. Si l'on remplace r par une valeur trop forte, ce second membre prendra une valeur inférieure à $\frac{A}{a}$. De plus, le second membre en question étant la somme de n fractions qui sont toutes des fonctions continues de r, est lui-même une fonction continue de r, et par suite, si la différence entre $\frac{A}{a}$ et la valeur de ce second membre est très faible, c'est que la valeur donnée à r est très voisine de la valeur réelle.

D'après cela, dans le second membre de la formule (3) on remplace r par une valeur r' comprise entre r_1 et r_2. Si le résultat obtenu est supérieur à $\frac{A}{a}$, c'est que la valeur r' donnée au taux est trop faible ; si ce résultat est inférieur à $\frac{A}{a}$, c'est que la valeur r' est trop forte. On essayera alors, suivant le cas, une nouvelle valeur de r comprise entre r' et r_1 ou entre r' et r_2, et ainsi de suite. Au bout de quelques essais, on aura pour r une valeur suffisamment approchée.

REMARQUE I. — Les calculs précédents se simplifient si, au lieu de la formule (3), on emploie la formule suivante, déduite de (II') :

$$\frac{A}{a} = \sum_1^n \frac{1}{(1 + r)^x}, \tag{4}$$

et si l'on a à sa disposition des Tables analogues à la Table V, donnant les valeurs de $\displaystyle\sum_1^n \frac{1}{(1 + r)^x}$ pour de nombreuses valeurs du taux.

REMARQUE II. — Lorsqu'on a trouvé deux nombres très voisins l'un de l'autre et comprenant le taux cherché, il est facile d'obtenir une valeur très approchée de ce taux en interpolant par parties proportionnelles (Voir n° 120, Remarque II).

Exemple. — *Un emprunt de* 175 000[fr] *a été amorti au moyen de* 50 *annuités de* 8 480[fr]. *Quel a été le taux de l'intérêt ?*

On a

$$r_1 = \frac{a}{A} = \frac{8\,480}{175\,000} = 0{,}0484,$$

$$r_2 = \frac{a}{A} - \frac{1}{n} = 0{,}0484 - \frac{1}{50} = 0{,}0284.$$

Le taux cherché est donc compris entre 2,84 % et 4,84 %. La Table V va nous donner des limites plus rapprochées ; on a en effet, d'après l'égalité (4),

$$\sum_1^{50} \frac{1}{(1 + r)^x} = \frac{A}{a} = \frac{175\,000}{8\,480} = 20{,}6368,$$

et ce quotient est compris entre les deux valeurs suivantes

données par la Table V :

$$\sum_1^{50} \frac{1}{1,04^x} = 21,482185, \qquad \sum_1^{50} \frac{1}{1,045^x} = 19,762008.$$

Le taux cherché est donc compris entre 4 % et 4 1/2 %.

Dans le second membre de la formule (3), faisons alors $r = 0,0425$; on a

$$\log \frac{1}{1,0425^{50}} = 50 \; \text{colog} \; 1,0425,$$
$$\log 1,0425 = 0,018076,$$
$$50 \log 1,0425 = 0,90380,$$
$$50 \; \text{colog} \; 1,0425 = \overline{1},09620.$$

Le nombre correspondant à ce logarithme est $0,1248$, et par suite on a

$$1 - \frac{1}{1,0425^{50}} = 0,8752.$$

Le second membre de la formule (3) devient donc

$$\frac{0,8752}{0,0425} = \frac{8752}{425} = 20,588.$$

Ce résultat étant inférieur à $\dfrac{A}{a}$, qui est égal à $20,6368$, le véritable taux est inférieur à 4 1/4 %.

En essayant $4,24$ %, on trouve de la même façon que le second membre de la formule (3) devient $20,627$, résultat inférieur à $\dfrac{A}{a}$. Donc le taux est encore inférieur à $4,24$ %.

En essayant $4,23$ %, le second membre de la formule (3) devient $20,662$, résultat supérieur à $\dfrac{A}{a}$.

Le taux cherché est donc compris entre $4,23$ % et $4,24$ %.

On peut pousser plus loin l'approximation, mais on aura un résultat suffisamment exact en interpolant entre ces deux valeurs, c'est-à-dire en écrivant

$$\frac{r - 0,0423}{0,0424 - 0,0423} = \frac{20,637 - 20,662}{20,627 - 20,662},$$

ou

$$\frac{r - 0,0423}{0,0001} = \frac{25}{35} = \frac{5}{7},$$

d'où

$$r = 0,0423 + \frac{0,0005}{7} = 0,04237.$$

129. Valeur de la dette après le paiement de plusieurs annuités. — Une dette A devant être amortie au moyen de n annuités égales à a, proposons-nous de trouver quelle sera la valeur de cette dette après le paiement de la p^e annuité.

Après ce paiement le débiteur devra encore verser $n - p$ annuités a, et par suite la valeur demandée sera la valeur actuelle de l'ensemble de ces diverses annuités, c'est-à-dire la valeur actuelle d'une rente temporaire immédiate comprenant $n - p$ termes égaux à a. Si donc nous désignons par D_p la valeur cherchée, nous aurons, d'après la formule (2) du n° 113,

$$D_p = \frac{a\left[(1 + r)^{n-p} - 1\right]}{r(1 + r)^{n-p}},$$

ou, en multipliant les deux termes de cette fraction par $(1 + r)^p$,

$$D_p = \frac{a\left[(1 + r)^n - (1 + r)^p\right]}{r(1 + r)^n}. \tag{1}$$

Cette formule peut se mettre sous une autre forme, en remplaçant a par sa valeur en fonction de A. On a en effet, d'après la formule générale de l'amortissement,

$$\frac{A}{(1 + r)^n - 1} = \frac{a}{r(1 + r)^n},$$

et par suite on peut écrire

$$D_p = A\frac{(1 + r)^n - (1 + r)^p}{(1 + r)^n - 1}. \tag{2}$$

Telle est la formule cherchée. Elle est d'une application simple si l'on peut se servir des Tables qui donnent les puissances de $1 + r$ (Table II).

Remarque. — On peut donner au raisonnement ci-dessus une forme légèrement différente en disant :

D_p est la somme que doivent amortir $n-p$ annuités a dont la première est payable dans un an, et par suite on a, d'après la formule générale de l'amortissement,

$$D_p(1+r)^{n-p} = \frac{a[(1+r)^{n-p}-1]}{r},$$

d'où l'on déduit aisément la formule (1).

130. Les deux parties de l'annuité. — L'annuité a qui sert à éteindre une dette A peut être décomposée en deux parties : l'une qui sert à payer l'intérêt de la dette, et l'autre qui diminue la valeur de cette dette. Proposons-nous de chercher la valeur de chacune de ces deux parties pour la p^e annuité, par exemple.

Après le paiement de cette p^e annuité, la valeur de la dette est donnée par la formule (1) du n° précédent :

$$D_p = a\frac{(1+r)^n-(1+r)^p}{r(1+r)^n}.$$

Après le paiement de la $(p-1)^e$ annuité, la dette avait pour valeur

$$D_{p-1} = a\frac{(1+r)^n-(1+r)^{p-1}}{r(1+r)^n}.$$

La différence entre ces deux valeurs représente la portion de la dette qui a été amortie par le paiement de la p^e annuité. En effectuant cette différence, on obtient

$$D_{p-1} - D_p = a\frac{(1+r)^p-(1+r)^{p-1}}{r(1+r)^n}.$$

Or on a

$$(1+r)^p-(1+r)^{p-1} = (1+r)^{p-1}(1+r-1) = r(1+r)^{p-1},$$

et par suite on peut écrire

$$D_{p-1} - D_p = \frac{ar(1+r)^{p-1}}{r(1+r)^n} = \frac{a}{(1+r)^n}(1+r)^{p-1},$$

ou, en remplaçant $\dfrac{a}{(1+r)^n}$ par sa valeur $a-Ar$ donnée par la formule (II‴),

$$D_{p-1} - D_p = (a - Ar)(1 + r)^{p-1}.$$

Si donc on représente par a'_p et par a''_p les deux parties de l'annuité a qui servent, à la fin de la p^e période, la première à diminuer la dette, la seconde à payer l'intérêt de cette dette, on peut écrire

$$\left\{ \begin{array}{l} a'_p = (a - Ar)(1 + r)^{p-1}, \\ a''_p = a - (a - Ar)(1 + r)^{p-1}. \end{array} \right.$$

La première de ces deux égalités montre que les *amortissements successifs* a'_1, a'_2, ... croissent comme les termes d'une progression géométrique de raison $1 + r$, tandis que la partie de l'annuité qui sert au paiement de l'intérêt va constamment en décroissant.

En particulier, à la fin de la n^e année, la première partie de l'annuité devient

$$a'_n = (a - Ar)(1 + r)^{n-1} = \frac{a}{(1 + r)^n}(1 + r)^{n-1},$$

c'est-à-dire

$$a'_n = \frac{a}{1 + r}.$$

La seconde partie est alors

$$a''_n = a - \frac{a}{1 + r} = \frac{ar}{1 + r}.$$

131. Amortissement différé. — On dit que l'amortissement d'un emprunt est *différé de p périodes* lorsque le paiement de la première des annuités qui doivent amortir cet emprunt a lieu au bout de $p + 1$ périodes.

La valeur de l'emprunt A doit être égale à la valeur actuelle de l'ensemble des annuités, c'est-à-dire à la valeur actuelle d'une rente différée de p périodes, et par suite, d'après la formule du 2e cas du n° 113, on a

$$A = \frac{a[(1 + r)^n - 1]}{r(1 + r)^{n+p}},$$

ou

$$\Lambda(1 + r)^{n+p} = \frac{a[(1 + r)^n - 1]}{r}.$$

Il serait d'ailleurs facile d'obtenir ce résultat à l'aide d'un raisonnement direct.

Cette formule permet de résoudre les divers problèmes que comporte l'amortissement différé. On opère comme dans le cas de l'amortissement simple.

EMPRUNTS HYPOTHÉCAIRES

132. Crédit Foncier. — Le Crédit Foncier de France est une société anonyme de crédit, constituée en 1852 dans le but de faire des avances de numéraire aux propriétaires d'immeubles ayant besoin d'argent et désirant se libérer à long terme, par amortissement.

Le capital social, qui a été plusieurs fois augmenté, s'élève actuellement à 200 millions de francs. Il est divisé en 400 000 actions, de 500^{fr} chacune, entièrement libérées.

Le Crédit Foncier ne prête aux propriétaires d'immeubles qu'en première hypothèque, excepté dans les cas prévus par les statuts, les lois et décrets existants. Sont considérés comme faits sur première hypothèque les prêts au moyen desquels doivent être remboursées les créances déjà inscrites, lorsque, par l'effet de ce remboursement ou de la subrogation opérée au profit de la Société, son hypothèque vient en première ligne et sans concurrence.

Les prêts ainsi faits ne peuvent dépasser la moitié de la valeur des immeubles, le tiers s'il s'agit de vignes ou de bois; ils sont amortissables dans un délai de 10 à 75 ans. L'amortissement se fait par annuités semestrielles, à un taux semestriel actuellement ([1]) égal à 2,15 °/₀. Ce taux n'est augmenté d'au-

---

([1]) Année 1903.

cuns frais d'administration, mais il peut être modifié par la Société. Le Crédit Foncier publie, chaque année, un taux annuel qui est le double du taux semestriel employé, et qui, par suite, est inférieur au taux réel. Ce taux annuel, qui est généralement voisin de 4 %, est actuellement de 4,30 %.

133. Formule de l'annuité semestrielle. — Soient A la somme empruntée, r le taux annuel publié par le Crédit Foncier, n le nombre d'années qui exprime la durée de l'amortissement, a l'annuité semestrielle. Nous aurons, d'après la formule générale de l'amortissement (n° 123),

$$A\left(1+\frac{r}{2}\right)^{2n} = \frac{a\left[\left(1+\frac{r}{2}\right)^{2n} - 1\right]}{\frac{r}{2}},$$

d'où l'on déduit

$$a = \frac{A\dfrac{r}{2}}{1 - \dfrac{1}{\left(1+\dfrac{r}{2}\right)^{2n}}}.$$

Telle est la formule qui permet de calculer la valeur de l'annuité semestrielle quand on connaît A, r et n.

Exemple. — Cherchons quelle doit être l'annuité semestrielle pour un prêt hypothécaire de 10000^{fr} consenti pour 30 ans, au taux annuel proportionnel 4,30 %.

On a alors

$$a = \frac{10000 \times 0,0215}{1 - \dfrac{1}{1,0215^{60}}}.$$

Pour effectuer ce calcul, nous chercherons d'abord, au moyen des logarithmes, la valeur de $\dfrac{1}{1,0215^{60}}$. On a

$$\log 1,0215 = 0,0092384,$$
$$60 \log 1,0215 = 0,55430,$$
$$60 \operatorname{colog} 1,0215 = \overline{1},44570.$$

On trouve que le nombre qui correspond à ce dernier logarithme est 0,279062, et par suite on a

$$a = \frac{10000 \times 0,0215}{1 - 0,279062} = \frac{215}{0,720938}.$$

En effectuant la division, on obtient $a = 298^{fr},22$.

Le Crédit Foncier publie des tables spéciales donnant la valeur de l'annuité *annuelle* qu'il faut payer, pour amortir un capital de 100^{fr}, pendant une durée quelconque n'excédant pas 75 ans. Dans les tables de l'année 1903, calculées avec le taux 4,30 %, on trouve que le nombre qui correspond à la valeur de n de l'exemple ci-dessus est 5,964436, et par suite l'annuité annuelle qu'il faut payer pour un capital de 10000^{fr} est de 596^{fr},44. C'est le double de l'annuité semestrielle que nous venons de calculer.

134. Frais accessoires. — L'emprunteur d'un capital A ne reçoit pas intégralement cette somme, qui cependant figure dans le calcul. On fait une petite retenue destinée à couvrir les frais d'estimation des immeubles et d'examen des titres de propriété.

Le droit d'estimation est de :

20^{fr} pour les demandes ne dépassant pas 10 000^{fr} ;

30^{fr} pour les demandes de 10 001^{fr} à 30 000^{fr} ;

Pour les demandes supérieures à 30 000^{fr}, deux droits sont perçus :

1° Un droit d'expertise de 1^{fr} par 1 000^{fr} demandés ;

2° Un droit d'examen de titres de 1^{fr} par 1 000^{fr} accordés.

135. Remboursements anticipés. — L'emprunteur peut demander à effectuer, à n'importe quel moment, soit le remboursement de la somme qu'il doit encore, soit un remboursement partiel de valeur au moins égale au vingtième du capital emprunté.

Le Crédit Foncier perçoit alors une indemnité de 1/2 % sur la somme qui lui est encore due au moment de ce remboursement, s'il s'agit d'un remboursement total ; et, s'il s'agit d'un remboursement partiel, le droit de 1/2 °/₀ est perçu sur la somme qu'on veut rembourser. Nous allons établir les formules relatives à ces deux cas.

1ᵉʳ Cas. — *Un emprunteur d'une somme A voudrait se libérer complètement après avoir déjà payé p annuités. Quelle somme doit-il verser ?*

Après le p^e semestre la somme non encore amortie sera, d'après la formule (2) du n° 129,

$$A' = A \frac{\left(1+\dfrac{r}{2}\right)^{2n} - \left(1+\dfrac{r}{2}\right)^{p}}{\left(1+\dfrac{r}{2}\right)^{2n} - 1}.$$

Cette somme devant être augmentée de 1/2 °/₀, nous devrons ajouter au nombre A' la 200ᵉ partie de sa valeur, et par suite la somme S que doit verser l'emprunteur pour se libérer de sa dette est donnée par la formule

$$S = A \frac{\left(1+\dfrac{r}{2}\right)^{2n} - \left(1+\dfrac{r}{2}\right)^{p}}{\left(1+\dfrac{r}{2}\right)^{2n} - 1} \left(1+\dfrac{1}{200}\right).$$

2ᵉ Cas. — *Un emprunteur d'une somme A, après avoir payé p annuités semestrielles, verse une somme B inférieure à ce qu'il doit encore, et voudrait se libérer du reste au moyen de nouvelles annuités durant jusqu'à l'époque finale primitivement fixée. Quelle doit être la valeur de chacune de ces nouvelles annuités ?*

Après le p^e semestre, la somme non encore amortie est A' donnée par la première formule du cas précédent. La somme B que l'on verse alors amortira une somme B' déterminée par l'égalité

$$B' + \frac{B'}{200} = B,$$

d'où l'on déduit $B' = \dfrac{200\,B}{201}.$

L'emprunteur devra encore à la Société la différence $A' - B',$

et devra amortir cette dette en $2n - p$ semestres. Par suite, la nouvelle annuité semestrielle a' sera donnée par la formule

$$a' = \frac{(A' - B')\dfrac{r}{2}}{1 - \dfrac{1}{\left(1 + \dfrac{r}{2}\right)^{2n-p}}}.$$

136. Autres prêts. — 1° Le Crédit Foncier consent des prêts hypothécaires à court terme, sans amortissement, pour une durée de 1 à 5 ans, au choix de l'emprunteur. L'intérêt de ces prêts est variable ; il est actuellement de 4,30 % par an. Dans ce cas, l'emprunteur ne peut pas se libérer par anticipation.

2° Le Crédit Foncier prête, dans des conditions un peu différentes des précédentes, aux départements, aux communes, aux établissements publics, avec ou sans amortissement. Le taux d'intérêt est actuellement fixé :

à 3,85 % pour les emprunts départementaux et communaux ;

à 4,10 % pour les emprunts des établissements publics.

C'est la loi du 6 juillet 1860 qui a autorisé le Crédit Foncier à faire des prêts aux communes et aux départements, sans gages hypothécaires.

137. Obligations du Crédit Foncier. — Pour pouvoir assurer le fonctionnement de son service de prêts, le Crédit Foncier doit devenir emprunteur à son tour, mais ses statuts l'obligent à ne jamais être débiteur d'une somme supérieure au total de celles qui lui sont dues.

Il émet alors des *obligations foncières* en représentation de ses prêts hypothécaires, et des *obligations communales* en représentation des prêts qu'il fait aux communes et aux départements.

Il effectue ces émissions à un taux d'intérêt aussi faible que possible et il bénéficie par suite de la différence entre les intérêts que lui rapportent ses prêts et ceux qu'il paie pour ses emprunts.

Les obligations foncières sont gagées par un privilège spécial sur les créances hypothécaires de la Société ; de même, les obligations communales sont garanties spécialement par les créances sur les communes et les départements. Ces deux catégories d'obligations ont également pour garantie le capital social du Crédit Foncier, ainsi que l'ensemble de ses réserves et provisions.

Les deux dernières émissions ont été faites en 1899 et en 1903. L'emprunt de 1899, s'élevant à 250 millions de francs, a été contracté en obligations communales de 500^{fr} 2,60 %. L'emprunt de 1903, s'élevant à 300 millions de francs, a été contracté en obligations foncières de 500^{fr} 3 %.

En exécution du décret-loi du 28 février 1852 et des statuts du Crédit Foncier, il est procédé chaque année au remboursement des obligations au prorata des sommes affectées à l'amortissement des prêts. Les obligations remboursées doivent être en nombre tel que la valeur des titres restant en circulation n'excède jamais la somme qui reste due sur les prêts consentis par la Société.

Ce remboursement se fait une ou deux fois par an, suivant la nature de l'emprunt, à des dates fixées, et par voie de tirage au sort. Dans chacun de ces tirages, et dans d'autres tirages supplémentaires, un certain nombre d'obligations, désignées par le sort, sont remboursées par des lots. Il y a dans chaque tirage un gros lot de cent ou de cent cinquante mille francs. Grâce à ces divers lots, les obligations du Crédit Foncier possèdent la faveur du public, malgré leur faible revenu. Seules les obligations des emprunts de 1883 n'ont pas de lots.

Le paiement des intérêts se fait par semestre, sauf pour quelques titres de 100^{fr} pour lesquels ce paiement a lieu une fois par an.

Les obligations du Crédit Foncier jouissent de certains privilèges. Ainsi, d'après le décret-loi du 28 février 1852 et la loi du 6 juillet 1860, elles sont désignées, au même titre que les rentes sur l'Etat, pour l'emploi des fonds des incapables et des communes. D'autre part, la loi du 20 juillet 1895 autorise la Caisse des Dépôts et Consignations à employer en obligations du Crédit Foncier les fonds reçus en dépôt par les Caisses d'épargne. Enfin ces obligations sont insaisissables, comme la rente sur l'Etat, en ce sens qu'il n'est admis aucune opposition au paiement du capital et des intérêts, si ce n'est, de la part du propriétaire, en cas de perte ou de vol.

138. Système des intérêts anticipés. — Les pays étrangers possèdent des sociétés de prêts hypothécaires dont le fonctionnement est analogue à celui du Crédit Foncier de France. En Autriche, cependant, le système d'amortissement diffère notablement de celui que nous avons exposé.

Ce système, qui est dit *à intérêts anticipés*, consiste en ce que l'intérêt semestriel du capital qui reste dû après le paiement de chaque annuité semestrielle est compris dans l'annuité qui vient d'être versée. En d'autres termes, chaque annuité est composée de deux parties : l'une qui sert à diminuer le montant de la dette, l'autre qui sert à payer l'intérêt semestriel de ce qui reste dû. Les intérêts sont donc payés d'avance.

Proposons-nous de trouver quelle est, avec ce système, la formule de l'amortissement.

Soit un emprunt A qui doit être amorti par n annuités semestrielles ayant chacune pour valeur a, le taux semestriel de l'intérêt étant r et la première annuité devant être payée dans un semestre. Désignons par a_1', a_2', ..., a_n' les sommes employées à l'amortissement à la fin de chacun des n semestres.

Au commencement du premier semestre, l'emprunteur paie l'intérêt Ar de la somme qu'il emprunte. A la fin de ce premier semestre, il amortit la somme a_1' et paie l'intérêt semestriel de ce qu'il doit encore, c'est-à-dire $(A - a_1')r$. A la fin du second semestre, il amortit la somme a_2' et paie l'intérêt semestriel de $A - a_1' - a_2'$, et ainsi de suite.

Chacune des annuités ainsi versées à la fin des différents semestres ayant pour valeur a, on a

$$a = a_1' + (A - a_1')r = a_1'(1 - r) + Ar,$$

d'où l'on déduit

$$a_1' = \frac{a - Ar}{1 - r}. \tag{1}$$

Soit B la somme qui reste due avant le paiement de la p^e

annuité. Avec ce paiement l'emprunteur amortit la somme a'_p et paie l'intérêt de $B - a'_p$. Il donne donc

$$a'_p + (B - a'_p)r.$$

A l'échéance suivante, l'emprunteur amortit la somme a'_{p+1} et paie l'intérêt de $B - a'_p - a'_{p+1}$. Il donne donc

$$a'_{p+1} + (B - a'_p - a'_{p+1})r, \quad \text{c'est-à-dire} \quad a'_{p+1}(1 - r) + (B - a'_p)r.$$

Toutes les annuités étant égales entre elles, on doit avoir

$$a'_p + (B - a'_p)r = a'_{p+1}(1 - r) + (B - a'_p)r,$$

d'où l'on déduit

$$a'_p = a'_{p+1}(1 - r), \qquad \text{ou} \qquad a'_{p+1} = \frac{a'_p}{1 - r}.$$

Il résulte de là que *chaque amortissement est égal au précédent divisé par* $1 - r$.

La dernière annuité est tout entière consacrée à l'amortissement, car la dette se trouvant éteinte par le paiement de cette annuité, il n'y a plus d'intérêts anticipés à payer. On a donc $a'_n = a$.

D'autre part, cette dernière annuité est le n^e terme d'une progression géométrique de premier terme a'_1 et de raison $\dfrac{1}{1 - r}$. On a donc, d'après la formule $l = aq^{n-1}$,

$$a = a'_1 \frac{1}{(1 - r)^{n-1}},$$

ou, en remplaçant a'_1 par sa valeur donnée par l'égalité (1),

$$a = \frac{a - Ar}{(1 - r)^n}.$$

Cette égalité peut s'écrire

$$a(1 - r)^n = a - Ar,$$

et l'on en déduit

$$A = \frac{a[1 - (1 - r)^n]}{r}.$$

Telle est la formule de l'amortissement dans le système des intérêts anticipés.

REMARQUE. — Nous venons de voir que, dans le système des intérêts anticipés, les amortissements successifs croissent comme les termes d'une progression géométrique de raison $\dfrac{1}{1-r}$.

Dans le système ordinaire, qui est dit *à intérêts courus*, nous avons vu (n° 130) que les amortissements croissent comme les termes d'une progression géométrique de raison $1+r$. Or, on a

$$\frac{1}{1-r} > 1+r,$$

car en chassant le dénominateur $1-r$ on obtient l'inégalité évidente $1 > 1 - r^2$. Donc, dans le système des intérêts anticipés, les amortissements croissent plus vite que dans le système ordinaire.

EMPRUNTS PAR OBLIGATIONS

139. Amortissement de ces emprunts. — Lorsqu'une Société, constituée par actions, a fait un emprunt par obligations (voir Arithmétique commerciale, *Valeurs mobilières*), elle cherche à amortir sa dette dans un temps plus ou moins long, mais fixé à l'avance, à l'aide des bénéfices qu'elle espère réaliser dans son entreprise.

Toutefois, cette Société ne peut pas amortir progressivement *chacune* des obligations; car celles-ci étant très nombreuses et représentant chacune un faible capital, la Société serait obligée de faire chaque année un très grand nombre de paiements très petits, ce qui lui occasionnerait de grands frais et serait peu avantageux pour les porteurs de titres.

La Société rembourse alors, chaque année, un certain nombre de titres et continue à payer les intérêts des titres restants. Les titres ainsi remboursés s'appellent *titres amortis*, les autres s'appellent *titres vivants*. Cet amortissement peut se faire de plusieurs manières ; voici l'une des plus répandues :

La Société calcule d'abord l'annuité constante qu'elle doit, chaque année, prélever sur ses bénéfices pour amortir son emprunt au bout du temps qu'elle s'est fixé. A la fin de chaque année, elle fait deux parts de cette annuité : l'une pour payer les intérêts des titres vivants, l'autre pour rembourser le plus grand nombre possible de ces titres. C'est le *tirage au sort* qui désigne les titres qui doivent être remboursés.

Il est très rare que les intérêts soient payés une fois par an ; ils le sont généralement par semestre, et quelquefois par trimestre. Le tirage au sort pour le remboursement des titres peut avoir lieu en même temps que le paiement des intérêts ; généralement, cependant, ce tirage au sort n'a lieu qu'une fois par an.

Lorsque les intérêts sont payables chaque semestre ou chaque trimestre, le taux semestriel ou trimestriel employé est proportionnel au taux annuel, qui est le seul taux énoncé par la Société.

Dans ce qui va suivre, nous désignerons par N le nombre des obligations de l'emprunt, par v la valeur nominale de chacune d'elles, par r le taux annuel de l'intérêt et par n le nombre d'années que doit durer l'amortissement.

Nous allons examiner plusieurs cas :

140. Cas où le tirage au sort et le paiement des intérêts ont lieu ensemble une fois par an. — La Société doit amortir la somme Nv et par suite, la valeur de l'annuité qu'elle doit fournir chaque année se déduira de la formule (II″) (n° 124), où nous remplacerons A par Nv. On obtient ainsi

$$a = \frac{Nvr}{1 - \dfrac{1}{(1+r)^n}}.$$

Chaque année on prélèvera, sur cette annuité, la somme nécessaire au paiement des intérêts des titres vivants, et on emploiera le reste à l'amortissement de nouveaux titres. Généralement, on pourra rembourser ainsi un certain nombre d'obligations et il y aura un résidu inférieur à v. Ce résidu *augmenté de son intérêt pendant un an* devra être joint à l'annuité suivante.

On pourra ainsi calculer, à l'avance, le nombre des titres qui devront être remboursés à la fin de chaque année, et dresser un tableau contenant tous ces nombres et toutes les indications qui pourront permettre de se rendre compte, chaque année, de l'état financier de la Société en ce qui concerne l'emprunt. Ce tableau s'appelle *tableau d'amortissement de l'emprunt* ; nous allons montrer, sur un exemple, comment on pourra le dresser.

Exemple. — *Un emprunt émis par une Société industrielle a été divisé en 12 000 obligations, remboursables à 500^{fr}, et rapportant chacune un intérêt annuel de 20^{fr}. L'amortissement doit se faire chaque année, pendant 15 ans. On demande de calculer l'annuité que la Société doit affecter au service de cet emprunt, et de dresser le tableau d'amortissement.*

On a ici
$$N = 12\,000,$$
$$v = 500,$$
$$r = 0,04,$$
$$n = 15.$$

L'annuité sera donc donnée par la formule suivante :

$$a = \frac{12\,000 \times 500 \times 0,04}{1 - \dfrac{1}{1,04^{15}}} = \frac{240\,000}{1 - \dfrac{1}{1,04^{15}}}.$$

Dans la Table III on trouve

$$\frac{1}{1,04^{15}} = 0,555265,$$

et par suite on a

$$a = \frac{240\,000}{0,444735} = 539\,647^{fr},20.$$

Telle est l'annuité que la Compagnie doit chaque année, pendant 15 ans, prélever sur ses bénéfices.

A la fin de la première année, les intérêts à payer s'élèvent à

$$12\,000 \times 20 = 240\,000^{fr}.$$

Il reste donc pour l'amortissement

$$539\,647^{fr},20 - 240\,000^{fr} = 299\,647^{fr},20.$$

En divisant cette différence par 500, on obtient pour quotient 599 et pour reste 147^{fr},20. Donc, à la fin de la première année on pourra amortir 599 titres, et il y aura un résidu de 147^{fr},20. Le nombre des titres vivants sera alors

$$12\,000 - 599 = 11\,401.$$

A la fin de la seconde année, les intérêts à payer s'élèvent à

$$11\,401 \times 20 = 228\,020^{fr}.$$

Il reste donc pour l'amortissement

$$539\,647^{fr},20 - 228\,020^{fr} = 311\,627^{fr},20.$$

A cette somme nous devons ajouter le résidu de la première année, augmenté de son intérêt pendant un an, c'est-à-dire

$$147,20 + 1,472 \times 4 = 153^{fr},10,$$

ce qui fait un total de $311\,780^{fr},30$.

En divisant ce total par 500, on obtient pour quotient 623 et pour reste $280^{fr},30$. Donc, à la fin de la seconde année on pourra amortir 623 titres, et il y aura un résidu de $280^{fr},30$. Le nombre des titres vivants sera alors

$$11\,401 - 623 = 10\,778.$$

En continuant de la même façon pour chacune des années suivantes, on trouve qu'à la fin de la 15e année l'emprunt est complètement amorti, et qu'il y a de plus un dernier résidu de $11^{fr},95$.

Ce reliquat, qui ne devrait pas exister, provient en partie de ce que les résidus successifs et leurs intérêts ont été calculés à $2^c \, 1/2$ près, et provient surtout de ce que l'annuité n'a pu être calculée avec toute l'approximation voulue.

La Table III nous a donné en effet $\dfrac{1}{1,04^{15}} = 0,555\,265$,

valeur approchée à une unité près du 6e ordre décimal, approximation insuffisante pour calculer à un centime près une annuité comprise entre $100\,000^{fr}$ et un million.

L'existence du reliquat $11^{fr},95$ montre que l'annuité que nous avons employée est un peu trop forte, et par suite cette annuité peut se diviser en deux parties, a' et a'', dont la première sert à l'amortissement de l'emprunt, et dont la seconde est une annuité de placement qui au moment du 15e versement constitue le capital $11^{fr},95$. Un an après ce 15e versement, le capital ainsi constitué serait égal à $11,95 \times 1,04$ et par suite on a, d'après la formule (I) des annuités de placement (n° 116),

$$11,95 \times 1,04 = \frac{a'' \times 1,04\,(1,04^{15} - 1)}{0,04},$$

d'où l'on déduit

$$a'' = \frac{11,95 \times 0,04}{1,04^{15} - 1} = \frac{0,478}{0,800944},$$

ou

$$a'' = \frac{478000}{800944} = 0^{\text{fr}},596,$$

c'est-à-dire

$$a'' = 0^{\text{fr}},60.$$

La véritable annuité a donc pour valeur $a' = a - a''$, c'est-à-dire $a' = 539\,647^{\text{fr}},20 - 0^{\text{fr}},60 = 539\,646^{\text{fr}},60$.

Les résultats du calcul précédent devront par suite subir de légères corrections qui pourront être obtenues, soit en recommençant complètement le calcul tel qu'il a été fait, soit en faisant ce calcul d'après les indications de la Remarque III ci-après, soit en diminuant simplement chaque résidu de la somme correspondante constituée par l'annuité a'' que nous venons de calculer.

Cette dernière façon de procéder sera avantageuse dans l'exemple ci-dessus, car tous les résidus sont supérieurs à la diminution maximum $11^{\text{fr}},95$ qu'ils doivent subir, de telle sorte que les nombres des titres vivants et amortis à la fin de chaque année ne seront pas modifiés. Ainsi le 10e résidu obtenu par le calcul précédent a pour valeur $96^{\text{fr}},40$; ce résidu devra être diminué du capital constitué par 10 annuités de $0^{\text{fr}},60$ dont la dernière vient d'être versée, lequel capital est égal à

$$0^{\text{fr}},60 + 0^{\text{fr}},60 \sum_{1}^{9} 1,04^{x},$$

c'est-à-dire

$$0^{\text{fr}},60 + 0^{\text{fr}},60 \times 11,006 = 7^{\text{fr}},20,$$

et par suite le résidu exact a pour valeur

$$96,40 - 7,20 = 89^{\text{fr}},20.$$

En opérant de même pour tous les résidus, on trouve que le dernier résidu $11^{\text{fr}},95$ doit être diminué de 12^{fr}. Il manque donc 5 centimes pour avoir un amortissement complet. C'est une différence négligeable due à ce que l'annuité a'', que nous avons prise égale à $0^{fr},60$, n'est pas rigoureusement égale à cette valeur.

Tous calculs faits, on pourra dresser le tableau d'amortissement suivant, dans lequel tous les nombres d'une même ligne correspondent à la fin de chacune des quinze années que dure l'amortissement :

ANNÉES	TITRES VIVANTS	TITRES AMORTIS	INTÉRÊTS	AMORTIS-SEMENTS	TOTAL A PAYER à la fin de chaque année	RÉSIDUS
1	11401	599	240000	299500	539500	146,60
2	10778	623	228020	311500	539520	279,05
3	10130	648	215560	324000	539560	376,80
4	9456	674	202600	337000	539600	438,50
5	8755	701	189120	350500	539620	482,65
6	8025	730	175100	365000	540100	48,55
7	7267	758	160500	379000	539500	197,10
8	6478	789	145340	394500	539840	11,60
9	5658	820	129560	410000	539560	98,65
10	4805	853	113160	426500	539660	89,20
11	3918	887	96100	443500	539600	139,35
12	2996	922	78360	461000	539360	431,55
13	2036	960	59920	480000	539920	175,40
14	1038	998	40720	499000	539720	109
15	0	1038	20760	519000	539760	0

REMARQUE I. — Si, au lieu de trouver un reliquat final de $11^{fr},95$, la dernière annuité augmentée du résidu précédent eût été trop faible pour amortir les derniers titres vivants, on en aurait conclu que l'annuité employée était trop faible, et on aurait fait une correction analogue à la précédente.

REMARQUE II. — Ces corrections peuvent être évitées si l'on a à sa disposition des Tables spéciales, plus étendues que celles que nous donnons à la fin de ce livre. Dans les Tables publiées par M. CHARLON dans sa *Théorie des opérations financières* (Gauthier-Villars, éditeur), on trouve qu'au taux 4 °/₀ l'annuité nécessaire pour amortir en quinze ans un emprunt de 1^{fr} est égale à $0^{fr},0899411o$. Par suite, pour l'emprunt ci-dessus, qui est de 6 millions, l'annuité doit être

$$6 \times 89\,941,10 = 539\,646^{fr},60.$$

C'est le résultat que nous avons obtenu au moyen de la correction faite avec a''.

Remarque III. — Le calcul des nombres qui figurent dans le tableau d'amortissement peut se faire d'une autre façon. Nous avons vu en effet (n° 130) que l'annuité qui amortit un emprunt est formée de deux parties, l'une qui sert à payer les intérêts, l'autre qui sert à l'amortissement. A la fin de la p^e année, cette seconde partie est égale à $(a - Ar)(1 + r)^{p-1}$, mais cet amortissement ne pourra généralement pas être employé en totalité ; il y aura un résidu qu'il faudra ajouter, *sans augmentation d'intérêt*, à l'amortissement de l'année suivante.

D'après cela, on calculera chaque année l'amortissement théorique en multipliant par $1 + r$ l'amortissement théorique précédent ; on ajoutera au produit le résidu de l'année précédente, et le nombre d'obligations qu'on pourra amortir sera le quotient entier obtenu en divisant le total par la valeur nominale d'une obligation.

Il sera bon d'employer ce procédé de calcul, simultanément avec celui qui a été donné dans l'exemple ci-dessus, afin de se mettre en garde contre les erreurs de calcul.

Considérons, par exemple, ce qui se passe à la fin de la 7e année de l'emprunt ci-dessus. L'amortissement théorique de cette année est égal à

$$299\,646^{fr},60 \times 1,04^6,$$

c'est-à-dire $\qquad 299\,646,60 \times 1,265319 = 379\,148^{fr},55.$

Le résidu de l'année précédente est de $48^{fr},55$, ce qui fait un total de $379\,197^{fr},10$. Il y aura donc $379\,000^{fr}$ et un résidu de $197^{fr},10$, résultat conforme aux indications du tableau précédent.

141. Cas où le tirage au sort a lieu une fois par an et le paiement des intérêts deux fois. — Supposons que le tirage au sort ait lieu d'année en année à dater du jour de l'émission de l'emprunt, et que le paiement des intérêts ait lieu tous les six mois à dater de ce même jour.

Entre deux tirages consécutifs le nombre des titres vivants restera le même ; par suite, les intérêts à servir entre ces deux tirages seront les mêmes, en valeur nominale, quel que soit le mode de paiement de ces intérêts, c'est-à-dire seront les mêmes que dans le cas précédent. Donc l'annuité que la Société doit consacrer au service de son emprunt se calculera comme dans ce cas précédent.

Les porteurs de titres seront favorisés par ce système, car le taux semestriel est plus avantageux que le taux annuel proportionnel. En d'autres termes, ces porteurs de titres bénéficieront chaque année de l'intérêt pendant six mois de la moitié du revenu nominal annuel de leurs titres.

D'un autre côté, pour payer les intérêts du premier semestre de chaque année, la Compagnie sera obligée de se procurer une partie de l'annuité six mois avant le tirage, et par suite elle perdra les intérêts de cette partie pendant ces six mois.

142. Cas des obligations à lots. — Dans ce système d'obligations, les titres dont les numéros sortent les premiers à l'un des tirages sont pourvus de lots. Il y a généralement un *gros lot* et plusieurs autres lots d'importance moindre. La somme affectée à ces lots est ordinairement la même chaque année et est fixée au moment de l'émission.

Cette somme doit être ajoutée chaque année à l'annuité qui est affectée au service de l'emprunt. Le calcul de cette annuité se fait donc comme précédemment, et cette annuité est simplement augmentée de la somme prévue pour les lots.

La Compagnie qui fait un pareil emprunt doit ainsi prélever chaque année sur ses bénéfices une somme plus considérable que pour un emprunt ordinaire, mais elle trouve une compensation dans l'abaissement du taux de l'intérêt : le revenu des obligations à lots est généralement inférieur à celui des obligations ordinaires.

Il arrive quelquefois que le gagnant d'un lot est privé du remboursement de son titre, et reçoit seulement le lot qu'il a gagné. Dans ce cas, la somme affectée aux lots doit être diminuée d'autant de fois la valeur nominale d'une obligation qu'il y a de numéros gagnants.

Les tableaux d'amortissement relatifs aux obligations à lots ou aux obligations du n° précédent se dressent comme dans le premier cas.

143. Obligations avec prime de remboursement. — Il arrive quelquefois que le prix de remboursement des titres sortis dans les divers tirages est égal au capital nominal augmenté d'une prime p, qu'on appelle *prime de remboursement*.

On peut alors considérer que chaque titre a une valeur nominale égale à $v + p$ et, comme le revenu de chacun de ces titres est toujours vr, tout se passe comme si l'intérêt était calculé sur la valeur $v + p$ à un taux r' déterminé par l'égalité

$$vr = (v + p)r'. \qquad (1)$$

On peut alors dire que la Compagnie a fait un emprunt de N titres, ayant chacun pour valeur nominale $v + p$, à un taux r' déterminé par l'égalité ci-dessus. Par suite, l'annuité est donnée par la formule

$$a = \frac{N(v + p)r'}{1 - \dfrac{1}{(1 + r')^n}},$$

c'est-à-dire

$$a = \frac{Nvr}{1 - \dfrac{1}{(1 + r')^n}}. \qquad (2)$$

Le tableau d'amortissement se dressera comme il a été dit dans le premier cas.

L'égalité (1), dans laquelle p représente un nombre positif, montre que l'on a $r' < r$, et par suite on doit avoir $\dfrac{1}{(1 + r')^n} > \dfrac{1}{(1 + r)^n}$. On déduit de là que la valeur de a donnée par la formule ci-dessus est supérieure à la valeur de a donnée par la première égalité du n° 140. En d'autres termes, lorsqu'il y a prime de remboursement, l'annuité doit être plus forte que dans le cas ordinaire, ce qui était évident *a priori*.

144. Obligations remboursées sans coupon d'intérêt. — Dans ce qui précède, on peut supposer p négatif, c'est-à-dire on peut supposer que les titres sont remboursés à un prix inférieur à leur valeur nominale. La formule qui donne l'annuité a est encore applicable, mais alors cette annuité est inférieure à la valeur qu'elle aurait dans le cas ordinaire.

Ceci permet de résoudre le problème de la recherche de l'annuité dans le cas, assez fréquent, où les titres remboursés perdent tout droit au coupon d'intérêt qui échoit au moment du tirage au sort.

Il faut faire alors $p = -vr$, et par suite l'égalité (1) devient

$$vr = (v - vr)r',$$

ou

$$r = (1 - r)r',$$

d'où l'on déduit

$$r' = \frac{r}{1 - r},$$

et par suite

$$1 + r' = 1 + \frac{r}{1 - r} = \frac{1}{1 - r}.$$

On a alors $\dfrac{1}{1 + r'} = 1 - r$, et la formule (2) du n° précédent donne

$$a = \frac{Nvr}{1 - (1 - r)^n}.$$

145. Usufruit et nue propriété des titres d'un emprunt. — On appelle *usufruit* des titres d'un emprunt la valeur actuelle de l'ensemble des intérêts qui devront être servis à ces titres.

On appelle *nue propriété* des titres d'un emprunt la valeur actuelle de l'ensemble des amortissements.

Ces valeurs actuelles peuvent être calculées soit avec le taux r de l'emprunt, soit avec un autre taux r' qu'on appelle *taux d'évaluation*.

Supposons en premier lieu que le taux d'évaluation soit r, et considérons un seul titre de valeur nominale v dont le numéro sorte au tirage dans n années. Ce titre rapporte chaque année, tant qu'il est vivant, un intérêt égal à vr, et la somme des valeurs actuelles de ces intérêts est

$$\frac{vr}{1+r} + \frac{vr}{(1+r)^2} + \cdots + \frac{vr}{(1+r)^n},$$

ou, d'après un calcul déjà fait,

$$\frac{vr}{r}\left[1 - \frac{1}{(1+r)^n}\right], \qquad \text{ou} \qquad v\left[1 - \frac{1}{(1+r)^n}\right].$$

D'autre part, la somme v qui doit amortir ce titre dans n années a pour valeur actuelle $\dfrac{v}{(1+r)^n}$. On a donc, pour le titre considéré,

$$\begin{cases} \text{usufruit} = v\left[1 - \dfrac{1}{(1+r)^n}\right], \\[2ex] \text{nue propriété} = \dfrac{v}{(1+r)^n}. \end{cases}$$

Il y a lieu de remarquer que la somme de l'usufruit et de la nue propriété reproduit la valeur nominale v du titre considéré.

Le même calcul doit être étendu à tous les titres de l'emprunt. On se sert pour cela du tableau d'amortissement donnant les valeurs de n qui répondent aux divers titres. Au moyen de deux additions on a alors l'usufruit et la nue propriété de tous les titres de l'emprunt.

Considérons maintenant le cas où le taux d'évaluation r' est différent du taux de l'emprunt. Un calcul identique au précédent montre que l'on a, pour une obligation qui doit être remboursée dans n années.

$$\text{usufruit} = \frac{vr}{r'}\left[1 - \frac{1}{(1+r')^n}\right],$$

$$\text{nue propriété} = \frac{v}{(1+r')^n}.$$

La somme de l'usufruit et de la nue propriété est alors

$$\frac{v}{r'}\left[r - \frac{r}{(1+r')^n} + \frac{r'}{(1+r')^n}\right],$$

ou

$$\frac{v}{r'}\left[r + \frac{r' - r}{(1 + r')^n} \right].$$

On dit que cette somme est la valeur actuelle du titre considéré, par rapport au taux d'évaluation r'. On voit que cette valeur actuelle se réduit à v si l'on a $r' = r$.

146. Vie probable, vie moyenne et vie mathématique des obligations. — On appelle *vie d'un titre* le temps qui s'écoule depuis son émission jusqu'à son remboursement.

1° **Vie probable.** — On appelle *vie probable* des titres d'un emprunt le temps au bout duquel le nombre des titres vivants est la moitié du nombre des titres émis.

Pour obtenir cette vie probable, nous appliquerons la formule (2) du n° 129, qui donne la valeur d'une dette Λ après p années d'amortissement :

$$D_p = \Lambda\, \frac{(1 + r)^n - (1 + r)^p}{(1 + r)^n - 1}.$$

Si p est la vie probable, on doit avoir $D_p = \dfrac{\Lambda}{2}$, et par suite cette formule devient

$$\frac{1}{2} = \frac{(1 + r)^n - (1 + r)^p}{(1 + r)^n - 1},$$

ou

$$(1 + r)^n - 1 = 2(1 + r)^n - 2(1 + r)^p,$$

ou encore

$$2(1 + r)^p = (1 + r)^n + 1,$$

d'où l'on déduit

$$\log 2 + p \log (1 + r) = \log \left[(1 + r)^n + 1 \right],$$

et par suite

$$p = \frac{\log \left[(1 + r)^n + 1 \right] - \log 2}{\log (1 + r)}.$$

Telle est la formule qui donne la vie probable. Si l'on applique cette formule à l'exemple du n° 140, on obtient

$$p = \frac{\log(1,04^{15} + 1) - \log 2}{\log 1,04} = 8^{\text{ans}},62.$$

2° **Vie moyenne.** — On appelle *vie moyenne* des titres d'un emprunt le nombre total des unités de temps qu'ils ont à vivre, divisé par le nombre de ces titres.

Si nous désignons par t_1, t_2, t_3, ..., t_n les nombres des titres amortis après 1, 2, 3, ..., n unités de temps, la vie moyenne des N titres émis sera

$$\frac{t_1 + 2t_2 + 3t_3 + \cdots + nt_n}{N}.$$

Les nombres t_1, t_2, ..., t_n sont fournis par le tableau d'amortissement de l'emprunt.

Dans le cas de l'exemple du n° 140, on obtient

$$\frac{599 + 623 \times 2 + 648 \times 3 + \cdots + 1038 \times 15}{12\,000},$$

c'est-à-dire

$$\text{vie moyenne} = \frac{104\,741}{12\,000} = 8^{\text{ans}},73.$$

On voit, par cet exemple, que la vie moyenne n'est pas égale à la vie probable. Il y a même, entre ces deux quantités, des différences parfois plus considérables que dans le cas actuel.

3° **Vie mathématique.** — On appelle *vie mathématique* des titres d'un emprunt, *par rapport à un taux d'évaluation* r', la durée qu'il faudrait supposer à chacun des titres pour que leur valeur actuelle totale, calculée avec le taux r', soit égale à la valeur actuelle totale qui résulte des conditions connues de l'emprunt, cette 2° valeur actuelle totale étant aussi calculée avec le taux r'.

Désignons par V cette seconde valeur actuelle. Le calcul de V pourra se faire d'après le tableau d'amortissement de l'emprunt. D'autre part, soit x le nombre d'années cherché ; nous avons vu (n° 145) que, par rapport au taux d'évaluation r', la valeur actuelle d'un titre v qui a x années à vivre est égale à

$$\frac{v}{r'}\left[r + \frac{r' - r}{(1 + r')^x} \right].$$

Si tous les titres devaient vivre x années chacun, la valeur actuelle totale serait N fois plus forte. On doit donc avoir

$$\frac{Nv}{r'}\left[r + \frac{r' - r}{(1 + r')^{x}}\right] = V.$$

On déduit de là

$$r + \frac{r' - r}{(1 + r')^{x}} = \frac{Vr'}{Nv},$$

ou

$$\frac{r' - r}{(1 + r')^{x}} = \frac{Vr' - Nvr}{Nv}.$$

ou encore

$$(1 + r')^{x} = \frac{(r' - r)Nv}{Vr' - Nvr},$$

d'où, en prenant les logarithmes,

$$x \log(1 + r') = \log(r' - r) + \log N + \log v + \text{colog}(Vr' - Nvr),$$

et par suite

$$x = \frac{\log(r' - r) + \log N + \log v + \text{colog}(Vr' - Nvr)}{\log(1 + r')}.$$

Telle est la formule qui donne la vie mathématique.

PROBLÈMES A RÉSOUDRE

147. Calculer la valeur actuelle d'une rente trimestrielle immédiate de 500^{fr}, comprenant 24 termes, les intérêts étant composés trimestriellement à un taux équivalent au taux annuel 5 %.

148. Calculer la valeur actuelle d'une rente semestrielle immédiate de 1 200^{fr} comprenant 20 termes, les intérêts étant composés trimestriellement à 2 %.

149. Quelle est, d'après le taux annuel 5 %, la valeur actuelle d'une perpétuité annuelle de 1 500^{fr} anticipée de 9 mois ?

150. Quelle est, au 1er janvier, la valeur actuelle d'une perpétuité trimestrielle de 400^{fr} dont le premier terme est payable le 1er juillet de l'année suivante, les intérêts étant composés trimestriellement à 1 1/2 %.

151. Un capital de 80 000^{fr} est actuellement consacré à la création d'une perpétuité semestrielle de 450^{fr} dont le premier terme doit être payé dans 8 mois. Quel sera le montant de cette perpétuité, le taux semestriel étant de 2 %?

152. Quelle est, au taux trimestriel 1,25 %, la valeur actuelle d'une perpétuité trimestrielle de 600^{fr} différée de 2 mois?

153. Une perpétuité immédiate de 530^{fr} par trimestre vient d'être payée 42 400^{fr}. Quel est le taux trimestriel?

154. Trouver la valeur actuelle d'une rente temporaire de 600^{fr} payable tous les huit mois, différée d'un an et comprenant 32 termes, les intérêts étant composés semestriellement à 2 1/2 %.

155. Une personne place, au commencement de chaque semestre, une somme de 800^{fr} à intérêts composés à 4 % par an. Le nombre des versements est égal à 25. Quelle est la valeur du capital ainsi constitué, six mois après le dernier versement?

156. On doit payer chaque année une somme de 2 000^{fr} pendant 5 ans, le premier paiement ayant lieu dans un an. On veut remplacer ces cinq paiements par un paiement unique effectué dans six ans. Quel doit être le montant de ce paiement unique, en supposant que le taux de l'intérêt soit de 4 1/2 % par an?

157. On place tous les deux ans, à intérêts composés annuellement au taux r, une même somme a. Trouver la formule qui donne le capital ainsi constitué un an après le n^e versement.

158. Quelle somme unique faudrait-il payer dans 5 ans pour remplacer 9 annuités de 5 000^{fr} chacune, dont la première doit être versée immédiatement, le taux de l'intérêt étant de 4 % par an?

159. Un employé place, depuis le 1er janvier 1900, et au commencement de chaque mois, une somme de 80^{fr}. Les intérêts sont capitalisés au 31 décembre de chaque année au taux 3 %; quelle somme aura-t-il ainsi constituée au 31 décembre 1912?

160. Quelle annuité faut-il verser au commencement de chaque trimestre pour avoir au bout de 20 ans un capital de 40 000^{fr}? Les intérêts sont composés annuellement à 5 %.

161. Une personne, qui veut constituer un capital de 50 000^{fr}, place au commencement de chaque semestre une somme de 1 500^{fr}

à intérêts composés semestriellement à 2 1/2 %. Quel est le nombre d'annuités qu'elle devra ainsi placer ?

162. On a constitué avec 15 annuités de placement, de 1 830^{fr} chacune, un capital de 36 600^{fr}; quel a été le taux du placement ?

163. Quel est le taux qui permet de constituer un capital de 32 000^{fr} avec 20 annuités de placement de 1 000^{fr} chacune ?

164. Un État a émis un emprunt de 100 millions en rentes 5 %. Cet État consacre à l'amortissement de son emprunt la centième partie du capital emprunté. La moitié de cette dotation est employée en remboursements au pair, et l'autre moitié en rachats au-dessous du pair. On demande de calculer le cours moyen auquel ces rachats doivent être faits pour que la dette soit amortie en 39 ans.

165. Une ville a contracté un emprunt de 600 000^{fr} qu'elle veut rembourser en une seule fois au bout de 15 ans et pour lequel elle paie un intérêt de 5 % par an. On demande de calculer l'annuité constante qu'elle doit s'imposer pour faire face à la fois au paiement de l'intérêt et à l'amortissement de cet emprunt, sachant qu'elle trouve à placer à 4 % les sommes qu'elle destine à cet amortissement.

166. Une personne emprunte une somme dont elle s'acquittera par trois paiements annuels égaux chacun à 9 261^{fr}, le premier ayant lieu dans un an. Quelle est la somme empruntée ? Le taux est 5 %.

167. Un industriel qui veut emprunter 71 000^{fr} offre de s'acquitter au moyen de 14 paiements égaux et annuels dont le premier aura lieu dans un an. Quelle doit être l'annuité, le taux étant de 3 1/2 % ?

168. Quelle annuité semestrielle faut-il payer pour amortir en 10 ans un emprunt de 50 000^{fr} ? Les intérêts sont composés semestriellement à un taux équivalent au taux annuel 4 %, et la première annuité est payée six mois après l'emprunt.

169. On veut se libérer d'une dette A en payant tous les deux ans une annuité a, à intérêts composés annuellement au taux r. Le nombre des annuités est n et la première de ces annuités est payée deux ans après l'emprunt. Trouver la relation qui existe entre les quatre quantités A, a, r et n.

170. Un négociant qui a emprunté 50 000^{fr} à intérêts composés à 5 % veut se libérer de sa dette au moyen de 15 paiements égaux effectués tous les deux ans, le premier ayant lieu un an après l'emprunt. Quelle doit être la valeur de chacun de ces paiements ?

171. Une personne emprunte une somme de 65 000^{fr} et veut se libérer au moyen de 18 paiements égaux faits tous les deux ans, le premier de ces paiements ayant lieu deux ans après l'emprunt. Déterminer la valeur de chacun de ces paiements, le taux de l'intérêt étant de 4 1/2 %.

172. Une personne qui s'est engagée à payer 10 sommes égales à a, la première dans un an, et les suivantes d'année en année, propose de s'acquitter en payant 5 sommes égales à x, la première dans un an et les autres d'année en année. Quelle doit être la somme x, le taux annuel de l'intérêt étant r ? Comme application, on fera $a = 3\,500$, $r = 0{,}03$ et on calculera x.

173. Un industriel qui veut contracter un emprunt croit pouvoir employer, au paiement de l'intérêt et à l'amortissement de cet emprunt, 2 000^{fr} dans un an, 2,500^{fr} dans deux ans, 3 000^{fr} dans trois ans, et ainsi de suite pendant dix ans, en augmentant de 500^{fr} chaque année. Quel est le montant de l'emprunt qu'il peut contracter, le taux de l'intérêt étant de 4 % ?

174. Une personne contracte un emprunt remboursable au moyen de deux annuités de 1 061^{fr},80. On a calculé qu'il serait aussi avantageux pour elle de payer quatre annuités de 561^{fr},80. On demande à combien on évalue le taux de l'intérêt. Le permier paiement s'effectue un an après le jour de l'emprunt.

175. Un emprunt de 33 000^{fr} a été amorti par 20 annuités de 2 500^{fr} ; on demande de calculer le taux de l'intérêt.

176. On emprunte à 3 1/2 % une somme de 21 600^{fr} et on veut se libérer de cette dette au moyen d'une rente immédiate de 1 200^{fr} ; quel doit être le nombre des termes de cette rente ?

177. On emprunte à 4 1/2 % une somme de 50 000^{fr} et on veut se libérer de cette dette au moyen d'une rente annuelle comprenant 20 termes et différée de trois ans ; quel doit être le montant de chacun des termes de cette rente ?

178. Une personne emprunte une somme A et paie à la fin de chaque année l'intérêt de ce qu'elle doit, plus une somme égale à cet intérêt afin d'amortir sa dette. On demande :

1° Ce qu'elle doit encore au bout de n années, r étant l'intérêt de 1ᶠʳ ;

2° Au bout de combien d'années la dette sera réduite à moins de $\dfrac{A}{2}$, si le taux annuel est de 5 %.

179. Une personne emprunte au taux de 4 %, et à intérêts composés, une somme de 20 000ᶠʳ qu'elle doit rembourser en 10 annuités égales payables d'année en année, la première étant payée trois ans après l'emprunt.

1° Déterminer la valeur de cette annuité ;

2° L'emprunteur meurt après avoir payé la 5ᵉ annuité, et ses héritiers, au lieu de continuer le remboursement par annuités, préfèrent se libérer par un paiement unique effectué deux ans après le décès. Le prêteur accepte. Déterminer le montant de ce paiement.

180. Une personne demande à emprunter au Crédit Foncier, pour 20 ans, la somme de 70 000ᶠʳ. Le Crédit Foncier lui accorde la somme de 55 000ᶠʳ :

1° Quels sont les frais accessoires que devra payer l'emprunteur ?

2° Quel est le montant de l'annuité semestrielle ?

3° Quelle somme devra donner l'emprunteur s'il veut se libérer complètement après avoir payé pendant 12 ans 1/2 ?

181. Une Société anonyme fait un emprunt en émettant 10 000 obligations, valeur nominale 500ᶠʳ, rapportant chacune 15ᶠʳ d'intérêt annuel :

1° Quelle somme doit-elle consacrer à l'amortissement de cet emprunt pour que le remboursement soit effectué en 30 ans ?

2° En supposant que le tirage des obligations ait lieu une fois par an, dresser le tableau d'amortissement pour les 3 premières années ;

3° Pour quelle somme les obligations non amorties figureront-elles au passif, si cette Société fait faillite au bout de 20 ans ?

182. Une Compagnie émet 12 000 obligations remboursables à 300ᶠʳ et comportant un intérêt semestriel de 3ᶠʳ. L'amortissement doit se faire par semestres en 4 ans. Dresser le tableau d'amortissement.

183. Calculer la vie probable et la vie moyenne des obligations du problème précédent.

CHAPITRE VI

PROBABILITÉS ET JEUX DE HASARD

PROBABILITÉ SIMPLE

147. Le calcul des probabilités, créé au xvii° siècle par *Pascal* et par *Fermat*, n'a pu recevoir encore tout son développement, car la plupart des problèmes qui s'y rattachent ne peuvent être résolus dans l'état actuel des sciences mathématiques.

Nous nous proposons d'étudier dans ce chapitre les éléments de ce calcul, ainsi que leur application aux jeux de hasard. Ces éléments nous seront utiles dans les questions relatives à la mortalité et aux opérations des Compagnies d'assurances.

148. Probabilité d'un événement. — Lorsqu'un événement est dû au hasard, il peut se faire que certains cas déterminés produisent l'arrivée de cet événement, tandis que d'autres cas, déterminés aussi, empêchent cette arrivée. Les premiers sont appelés *cas* ou *causes favorables*, et les seconds sont appelés *cas* ou *causes défavorables*.

Supposons, par exemple, qu'une urne contienne 12 boules identiques, mais diversement colorées : 3 blanches, 5 rouges et 4 noires ; et, en prenant au hasard l'une de ces boules, proposons-nous de sortir une boule blanche. Cet événement peut se réaliser de 3 façons, puisqu'il y a 3 boules blanches dans l'urne ; mais la sortie de l'une des 5 boules rouges ou de l'une

des 4 boules noires empêche l'arrivée de l'événement attendu.
Donc 3 cas favorables et 9 défavorables.

On appelle *probabilité* d'un pareil événement le *rapport du
nombre des cas favorables à l'arrivée de cet événement au nombre
total des cas qui peuvent se présenter.*

Ainsi, dans l'exemple ci-dessus la probabilité de sortir une
boule blanche de l'urne est $\dfrac{3}{12}$. Les probabilités de sortir une
boule rouge ou une boule noire sont respectivement égales à $\dfrac{5}{12}$
et $\dfrac{4}{12}$.

Si l'on multiplie ou si l'on divise par un même nombre le
nombre des cas favorables à un événement, ainsi que celui des
cas défavorables, la probabilité de cet événement ne change pas
de valeur. En effet, les deux termes de la fraction qui exprime la
probabilité sont alors multipliés ou divisés par un même nombre,
et par suite cette fraction conserve la même valeur.

Le rapport qui exprime une probabilité est toujours *inférieur
à l'unité.* Si ce rapport devient égal à 1, la probabilité devient
une *certitude.*

On dit que deux probabilités sont *complémentaires* lorsque leur
somme est égale à l'unité. Ainsi, dans l'exemple ci-dessus, la
probabilité de sortir une boule blanche est $\dfrac{3}{12}$, la probabilité
de sortir une boule colorée est $\dfrac{9}{12}$; ces deux probabilités sont
complémentaires, car on a $\dfrac{3}{12} + \dfrac{9}{12} = 1$.

Plus généralement, si nous désignons par p la probabilité
d'un événement et par q celle de l'événement contraire, on a
$p + q = 1$; car la somme du nombre des cas favorables à l'arrivée de l'événement et du nombre des cas favorables à l'événement contraire est égale au nombre total des cas qui peuvent se
présenter.

PROBABILITÉ COMPOSÉE

149. Il peut se faire que l'arrivée d'un événement résulte de celle de plusieurs autres événements indépendants ou non les uns des autres.

On dit que deux événements sont indépendants l'un de l'autre lorsque l'arrivée ou la non arrivée du premier ne modifie ni le nombre des cas favorables, ni le nombre des cas défavorables à l'arrivée du second.

La probabilité d'un événement qui dépend ainsi de plusieurs autres est dite *probabilité composée*. Nous démontrerons à ce sujet le théorème suivant :

150. Théorème. — *Lorsque l'arrivée d'un événement* E *résulte de l'arrivée de deux autres événements* E' *et* E″, *indépendants l'un de l'autre, la probabilité de l'événement* E *est égale au produit des probabilités des événements* E' *et* E″.

Soient en effet $\dfrac{m'}{n'}$ et $\dfrac{m''}{n''}$ les probabilités respectives des deux événements E' et E″ ; ces deux probabilités s'écrivent encore, en multipliant les deux termes de la première par n'' et les deux termes de la seconde par m',

$$\frac{m'n''}{n'n''} \quad \text{et} \quad \frac{m'm''}{m'n''}.$$

La première fraction montre que sur $n'n''$ cas il y en a $m'n''$ favorables à l'événement E', et la seconde fraction montre que sur ce nombre $m'n''$ de cas favorables à E' il y en a $m'm''$ favorables à E″. Donc, sur un total de $n'n''$ cas, il y en a $m'm''$ qui sont favorables à chacun des deux événements E' et E″, c'est-à-dire qui sont favorables à l'événement E. Par suite, la probabilité de cet événement est égale à $\dfrac{m'm''}{n'n''}$, c'est-à-dire $\dfrac{m'}{n'} \times \dfrac{m''}{n''}$.

C. q. f. d.

151. Remarques. — 1° Au lieu de deux événements E' et E″, on peut en avoir 3, 4, etc., indépendants entre eux. On peut faire une succession de raisonnements analogues au précédent entre la probabilité des deux premiers événements et celle du troisième, et ainsi de suite. Par conséquent, la probabilité de l'arrivée de tous ces événements est égale au produit des probabilités de chacun d'eux.

2° Si les deux événements E' et E'' ne sont pas indépendants, le raisonnement du théorème ci-dessus est en défaut, car lorsque l'événement E' est arrivé, la probabilité de E'' n'est plus égale à $\dfrac{m''}{n''}$, et par suite n'est pas égale à $\dfrac{m'm''}{m'n''}$. Si l'on désigne par $\dfrac{m''_1}{n''_1}$ la nouvelle probabilité de E'', le raisonnement qui a été fait montre que la probabilité de l'événement E est alors égale à $\dfrac{m'}{n'} \times \dfrac{m''_1}{n''_1}$, et par suite on peut dire que :

Lorsqu'un événement E résulte de l'arrivée de plusieurs autres événements E', E'', E''', etc., dépendants les uns des autres, la probabilité de l'événement E est égale à la probabilité de E', multipliée par la probabilité de E'' quand E' est arrivé, ce produit étant ensuite multiplié par la probabilité de E''' quand E' et E'' sont arrivés, etc.

152. Exemples. — *1° On a deux urnes contenant : la première 5 boules blanches et 3 rouges, la seconde 7 boules blanches et 4 rouges. Quelle est la probabilité de tirer une boule rouge de chaque urne ?*

Les probabilités de tirer une boule rouge de chacune des deux urnes sont respectivement égales à $\dfrac{3}{8}$ et $\dfrac{4}{11}$. Ces deux événements étant indépendants l'un de l'autre, la probabilité demandée est égale au produit $\dfrac{3}{8} \times \dfrac{4}{11}$, c'est-à-dire $\dfrac{3}{22}$ ou 0,136 ...

2° On verse le contenu de l'une des urnes dans l'autre et l'on tire successivement deux boules. Quelle est la probabilité de l'extraction de deux boules rouges ?

On aura alors 12 boules blanches et 7 rouges, et par suite, la probabilité de tirer une première boule rouge est $\frac{7}{19}$. Si ce premier événement arrive, il restera dans l'urne 6 boules rouges et 12 blanches, et par suite, la probabilité de tirer une boule rouge ne sera plus $\frac{7}{19}$, mais sera $\frac{6}{18}$. La probabilité demandée est donc $\frac{7}{19} \times \frac{6}{18}$, c'est-à-dire $\frac{7}{57}$ ou $0,122\ldots$

On voit que cette probabilité est inférieure à la précédente.

PROBABILITÉ TOTALE

153. Un événement peut quelquefois être attribué à plusieurs causes, plus ou moins probables ; et, dans chacune de ces causes, la probabilité de l'événement peut être plus ou moins grande. On appelle *probabilité totale* d'un pareil événement la probabilité de l'arrivée de cet événement quand toutes les causes susceptibles de le produire sont en jeu.

Nous démontrerons à ce sujet les théorèmes suivants :

154. Théorème. — *Si un événement peut être attribué à plusieurs causes qui s'excluent mutuellement, la probabilité totale de cet événement est égale à la somme des produits obtenus en multipliant la probabilité de l'événement dans chacune des causes par la probabilité que cette cause est en jeu.*

Supposons que l'événement puisse être attribué à deux causes s'excluant mutuellement, c'est-à-dire deux causes telles que l'une d'elles seulement puisse être en jeu dans l'arrivée de chacun des cas favorables ou non à l'événement considéré. Le raisonnement que nous allons faire pourra se répéter dans le cas d'un nombre quelconque de causes.

Soient p et p' les probabilités de l'événement dans chacune des deux causes, et soient q et q' les probabilités que ces causes sont en jeu ; nous voulons démontrer que la probabilité totale est égale à $pq + p'q'$.

Pour cela, désignons par m et m' les nombres des cas favorables qui se présentent dans chaque cause, et par n et n' les nombres de tous les cas dans ces deux causes. On a

$$p = \frac{m}{n}, \qquad p' = \frac{m'}{n'}.$$

D'autre part, sur un total de $n + n'$ cas, il y en a n qui appartiennent à la première cause et n' à la seconde ; on a donc

$$q = \frac{n}{n + n'}, \qquad q' = \frac{n'}{n + n'}.$$

On déduit de là

$$pq + p'q' = \frac{m}{n + n'} + \frac{m'}{n + n'} = \frac{m + m'}{n + n'}.$$

Or, le rapport $\dfrac{m + m'}{n + n'}$ du nombre total des cas favorables au nombre total des cas favorables ou non exprime la probabilité totale. Cette probabilité est donc égale à $pq + p'q'$.

C. q. f. d.

Exemple. — *On a deux urnes contenant chacune 3 boules rouges avec 5 boules blanches, et trois urnes identiques aux deux premières contenant chacune 4 boules rouges avec 3 boules blanches. D'une urne prise au hasard on doit tirer une boule ; quelle est la probabilité que la boule ainsi tirée sera rouge?*

L'événement attendu, l'extraction d'une boule rouge, peut arriver de deux manières, qui s'excluent mutuellement : la boule rouge peut être tirée de l'une des deux premières urnes ou de l'une des trois autres.

La probabilité du choix de l'une des deux premières urnes est $\dfrac{2}{5}$, et celle du choix de l'une des trois autres est $\dfrac{3}{5}$.

La probabilité de tirer une boule rouge de l'une des deux premières urnes est $\dfrac{3}{8}$, et celle de tirer une boule rouge de l'une des trois autres est $\dfrac{4}{7}$.

Par suite, la probabilité totale demandée est

$$\frac{2}{5} \times \frac{3}{8} + \frac{3}{5} \times \frac{4}{7},$$

c'est-à-dire

$$\frac{3}{20} + \frac{12}{35} = \frac{21}{140} + \frac{48}{140} = \frac{69}{140}.$$

CAS PARTICULIER. — Si dans chacune des causes qui peuvent produire l'arrivée d'un événement, la probabilité de cet événement est une certitude, la probabilité totale est égale à la somme des probabilités de chacune de ces causes.

Ainsi, supposons que lorsqu'on attend un événement, trois causes différentes, de probabilités respectives q, q', q'', puissent être mises en jeu. Supposons, de plus, que l'arrivée de l'événement soit certaine dans le cas de chacune des deux premières causes, et que l'arrivée de l'événement contraire soit certaine dans le cas de la troisième cause ; la probabilité totale de l'événement considéré sera alors, d'après le théorème précédent,

$$1 \times q + 1 \times q' + 0 \times q'',$$

c'est-à-dire $\qquad q + q'$.

Ce résultat peut s'établir aisément par un raisonnement direct. Pour cela, remarquons que l'une des causes considérées devant être nécessairement en jeu, le nombre total des cas relatifs à la mise en jeu des diverses causes est égal à la somme des cas qui sont relatifs à la mise en jeu de chacune de ces causes. En d'autres termes, si les probabilités q, q', q'' ont le même dénominateur, ce dénominateur doit être égal à la somme des numérateurs et par suite on a

$$q + q' + q'' = 1.$$

L'événement considéré n'arrivera pas si c'est la troisième cause qui est en jeu. Cette troisième cause ayant pour probabilité q'', la probabilité complémentaire a pour valeur $1 - q''$, ou, d'après l'égalité ci-dessus, $q + q'$, et cette probabilité complémentaire est celle de l'arrivée de l'événement en question.

Comme exemple, considérons quatre urnes contenant : la première 7 boules rouges, la seconde 5 rouges, la troisième 4 noires et la quatrième 6 blanches, et cherchons quelle est la probabilité de ne pas tirer une boule blanche.

L'événement attendu arrive si l'on tire soit une boule rouge, soit une boule noire. La probabilité de sortir une boule rouge est $\frac{2}{4}$, celle de sortir une boule noire est $\frac{1}{4}$, et par suite la probabilité demandée est $\frac{2}{4} + \frac{1}{4}$, ou $\frac{3}{4}$.

155. Théorème de Bayes. — *Lorsqu'un événement qui vient d'arriver peut être attribué à plusieurs causes qui s'excluent mutuellement, la probabilité que cet événement est dû à l'une des causes données s'obtient en divisant, par la probabilité totale de l'événement considéré, le produit de la probabilité de l'événement dans cette cause par la probabilité que cette cause est en jeu.*

Reprenons les notations du théorème précédent; nous allons démontrer que si l'événement considéré dans ce théorème se produit, la probabilité que cet événement est dû à la 2ᵉ cause, par exemple, est égale à $\dfrac{p'q'}{pq + p'q'}$.

En effet, on a

$$p'q' = \frac{m'}{n + n'}, \qquad pq + p'q' = \frac{m + m'}{n + n'},$$

et par suite

$$\frac{p'q'}{pq + p'q'} = \frac{m'}{m + m'}.$$

Or le rapport $\dfrac{m'}{m + m'}$ du nombre des cas de la 2ᵉ cause favorables à l'événement, au nombre total des cas favorables à cet événement, exprime la probabilité que cet événement est dû à la 2ᵉ cause; cette probabilité est donc égale à $\dfrac{p'q'}{pq + p'q'}$.

C. q. f. d.

Exemple. — *On a trois urnes identiques qui contiennent :*
la première,   5 boules blanches et   3 boules rouges ;
la seconde,   2   —   et 10   —   ;
la troisième 11   —   et 13   —   .

De l'une de ces trois urnes, prise au hasard, on a tiré une boule blanche ; quelle est la probabilité que cette boule a été tirée de la première urne ?

La probabilité totale de l'extraction d'une boule blanche est

$$\frac{1}{3} \times \frac{5}{8} + \frac{1}{3} \times \frac{2}{12} + \frac{1}{3} \times \frac{11}{24},$$

ou $\quad \dfrac{5}{24} + \dfrac{1}{18} + \dfrac{11}{72} = \dfrac{15 + 4 + 11}{72} = \dfrac{30}{72} = \dfrac{5}{12}.$

D'autre part, la probabilité du choix de la première urne est $\dfrac{1}{3}$, et celle d'extraire une boule blanche de cette urne est $\dfrac{5}{8}$.

La probabilité demandée est donc égale à

$$\frac{\dfrac{1}{3} \times \dfrac{5}{8}}{\dfrac{5}{12}}, \quad \text{c'est-à-dire} \quad \frac{5}{24} : \frac{5}{12} = \frac{12}{24} = \frac{1}{2}.$$

RÉPÉTITION D'UN ÉVÉNEMENT

156. Dans une succession d'épreuves pouvant amener chaque fois la production d'un événement, ou bien celle de l'événement contraire, il y a lieu de rechercher la probabilité que l'événement attendu arrivera un certain nombre de fois, dans un ordre déterminé ou non. Nous désignerons par p la probabilité de l'événement considéré et par $q = 1 - p$ celle de l'événement contraire.

157. Théorème. — *La probabilité que, dans une succession de m épreuves, l'événement arrivera n fois, n étant inférieur à m et ces arrivées se présentant dans un ordre déterminé, tandis que l'événement contraire arrivera à chacune des $m - n$ autres épreuves, est égale à $p^n q^{m-n}$.*

En effet, à chaque épreuve la probabilité de l'événement considéré est égale à p, et celle de l'événement contraire égale à q ; ces épreuves sont indépendantes les unes des autres, et par suite la probabilité cherchée est une probabilité composée qui est égale au produit de m facteurs dont n sont égaux à p et $m-n$ égaux à q. Cette probabilité est donc égale à $p^n q^{m-n}$.

C. q. f. d.

REMARQUE I. — Si l'événement considéré et l'événement contraire ne peuvent arriver que d'une seule manière chacun, il n'y a qu'un seul cas qui soit favorable à la répétition du théorème ci-dessus ; tandis qu'il y en a plusieurs si l'événement en question, ou l'événement contraire, ou encore les deux événements peuvent arriver de plusieurs manières.

Ainsi, supposons qu'une urne contienne une boule blanche et une boule rouge. L'extraction d'une boule blanche ne peut se faire que d'une manière, ainsi que celle d'une boule rouge. Désignons ces deux boules par les lettres b et r. On voit que si l'on fait par exemple trois épreuves successives, les seuls cas possibles qui peuvent se présenter sont les huit cas suivants :

$$bbb \qquad \begin{matrix} bbr \\ brb \\ rbb \end{matrix} \qquad \begin{matrix} brr \\ rbr \\ rrb \end{matrix} \qquad rrr$$

et il n'y a par exemple qu'un seul cas favorable au tirage de la boule blanche dans les deux premières épreuves, et au tirage de la rouge dans la troisième épreuve, c'est le cas bbr. La probabilité de cette répétition est donc $\dfrac{1}{8}$. C'est le résultat que donne l'application du théorème ci-dessus, car on a alors

$$p^n q^{m-n} = \left(\frac{1}{2}\right)^2 \times \frac{1}{2} = \frac{1}{4} \times \frac{1}{2} = \frac{1}{8}.$$

Supposons en second lieu que l'urne contienne une boule blanche et deux boules rouges. Le tirage d'une boule blanche ne peut se faire que d'une manière, mais celui d'une boule rouge peut se produire de deux manières suivant qu'on tire l'une ou l'autre des deux boules rouges que contient l'urne. Désignons par b la boule blanche et par r_1 et r_2 les deux boules rouges. Il est aisé de voir que si l'on fait par exemple trois épreuves successives, les cas qui peuvent se présenter sont au nombre de 27.

Parmi ces 27 cas, il y en a quatre qui sont favorables à l'extraction de la boule blanche au premier tirage, et d'une boule rouge à chacun des deux autres ; ce sont les cas :

$$br_1r_1 \qquad br_2r_2 \qquad br_1r_2 \qquad br_2r_1.$$

La probabilité de cette répétition est donc $\dfrac{4}{27}$. C'est encore le résultat que donne l'application du théorème ci-dessus, car on a alors

$$p^n q^{m-n} = \frac{1}{3} \times \left(\frac{2}{3} \right)^2 = \frac{1}{3} \times \frac{4}{9} = \frac{4}{27}.$$

Remarque II. — Si l'on désigne par la lettre f un cas favorable à l'événement, et par la lettre d un cas défavorable, une succession de m épreuves répondant au théorème précédent pourra se représenter par la suite $fffddf\ldots$, contenant n lettres f et $m-n$ lettres d. On pourra avoir plusieurs suites semblables dans lesquelles les lettres f et d occuperont les mêmes rangs, mais proviendront de causes différentes. Ces suites deviennent distinctes entre elles si l'on différencie les lettres f et d à l'aide d'indices, comme on l'a fait pour les deux lettres r dans la remarque précédente.

158. Théorème. — *La probabilité que dans une succession de m épreuves l'événement arrivera n fois consécutives, et l'événement contraire $m - n$ fois, consécutives ou non, est égale à $(m - n + 1)\, p^n q^{m-n}$.*

En effet, la probabilité que l'événement arrivera à chacune des n premières épreuves, et l'événement contraire à chacune des $m - n$ autres, est égale à $p^n q^{m-n}$ d'après le théorème précédent. On a alors la succession $fff\ldots fdd\ldots d$.

A cette succession d'épreuves en correspondent $m - n$ autres, favorables à la répétition dont parle le théorème, ces successions d'épreuves étant obtenues en plaçant successivement avant les lettres f chacune des $m - n$ lettres d qui se trouvent après ces lettres f dans la succession ci-dessus, jusqu'à ce qu'on obtienne la suite $dd\ldots dfff\ldots f$. Cela fait un total de $m - n + 1$ successions distinctes et favorables à la répétition considérée.

Chacune des suites analogues à $fff\ldots fdd\ldots d$ fournira de la même façon $m - n + 1$ successions distinctes entre elles, favorables à la répétition considérée, et distinctes des suites précédentes, car les causes favorables ou non qui ont produit les lettres f et d ne sont plus les mêmes.

Donc le nombre total des cas favorables à la répétition considérée est $m - n + 1$ fois plus grand que celui des cas favorables à la répétition du théorème précédent, et, comme le nombre total des cas est le même, il en résulte que la probabilité est $m - n + 1$ fois plus grande.

C. q. f. d.

159. Théorème. — *La probabilité que, dans une succession de m épreuves, l'événement arrivera n fois, et n fois seulement, dans n'importe quel ordre, est égale à $C_m^n p^n q^{m-n}$, C_m^n désignant le nombre des combinaisons de m lettres n à n.*

En effet, le nombre total des cas favorables ou non à cette répétition est le même que dans les théorèmes précédents, et par suite le théorème sera démontré si nous faisons voir que le nombre des cas favorables est C_m^n fois plus grand que dans le premier théorème.

Un cas favorable à la répétition de ce premier théorème peut se représenter par $ffdddf\ldots$, les lettres f, placées dans un ordre déterminé, étant au nombre de n, tandis que les lettres d sont au nombre de $m - n$.

Les n rangs occupés dans cette suite par les lettres f forment une combinaison n à n des m premiers nombres entiers, et par conséquent les lettres de la suite ci-dessus peuvent former autant de cas favorables à la répétition de ce troisième théorème qu'il y a de ces combinaisons, c'est-à-dire C_m^n cas favorables.

Chacune des suites analogues à $ffdddf\ldots$ fournira de la même façon C_m^n cas favorables à la répétition considérée, et ces cas, distincts entre eux, seront aussi distincts des précédents, car les lettres f et d ne se rapportent pas toutes aux mêmes causes que dans la première suite.

Donc le nombre total des cas favorables à la répétition

considérée est C_m^n fois plus grand que celui des cas favorables à la répétition du premier théorème. C. q. f. d.

Exemple. — *Une urne contient une boule blanche et deux boules rouges. Quelle est la probabilité, dans une succession de 5 épreuves, de sortir, dans n'importe quel ordre, 2 fois la boule blanche et 3 fois une boule rouge ?*

On a ici $p = \dfrac{1}{3}$, $q = \dfrac{2}{3}$, et par suite la probabilité demandée est

$$C_m^n p^n q^{m-n} = C_5^2 \left(\frac{1}{3}\right)^2 \left(\frac{2}{3}\right)^3 = \frac{5 \times 4}{1 \times 2} \times \frac{1}{9} \times \frac{8}{27} = \frac{80}{243}.$$

Remarque I. — On sait que l'on a $C_m^n = C_m^{m-n}$ (n° 67), et par suite la probabilité considérée est encore égale à $C_m^{m-n} p^n q^{m-n}$.

Remarque II. — On a, d'après la formule du binome,

$$(p+q)^m = p^m + C_m^1 p^{m-1} q + C_m^2 p^{m-2} q^2 + \cdots + C_m^n p^{m-n} q^n + \cdots + q^m,$$

ce qui montre que *la probabilité que dans une série de m épreuves l'événement considéré arrivera n fois, et n fois seulement, est égale au terme en $p^n q^{m-n}$ dans le développement du binome $(p+q)^m$.*

160. Théorème. — *La probabilité que, dans une succession de m épreuves, un événement de probabilité p arrivera au moins n fois, consécutives ou non, est égale à la somme des $m - n + 1$ premiers termes du développement de $(p+q)^m$.*

En effet, l'événement considéré arrivera *au moins n fois*, s'il arrive m fois, ou $m - 1$ fois, ou $m - 2$ fois, etc., ou enfin $m - (m - n)$ fois. D'après le théorème précédent, les probabilités respectives de ces diverses arrivées sont égales à

$$C_m^m p^m, \qquad C_m^{m-1} p^{m-1} q, \qquad C_m^{m-2} p^{m-2} q^2, \qquad \ldots, \qquad C_m^n p^n q^{m-n}.$$

Ces probabilités sont au nombre de $m - n + 1$ et constituent les $m - n + 1$ premiers termes du développement de $(p+q)^m$. Cela démontre le théorème, car, d'après le principe de la probabilité totale (n° 154, cas particulier), la probabilité cherchée est égale à la somme des probabilités de toutes ces causes qui donnent chacune une certitude à l'arrivée de l'événement considéré.

Exemple. — *Une urne contient 3 boules blanches et 2 boules rouges. Quelle est la probabilité, dans une succession de 6 tirages, d'amener au moins quatre fois une boule blanche ?*

La probabilité de l'extraction d'une boule blanche est $\dfrac{3}{5}$, et cet événement arrivera au moins 4 fois s'il arrive 6 fois, ou 5 fois, ou 4 fois. La probabilité demandée est donc la somme des trois premiers termes du développement de $\left(\dfrac{3}{5} + \dfrac{2}{5}\right)^6$, c'est-à-dire

$$\left(\dfrac{3}{5}\right)^6 + 6\left(\dfrac{3}{5}\right)^5\left(\dfrac{2}{5}\right) + 15\left(\dfrac{3}{5}\right)^4\left(\dfrac{2}{5}\right)^2,$$

ou

$$\dfrac{3^6 + 6 \times 3^5 \times 2 + 15 \times 3^4 \times 2^2}{5^6},$$

ou encore

$$3^4 \times \dfrac{9 + 36 + 60}{5^6} = \dfrac{3^4 \times 105}{5^6} = \dfrac{3^4 \times 21}{5^5},$$

ou enfin $\qquad \dfrac{81 \times 21}{625 \times 5} = \dfrac{1701}{3125} = 0,544\ldots$

161. Théorème. — *La probabilité que, dans une succession de m épreuves, un événement de probabilité p arrivera au plus n fois, consécutives ou non, est égale à la somme des $n + 1$ derniers termes du développement de $(p + q)^m$.*

En effet, l'événement considéré arrivera *au plus n fois*, s'il arrive 0 fois, ou 1 fois, ou 2 fois, etc., ou enfin n fois. Les probabilités respectives de ces diverses arrivées sont égales à

$$C_m^{m-0}q^m, \quad C_m^{m-1}pq^{m-1}, \quad C_m^{m-2}p^2q^{m-2}, \quad \ldots, \quad C_m^{m-n}p^nq^{m-n}.$$

Ces diverses probabilités constituent les $n + 1$ derniers termes du développement de $(p + q)^m$, et cela démontre le théorème, car la probabilité demandée est égale à la somme de toutes ces probabilités.

Exemple. — *Une urne contient 1 boule blanche et 3 boules rouges. Quelle est la probabilité, dans une succession de 5 tirages, d'amener au plus deux fois la boule blanche ?*

La probabilité demandée est la somme des trois derniers termes du développement de $\left(\dfrac{1}{4}+\dfrac{3}{4}\right)^{5}$, c'est-à-dire la somme des trois premiers termes du développement de $\left(\dfrac{3}{4}+\dfrac{1}{4}\right)^{5}$. Cette probabilité a donc pour valeur

$$\left(\frac{3}{4}\right)^{5}+5\left(\frac{3}{4}\right)^{4}\frac{1}{4}+10\left(\frac{3}{4}\right)^{3}\left(\frac{1}{4}\right)^{2},$$

c'est-à-dire, en effectuant les calculs,

$$\frac{459}{512}, \qquad \text{ou} \qquad 0{,}896\ldots$$

162. Théorème. — *La probabilité que, dans une succession de m épreuves, un événement de probabilité p arrivera au moins n fois et au plus $n+l$ fois, est égale à la somme des termes du développement de $(p+q)^{m}$, dans lesquels l'exposant de p a les valeurs n, $n+1$, $n+2$, $\ldots$, $n+l$.*

En effet, la condition de l'énoncé sera réalisée si l'événement arrive n fois, ou $n+1$ fois, ou $n+2$ fois, etc., ou enfin $n+l$ fois. Les probabilités respectives de ces diverses arrivées sont

$$C_{m}^{n}p^{n}q^{m-n}, \quad C_{m}^{n+1}p^{n+1}q^{m-n-1}, \quad \ldots, \quad C_{m}^{n+l}p^{n+l}q^{m-n-l},$$

d'où résulte immédiatement la démonstration du théorème.

Exemple. — *Une urne contient 1 boule blanche et 2 boules rouges. Quelle est la probabilité, dans une succession de 4 tirages, de sortir la boule blanche au moins une fois et au plus trois fois ?*

Cette probabilité est la somme des termes du développement de $\left(\dfrac{1}{3}+\dfrac{2}{3}\right)^{4}$, dans lesquels l'exposant de $\dfrac{1}{3}$ a les valeurs 1, 2 et 3, c'est-à-dire

$$4\left(\frac{1}{3}\right)^3\frac{2}{3} + 6\left(\frac{1}{3}\right)^2\left(\frac{2}{3}\right)^2 + 4\,\frac{1}{3}\left(\frac{2}{3}\right)^3,$$

ou

$$\frac{8 + 24 + 32}{81} = \frac{64}{81} = 0,79\ldots$$

163. Théorème. — *Parmi toutes les répétitions possibles d'un événement de probabilité p, dans une série de m épreuves, la répétition la plus probable est celle de n′ fois cet événement, n′ étant le plus grand nombre entier contenu dans le produit $(m+1)p$.*

Désignons par t_m, t_{m-1}, t_{m-2}, ..., t_1, t_0 les différents termes du développement de $(p+q)^m$, ordonné suivant les puissances décroissantes de p. Chacun de ces termes a une valeur inférieure à l'unité, puisque leur somme est égale à 1^m, c'est-à-dire à 1. On a

$$t_n = C_m^{m-n}p^n q^{m-n} = C_m^n p^n q^{m-n}.$$

Ce terme t_n sera supérieur au précédent si l'on a

$$C_m^n p^n q^{m-n} > C_m^{n+1}p^{n+1}q^{m-n-1},$$

ou

$$C_m^n q > C_m^{n+1}p,$$

d'où l'on déduit

$$q > \frac{m-n}{n+1}p,$$

ou

$$(1-p)(n+1) > (m-n)p,$$

ou encore

$$n+1-p > mp,$$

et enfin

$$n+1 > (m+1)p. \qquad (1)$$

La plus petite valeur de n pour laquelle cette inégalité est satisfaite est celle du plus grand nombre entier contenu dans $(m+1)p$; soit n' cette valeur.

Puisque p est une fraction inférieure à l'unité, le produit $(m+1)p$ est inférieur à $m+1$ et par suite le plus grand nombre entier contenu dans ce produit est certainement inférieur ou au plus égal à m; on a donc $n' \leqslant m$.

L'inégalité (1) est satisfaite quand on y remplace n par les valeurs successives m, $m-1$, $m-2$, ..., n', et cesse d'être satisfaite pour les valeurs $n' - 1$, $n' - 2$, etc. Donc, dans le développement de $(p + q)^m$, les termes vont en augmentant jusqu'au terme $t_{n'}$ et décroissent ensuite ; ce terme est donc le plus grand terme du développement. Par conséquent, parmi toutes les répétitions possibles de l'événement considéré, c'est la répétition de n' fois cet événement qui a la probabilité la plus grande.

C. q. f. d.

REMARQUE I. — Si le produit $(m + 1)p$ est un nombre entier, on a $n' = (m + 1)p$; par suite, pour $n = n' - 1$, l'inégalité (1) devient une égalité. Dans ce cas, les deux termes $t_{n'}$ et $t_{n'-1}$ ont la même valeur, et cette valeur est supérieure à celle de chacun des autres termes du développement de $(p + q)^m$.

REMARQUE II. — Pour que le plus grand terme du développement de $(p + q)^m$ soit le premier terme, il faut que le second terme de ce développement soit inférieur au premier. Pour cela, il faut que l'inégalité (1) ne soit pas satisfaite si l'on y remplace n par $m - 1$. Il faut donc avoir

$$m < (m + 1)\, p,$$

c'est-à dire

$$p > \frac{m}{m + 1}.$$

Dans ce cas on a $n' = m$; par suite, sur une série de m épreuves, la répétition de plus grande probabilité est alors celle de m fois l'événement qui a pour probabilité p.

Il est aisé de voir qu'on peut prendre m suffisamment grand pour que cette dernière inégalité ne soit pas vérifiée, c'est-à-dire pour que l'on ait $n' < m$. En effet, les inégalités ci-dessus ne seront pas satisfaites si l'on a

$$m > mp + p,$$

ou

$$m(1 - p) > p,$$

c'est-à-dire

$$m > \frac{p}{1 - p}.$$

Le plus grand terme du développement de $(p + q)^m$ sera le dernier terme, t_0, si l'inégalité (1) est satisfaite quand on y remplace n par zéro, c'est-à-dire si l'on a

$$1 > mp + p,$$

ou
$$mp < q.$$

Si m est supérieur à $\dfrac{q}{p}$, cette dernière inégalité ne sera pas satisfaite, et par suite le plus grand terme ne sera pas t_0.

REMARQUE III. — Nous allons montrer que si m devient très grand, chacun des deux nombres n' et $m - n'$ devient aussi très grand.

On a en effet, d'après l'inégalité (1),

$$n' > mp + p - 1,$$

c'est-à-dire
$$n' > mp - q. \qquad (2)$$

D'autre part, le nombre n' étant inférieur ou au plus égal à $(m + 1)p$, on a

$$m - n' \geqslant m - (m + 1)p,$$

ou
$$m - n' \geqslant m(1 - p) - p,$$

c'est-à-dire
$$m - n' \geqslant mq - p. \qquad (3)$$

Si m devient très grand, les produits mp et mq deviennent aussi très grands, et alors, d'après les inégalités (2) et (3), chacun des deux nombres n' et $m - n'$ devient très grand.

Remarquons de plus qu'on peut écrire la double inégalité

$$(m + 1)p \geqslant n' > mp - q,$$

c'est-à-dire
$$mp + p \geqslant n' > mp - q.$$

On a donc $n' = mp \pm \alpha$, le nombre α étant inférieur à l'unité.

REMARQUE IV. — L'inégalité (2) peut s'écrire, en remarquant que l'on a $p + q = 1$,

$$n'(p + q) > mp - q,$$

et l'on en déduit
$$n'q > (m - n')p - q,$$

ou
$$\frac{n'}{m - n'} > \frac{p}{q} - \frac{1}{m - n'}. \qquad (4)$$

De même, l'inégalité (3) peut s'écrire

$$(m - n')(p + q) \geqslant mq - p,$$

et l'on en déduit

$$(m - n')p - n'q \geqslant -p,$$

ou

$$n'q \leqslant (m - n')p + p,$$

ou encore

$$\frac{n'}{m - n'} \leqslant \frac{p}{q} + \frac{1}{m - n'} \cdot \frac{p}{q}. \tag{5}$$

Les inégalités (4) et (5) peuvent être obtenues directement en écrivant que $t_{n'}$ est supérieur à $t_{n'+1}$ et est aussi supérieur ou au moins égal à $t_{n'-1}$.

On a donc

$$\frac{p}{q} - \frac{1}{m - n'} < \frac{n'}{m - n'} \leqslant \frac{p}{q} + \frac{1}{m - n'} \cdot \frac{p}{q}.$$

Si le nombre m des épreuves successives augmente indéfiniment, il en est de même de chacun des deux nombres n' et $m - n'$; la fraction $\dfrac{1}{m - n'}$ devient alors de plus en plus petite, et les deux membres extrêmes de la double inégalité ci-dessus tendent vers la limite commune $\dfrac{p}{q}$. Le rapport $\dfrac{n'}{m - n'}$, qui est constamment compris entre ces deux membres extrêmes, a donc aussi pour limite la fraction $\dfrac{p}{q}$.

Il résulte de là que lorsque le nombre des épreuves successives devient très grand, le rapport entre le nombre des arrivées de l'événement considéré, *dans la répétition de plus grande probabilité*, et le nombre des arrivées de l'événement contraire, est très voisin du rapport des probabilités de ces deux événements.

Exemple. — *Une urne contient 2 boules blanches et 7 boules rouges. On veut procéder 20 fois de suite à l'extraction d'une boule; quelle est la répétition la plus probable et quelle est la probabilité de cette répétition?*

Si p représente la probabilité de l'extraction d'une boule blanche, on a $p = \dfrac{2}{9}$ et par suite $(m+1)p = 21 \times \dfrac{2}{9}, = \dfrac{42}{9}$.

Le plus grand nombre entier contenu dans cette dernière fraction est 4. Donc, sur une série de 20 épreuves, la répétition dont la probabilité est la plus grande est celle de 4 boules blanches et de 16 boules rouges.

La probabilité de cette répétition a pour valeur le terme t_4 du développement de $(p+q)^m$, c'est-à-dire de $\left(\dfrac{2}{9} + \dfrac{7}{9} \right)^{20}$.

On a

$$t_4 = C_{20}^4 \times \left(\frac{2}{9} \right)^4 \times \left(\frac{7}{9} \right)^{16} = \frac{20 \cdot 19 \cdot 18 \cdot 17}{1 \cdot 2 \cdot 3 \cdot 4} \times \frac{2^4 \cdot 7^{16}}{9^{20}},$$

ou, en simplifiant et effectuant les opérations les plus simples,

$$t_4 = \frac{77520 \times 7^{16}}{9^{20}}.$$

Le calcul se termine aisément à l'aide des logarithmes. En employant les logarithmes à cinq décimales, on obtient

$$\log 77520 = 4,88941,$$
$$16 \log 7 = 13,52160,$$
$$20 \operatorname{colog} 9 = \overline{20},91520,$$
$$\log t_4 = \overline{1},32621.$$

Le nombre qui correspond à ce dernier logarithme est 0,2119. On a donc $t_4 = 0,2119$, ce qui montre que la probabilité cherchée est sensiblement égale à $\dfrac{2}{10}$ ou $\dfrac{1}{5}$.

On obtient de la même façon les résultats suivants, relatifs à des valeurs croissantes du nombre m des extractions successives :

$$\text{Pour} \quad m = 30, \quad n' = 6 \quad \text{et} \quad t_6 = 0,1718 ;$$
$$- \quad m = 40, \quad n' = 9 \quad \text{et} \quad t_9 = 0,1495 ;$$

$$\text{Pour} \quad m = 50, \quad n' = 11 \quad \text{et} \quad t_{11} = 0,1351 ;$$
$$- \quad m = 60, \quad n' = 13 \quad \text{et} \quad t_{13} = 0,1236 ;$$
$$- \quad m = 70, \quad n' = 15 \quad \text{et} \quad t_{15} = 0,1141 ;$$
$$- \quad m = 80, \quad n' = 18 \quad \text{et} \quad t_{18} = t_{17} = 0,1062 ;$$
$$- \quad m = 90, \quad n' = 20 \quad \text{et} \quad t_{20} = 0,1008 ;$$
$$- \quad m = 100, \quad n' = 22 \quad \text{et} \quad t_{22} = 0,0958.$$

Ces résultats montrent que la probabilité maximum $t_{n'}$ diminue quand m augmente. On démontre que cela a lieu dans tous les cas.

A mesure que m grandit, le calcul de la valeur de $t_{n'}$ devient de plus en plus long et l'emploi des tables de logarithmes ne donne pas une approximation suffisante. On est alors obligé de recourir aux procédés de l'algèbre supérieure.

164. Théorème. — *Dans le développement de $(p+q)^m$, le rapport du terme maximum $t_{n'}$ au terme $t_{n'\pm l}$ tend vers l'unité lorsque m devient de plus en plus grand, pourvu que le nombre l ne devienne pas lui-même de plus en plus grand.*

On a en effet

$$t_{n'} = \frac{m(m-1)\ldots(m-n'+1)}{1.2.3\ldots n'} \, p^{n'} q^{m-n'},$$

$$t_{n'+l} = \frac{m(m-1)\ldots(m-n'+1)(m-n')\ldots(m-n'-l+1)}{1.2\ 3\ldots n'(n'+1)(n'+2)\ldots(n'+l)} \, p^{n'+l} q^{m-n'-l},$$

d'où l'on déduit

$$\frac{t_{n'}}{t_{n'+l}} = \frac{(n'+1)(n'+2)\ldots(n'+l)}{(m-n')(m-n'-1)\ldots(m-n'-l+1)} \cdot \frac{q^l}{p^l},$$

ou

$$\frac{t_{n'}}{t_{n'+l}} = \frac{\left(1+\dfrac{1}{n'}\right)\left(1+\dfrac{2}{n'}\right)\cdots\left(1+\dfrac{l}{n'}\right)}{\left(1-\dfrac{1}{m-n'}\right)\left(1-\dfrac{2}{m-n'}\right)\cdots\left(1-\dfrac{l-1}{m-n'}\right)} \cdot \frac{n'^l q^l}{(m-n')^l p^l}.$$

Quand m grandit indéfiniment, les fractions $\dfrac{1}{n'}$ et $\dfrac{1}{m-n'}$ deviennent de plus en plus petites et chacune des parenthèses du premier rapport du second membre tend alors vers l'unité ; par suite, ce rapport tend lui-même vers l'unité puisque, d'après l'hypothèse, ces parenthèses sont en nombre fini. D'autre part, la fraction $\dfrac{n'}{m-n'}$ tend vers $\dfrac{p}{q}$ (Remarque IV, n° 163), d'où il résulte que le rapport $\dfrac{n'q}{(m-n')p}$ tend vers l'unité, ainsi que le rapport $\dfrac{n'^l q^l}{(m-n')^l p^l}$.

Donc, lorsque m grandit indéfiniment et que l reste fini, les deux rapports du second membre de l'égalité ci-dessus tendent chacun vers l'unité, et il en est alors de même de leur produit, c'est-à-dire du rapport $\dfrac{t_{n'}}{t_{n'+l}}$.   C. q. f. d.

Le même raisonnement s'applique au rapport $\dfrac{t_{n'}}{t_{n'-l}}$.

Remarque. — Il résulte de ce théorème que lorsque m devient de plus en plus grand, l restant fini, chacune des répétitions de $n'-l$ fois à $n'+l$ fois l'événement considéré a une probabilité de plus en plus voisine de la probabilité maximum $t_{n'}$.

On en conclut que cette probabilité maximum ne peut pas rester supérieure à un nombre donné α, aussi petit que soit α. En effet, si cela était, on pourrait prendre m suffisamment grand pour que chacun des termes $t_{n'+l}$, $t_{n'+l-1}$, $\ldots$, $t_{n'}$, $t_{n'-1}$, $\ldots$, $t_{n'-l}$ ait une valeur supérieure à un nombre déterminé α' aussi voisin de α qu'on le voudrait ; la somme de ces $2l+1$ termes serait alors supérieure au produit $(2l+1)\alpha'$, produit qui pourrait devenir égal ou supérieur à l'unité pour une valeur suffisamment grande, mais finie, donnée au nombre l. Par suite, dans le développement de $(p+q)^m$ la somme de $2l+1$ termes serait supérieure à l'unité, ce qui est impossible, puisque le développement tout entier est égal à 1. Tous les termes de ce développement sont donc très petits quand m est très grand.

165. Théorème. — *Dans le développement de $(p+q)^m$, le rap-*

port du terme maximum $t_{n'}$ au terme $t_{n'\pm l}$ peut être très grand pourvu qu'on prenne m et l suffisamment grands.

Nous considérerons seulement le rapport $\dfrac{t_{n'}}{t_{n'+l}}$, le même rai-sonnement s'appliquant au rapport $\dfrac{t_{n'}}{t_{n'-l}}$. On a

$$\frac{t_{n'}}{t_{n'+l}} = \frac{(n'+1)(n'+2)\cdots(n'+l)}{(m-n')(m-n'-1)\cdots(m-n'-l+1)} \cdot \frac{q^l}{p^l},$$

d'où l'on déduit, en remplaçant par $m-n'$ chacune des parenthèses du dénominateur,

$$\frac{t_{n'}}{t_{n'+l}} > \frac{(n'+1)(n'+2)\cdots(n'+l)}{(m-n')^l} \cdot \frac{q^l}{p^l}.$$

Cette inégalité sera vraie, à plus forte raison, si nous rempla-çons, dans son second membre, $n'+1$ par le produit $(m+1)p$ qui lui est inférieur (n° 163). On a alors

$$m - n' = m - (m+1)p + 1,$$

ou

$$m - n' = (m+1)(1-p) = (m+1)q,$$

et par suite on peut écrire, en désignant par m' la somme $m+1$,

$$\frac{t_{n'}}{t_{n'+l}} > \frac{m'p(m'p+1)(m'p+2)\cdots(m'p+l-1)}{m''q^l} \cdot \frac{q^l}{p^l},$$

ou

$$\frac{t_{n'}}{t_{n'+l}} > \frac{m'p(m'p+1)(m'p+2)\cdots(m'p+l-1)}{m''p^l},$$

ou encore

$$\frac{t_{n'}}{t_{n'+l}} > \left(1 + \frac{1}{m'p}\right)\left(1 + \frac{2}{m'p}\right)\cdots\left(1 + \frac{l-1}{m'p}\right).$$

Or, le produit des facteurs du second membre est supérieur à la somme

$$1 + \frac{1}{m'p} + \frac{2}{m'p} + \cdots + \frac{l-1}{m'p},$$

et cette somme, que nous représenterons par A, a pour valeur

$$A = 1 + \frac{l(l-1)}{2m'p}.$$

Par suite, si nous faisons voir qu'on peut déterminer l et m de telle façon que le nombre A soit très grand, il en sera de même, à plus forte raison, du rapport $\dfrac{t_{n'}}{t_{n'+l}}$.

Pour cela, il faut que la fraction $\dfrac{l(l-1)}{2m'p}$ puisse devenir très grande quand m devient très grand. Nous allons montrer qu'il en est ainsi lorsqu'on donne à l la valeur déterminée par l'égalité

$$l = k + \sqrt[4]{m^3}, \tag{1}$$

k étant un nombre qui varie avec m, tout en restant inférieur à un nombre déterminé, à l'unité par exemple, et qui est assujetti à rendre entier le second membre de l'égalité (1).

En effet, la fraction considérée peut s'écrire

$$\frac{l(l-1)}{2m'p} = \frac{l^2\left(1 - \dfrac{1}{l}\right)}{2p(m+1)} = \frac{l^2}{2mp} \cdot \frac{1 - \dfrac{1}{l}}{1 + \dfrac{1}{m}}.$$

Quand m devient très grand, l devient aussi très grand, et par suite les fractions $\dfrac{1}{m}$ et $\dfrac{1}{l}$ deviennent très petites. Il en résulte que la fraction $\dfrac{l(l-1)}{2m'p}$ tend alors vers $\dfrac{l^2}{2pm}$. Or, si l'on représente, pour abréger l'écriture, $\sqrt[4]{m}$ par x, on a

$$\frac{l^2}{2pm} = \frac{(k + x^3)^2}{2px^4} = \frac{\left(\dfrac{k}{x^2} + x\right)^2}{2p},$$

et cette dernière fraction a une valeur très grande si le nombre x est très grand, c'est-à-dire si la valeur donnée à m est elle-même très grande.

Donc, le nombre l étant déterminé par l'égalité (1), on peut choisir m suffisamment grand pour que le nombre A soit aussi grand qu'on le veut.

Remarquons toutefois que cela suppose que le terme $t_{n'+l}$ se trouve dans le développement de $(p+q)^m$, c'est-à-dire que l'on a

$$n' + l < m, \qquad \text{ou} \qquad l < m - n'.$$

Or, d'après la Remarque III du n° 163, la différence $m - n'$ est supérieure ou au moins égale à $mq - p$. La condition $l < m - n'$ sera donc satisfaite si l'on a

$$l < mq - p, \qquad \text{ou} \qquad mq > p + l,$$

c'est-à-dire, en remplaçant l et m par leurs valeurs en fonction de x,

$$qx^4 > p + k + x^3,$$

ou encore

$$qx > \frac{p + k}{x^3} + 1,$$

inégalité qui est vraie si x est suffisamment grand.

166. Théorème de Jacques Bernoulli. — *Lorsque le nombre m des épreuves successives qui peuvent produire chaque fois l'arrivée d'un événement de probabilité p devient de plus en plus grand, il y a une probabilité devenant de plus en plus voisine de la certitude :*

1° que le nombre des arrivées de cet événement sera compris entre $mp - l$ et $mp + l$, l étant un nombre d'ordre inférieur à m ;

2° que le rapport du nombre des arrivées de l'événement considéré à celui des arrivées de l'événement contraire différera d'aussi peu que l'on voudra du rapport des probabilités respectives des deux événements.

Pour démontrer ce théorème, nous ferons voir d'abord que dans le développement de $(p + q)^m$ le rapport d'un terme au précédent va constamment en diminuant. On a en effet

$$t_n = C_m^n p^n q^{m-n}, \qquad t_{n+1} = C_m^{n+1} p^{n+1} q^{m-n-1},$$

d'où l'on déduit

$$\frac{t_n}{t_{n+1}} = \frac{C_m^n}{C_m^{n+1}} \cdot \frac{q}{p} = \frac{n+1}{m-n} \cdot \frac{q}{p}.$$

Or, si n diminue, le numérateur du rapport $\dfrac{n+1}{m-n}$ diminue tandis que le dénominateur augmente, et par suite, pour cette double raison, ce rapport diminue. Donc le rapport $\dfrac{t_n}{t_{n+1}}$ décroît en même temps que n.

On peut alors écrire les inégalités suivantes :

$$\frac{t_{n'}}{t_{n'+1}} < \frac{t_{n'+l}}{t_{n'+l+1}},$$

$$\frac{t_{n'+1}}{t_{n'+2}} < \frac{t_{n'+l+1}}{t_{n'+l+2}} \text{ , etc.,}$$

ou

$$\frac{t_{n'}}{t_{n'+l}} < \frac{t_{n'+1}}{t_{n'+l+1}} < \frac{t_{n'+2}}{t_{n'+l+2}} < \cdots < \frac{t_{n'+l}}{t_{n'+2l}}.$$

Or, lorsqu'on a une suite de rapports inégaux, le rapport qui a pour numérateur la somme des numérateurs, et pour dénominateur la somme des dénominateurs, est compris entre le plus grand et le plus petit des rapports donnés ; donc on a

$$\frac{t_{n'}}{t_{n'+l}} < \frac{t_{n'+1} + t_{n'+2} + \cdots + t_{n'+l}}{t_{n'+l+1} + t_{n'+l+2} + \cdots + t_{n'+2l}}.$$

Mais, d'après le théorème précédent, le premier membre de cette inégalité est supérieur au nombre $1 + \dfrac{l(l-1)}{2m'p}$ et ce nombre, que nous avons représenté par A, peut devenir aussi grand qu'on le veut, pourvu que m et l deviennent eux-mêmes suffisamment grands. Le second membre de cette inégalité est, *a fortiori*, supérieur à A, et l'on en déduit

$$t_{n'+1} + t_{n'+2} + \cdots + t_{n'+l} > A\,(t_{n'+l+1} + t_{n'+l+2} + \cdots + t_{n'+2l}).$$

Considérons tous les groupes de l termes qu'on peut former à partir du terme $t_{n'+l+1}$ jusqu'au premier terme $t_{m'}$. La somme des termes de chacun de ces groupes est plus petite que la somme des termes du groupe précédent, car les termes vont en diminuant, et par suite la somme $t_{n'+1} + t_{n'+2} + \cdots + t_{n'+l}$ est supérieure à chacun des produits obtenus en multipliant A par chacune des sommes de ces divers groupes.

Soit N le nombre de ces groupes, le dernier pouvant contenir un nombre de termes inférieur à l ; on aura

$$N(t_{n'+1} + t_{n'+2} + \cdots + t_{n'+l}) > A(t_{n'+l+1} + t_{n'+l+2} + \cdots + t_m). \quad (1)$$

Un raisonnement identique conduit à l'inégalité

$$N'(t_{n'-1} + t_{n'-2} + \cdots + t_{n'-l}) > A'(t_{n'-l-1} + t_{n'-l-2} + \cdots + t_0). \quad (2)$$

Les termes qui suivent $t_{n'}$ dans le développement de $(p+q)^m$, le précèdent dans celui de $(q+p)^m$; par suite, N' et A' se calculent en remplaçant p par q dans N et A. Il est aisé de voir que si p est inférieur à q, on a $N > N'$ et $A > A'$. Dans ce cas, les inégalités (1) et (2) sont vraies, $a\ fortiori$, si l'on remplace A par A' dans la première et N par N' dans la seconde. Ajoutons membre à membre les deux inégalités ainsi modifiées ; nous aurons, en désignant par S la somme des termes du développement de $(p+q)^m$ depuis $t_{n'+l}$ jusqu'à $t_{n'-l}$, et par R la somme des autres termes,

$$NS > A'R.$$

Or on a $S + R = (p+q)^m = 1^m = 1$, d'où $R = 1 - S$, et par suite il vient

$$NS > A'(1 - S),$$

ou
$$S(N + A') > A',$$

ou encore
$$S > \frac{A'}{A' + N},$$

c'est-à-dire
$$S > \frac{1}{1 + \dfrac{N}{A'}}.$$

Or N, nombre des groupes de l termes du développement de $(p+q)^m$ depuis t_m jusqu'à $t_{n'+l}$, est le nombre entier égal ou immédiatement supérieur au quotient $\dfrac{m - n' - l}{l}$. On a donc

$$N < \frac{m - n' - l}{l} + 1,$$

c'est-à-dire
$$N < \frac{m - n'}{l},$$

ou, en remplaçant le nombre n' par la différence $mp - q$ qui lui est inférieure (Remarque III, n° 163),

$$N < \frac{m(1-p)+q}{l},$$

ou encore

$$N < \frac{(m+1)q}{l}.$$

On a donc

$$\frac{N}{\Lambda} < \frac{(m+1)q}{l} \cdot \frac{2m'q}{2m'q + l(l-1)},$$

ou, en remplaçant l par sa valeur en fonction de m donnée par la formule (1) du théorème précédent et en représentant $\sqrt[4]{m}$ par x,

$$\frac{N}{\Lambda} < \frac{2q^2(x^4+1)^2}{(x^3+k)[2q(x^4+1)+(x^3+k)(x^3+k-1)]},$$

ce qu'on peut écrire, en divisant par x^8 les deux termes de la fraction du second membre,

$$\frac{N}{\Lambda} < \frac{2q^2\left(1+\dfrac{1}{x^4}\right)^2}{\left(1+\dfrac{k}{x^3}\right)\left[2q\left(\dfrac{1}{x}+\dfrac{1}{x^5}\right)+\left(1+\dfrac{k}{x^3}\right)\left(x+\dfrac{k-1}{x^2}\right)\right]}.$$

Quand m augmente indéfiniment, il en est de même de x et les fractions qui ont pour dénominateurs des puissances de x tendent vers zéro. Par suite, dans le second membre de cette dernière inégalité, le numérateur tend vers $2q^2$ et le dénominateur vers x; ce second membre devient donc de plus en plus petit.

Il résulte de cela que le rapport $\dfrac{N}{\Lambda'}$ devient très petit quand m devient très grand; le rapport $\dfrac{1}{1+\dfrac{N}{A'}}$ peut donc être aussi voisin de l'unité qu'on le désire, et il en est de même de la somme S, qui est inférieure à 1 mais qui est supérieure à ce rapport.

Désignons par S′ la somme des termes du développement de $(p+q)^m$ dans lesquels l'exposant de p est compris entre $mp+l$ et $mp-l$. Le nombre n' différant de moins d'une unité du produit mp, les deux sommes S et S' ne diffèrent que par un nombre fini de termes du développement en question. Par suite, comme chacun de ces termes est très petit quand m est très grand, la différence entre S et S' peut devenir aussi petite qu'on le veut, et on en conclut que la somme S' tend vers l'unité quand m devient de plus en plus grand.

Or, d'après le théorème du n° 162, S' est la probabilité que le nombre des arrivées de l'événement considéré sera compris entre $mp+l$ et $mp-l$; cette probabilité a donc pour limite la certitude, et cela démontre la première partie du théorème.

Il reste à faire voir que dans ces conditions le rapport du nombre des arrivées de l'événement considéré au nombre des arrivées de l'événement contraire sera aussi voisin qu'on le désire du rapport $\dfrac{p}{q}$.

En effet, il y a une probabilité aussi voisine de la certitude qu'on le veut que ce rapport sera compris entre

$$\frac{mp+l}{m-(mp+l)} \qquad \text{et} \qquad \frac{mp-l}{m-(mp-l)},$$

c'est-à-dire entre

$$\frac{mp+l}{mq-l} \qquad \text{et} \qquad \frac{mp-l}{mq+l}.$$

Or on a

$$\frac{mp+l}{mq-l} > \frac{p}{q} > \frac{mp-l}{mq+l},$$

et la différence entre les deux rapports extrêmes de cette double inégalité a pour valeur

$$\frac{2m(p+q)l}{m^2q^2-l^2}, \qquad \text{ou} \qquad \frac{2ml}{m^2q^2-l^2},$$

c'est-à-dire, d'après les notations précédentes,

$$\frac{2x^4(x^3+k)}{q^2x^8-(x^3+k)^2}, \qquad \text{ou} \qquad \frac{2\left(1+\dfrac{k}{x^3}\right)}{q^2x-\dfrac{1}{x}\left(1+\dfrac{k}{x^3}\right)^2}.$$

Cette différence tend vers zéro quand x devient de plus en plus grand. Par conséquent les deux rapports $\dfrac{mp + l}{mq - l}$ et $\dfrac{mp - l}{mq + l}$

sont aussi voisins qu'on le veut du rapport $\dfrac{p}{q}$ qui est compris

entre les deux, et cela démontre la deuxième partie du théorème.

REMARQUE I. — Le nombre l qui croît avec m ne doit pas être *nécessairement* déterminé par la formule (1) du n° 165, formule qui nous a permis d'établir simplement le théorème de Bernoulli. Ainsi on démontre que si l'on prend

$$l = k\sqrt{2pqm},$$

k restant fini lorsque m devient de plus en plus grand, la probabilité que le nombre des arrivées de l'événement considéré sera compris entre $mp - l$ et $mp + l$ devient d'autant plus voisine de l'unité que k est plus grand.

Si k est égal à 3, on trouve que cette probabilité a pour valeur 0,999977909 .... Pour $k = 4$, cette même probabilité a pour valeur 0,999999984 ....

REMARQUE II. — Le théorème de Bernoulli permet d'obtenir la probabilité inconnue d'un événement par l'observation des résultats fournis par un très grand nombre d'épreuves successives pouvant produire chaque fois l'arrivée de l'événement considéré ou bien celle de l'événement contraire.

Si sur un total de m épreuves l'événement considéré est arrivé n fois et l'événement contraire $m - n$ fois, et si m est très

grand, le quotient $\dfrac{n}{m - n}$ sera une valeur approchée du rap-

port $\dfrac{p}{1 - p}$, p désignant la probabilité inconnue. On en

conclut que $\dfrac{n}{m}$ est une valeur approchée de p.

Une analyse plus complète permet de calculer un nombre α tel qu'il y a une probabilité aussi voisine qu'on le veut de la cer-

titude que la valeur exacte de p est comprise entre $\dfrac{n}{m} - \alpha$

et $\dfrac{n}{m} + \alpha$.

Les probabilités ainsi déterminées sont appelées probabilités *a posteriori*, par opposition aux probabilités connues, qui sont quelquefois appelées probabilités *a priori*.

JEUX DE HASARD

167. On appelle *jeu de hasard* toute opération dans laquelle une ou plusieurs personnes avancent une certaine somme d'argent appelée *mise*, dans l'espoir de recevoir une somme plus forte si un événement plus ou moins probable vient à se produire, la mise étant perdue pour le joueur si cet événement n'arrive pas.

Si l'événement attendu arrive, c'est-à-dire si le joueur *gagne*, on appelle *gain* la différence entre sa mise et la somme qu'il reçoit.

Le calcul des probabilités sert de base à tous les calculs relatifs aux jeux de hasard ; il permet de déterminer les *chances* et les *risques* du joueur.

L'événement attendu par le joueur peut être très probable et ne pas arriver lors d'une première épreuve, ni même pendant un grand nombre d'épreuves consécutives. Toutefois, d'après le théorème de Bernoulli, si le nombre des épreuves devient très grand, il y a presque certitude que le rapport du nombre des arrivées de cet événement à celui des arrivées de l'événement contraire sera très voisin du rapport des probabilités respectives des deux événements.

Ainsi, supposons qu'une urne contienne deux boules noires et cinq boules blanches, et qu'un joueur engage une certaine somme d'argent sur l'extraction d'une boule blanche. La probabilité de sortir une boule blanche, $\dfrac{5}{7}$, est plus grande que celle de sortir une boule noire, $\dfrac{2}{7}$, et cependant le joueur peut perdre, non seulement une fois, mais 2, 3, 4, ... n fois de suite. Toutefois, si le nombre des épreuves devient de plus en plus grand, le joueur finira certainement par gagner, et le rapport du nombre d'extractions d'une boule blanche au nombre d'extractions d'une boule noire pourra devenir aussi voisin qu'on le voudra du rapport $\dfrac{5/7}{2/7}$, c'est-à-dire $\dfrac{5}{2}$.

Ajoutons que cela suppose que le joueur est suffisamment riche pour pouvoir supporter la mauvaise fortune pendant un grand nombre d'épreuves consécutives.

En sus des jeux de hasard, tels que les jeux de *dés*, *pile ou face*, *pair ou impair*, *les loteries*, *le baccarat*, etc., on distingue des *jeux mixtes*, dans lesquels un joueur habile peut augmenter ses chances ou diminuer ses risques par des combinaisons dont le succès lui paraît plus ou moins probable. Tels sont le *trictrac*, les *dominos*, l'*écarté*, le *piquet*, etc.

168. Jeu équitable. Espérance mathématique. — On dit qu'un jeu est *équitable* lorsque, après un grand nombre de *parties*, la perte moyenne ou le gain moyen du joueur est très faible et tend vers zéro si le nombre des parties croît indéfiniment, les conditions et les probabilités du jeu restant les mêmes dans ces diverses parties.

On appelle *espérance mathématique* du joueur le produit de la somme qu'il a l'espoir de recevoir par la probabilité qu'il a de gagner la partie.

Nous désignerons par a la mise du joueur dans une partie où il espère toucher une somme s si un événement de probabilité p vient à se produire. L'espérance mathématique est égale à ps. Nous supposerons que le nombre m des parties successives peut devenir très grand, et nous démontrerons le théorème suivant :

Théorème. — *Pour qu'un jeu soit équitable, il faut et il suffit que la mise du joueur soit égale à son espérance mathématique.*

En effet, si le nombre m des parties jouées devient très grand, il y a une probabilité aussi grande que l'on voudra que le joueur gagnera un nombre de fois compris entre $mp + l$ et $mp - l$, l étant un nombre déterminé comme il a été dit dans le théorème de Bernoulli. Ce joueur retirera donc une somme comprise entre $mps + ls$ et $mps - ls$. D'autre part, la somme de ses mises est ma, et par suite sa perte ou son gain final, que nous désignerons par f, sera compris entre

$$mps + ls - ma \qquad \text{et} \qquad mps - ls - ma.$$

On peut donc écrire

$$mps + ls > f + ma > mps - ls,$$

ou

$$ps + \frac{l}{m}s > \frac{f}{m} + a > ps - \frac{l}{m}s. \qquad (1)$$

Quand m croît indéfiniment, $\dfrac{l}{m}$ tend vers zéro, car on a, d'après la formule (1) du n° 165, $\dfrac{l}{m} = \dfrac{k}{m} + \sqrt{\dfrac{1}{m}}$, expression qui devient de plus en plus petite quand m devient de plus en plus grand. Il résulte de là que le produit $\dfrac{l}{m}s$ tend aussi vers zéro, pourvu que la somme s qu'espère toucher le joueur ne soit pas infinie.

D'autre part, si le jeu est équitable, la fraction $\dfrac{f}{m}$, qui représente la perte ou le gain moyen, tend également vers zéro quand m croît indéfiniment. Par suite, lorsque m devient très grand, la double inégalité (1) ne peut avoir lieu que si l'on a $a = ps$.

Donc, si le jeu est équitable, la mise du joueur doit être égale à son espérance mathématique. Inversement, si l'on a $a = ps$, la double inégalité (1) montre que la perte ou le gain moyen du joueur est compris entre $\dfrac{l}{m}s$ et $-\dfrac{l}{m}s$, quantités qui tendent vers zéro quand m croît indéfiniment, à la condition que s ne soit pas infini.

Donc, si l'on a $a = ps$, le jeu est équitable et par suite le théorème se trouve démontré.

REMARQUE I. — Dans chacune des parties successives d'un même jeu, au lieu d'attendre un seul des événements qui peuvent arriver, le joueur peut miser sur plusieurs événements. La mise du joueur doit alors être égale au total des espérances mathématiques relatives aux sommes que peuvent produire les arrivées de ces divers événements.

En effet, au lieu d'un seul joueur, on peut supposer plusieurs joueurs misant chacun sur l'un des événements considérés. Chacune des mises doit être égale à l'espérance mathématique correspondante, et par suite la mise totale est bien la somme des espérances mathématiques.

Ainsi, soient p et p' les probabilités de deux des événements qui peuvent arriver dans un jeu de hasard, et soient s et s' les sommes attendues par un joueur si ces événements arrivent en réalité ; la mise du joueur doit être égale à $ps + p's'$.

REMARQUE II. — Si l'une ou plusieurs des sommes s attendues par le joueur peuvent devenir très grandes, le théorème précédent n'est plus applicable. En effet, la double inégalité (1) ne conduit à $a = ps$ que si $\dfrac{l}{m}s$ tend vers zéro quand m croît indéfiniment, ce qui n'aura pas lieu si s peut devenir d'un ordre de grandeur égal ou supérieur à celui de $\sqrt[4]{m}$, car on a

$$\frac{l}{m}\,s = \frac{ks}{m} + \frac{s}{\sqrt[4]{m}}\,.$$

Ainsi, supposons qu'une personne joue à pile ou face jusqu'à ce qu'elle ait gagné, et qu'elle retire 1^{fr} si elle gagne la première partie, 2^{fr} si elle gagne la seconde, 4^{fr} si elle gagne la troisième, et ainsi de suite en doublant toujours.

Cette personne finira certainement par gagner après un nombre limité de parties. En effet, la probabilité de gain à chaque partie est $\dfrac{1}{2}$, et par suite la probabilité qu'elle gagnera au moins une fois dans une suite de m épreuves est égale à la somme des m premiers termes du développement de $\left(\dfrac{1}{2} + \dfrac{1}{2}\right)^{m}$ (n° 160), c'est-à-dire est égale à tout le développement moins le dernier terme

$$1 - \left(\frac{1}{2}\right)^{m},$$

ou

$$\frac{2^{m} - 1}{2^{m}}.$$

Or, si l'on a seulement $m = 10$, cette probabilité est égale à $\frac{1023}{1024}$ ou $0,99902\ldots$ C'est presque la certitude.

Par conséquent, si la personne en question mise à chaque épreuve une somme égale à son espérance mathématique, c'est-à-dire $0^{fr},50$ à la première partie, 1^{fr} à la seconde, 2^{fr} à la troisième, etc., elle a une probabilité très voisine de la certitude de gagner $0^{fr},50$ après un nombre limité de parties. Le jeu n'est donc plus équitable.

REMARQUE III. — Si le nombre m des parties successives devient très grand, il y a presque certitude que la perte ou le gain final est compris entre

$$mps + ls - ma \qquad \text{et} \qquad mps - ls - ma.$$

Supposons que la mise a soit égale à l'espérance mathématique ps ; ces deux limites deviennent ls et $-ls$, et il y a autant de chances pour que le joueur fasse un gain compris entre 0 et ls, ou éprouve une perte comprise entre les mêmes limites.

Or, si m est très grand il en est de même de l, et par suite, aussi grande que soit la fortune du joueur, le produit ls peut devenir supérieur à cette fortune. La perte du joueur peut donc égaler sa fortune et alors ce joueur se trouve ruiné. Cette éventualité se produira certainement dans le cas d'un *joueur de profession*, ainsi que le démontre rigoureusement une théorie plus complète.

Supposons en second lieu que la mise du joueur soit supérieure à son espérance mathématique : $a = ps + \alpha$. La perte ou le gain final est alors compris entre

$$ls - m\alpha \qquad \text{et} \qquad -ls - m\alpha,$$

ou entre

$$m\left(\frac{l}{m} s - \alpha\right) \qquad \text{et} \qquad m\left(-\frac{l}{m} s - \alpha\right).$$

Or, si m devient très grand et si la somme s qu'espère toucher le joueur ne devient pas très grande, le produit $\dfrac{l}{m} s$ tend vers zéro, et par suite le joueur éprouve une perte qui tend vers $m\alpha$, c'est-à-dire qui devient de plus en plus grande.

Supposons enfin que la mise du joueur soit inférieure à son espérance mathématique : $a = ps - \alpha$. La perte ou le gain final est alors compris entre $m\left(\dfrac{l}{m} s + \alpha\right)$ et $m\left(-\dfrac{l}{m} s + \alpha\right)$, d'où un bénéfice certain qui tend vers $m\alpha$ quand m devient très grand.

En résumé, un *joueur de profession* est sûr de se ruiner si sa mise est égale ou supérieure à son espérance mathématique, et il est sûr de s'enrichir si sa mise est inférieure à son espérance mathématique. Ce dernier cas est celui des spéculateurs qui exploitent les établissements de jeux où les *naïfs*, pour ne pas les appeler autrement, s'entêtent à miser des sommes toujours supérieures à leurs espérances mathématiques.

Être dupe ou coquin, dit M. Laurent dans sa Théorie des jeux de hasard (Gauthier-Villars, éditeur), *tel est l'état du joueur de profession*. C'est la seule moralité qu'on puisse tirer de cette étude.

169. Jeu équitable entre deux joueurs. — Considérons deux joueurs engagés l'un contre l'autre dans une partie équitable. Désignons par a et b leurs mises respectives, et par p et q les probabilités qu'ils ont de gagner.

Si le premier joueur gagne la partie, il recevra la somme $a + b$, et par suite son espérance mathématique est égale à $p(a + b)$. De même, l'espérance mathématique du second joueur est égale à $q(a + b)$

La partie étant supposée équitable, les mises sont égales aux espérances mathématiques correspondantes. Donc on a

$$a = p(a + b), \qquad b = q(a + b),$$

d'où l'on déduit

$$a + b = \frac{a}{p} = \frac{b}{q},$$

ce qui montre que *les mises sont proportionnelles aux probabilités*.

On peut donc écrire

$$bp = aq.$$

Or b est ce qu'espère gagner le premier joueur, et par suite bp est l'espérance mathématique de ce gain éventuel. De même, aq est l'espérance mathématique du gain éventuel du second joueur. On peut donc énoncer la conclusion suivante :

Lorsqu'un jeu est équitable entre deux joueurs, les espérances mathématiques de leurs gains éventuels sont égales.

Ceci posé, supposons que les deux joueurs considérés, possédant respectivement A^{fr} et B^{fr}, soient engagés l'un contre l'autre dans un jeu équitable, et cherchons quelles sont les probabilités p et q que l'un des deux joueurs ruinera l'autre.

Les espérances mathématiques de leurs gains éventuels sont respectivement égales à pB et qA, et l'on doit avoir

$$pB = qA,$$

d'où l'on déduit

$$\frac{p}{A} = \frac{q}{B} = \frac{p+q}{A+B} = \frac{1}{A+B},$$

et par suite

$$p = \frac{A}{A+B}, \qquad q = \frac{B}{A+B}.$$

Telles sont les probabilités demandées. Elles montrent que *le joueur le plus riche ruinera probablement l'autre*, car p est supérieur ou inférieur à q suivant que A est plus grand ou plus petit que B.

REMARQUE. — Deux joueurs engagés dans un jeu équitable peuvent être obligés d'interrompre ce jeu, alors qu'il leur reste un certain nombre de parties à faire pour savoir quel est celui qui a gagné l'enjeu.

Il importe alors de savoir partager cet enjeu entre les deux joueurs.

Supposons que ce soit le premier joueur seul qui soit obligé de se retirer. S'il trouve une personne qui consente à le remplacer, le jeu se poursuivra sans aucun changement pour le second joueur. Le nouveau joueur va courir la chance de gagner l'enjeu en question et par suite, puisque le jeu est équitable, il doit payer cette chance avec une somme égale à son espérance mathématique, c'est-à-dire égale au produit de l'enjeu par la probabilité qu'avait le premier joueur de gagner la partie s'il avait pu continuer. Cette somme est donc ce que devra recevoir le joueur qui quitte la partie.

Il résulte de là que *lorsque le jeu est interrompu, les joueurs doivent se partager l'enjeu proportionnellement aux probabilités respectives qu'ils auraient de gagner s'ils continuaient la partie.*

Supposons, par exemple, que deux joueurs se soient engagés à jouer un certain nombre de parties dans chacune desquelles les probabilités respectives qu'ils ont de gagner sont p et q, et supposons en outre que ces deux joueurs soient obligés d'interrompre le jeu au moment où le premier joueur devrait encore gagner m parties, et le second joueur n parties, pour pouvoir toucher l'enjeu. Proposons-nous de faire le partage de cet enjeu.

Le nombre N des parties que les deux joueurs ont encore à faire est égal à $m + n - 1$. Considérons le développement

$$(p + q)^{\mathrm{N}} = p^{\mathrm{N}} + \frac{1}{\mathrm{N}} \, p^{\mathrm{N}-1} q + \frac{\mathrm{N}(\mathrm{N} - 1)}{1 \cdot 2} p^{\mathrm{N}-2} q^2 + \cdots$$

D'après le théorème du n° 160, la somme des n premiers termes de ce développement est la probabilité que le premier joueur gagnera au moins $\mathrm{N} - n + 1$ parties, c'est-à-dire

$$m + n - 1 - n + 1 \qquad \text{ou} \qquad m \text{ parties,}$$

c'est-à-dire gagnera l'enjeu.

De même, la somme des m derniers termes est la probabilité que le second joueur gagnera l'enjeu.

L'enjeu doit donc être partagé proportionnellement à ces deux sommes.

ÉTUDE DE QUELQUES JEUX

170. Nous allons appliquer les considérations qui précèdent à l'étude de quelques jeux de hasard. Cette étude se ramène à la détermination de la probabilité de gain du joueur dans chacun de ces jeux. Mais, dans la plupart des cas, simples en apparence, cette détermination est très compliquée et exige des calculs laborieux, ainsi que l'emploi des méthodes de l'algèbre supérieure ; nous n'examinerons donc que quelques cas très simples.

171. Tirages dans une urne. — Parmi les nombreux jeux auxquels peuvent donner lieu ces tirages, nous traiterons l'exemple suivant :

Une urne contient trois boules blanches et sept boules noires. Un joueur tire successivement deux boules de cette urne, et reçoit 12^{fr} *si les deux boules tirées sont blanches, 3^{fr} si l'une d'elles seulement est blanche. Quelle doit être la mise de ce joueur ?*

La probabilité de sortir successivement deux boules blanches est une probabilité composée qui est égale à

$$\frac{3}{10} \times \frac{2}{9}, \quad \text{c'est-à-dire} \quad \frac{1}{15}.$$

De même, la probabilité de sortir d'abord une blanche, puis une noire, est égale à

$$\frac{3}{10} \times \frac{7}{9}, \quad \text{c'est-à-dire} \quad \frac{7}{30}.$$

La probabilité de sortir d'abord une noire, puis une blanche, est égale à

$$\frac{7}{10} \times \frac{3}{9}, \quad \text{c'est-à-dire} \quad \frac{7}{30}.$$

Donc la probabilité de sortir une blanche seulement dans l'un des deux tirages est la somme de ces deux dernières probabilités, c'est-à-dire $\frac{7}{15}$.

Les espérances mathématiques du joueur, relatives aux deux sommes éventuelles 12^{fr} et 3^{fr}, sont donc respectivement égales à

$$\frac{1}{15} \times 12 \qquad \text{et} \qquad \frac{7}{15} \times 3.$$

ou

$$\frac{4}{5} \qquad\qquad \text{et} \qquad\qquad \frac{7}{5}.$$

Par suite, la mise de ce joueur doit être égale à

$$\frac{4}{5} + \frac{7}{5} \quad \text{ou} \quad \frac{11}{5}, \quad \text{c'est-à-dire } 2^{\text{fr}},20.$$

172. Pile ou face. — On appelle ainsi le jeu qui consiste à jeter en l'air une pièce de monnaie. L'un des joueurs nomme un des côtés de la pièce, et gagne si la pièce montre ce côté lorsqu'elle est tombée.

Ce jeu donne lieu à plusieurs combinaisons qui sont autant de jeux différents ; nous allons en traiter un exemple.

Deux personnes jouent à pile ou face. La première joue trois fois de suite, et gagne l'enjeu dès qu'elle amène face. Si la première personne ne gagne pas, la seconde joue cinq fois de suite, et gagne l'enjeu dès qu'elle amène face. Si elle ne gagne pas, le premier joueur recommence à jouer trois fois, et ainsi de suite. La mise du premier joueur étant de 12 francs, quelle doit être celle du second joueur pour que le jeu soit équitable ?

Cherchons quelle est la probabilité que le premier joueur gagne lorsqu'il joue pour la n^e fois sa série de trois coups. Pour cela, il faut d'abord que l'on n'ait pas amené face pendant les $8(n-1)$ coups qui ont été déjà joués ; il faut donc avoir amené constamment pile, et la probabilité de cette répétition est $\left(\dfrac{1}{2}\right)^{8(n-1)}$. Il faut de plus que le premier joueur amène au moins une fois face dans l'un des trois coups qu'il va jouer, et la probabilité de cet événement est la probabilité complémentaire de celle d'amener trois fois pile, c'est-à-dire est égale à

$$1 - \left(\frac{1}{2}\right)^3, \quad \text{ou} \quad \frac{2^3 - 1}{2^3}, \quad \text{ou} \quad \frac{7}{2^3}.$$

Par suite, la probabilité cherchée est une probabilité composée qui est égale au produit

$$\left(\frac{1}{2}\right)^{8(n-1)} \times \frac{7}{2^3}, \quad \text{c'est-à-dire} \quad \frac{7}{2^{3+8(n-1)}}.$$

La probabilité totale que le premier joueur gagnera la partie s'obtiendra donc en remplaçant successivement dans cette expression n par 1, 2, 3, ... et en faisant la somme des fractions obtenues, ce qui donne

$$\frac{7}{2^3} + \frac{7}{2^{11}} + \frac{7}{2^{19}} + \cdots,$$

ou

$$7\left(\frac{1}{2^3} + \frac{1}{2^{11}} + \frac{1}{2^{19}} + \cdots\right),$$

c'est-à-dire, en appliquant la formule $\dfrac{a}{1-q}$ qui donne la limite de la somme des termes d'une progression géométrique décroissante,

$$\frac{7 \times \frac{1}{2^3}}{1 - \frac{1}{2^8}}, \qquad \text{ou} \qquad \frac{7 \times 2^5}{2^8 - 1}, \qquad \text{ou} \qquad \frac{224}{2^8 - 1}.$$

On trouve de même que la probabilité que le second joueur gagne lorsqu'il joue pour la n^e fois sa série de cinq coups est égale à

$$\left(\frac{1}{2}\right)^{3+8(n-1)} \times \left(1 - \frac{1}{2^5}\right),$$

c'est-à-dire

$$\frac{2^5 - 1}{2^{8+8(n-1)}}, \qquad \text{ou} \qquad \frac{31}{2^{8n}} \, ;$$

et par suite sa probabilité totale de gain est la somme

$$\frac{31}{2^8} + \frac{31}{2^{16}} + \frac{31}{2^{24}} + \cdots,$$

ou

$$31 \, \frac{\frac{1}{2^8}}{1 - \frac{1}{2^8}}, \qquad \text{c'est-à-dire} \qquad \frac{31}{2^8 - 1}.$$

Il est aisé de voir que les deux probabilités totales ainsi trouvées sont complémentaires. On a en effet

$$\frac{224}{2^8 - 1} + \frac{31}{2^8 - 1} = \frac{255}{256 - 1} = \frac{255}{255} = 1.$$

Le jeu étant équitable, les mises doivent être proportionnelles aux probabilités. On a donc, en désignant par x la mise demandée,

$$\frac{12}{x} = \frac{224}{31},$$

d'où l'on déduit

$$x = \frac{12 \times 31}{224} = 1^{fr},66.$$

173. Pair ou impair. — On appelle ainsi le jeu qui consiste à deviner si le nombre des objets qu'un joueur tient dans la main est pair ou impair.

Ainsi, supposons qu'un joueur plongeant la main dans un sac qui contient des billes en retire au hasard un certain nombre ; nous allons montrer que l'adversaire de ce joueur a un léger avantage à parier pour un nombre impair.

En effet, si m est le nombre des billes contenues dans le sac, et si l'on suppose que le premier joueur puisse prendre, s'il le veut, toutes les billes dans la main, et en prenne au moins une, le nombre de tous les cas qui peuvent se présenter est égal au nombre total des combinaisons des m billes une à une, deux à deux, trois à trois, etc., m à m, c'est-à-dire

$$N = C_m^1 + C_m^2 + C_m^3 + \cdots + C_m^m.$$

Le nombre des cas favorables à un nombre impair de billes est

$$C_m^1 + C_m^3 + C_m^5 + \cdots$$

Le nombre des cas favorables à un nombre pair est

$$C_m^2 + C_m^4 + C_m^6 + \cdots$$

Or, si dans la formule qui donne le développement du binome (n° 75) on fait $x = 1$ et $a = -1$, on obtient

$$(1 - 1)^m = 0 = 1 - C_m^1 + C_m^2 - C_m^3 + C_m^4 - \cdots$$

d'où l'on déduit

$$C_m^1 + C_m^3 + C_m^5 + \cdots = 1 + C_m^2 + C_m^4 + C_m^6 + \cdots$$

et par suite

$$\frac{C_m^1 + C_m^3 + \cdots}{N} = \frac{1}{N} + \frac{C_m^2 + C_m^4 + \cdots}{N},$$

ou

$$\frac{C_m^1 + C_m^3 + \cdots}{N} > \frac{C_m^2 + C_m^4 + \cdots}{N}.$$

La probabilité de retirer un nombre impair de billes est donc supérieure à celle d'en retirer un nombre pair.

La différence des deux probabilités est $\dfrac{1}{N}$, différence d'autant plus faible que le nombre des billes est plus grand.

174. Loterie. — On appelle ainsi tout jeu de hasard où, en échange de mises, on reçoit des billets numérotés. Celui ou ceux de ces billets qui sortent lorsque le tirage a lieu donnent droit à un *lot* supérieur à la mise.

L'ancienne loterie de France, constituée en 1762 et supprimée en 1836, se composait de 90 numéros et le tirage s'en faisait par cinq numéros à chaque fois. A cet effet, des roues étaient installées dans différentes villes et un tirage avait lieu tous les dix jours.

Avant le tirage, chaque joueur pouvait mettre sa mise soit sur un seul numéro soit sur plusieurs, et, dans ce second cas, la sortie des numéros désignés devait avoir lieu soit dans un ordre quelconque, soit dans un ordre déterminé. Si les prévisions du joueur se réalisaient, il gagnait un lot dont l'importance augmentait avec la probabilité de perte.

Problème général. — Supposons que la loterie se compose de m numéros et qu'on en tire successivement p au hasard. Cherchons la probabilité que parmi ces p numéros il y en ait n désignés à l'avance, ces n numéros étant sortis dans n'importe quel ordre.

Puisque parmi m numéros on en prend p au hasard, sans considération d'ordre, le nombre total des cas qui peuvent se présenter est égal au nombre des combinaisons de m lettres p à p, C_m^p. D'autre part, le nombre des cas favorables à la sortie des n numéros désignés est égal au nombre des combinaisons $p-n$ à $p-n$ des $m-n$ numéros non désignés, C_{m-n}^{p-n}; car, si dans chacune des combinaisons p à p qui contiennent les n numéros désignés, on supprime ces n numéros, il reste évidemment les combinaisons $p-n$ à $p-n$ des $m-n$ numéros non désignés.

La probabilité cherchée est donc égale au quotient $\dfrac{C_{m-n}^{p-n}}{C_m^p}$. Or on a

$$\frac{C_{m-n}^{p-n}}{C_m^p} = \frac{C_{m-n}^{m-p}}{C_m^{m-p}} = \frac{(m-n)(m-n-1)\ldots(p-n+1)}{m(m-1)\ldots(p+1)},$$

et cette dernière fraction peut s'écrire

$$\frac{(m-n)(m-n-1)\ldots(p+1)p(p-1)\ldots(p-n+1)}{m(m-1)\ldots(m-n+1)(m-n)\ldots(p+1)},$$

ou, en simplifiant,

$$\frac{p(p-1)\ldots(p-n+1)}{m(m-1)\ldots(m-n+1)}, \qquad \text{c'est-à-dire} \qquad \frac{C_p^n}{C_m^n}.$$

La probabilité demandée a donc pour valeur ce dernier rapport.

En second lieu, cherchons la probabilité que chacun des n numéros désignés sorte à une place indiquée à l'avance.

Puisqu'on fait intervenir l'ordre des p numéros sortis, le nombre total des cas qui peuvent se présenter est alors égal au nombre des arrangements de m lettres p à p. D'autre part on voit, comme précédemment, que le nombre des cas favorables à la sortie attendue est égal au nombre des arrangements $p-n$ à $p-n$ des $m-n$ numéros non désignés. La probabilité cherchée est donc égale au quotient $\dfrac{A_{m-n}^{p-n}}{A_m^p}$.

Or on a

$$\frac{A_{m-n}^{p-n}}{A_m^p} = \frac{(m-n)(m-n-1)\ldots(m-p+1)}{m(m-1)\ldots(m-n+1)(m-n)\ldots(m-p+1)} = \frac{1}{A_m^n}.$$

La probabilité cherchée a donc pour valeur ce dernier rapport.

APPLICATION A L'ANCIENNE LOTERIE DE FRANCE. — Dans la loterie de France, le joueur pouvait désigner 1, ou 2, ou 3, ou 4 numéros ; c'était ce qu'on appelait jouer l'*extrait*, l'*ambe*, *le terne* et le *quaterne*. On ne jouait pas le *quine*, qui consistait à désigner cinq numéros. L'extrait et l'ambe pouvaient être *simples* ou *déterminés*. Cherchons la probabilité de chacun de ces jeux.

1° *Extrait simple*. — Pour jouer l'extrait simple, on désignait à l'avance un seul numéro, et si ce numéro était l'un des cinq numéros sortis, le joueur recevait 15 fois sa mise.

Dans une pareille opération, la probabilité de gain est

$$\frac{C_5^1}{C_{90}^1} = \frac{5}{90} = \frac{1}{18}.$$

En toute équité le gagnant aurait donc dû recevoir 18 fois sa mise, au lieu de 15 fois.

Donc, sur 18^{fr} l'État faisait un bénéfice de 3^{fr} et par suite le tant pour cent du bénéfice était $\dfrac{3 \times 100}{18} = 16\ 2/3\ °/_\circ$.

2° *Extrait déterminé*. — Pour jouer l'extrait déterminé, on désignait à l'avance un numéro avec l'indication de son rang de sortie, et en cas de gain, le joueur recevait 70 fois sa mise.

Dans une pareille opération la probabilité de gain est

$$\frac{1}{A_{90}^1} = \frac{1}{90}.$$

En toute équité le gagnant aurait donc dû recevoir 90 fois sa mise, et par suite le tant pour cent du bénéfice réalisé par l'État était $\dfrac{20 \times 100}{90} = 22\ 2/9\ °/_\circ$.

3° *Ambe simple*. — Pour jouer l'ambe simple, il fallait désigner à l'avance deux numéros, et si ces deux numéros se trouvaient parmi les cinq numéros sortis, le joueur recevait 270 fois sa mise.

La probabilité de gain d'une telle opération est

$$\frac{C_5^2}{C_{90}^2} = \frac{5.4}{90.89} = \frac{1}{400,5}.$$

Le gagnant aurait donc dû recevoir 400 fois 1/2 sa mise, et par suite le bénéfice réalisé par l'État était $\dfrac{130,5 \times 100}{400,5} = 32\ 1/2\ °/_\circ$.

4° *Ambe déterminé*. — Pour jouer l'ambe déterminé, il fallait désigner à l'avance deux numéros, ainsi que le rang de sortie de chacun d'eux, et en cas de gain, le joueur recevait 5 100 fois sa mise.

La probabilité de gain était donc

$$\frac{1}{A_{90}^2} = \frac{1}{90.89} = \frac{1}{8010}.$$

Le gagnant aurait dû recevoir 8 010 fois sa mise, et par suite le bénéfice réalisé par l'État était $\frac{2\,910 \times 100}{8\,010} = 36\ 1/3\ \%$.

5° *Terne*. — Pour jouer le terne, il fallait désigner trois numéros, et si ces trois numéros sortaient, le joueur recevait 5 5oo fois sa mise.

Calculons la probabilité de gain

$$\frac{C_5^3}{C_{90}^3} = \frac{5.4.3}{1.2.3} \times \frac{1.2.3}{90.89.88} = \frac{60}{90.89.88} = \frac{1}{11\,748}.$$

Le gagnant aurait donc dû recevoir 11 748 fois sa mise, et par suite le bénéfice réalisé par l'État était $\frac{6\,248 \times 100}{11\,748} = 53\ 1/5\ \%$.

6° *Quaterne*. — Pour jouer le quaterne, il fallait désigner quatre numéros, et si ces quatre numéros sortaient, le joueur recevait 75 ooo fois sa mise.

On a, pour probabilité de gain,

$$\frac{C_5^4}{C_{90}^4} = \frac{5.4.3.2}{1.2.3.4} \times \frac{1.2.3.4}{90.89.88.87} = \frac{1}{511\,038}.$$

Le gagnant aurait donc dû recevoir 511 o38 fois sa mise, et par suite le bénéfice réalisé par l'État était $\frac{436\,038 \times 100}{511\,038} = 85\ 1/3\ \%$.

Ajoutons que dans cette opération la mise ne pouvait être supérieure à 12^{fr}.

On raconte que le quaterne ne fut gagné qu'une fois et que, pour ne pas payer, le Gouvernement fit mettre à la Bastille le malheureux gagnant.

Conclusion. — Ce qui précède montre que la loterie de France était loin d'être un jeu équitable, et il en est de même de la plupart des loteries étrangères actuelles. De plus, les bénéfices réalisés par l'État sur les diverses combinaisons de la loterie allaient en augmentant de l'une à l'autre, pour s'élever au taux considérable de 85 1/3 %. Or la grande masse du public plaçait ordinairement son argent sur l'une des quatre dernières combinaisons, c'est-à-dire misait des sommes considérablement supérieures aux espérances mathématiques correspondantes : aussi l'État réalisait-il un bénéfice énorme, mais *immoral*.

Les seules loteries actuellement autorisées en France sont celles qui sont destinées à des actes de bienfaisance ou à l'encouragement des arts.

175. Obligations à lots. — Une personne qui achète une ou plusieurs des obligations à lots, émises par une Société ou par une ville, se livre à un jeu de hasard. En effet, cette personne peut gagner l'un des lots ou éprouver une perte d'intérêts sur le capital qu'elle consacre à son achat, car le taux de l'intérêt dans les obligations à lots est généralement inférieur au taux des placements ordinaires.

Cette opération d'achat ne sera donc équitable que si le prix de l'une de ces obligations est égal à l'espérance mathématique de la somme que peut procurer cette obligation.

Supposons qu'une Société ait émis N obligations, de valeur nominale v, au taux r, amortissables en n années par tirages annuels. Supposons en outre que chaque année les s premières obligations sorties au tirage soient remboursées par une somme l, supérieure à v.

Le calcul de l'espérance mathématique relative à l'une de ces obligations doit se faire avec le taux moyen des placements ordinaires au moment de l'emprunt ; soit r' ce taux.

Si l'obligation considérée sort au tirage dans x années, et si elle n'a pas de lot, sa valeur actuelle, par rapport au taux d'évaluation r', est, d'après le n° 145,

$$\frac{v}{(1+r')^x} + \frac{vr}{r'}\left[1 - \frac{1}{(1+r')^x}\right],$$

ou

$$\frac{vr}{r'} + \frac{v(r'-r)}{r'}\cdot\frac{1}{(1+r')^x}.$$

Si cette obligation a un lot, c'est-à-dire si elle est remboursée à l, sa valeur actuelle est égale à

$$\frac{l}{(1+r')^x} + \frac{vr}{r'}\left[1 - \frac{1}{(1+r')^x} \right],$$

ou

$$\frac{vr}{r'} + \frac{lr' - vr}{r'} \cdot \frac{1}{(1+r')^x}\,.$$

Désignons par t_1, t_2, t_3, ... les nombres des titres non pourvus de lots dans les tirages successifs. Ces nombres se déduisent du tableau d'amortissement de l'emprunt ; il suffit de diminuer de s unités chacun des nombres situés dans la colonne des *titres amortis* (n° 140).

Puisque dans x années il doit sortir au tirage t_x titres non pourvus de lots, la probabilité qu'il y aura, parmi ces titres, celle des N obligations que nous considérons, a pour valeur $\frac{t_x}{N}$. De même, la probabilité que cette obligation sortira avec un lot, dans ce même tirage, a pour valeur $\frac{s}{N}$.

L'espérance mathématique relative à ce tirage est donc égale à

$$\frac{t_x}{N}\left[\frac{vr}{r'} + \frac{v(r'-r)}{r'} \cdot \frac{1}{(1+r')^x} \right] + \frac{s}{N}\left[\frac{vr}{r'} + \frac{lr'-vr}{r'} \cdot \frac{1}{(1+r')^x} \right],$$

et, si nous désignons par c l'espérance mathématique totale relative à l'ensemble des tirages, on a

$$c = \frac{1}{N}\sum_{x=1}^{x=n} t_x\left[\frac{vr}{r'} + \frac{v(r'-r)}{r'} \cdot \frac{1}{(1+r')^x} \right] + s\left[\frac{vr}{r'} + \frac{lr'-vr}{r'} \cdot \frac{1}{(1+r')^x} \right],$$

ce qu'on peut écrire

$$c = \frac{1}{Nr'}\sum_{1}^{n} vr(s+t_x) + [v(r'-r)t_x + s(lr'-vr)]\frac{1}{(1+r')^x},$$

ou, en remarquant que l'on a $\Sigma t_x = N - ns$,

$$c = \frac{1}{Nr'}\left[nvrs + vr(N-ns) + s(lr'-vr)\sum_{1}^{n}\frac{1}{(1+r')^x} \right.$$
$$\left. + v(r'-r)\sum_{1}^{n}\frac{t_x}{(1+r')^x} \right],$$

ou enfin

$$e = \frac{1}{Nr'} \left[Nvr + s(lr' - vr) \sum_1^n \frac{1}{(1+r')^x} + v(r' - r) \sum_1^n \frac{l_x}{(1+r')^x} \right]. \qquad (1)$$

L'achat des obligations considérées ne sera avantageux que si le prix de l'une de ces obligations n'est pas supérieur à la valeur de cette dernière expression.

REMARQUE I. — Au lieu d'une seule catégorie de lots, on peut en avoir plusieurs d'importances diverses. À chaque tirage :

s obligations peuvent être remboursées à l,

s' — — l',

s'' — — l'', etc.

Un calcul identique au précédent montre que l'espérance mathématique totale relative à l'une de ces obligations est donnée par l'égalité

$$e = \frac{1}{Nr'} \left[Nvr + (r'\Sigma ls - vr\Sigma s) \sum_1^n \frac{1}{(1+r')^x} + v(r' - r) \sum_1^n \frac{l_x}{(1+r')^x} \right]. \qquad (2)$$

REMARQUE II. — Dans un calcul précis, il importe de tenir compte des impôts de remboursement de 4 % ou de 8 %, au profit de l'État, calculés sur la différence entre le prix d'émission des titres et la somme remise à l'obligataire quand son obligation sort dans l'un des tirages (voir *Arithmétique commerciale*, page 329).

Si l'on désigne par e le prix d'émission d'une obligation, l'obligataire qui a droit au remboursement simple recevra $v - \dfrac{(v - e)4}{100}$, c'est-à-dire $\dfrac{96v + 4e}{100}$; et celui qui a droit à un lot recevra $\dfrac{92l + 8e}{100}$. Par suite, l'achat de ces obligations sera équitable si e est déterminé par l'égalité (1) dans le second membre de laquelle on remplacera v par $\dfrac{96v + 4e}{100}$ et l par $\dfrac{92l + 8e}{100}$.

Exemple. — *A une époque où le taux moyen des bons placements est de 4 1/2 °/₀, une ville émet 15 000 obligations remboursables par 10 tirages annuels, le premier tirage devant avoir lieu un an après l'émission. Chacune de ces obligations a pour valeur nominale 200ᶠʳ et rapporte un intérêt annuel de 5ᶠʳ. A chacun des tirages la première obligation qui sort est remboursée à 20 000ᶠʳ, chacune des deux suivantes à 2 000ᶠʳ, et chacune des cinq suivantes à 600ᶠʳ. Trouver quel doit être le prix d'émission pour que l'achat de ces obligations soit équitable. On ne tiendra pas compte de l'impôt de remboursement.*

Le calcul de l'annuité qu'il faut affecter au service de l'emprunt conduit au résultat suivant :

$$a = 342\,776^{\text{fr}},\ 30.$$

A cette valeur il faut ajouter les 25 400ᶠʳ de lots distribués annuellement en sus des amortissements.

En dressant le tableau d'amortissement, on trouve que les nombres des titres qu'on peut rembourser chaque année sont les suivants :

1ʳᵉ année 1 338		6ᵉ année 1 515	
2ᵉ année 1 373		7ᵉ année 1 553	
3ᵉ année 1 406		8ᵉ année 1 591	
4ᵉ année 1 442		9ᵉ année 1 631	
5ᵉ année 1 478		10ᵉ année 1 673.	

Calculons successivement chacun des termes qui entrent dans le second membre de la formule (2). On a d'abord

$$Nr' = 15\,000 \times 0{,}045 = 15 \times 45 = 675,$$
$$Nvr = 15\,000 \times 200 \times 0{,}025 = 3\,000 \times 25 = 75\,000,$$
$$r'\Sigma ls - vr\Sigma s = 0{,}045 \times 27\,000 - 5 \times 8,$$
$$= 1\,215 - 40 = 1\,175,$$
$$\sum_{1}^{10} \frac{1}{(1+r')^p} = \sum_{1}^{10} \frac{1}{1{,}045^p} = 7{,}912718 \quad \text{(Table V)},$$
$$v(r'-r) = 200 \times 0{,}02 = 4.$$

Le calcul de $\displaystyle\sum_1^{10} \frac{t_r}{(1+r')^r}$ est plus long. Les différentes valeurs

de t_r s'obtiennent en retranchant 8 unités à chacun des nombres ci-dessus, qui donnent les nombres des titres amortis aux divers tirages. Les différentes valeurs de $\dfrac{1}{(1+r')^r}$ se trouvent dans la Table III. On fait alors le calcul suivant :

$$
\begin{aligned}
0{,}956\,938 \times 1\,330 &= 1\,272{,}727\,540 \\
0{,}915\,730 \times 1\,365 &= 1\,249{,}971\,450 \\
0{,}876\,297 \times 1\,398 &= 1\,225{,}063\,206 \\
0{,}838\,561 \times 1\,434 &= 1\,202{,}496\,474 \\
0{,}802\,451 \times 1\,470 &= 1\,179{,}602\,970 \\
0{,}767\,896 \times 1\,507 &= 1\,157{,}219\,272 \\
0{,}734\,829 \times 1\,545 &= 1\,135{,}310\,805 \\
0{,}703\,185 \times 1\,583 &= 1\,113{,}141\,855 \\
0{,}672\,904 \times 1\,623 &= 1\,092{,}123\,192 \\
0{,}643\,928 \times 1\,665 &= 1\,072{,}140\,120
\end{aligned}
$$

$$
\text{Total} = \sum_1^{10} \frac{t_r}{(1+r')^r} = 11\,699{,}796\,884.
$$

On a donc

$$
Nvr = 75\,000
$$

$$
(r'\Sigma ls - vr\Sigma s)\sum_1^{10}\frac{1}{(1+r')^r} = 1175 \times 7{,}912\,718 = 9\,297{,}443\,650
$$

$$
v(r'-r)\sum_1^{10}\frac{t_r}{(1+r')^r} = 4 \times 11\,699{,}796\,884 = 46\,799{,}187\,536
$$

$$
\text{Total} = 131\,096{,}631\,186
$$

Par suite

$$
e = \frac{131\,096{,}631\,186}{675} = 194^{fr}, 22.
$$

La ville qui émet l'emprunt considéré fera donc une opération équitable si elle vend chacune de ses obligations à $194^{fr}, 22$.

PROBLÈMES A RÉSOUDRE

184. Quelle est la probabilité de tirer un nombre divisible par 3 dans 350 billets numérotés de 1 à 350 ?

185. Dans un jeu de 32 cartes, quelle probabilité a-t-on de sortir les quatre as en tirant au hasard successivement quatre cartes ?

186. Dans une boîte se trouvent quatre billes : deux rouges et deux blanches. Quelle est la probabilité de sortir successivement ces quatre billes de façon que les couleurs soient alternées ?

187. Quelles sont les probabilités, lorsqu'on joue avec deux dés : 1° d'amener le *double cinq* ; 2° d'amener *trois et quatre* ?

188. On a trois urnes qui contiennent : la première 5 boules noires et 9 blanches, la deuxième 4 noires et 6 blanches, la troisième 12 noires et 8 blanches. Quelle est la probabilité de sortir trois boules noires en tirant une boule de chacune de ces trois urnes ? En second lieu, quelle serait la probabilité de sortir successivement trois boules noires de la première urne si l'on réunissait toutes les boules dans cette urne ?

189. Dans un jeu de 32 cartes on doit tirer au hasard successivement 4 cartes. Quelles sont les probabilités que les cartes ainsi tirées seront rouges : 1° si l'on remet dans le paquet chacune de ces cartes 2° si l'on ne remet pas dans le paquet les cartes tirées ?

190. Une urne contient 11 boules blanches et une boule rouge. On se propose de faire trois tirages successifs d'une seule boule, sans remettre dans l'urne la boule tirée. Quelle est la probabilité d'extraire la boule rouge de l'urne dans l'un de ces trois tirages ?

191. Deux urnes contiennent : l'une 8 boules noires et 4 blanches, l'autre 7 noires et 9 blanches. De chacune de ces deux urnes on tire successivement 2 boules. Quelle est la probabilité que, dans les deux cas, la première boule tirée sera noire et la seconde blanche ?

192. On a quatre urnes qui contiennent respectivement 5 boules noires et 7 boules blanches, 3 noires et 5 blanches, 8 noires et 6 blanches, 4 noires et 4 blanches. D'une urne prise au hasard on tire une boule ; quelle est la probabilité de sortir une boule noire ?

193. On a trois urnes qui contiennent respectivement 3 boules rouges et 9 noires, 5 rouges et 7 blanches, 6 blanches et 6 noires. D'une urne prise au hasard on tire une boule ; quelle est la probabilité de sortir une boule rouge ?

194. On a des petits sacs renfermant des billes blanches et des

billes noires ; les uns contiennent 10 billes blanches et 6 noires, les
autres contiennent 6 billes blanches et 10 noires. On a trois urnes
dans chacune desquelles on place cinq sacs de la première catégorie
et trois sacs de la seconde catégorie, et on a deux autres urnes dans
chacune desquelles on place trois sacs de la première catégorie et
cinq sacs de la seconde. D'une de ces cinq urnes prise au hasard
on tire un sac, et de ce sac on tire une bille ; quelle est la probabilité de sortir une bille blanche ?

195. On a cinq petits sacs qui contiennent :

le 1er, 8 billes blanches et 4 billes noires.

le 2e, 4 — et 6 —

le 3e, 5 — et 7 —

le 4e, 8 — et 7 —

le 5e, 9 — et 6 —

De l'un de ces sacs pris au hasard on a tiré une bille noire ; quelle
est la probabilité que cette bille a été extraite du second sac ?

196. Dans une urne se trouvent 3 boules blanches et 5 boules
noires. On fait plusieurs tirages successifs en remettant chaque fois
dans l'urne la boule tirée. Quelle est la probabilité, dans une
série de huit tirages, d'amener une boule blanche à chacun des trois
premiers, et une boule noire à chacun des cinq autres ?

197. Dans le problème précédent, quelle est la probabilité d'amener une boule blanche trois fois consécutives, et une boule rouge
cinq fois, consécutives ou non ?

198. Dans le problème précédent, quelle est la probabilité de
sortir trois fois, consécutives ou non, et trois fois seulement, une
boule blanche dans une série de huit tirages ?

199. Au jeu de pile ou face : 1° quelle est la probabilité d'amener
trois fois face en cinq coups ? 2° quelle est la probabilité d'amener au
moins une fois face en quatre coups ?

200. Une urne contient 5 boules blanches et 1 noire. Quelle est la
probabilité de ne pas sortir quatre fois la boule noire dans une série
de 7 tirages ?

201. Une urne contient une boule blanche et deux noires. Quelle
est la probabilité, dans une série de huit tirages, de sortir la boule
blanche au moins deux fois et au plus cinq fois ?

202. Une urne contient 7 boules blanches et 3 noires. Une deuxième urne contient 5 boules blanches et 4 noires. On tire successivement au hasard trois boules de la première urne et, sans les regarder, on les met dans la seconde. Quelle est, après cette opération, la probabilité de tirer une boule blanche de la deuxième urne ?

203. Un sac contient 3o billes ; un joueur en prend au hasard au moins une et au plus 16. Quelle est la probabilité que ce joueur sortira un nombre impair de billes ?

204. Un joueur tire une boule d'une urne qui contient une boule blanche et une boule noire. S'il tire la noire, il remet dans l'urne cette boule tirée plus une autre boule noire, et tire de nouveau. Si la boule sortie est noire on la remet dans l'urne avec une autre noire, et ainsi de suite. Le joueur peut ainsi faire cinq tirages consécutifs et gagne dès qu'il a tiré la boule blanche. Sa mise étant de 1^{fr}, quel doit être son gain éventuel pour que le jeu soit équitable ?

205. Deux joueurs A et B jouent à pile ou face. A joue le premier et gagne l'enjeu s'il amène face. Dans le cas contraire, B a le droit de jouer deux fois et gagne l'enjeu dès qu'il amène face. S'il ne gagne pas, A rejoue, a le droit de jouer trois fois, et gagne dès qu'il amène face. Et ainsi de suite, en augmentant chaque fois d'une unité le nombre des coups à jouer. La mise de A est de 2^{fr} ; quelle doit être celle de B pour que le jeu soit équitable ?

206. Calculer, en tenant compte des impôts de remboursement de 4 % et de 8 %, le prix équitable d'émission des obligations dans l'exemple du n° 175 (page 3l2).

CHAPITRE VII

ASSURANCES

---

176. Définitions. — On appelle *assurance* tout contrat par lequel une Compagnie s'engage à payer à une personne la valeur des dommages que peut lui faire éprouver un sinistre éventuel quelconque, ou le décès d'une autre personne, moyennant une rétribution appelée *prime d'assurance*. Ce contrat est constaté par un écrit appelé *police d'assurance*.

Les assurances se divisent en deux catégories :

1° *Les assurances sur les choses*, c'est-à-dire les assurances contre les risques maritimes, contre l'incendie, contre la grêle, contre les maladies, contre le chômage et les accidents du travail, etc. Parmi ces diverses assurances, les plus anciennes, originaires de l'Italie, sont celles qui concernent les risques maritimes. Les assurances contre les accidents du travail ont pris une grande extension depuis quelques années ;

2° *Les assurances sur la vie*, que nous étudierons plus spécialement dans ce chapitre. Elles sont originaires d'Angleterre.

L'assurance est un jeu de hasard, puisque, moyennant l'abandon de la prime, l'assuré peut recevoir les sommes que lui fait perdre l'arrivée d'un événement éventuel ; mais c'est un jeu *utile* et souvent même *nécessaire*, car, alors que tout individu qui ne joue pas est à l'abri des pertes que l'on éprouve fatalement dans les jeux ordinaires, personne n'est à l'abri d'un sinistre, d'un accident ou d'un décès prématuré.

Toutefois, les opérations d'assurances ne sont pas aussi nombreuses qu'elles devraient l'être, surtout dans la catégorie des assurances sur la vie. Cela tient en grande partie à l'ignorance du public, et peut-être aussi à un excès de précautions de la part des Compagnies.

Les calculs d'assurances se font d'après les principes du calcul des probabilités, mais il n'est pas possible de déterminer, comme dans les jeux ordinaires, les nombres des cas favorables ou défavorables à l'arrivée d'un sinistre éventuel. Toutefois, d'après le théorème de Bernoulli, si, sur un très grand nombre m de cas, le sinistre en question est arrivé n fois, la probabilité de ce sinistre est très voisine du rapport $\dfrac{n}{m}$, et d'autant plus voisine que le nombre m est plus grand.

L'assurance étant un jeu nécessaire au public, il importe que la Compagnie qui *assure* ne se ruine jamais. Il faut donc que, pour chaque opération, cette Compagnie demande à l'assuré une prime supérieure à l'espérance mathématique de cet assuré.

Dans les assurances sur les choses, la probabilité du sinistre contre lequel on s'assure reste ordinairement la même, et ce sinistre peut d'ailleurs ne jamais arriver. Dans les assurances sur la vie, la probabilité de vie ou de mort d'une personne varie avec l'âge, et le décès qui fait l'objet du contrat arrive toujours. Les calculs relatifs à ces deux catégories d'assurances doivent donc être basés sur des principes différents : dans les premières, on applique les principes de la probabilité de la répétition d'un même événement ; dans les secondes, l'espérance mathématique de la somme indiquée sur le contrat est calculée avec la probabilité donnée par les tables de mortalité pour la vie ou le décès qui fait l'objet de l'assurance.

En sus des assurances faites par des Compagnies spéciales, assurances qui sont dites à *primes fixes,* on distingue les *assurances mutuelles,* qui ne sont autre chose que des associations entre particuliers dans lesquelles les associés supportent en commun les frais d'administration et les pertes qui résultent des sinistres annuels.

ASSURANCES SUR LES CHOSES

177. Exemple. — Supposons qu'en consultant la liste des sinistres maritimes qui sont arrivés au cours de nombreuses années, on ait reconnu que, dans la traversée du Havre à New-York par exemple, il périt en moyenne un navire sur cent; on dira que dans cette traversée la probabilité d'un sinistre maritime est $\dfrac{1}{100}$.

Supposons alors qu'une Compagnie assure contre les risques de cette traversée 1 000 navires semblables; le nombre le plus probable de navires qui périront est $1000 \times \dfrac{1}{100}$, c'est-à-dire 10. Désignons par v la valeur de chaque navire, et par a la prime demandée par la Compagnie pour chacun d'eux. S'il périt 10 navires sur 1 000, la Compagnie déboursera $10\,v$, encaissera $1\,000\,a$, et l'opération sera équitable si l'on a

$$1\,000\,a = 10\,v, \quad \text{c'est-à-dire} \quad a = \dfrac{1}{100}\,v,$$

ce qui montre que la prime doit être égale à l'espérance mathématique de l'assuré.

Mais ce nombre 10 des sinistres prévus peut ne pas être atteint, ou être dépassé de beaucoup, et par suite cette opération ne sera réellement équitable que si la Compagnie peut assurer de très nombreuses séries de 1 000 navires semblables; et encore faudra-t-il qu'elle majore légèrement chaque prime, afin de couvrir ses frais d'administration et se ménager un bénéfice certain.

D'autre part, la Compagnie n'est pas infiniment riche, et si dans chacune des premières séries de mille navires assurés il y a plus de dix sinistres, la Compagnie sera fatalement ruinée.

Il faut donc calculer sur d'autres bases la valeur de la prime :

La probabilité du sinistre étant $\dfrac{1}{100}$ ou 0,01, la probabilité complémentaire est 0,99, et par suite, d'après le n° 161, la probabilité que sur les mille navires assurés il n'y aura pas plus de n sinistres est égale à la somme des $n+1$ derniers termes du développement du binome $(0,01 + 0,99)^{1000}$, c'est-à-dire est égale à la somme des $n+1$ premiers termes du développement de

$$(0,99 + 0,01)^{1000}.$$

Chacun des termes de ce développement se calcule à l'aide des logarithmes. On obtient ainsi les résultats suivants :

$$
\begin{aligned}
\text{somme des } 11 \text{ premiers termes} &= 0,58304, \\
- \quad\quad 16 \quad\quad - &= 0,95213, \\
- \quad\quad 21 \quad\quad - &= 0,99850, \\
- \quad\quad 26 \quad\quad - &= 0,99998, \\
&\text{etc.,}
\end{aligned}
$$

ce qui montre qu'il y a presque *certitude* que le nombre des sinistres considérés ne dépassera pas 25 sur 1 000 traversées. En poussant plus loin les calculs, on obtient des probabilités qui se rapprochent très rapidement de la certitude.

D'après cela, supposons que la Compagnie admette que sur mille traversées le nombre des sinistres ne dépassera pas 25, et que la perte maximum qu'elle consente à faire, dans le cas le plus défavorable pour elle, c'est-à-dire dans le cas où ces 25 sinistres se produiront, soit égale à 5 fois la valeur v de l'un des navires. On a alors

$$25v - 1\,000\,a = 5v,$$

d'où l'on déduit

$$a = \frac{25v - 5v}{1\,000} = \frac{20v}{1\,000} = \frac{2}{100}\,v,$$

ce qui montre que la prime doit être égale à 2 °/₀ de la valeur assurée.

Si le nombre des sinistres est inférieur à 25, la perte est inférieure à $5v$ et se change en bénéfice dès que le nombre n des sinistres satisfait à l'inégalité

$$nv < 1\,000\,a,$$

c'est-à-dire

$$nv < 20v,$$

ou

$$n < 20.$$

Or la probabilité que le nombre des sinistres ne dépassera pas 19 est la somme des 20 premiers termes du développement de $(0,99 + 0,01)^{1000}$. On trouve que cette somme est égale à $0,99671$. Cette dernière probabilité étant voisine de la certitude, il est très probable que le nombre des sinistres sera inférieur à 20, c'est-à-dire que la Compagnie réalisera un bénéfice.

178. Cas général. — Soit p la probabilité du sinistre contre lequel on veut s'assurer. La probabilité que ce sinistre n'arrivera pas est $q = 1 - p$, et la probabilité qu'il n'arrivera pas plus de n fois sur m cas est égale à la somme des $n + 1$ premiers termes du développement de $(q + p)^m$.

En général, la probabilité p étant très faible, q diffère peu de l'unité ; et alors, pour des valeurs peu élevées de n, la somme des $n + 1$ premiers termes du développement de $(q + p)^m$ est très voisine de l'unité. Par suite, la probabilité que le sinistre considéré n'arrivera pas plus de n fois sur m cas est très voisine de la certitude pour des valeurs relativement faibles de n.

Supposons alors que la Compagnie qui fait l'assurance admette que sur m cas le nombre des sinistres ne dépassera pas n, et proposons-nous de chercher la valeur a de la prime d'assurance de telle façon que la perte maximum que la Compagnie consente à supporter dans le cas le plus défavorable, celui de n sinistres, soit égale à h.

Si l'on désigne par v la valeur assurée dans chacun des m cas, on doit avoir

$$nv - ma = h,$$

d'où l'on déduit

$$a = \frac{nv - h}{m}.$$

Telle est la valeur cherchée.

Au lieu d'une perte h, la Compagnie réalisera un bénéfice si le nombre des sinistres est inférieur au nombre n' déterminé par l'égalité

$$n'v - ma = 0,$$

d'où

$$n' = \frac{ma}{v} = \frac{nv - h}{v} = n - \frac{h}{v}.$$

La Compagnie peut choisir le nombre n suffisamment grand afin que la probabilité qu'il n'y aura pas plus de n' sinistres soit très voisine de l'unité, c'est-à-dire pour qu'elle soit à peu près certaine de réaliser un bénéfice.

179. REMARQUES. — 1° Dans la pratique, les diverses choses qui peuvent être atteintes par un même sinistre n'ont ni la même valeur v, ni la même probabilité p d'être détruites. Les Compagnies rangent alors ces choses en diverses catégories dans chacune desquelles les valeurs et les probabilités sont les mêmes, et elles appliquent successivement les calculs précédents à chacune de ces catégories.

Les probabilités des divers sinistres varient ordinairement de $\dfrac{1}{100}$, pour les risques maritimes, à $\dfrac{1}{20\,000}$· pour les risques d'incendie des maisons en pierre, couvertes en tuiles.

2° Lorsque le nombre m est très grand, il devient excessivement long de calculer par logarithmes les différents termes du développement de $(q + p)^m$; aussi a-t-on substitué au calcul exact un calcul approché, à l'aide de formules fournies par le *calcul intégral*.

3° Les primes d'assurances pour une année sont versées au commencement de cette année, tandis que les sinistres peuvent arriver à une époque quelconque, et par suite la Compagnie peut avoir à payer à diverses époques la valeur de la chose assurée. Dans un calcul précis, il y aurait lieu de tenir compte des intérêts de ces diverses sommes. On pourrait supposer, par exemple, que les sinistres éventuels qui peuvent se produire dans le courant de l'année seront également répartis entre les 365 jours de cette année, et calculer la valeur actuelle de chacune des sommes v que déboursera la Compagnie lors de chaque sinistre.

MORTALITÉ

180. Tables de mortalité. — Ce sont les tables qui, sur un nombre donné d'enfants nés le même jour, indiquent le nombre des survivants à la fin de chaque année. Ces tables servent à faire les calculs des problèmes d'assurances sur la vie; nous allons indiquer les principales d'entre elles.

Table de Deparcieux. — Cette table, publiée en France en 1746, a été dressée sur des têtes choisies, au nombre de 1000, et n'a jamais bien correspondu à la loi de mortalité en France; elle donne une mortalité un peu lente. Les Compagnies françaises d'assurances sur la vie lui ont fait subir quelques modifications et en ont fait usage jusqu'en 1894, sous le nom de *table d'expérience*, pour le calcul des rentes viagères. C'est également d'après cette table que sont encore établis les tarifs des assurances en cas de décès garanties par l'État.

La table de Deparcieux a également servi de base à l'établissement des tarifs de la Caisse nationale des retraites pour la vieillesse, jusqu'en 1888. Depuis cette époque, on emploie une table spécialement dressée pour cette Caisse et appelée *table* C. R.

Table de Duvillard. — Cette table a été publiée en France au commencement du siècle dernier; elle résulte d'observations faites en divers lieux de France avant la Révolution, et admet un million de naissances. Elle donne actuellement une mortalité trop rapide pour la jeunesse et l'âge mûr, et trop lente pour la vieillesse. Elle a été employée jusqu'en 1894, par les Compagnies françaises, pour les calculs d'assurances en cas de décès.

Tables A. F. et R. F. — Ce sont les tables en usage dans les Compagnies françaises d'assurances sur la vie depuis le 1er janvier 1894. L'une et l'autre de ces deux tables admettent un million de naissances. La première, la table A. F. (*assurés français*), sert pour les assurances en cas de décès; la seconde, la table R. F. (*rentiers français*), sert pour les assurances en cas de vie.

Ces nouvelles tables résultent de nombreuses observations faites sur la clientèle même des Compagnies françaises ; on les trouvera reproduites à la fin de cet ouvrage, ainsi que les tables de Deparcieux et de Duvillard.

Tables des pays étrangers. — Les principales de ces tables sont les suivantes :

la table H^m des 20 Compagnies anglaises, dressée en 1863 d'après la mortalité des clients (*hommes seulement*) de ces Compagnies ;

la table des 23 Compagnies allemandes, établie d'après des observations faites par ces Compagnies jusqu'en 1876 ;

la table d'expérience américaine (1868), dite aussi *table de Hoomans*, qui est la plus répandue en Amérique.

Ajustement des tables. — La construction de chacune de ces tables de mortalité résulte d'observations aussi nombreuses que possible faites sur un groupe d'individus placés dans des conditions déterminées. Toutefois, aussi nombreuses que soient ces observations, les résultats qu'elles fournissent ne sont ordinairement pas proportionnels à ceux qui seraient obtenus si le nombre des cas observés pouvait être infiniment grand ; d'où il résulte que les tables ainsi construites, appelées *tables brutes*, doivent subir certaines corrections.

Ces corrections constituent un problème compliqué, connu sous le nom d'*ajustement des tables*, que l'on résout ordinairement par des procédés graphiques ou par l'emploi de certaines formules d'interpolation. Dans le premier cas, on détermine d'abord, à l'aide du théorème de Bernoulli, une limite de l'erreur commise sur chacun des nombres de la table brute, puis on fait le graphique des points qui ont pour abscisses les âges successifs de cette table et pour ordonnées les nombres de vivants qui correspondent à ces âges. On trace ensuite une courbe aussi régulière que possible passant par tous ces points, ou s'écartant de chacun d'eux d'une portion d'ordonnée inférieure à la limite de l'erreur qu'on a calculée pour l'ordonnée de ce point. On dit que la courbe ainsi tracée représente la loi de mortalité et on obtient le nombre des vivants d'un âge quelconque de la table ajustée, en mesurant celle des ordonnées de cette courbe qui correspond à l'âge considéré.

Les formules d'interpolation conduisent à des résultats généralement plus précis ; elles ne sont autre chose que les équations des courbes dont nous venons de parler. Parmi ces formules, dont la recherche ne rentre pas dans le cadre de cet ouvrage, l'une des plus répandues et des plus pratiques est celle de Makeham :

$$v_x = ks^x g^{c^x},$$

v_x désignant le nombre des vivants de l'âge x et les quatre lettres k, s, g, c représentant des nombres constants.

Les Compagnies françaises ont ajusté leurs tables A.F. et R.F. à l'aide de cette formule, à partir de l'âge de 25 ans. Leurs actuaires ont calculé, pour les constantes k, s, g, c, les valeurs suivantes :

TABLE R. F.	TABLE A. F.
$k = 916048$;	$k = 916048$;
$s = 0,9944272$;	$s = 0,9949930$;
$g = 0,9993868$;	$g = 0,9984400$;
$c = 1,1001136.$	$c = 1,0916817.$

Pour les âges inférieurs à 25 ans, la formule de Makeham n'est plus applicable ; les Compagnies françaises ont alors procédé à l'ajustement de leurs tables à l'aide d'une fonction algébrique du 6e degré.

181. Usage des tables de mortalité. — Dans les calculs relatifs à la mortalité et aux assurances sur la vie, on admet que les indications données par la table de mortalité employée sont conformes à ce qui arrive réellement.

Nous désignerons par v_x, v_y, v_z, etc. les nombres des survivants de cette table aux âges x, y, z, etc. [1].

---

(1) La notation employée dans ce chapitre est, à peu de chose près, celle

La probabilité qu'une personne âgée de x années vivra encore dans n années est alors représentée par le rapport $\dfrac{v_{x+n}}{v_x}$, car v_{x+n} est le nombre des cas favorables à l'existence de cette personne sur un total de v_x cas.

La probabilité qu'une personne âgée de x années sera morte dans n années est la probabilité complémentaire de la précédente, c'est-à-dire $1 - \dfrac{v_{x+n}}{v_x}$.

Problème I. — *Deux associés sont respectivement âgés de x et de y années ; quelle est la probabilité qu'ils seront vivants l'un et l'autre à la fin de leur entreprise, qui doit durer encore n années ?*

Pour le premier associé la probabilité de vie est $\dfrac{v_{x+n}}{v_x}$, et cette probabilité est $\dfrac{v_{y+n}}{v_y}$ pour le second associé. La probabilité demandée est une probabilité composée, qui est égale au produit

$$\frac{v_{x+n}}{v_x} \times \frac{v_{y+n}}{v_y} .$$

Ainsi, supposons $x = 34$, $y = 43$ et $n = 14$; on a alors, en employant la table de Deparcieux,

$$\frac{v_{x+n}}{v_x} = \frac{v_{48}}{v_{34}} = \frac{599}{702},$$

$$\frac{v_{y+n}}{v_y} = \frac{v_{57}}{v_{43}} = \frac{502}{636},$$

qui a été adoptée en 1894 par les *Actuaires* français, c'est-à-dire par les mathématiciens attachés aux diverses Compagnies françaises d'assurances sur la vie.

Les calculs relatifs à ces assurances sont généralement longs ; ils font intervenir de nombreux éléments qu'il importe de représenter d'une façon simple et logique, d'où la nécessité d'adopter une notation qui soit facile à écrire et à retenir et qui conduise à des formules peu compliquées.

Le Congrès international des Actuaires, tenu à Londres en 1898, a proposé une *notation universelle* qui paraît un peu plus compliquée que la notation française, mais qui répond peut-être mieux que cette dernière aux nombreux cas particuliers qui peuvent se présenter. Dans cette notation universelle, le symbole l_x représente le nombre des vivants de l'âge x (l est la première lettre du mot anglais *livings*, qui signifie *vivants*).

et par suite la probabilité de vie des deux associés au bout de
14 ans est égale au produit

$$\frac{599}{702} \times \frac{502}{636} = 0,673\ldots$$

Problème II. — *Deux personnes sont âgées respectivement
de x et de y années. Quelle est la probabilité que l'une au moins
de ces deux personnes sera en vie dans n années ?*

La probabilité de mort de la première personne est

$$1 - \frac{v_{x+n}}{v_x}.$$

La probabilité de mort de la seconde personne est

$$1 - \frac{v_{y+n}}{v_y}.$$

Par suite, la probabilité que les deux personnes seront mortes
dans n années est égale au produit

$$\left(1 - \frac{v_{x+n}}{v_x}\right)\left(1 - \frac{v_{y+n}}{v_y}\right),$$

c'est-à-dire

$$1 - \frac{v_{x+n}}{v_x} - \frac{v_{y+n}}{v_y} + \frac{v_{x+n}}{v_x} \times \frac{v_{y+n}}{v_y}.$$

La probabilité complémentaire de cette dernière, c'est-à-dire la
probabilité que les deux personnes ne seront pas toutes deux
décédées dans n années, s'obtient en retranchant de l'unité
l'expression ci-dessus, ce qui donne

$$\frac{v_{x+n}}{v_x} + \frac{v_{y+n}}{v_y} - \frac{v_{x+n}}{v_x} \times \frac{v_{y+n}}{v_y}.$$

Telle est la probabilité demandée.

Ainsi, dans le problème précédent, la probabilité que l'un au
moins des deux associés sera en vie dans 14 ans est égale à

$$\frac{599}{702} + \frac{502}{636} - \frac{599 \times 502}{702 \times 636} = 0,96\ldots$$

182. Vie probable et vie moyenne. — 1° **Vie probable.** —
On appelle vie probable, à un âge déterminé, le temps au bout

duquel le nombre des vivants de cet âge se trouve réduit de moitié.

Soit x l'âge considéré, v_x est le nombre des vivants de cet âge. Lorsque ce nombre se trouvera partagé en deux groupes égaux, $\dfrac{v_x}{2}$ personnes décédées et $\dfrac{v_x}{2}$ personnes survivantes, il y aura une chance favorable contre une défavorable qu'une personne de l'âge x sera vivante à cette époque.

Cherchons, d'après la table de Deparcieux, la vie probable pour une personne de 35 ans par exemple. On a

$$v_{35} = 694, \qquad \frac{v_{35}}{2} = 347.$$

Or, c'est à l'âge de 68 ans que le nombre des 694 vivants de 35 ans se trouve réduit à 347. La vie probable de la personne considérée est donc $68 - 35$, c'est-à-dire 33 ans. En d'autres termes, la probabilité que cette personne vivra encore 33 ans est égale à 0,5.

Lorsque l'âge x est compris entre 6 ans et 64 ans, et qu'on emploie la table de Deparcieux, on peut remarquer que la vie probable est sensiblement égale à la différence $59 - \dfrac{3x}{4}$.

Ainsi, pour $x = 35$, cette différence devient

$$59 - \frac{105}{4} = 59 - 26,25 = 32,75,$$

nombre sensiblement égal à 33 ans, c'est-à-dire à la vie probable d'une personne âgée de 35 ans.

2° **Vie moyenne.** — On appelle *vie moyenne*, à un âge déterminé, le quotient obtenu en divisant par le nombre des vivants de cet âge la somme des années que doivent vivre, d'après la table de mortalité, tous les vivants de cet âge.

Les Anglais donnent à la vie moyenne le nom d'*espérance de vie*.

Dans la recherche de la vie moyenne, on suppose que les décès qui se produisent d'une année à l'autre sont également répartis dans le courant de cette année, ce qui, au point de vue du temps vécu par l'ensemble des personnes décédées, revient à supposer que les décès se sont tous produits au milieu de l'année.

Cherchons d'après cela quelle est la vie moyenne à l'âge x.

De l'âge x à l'âge $x + 1$, le nombre des décès est $v_x - v_{x+1}$. Si l'on suppose que ces décès se sont tous produits au milieu de l'année, le total des années vécues pendant cette année, par les personnes ainsi décédées, est égal à $\dfrac{v_x - v_{x+1}}{2}$. Par suite, puisque au bout de cette année il reste v_{x+1} vivants, le total des années vécues de l'âge x à l'âge $x + 1$ est égal à

$$\frac{v_x - v_{x+1}}{2} + v_{x+1},$$

c'est-à-dire

$$\frac{v_x - v_{x+1} + 2v_{x+1}}{2}, \qquad \text{ou} \qquad \frac{v_x + v_{x+1}}{2}.$$

De même, le nombre des années vécues de l'âge $x + 1$ à l'âge $x + 2$ est égal à $\dfrac{v_{x+1} + v_{x+2}}{2}$, et ainsi de suite.

Donc le total de toutes les années que doivent vivre les vivants de l'âge x a pour expression

$$\frac{v_x + v_{x+1}}{2} + \frac{v_{x+1} + v_{x+2}}{2} + \cdots + \frac{v_{\omega-1} + v_\omega}{2} + \frac{v_\omega}{2},$$

ω désignant l'âge limite de la table de mortalité employée.

Cette somme peut s'écrire

$$\frac{v_x}{2} + v_{x+1} + v_{x+2} + \cdots + v_\omega.$$

Le quotient de cette somme par v_x, c'est-à-dire la vie moyenne cherchée, est donc

$$\frac{1}{2} + \frac{v_{x+1} + v_{x+2} + \cdots + v_\omega}{v_x}.$$

Comme exemple, calculons la vie moyenne à 35 ans, en employant la table de Deparcieux. On a alors

$$v_\omega = v_{94} = 1,$$
$$v_{35} = 694, \qquad v_{36} = 686, \qquad v_{37} = 678, \quad \text{etc.}$$

On a donc

$$\text{Vie moyenne à 35 ans} = \frac{1}{2} + \frac{686 + 678 + \cdots + 1}{694}$$

$$= \frac{1}{2} + \frac{21082}{694}$$

$$= 30^{\text{ans}},87.$$

Ce résultat n'est pas égal à la vie probable, 33 ans, trouvée précédemment. Il y a une différence parfois assez grande entre la vie probable et la vie moyenne.

REMARQUE. — Ces notions de vie probable et de vie moyenne ne peuvent être employées dans les calculs relatifs aux assurances sur la vie. Ces calculs, en effet, font ordinairement intervenir la probabilité de vie ou de mort après chacune des années qui suivent l'assurance ; tandis que la vie probable, d'une part, ne dépend que du nombre $\frac{v_x}{2}$ et non pas de la marche de la mortalité entre les deux nombres v_x et $\frac{v_x}{2}$, et la vie moyenne, d'autre part, ne dépend que de la somme $v_{x+1} + v_{x+2} + \cdots + v_\omega$ et non pas de la façon suivant laquelle varient les termes de cette somme.

ASSURANCES SUR LA VIE

183. Les assurances sur la vie se divisent en deux catégories : les assurances en *cas de vie* et les assurances en *cas de décès*.

Les assurances en cas de vie ont pour objet le paiement d'un capital ou d'une rente à une certaine personne si cette personne est vivante à un âge convenu et désigné sur le contrat. Dans cette catégorie sont rangées les *rentes viagères* et les assurances de *capitaux différés*.

Les assurances en cas de décès ont pour objet le paiement, après la mort de l'assuré, d'un capital ou d'une rente à une ou à plusieurs personnes désignées sur le contrat.

De ces deux catégories combinées ont été formées les *assu-*

rances *mixtes* et les *assurances à terme fixe* qui profitent, suivant les cas, soit à l'assuré lui-même, soit à ses héritiers.

Pour les assurances en cas de décès, les Compagnies exigent que la personne qui veut se faire assurer soit bien portante et reconnue telle par un certificat médical. L'assurance peut être annulée au moment du décès si la personne assurée a fait de fausses déclarations lors de la visite médicale, ou bien se suicide, ou bien meurt par suite de manœuvres criminelles de la part du bénéficiaire du contrat. Pour les assurances en cas de vie, il suffit de produire l'extrait de naissance de l'assuré.

L'âge de l'assuré se compte ordinairement par années et par trimestres. Au moment de la signature du contrat, il n'est pas tenu compte du trimestre non échu s'il s'agit d'une assurance en cas de vie, et tout trimestre commencé est considéré comme accompli s'il s'agit d'une assurance en cas de décès. Dans les deux cas, on admet que les décès qui se produisent pendant une année sont uniformément répartis dans le courant de cette année.

Le contrat, ou police d'assurance, peut jouer le rôle de papier de commerce. L'assuré peut endosser cette police, c'est-à-dire transmettre ses droits à un tiers.

184. Valeur actuelle d'un capital différé et aléatoire. — Un capital différé et aléatoire est une somme qui doit être payée dans un certain nombre d'années, à la condition qu'un ou plusieurs événements prévus viennent à se produire. On appelle *valeur actuelle* d'un pareil capital la somme que doit donner actuellement l'individu ou la Compagnie qui a l'espoir d'en bénéficier.

D'après la théorie des jeux de hasard, l'opération sera équitable si cette valeur actuelle est égale à l'espérance mathématique du capital en question, c'est-à-dire au produit de la valeur escomptée de ce capital par la probabilité des événements qui doivent en déterminer le paiement.

Si nous désignons par p cette probabilité, par A le capital aléatoire payable dans n années et par r l'intérêt annuel de 1 franc, la valeur escomptée de A, c'est-à-dire la somme $\dfrac{A}{(1+r)^n}$, est ce que vaut actuellement le capital qu'on a l'espoir de toucher, et par suite l'espérance mathématique de ce capital a pour expression

$$\frac{A}{(1+r)^n} \times p.$$

Ainsi, supposons qu'un capital A soit payable dans n années, par une Compagnie d'assurances, à la condition qu'une personne âgée actuellement de x années soit vivante à cette époque. La valeur actuelle du capital A, c'est-à-dire la somme que doit recevoir la Compagnie en échange de l'engagement qu'elle prend, est égale à

$$\frac{A}{(1+r)^n} \times \frac{v_{x+n}}{v_x}.$$

D'une façon générale, une opération d'assurance sera équitable s'il y a égalité entre la somme des valeurs actuelles des capitaux que doit donner l'assuré et la somme des valeurs actuelles des capitaux que doit donner la Compagnie. Toutefois, dans la pratique cette égalité ne doit pas être rigoureuse, car la Compagnie a besoin de payer ses frais d'administration et de réaliser des bénéfices.

Pour abréger l'écriture, nous représenterons par t la fraction $\dfrac{1}{1+r}$, de telle sorte que la valeur actuelle d'un capital A, qui peut être payé dans n années si un événement de probabilité p se produit, a pour expression $At^n p$.

Le taux d'intérêt employé par les Compagnies françaises depuis le 1er janvier 1894 est de 3 1/2 % ; on a alors $t = \dfrac{1}{1,035}$.

RENTES VIAGÈRES

185. On appelle *rente viagère* le revenu que procure à une personne, jusqu'à sa mort, l'aliénation volontaire d'un capital. On dit ordinairement qu'une telle personne place son bien à *fonds perdu*. La rente est payable par annuités égales, généralement par semestre ou par trimestre.

Lorsqu'on aliène ainsi un capital, on dit que la rente viagère est payée *au comptant* ou au moyen d'une *prime unique*. Dans d'autres cas, la personne qui veut jouir plus tard d'une rente viagère commence par verser à la Compagnie, pendant un certain nombre d'années, des primes *annuelles*, ou *semestrielles*, ou *trimestrielles*.

186. Rentes annuelles immédiates. — On appelle ainsi les rentes viagères dans lesquelles la rente est payée chaque année, le premier paiement ayant lieu un an après l'aliénation du capital, et ainsi de suite à la fin de chaque année tant que le rentier est en vie.

Au moment du décès, la Compagnie devrait équitablement payer aux héritiers du rentier une fraction de l'annuité égale à la fraction d'année qui s'est écoulée depuis le dernier paiement ; mais il est stipulé dans les contrats que les arrérages restent acquis à la Compagnie.

Désignons par a_x le capital que doit aliéner une personne d'âge x pour se constituer une rente viagère annuelle et immédiate de 1 franc, et proposons-nous de trouver la valeur de a_x.

Chacune des annuités successives de 1 franc que doit toucher le rentier est un capital différé et aléatoire ; la n^e annuité, par exemple, a pour valeur actuelle $t^n \dfrac{v_{x+n}}{v_x}$. Si ω désigne l'âge le plus élevé de la table de mortalité, c'est-à-dire si l'on a $v_{\omega+1} = 0$, la Compagnie aura à payer au plus $\omega - x$ annuités, et l'opération sera équitable si la somme des valeurs actuelles de toutes ces annuités est égale au capital a_x que touche actuellement la Compagnie, c'est-à-dire si l'on a

$$a_x = t\frac{v_{x+1}}{v_x} + t^2\frac{v_{x+2}}{v_x} + t^3\frac{v_{x+3}}{v_x} + \cdots + t^{\omega-x}\frac{v_\omega}{v_x},$$

ou

$$a_x = \frac{1}{v_x}\left(tv_{x+1} + t^2 v_{x+2} + t^3 v_{x+3} + \cdots + t^{\omega-x} v_\omega\right).$$

Le second membre de cette égalité peut être calculé *a priori* pour tous les âges possibles. On obtient ainsi une table de laquelle on déduit, par une simple multiplication, le capital qu'il faut aliéner pour avoir, à la fin de chacune des années qui suivent le contrat, une annuité viagère déterminée.

Le tableau suivant donne quelques valeurs de a_x, calculées avec deux tables de mortalité (la table de Deparcieux et le taux 4 %, la table R. F. des Compagnies françaises et le taux 3 1/2 %) :

a_x	TABLE DE DEPARCIEUX	TABLE R. F.
a_{25}	17,4196	20,068
a_{30}	16,8095	19,175
a_{35}	16,0840	18,132
a_{40}	15,1326	16,930
a_{45}	13,9042	15,565
a_{50}	12,5256	14,046
a_{55}	11,1727	12,396
a_{60}	9,7130	10,653
a_{65}	8,0394	8,876
a_{70}	6,3938	7,135

REMARQUE. — Il serait trop long, pour construire ces tables spéciales, de calculer séparément chacune des quantités a_x. Il est aisé de voir que ces diverses quantités peuvent se déduire les unes des autres et pour cela nous allons établir une relation simple entre les quantités a_x et a_{x+1}. On peut écrire

$$a_x = t\,\frac{v_{x+1}}{v_x} + \frac{t}{v_x}\left(tv_{x+2} + t^2 v_{x+3} + \cdots + t^{\omega-x-1} v_\omega\right),$$

ou

$$a_x = t\,\frac{v_{x+1}}{v_x} + t\,\frac{v_{x+1}}{v_x}\cdot\frac{1}{v_{x+1}}\left(tv_{x+2} + t^2 v_{x+3} + \cdots + t^{\omega-x-1} v_\omega\right).$$

c'est-à-dire

$$a_x = t\,\frac{v_{x+1}}{v_x} + t\,\frac{v_{x+1}}{v_x}\,a_{x+1},$$

ou enfin

$$a_x = t\,\frac{v_{x+1}}{v_x}\left(1 + a_{x+1}\right).$$

On calculera donc avec soin une ou plusieurs des quantités a et l'on en déduira de proche en proche toutes les autres à l'aide de cette dernière relation.

Cette formule peut être établie par un raisonnement direct, indépendant de la valeur de a_x. Il suffit de remarquer que si la personne d'âge x vit encore dans un an, elle recevra 1 franc, et la valeur actuelle de la rente viagère dont elle continuera à bénéficier sera a_{x+1}. En d'autres termes, $1 + a_{x+1}$ représente la somme qui sera due par la Compagnie au rentier d'âge x si ce rentier vit encore dans un an. La valeur actuelle de cette somme aléatoire et différée a pour expression

$$(1 + a_{x+1})l\,\frac{v_{x+1}}{v_x}.$$

En écrivant que cette valeur actuelle est égale à la somme a_x que reçoit la Compagnie, on retrouve l'égalité qui précède.

187. Chargement des primes. — Les sommes a_x qui figurent dans le tableau du n° précédent, et qui résultent mathématiquement de la définition du contrat, sont appelées *primes pures*. Pour que les Compagnies d'assurances puissent couvrir leurs frais d'administration et réaliser les bénéfices qui peuvent assurer leur fonctionnement, elles doivent majorer légèrement chacune de ces primes pures. Ces majorations, appelées *chargements*, sont obtenues par le calcul de deux autres primes, la prime d'inventaire et la prime commerciale, que les Compagnies françaises [1] calculent de la façon suivante :

1° *La prime d'inventaire* est obtenue en majorant la prime pure de 5 °/₀ de sa valeur (4 °/₀ pour les frais de gestion et 1 °/₀ pour les frais de paiement).

2° *La prime commerciale*, c'est-à-dire la prime demandée à l'assuré viager, est la somme qui, diminuée de 3 °/₀ de sa valeur, se

---

[1] Les Compagnies françaises qui opèrent ainsi à *primes fixes* sont au nombre de dix-sept. L'une des plus florissantes et la plus ancienne est la *Compagnie d'assurances générales sur la vie*, qui a été fondée en 1819 ; nous devons à l'obligeance des agents de cette Compagnie la plupart des renseignements techniques que contient ce chapitre.

réduit à la prime d'inventaire. Cette diminution est destinée à faire face aux frais d'acquisition, c'est-à-dire à payer l'intermédiaire entre la Compagnie et le rentier.

D'après cela, calculons par exemple la prime commerciale qui correspond à la prime pure a_{45}. On a, en désignant par a'_{45} la prime d'inventaire et par a''_{45} la prime commerciale,

$$a_{45} = 15,565,$$
$$a'_{45} = 15,565 \times 1,05 = 16,34325,$$
$$a''_{45}\left(1 - \frac{3}{100}\right) = a''_{45} \times 0,97 = a'_{45}.$$

d'où l'on déduit

$$a''_{45} = \frac{16,34325}{0,97} = 16^{fr},8487.$$

Telle est la somme qui sera demandée à une personne âgée de 45 ans qui veut avoir une rente viagère annuelle immédiate de 1 franc.

Ces chargements de primes se retrouvent dans toutes les opérations des Compagnies d'assurances, mais les taux de ces majorations varient avec la nature du contrat.

Problème I. — *Une personne âgée de 50 ans veut se constituer une rente viagère annuelle immédiate de 1 200^{fr}; quel capital doit-elle aliéner ?*

Le tableau du n° précédent montre que l'on a $a_{50} = 14,046$. On en déduit

$$a'_{50} = 14,046 \times 1,05 = 14,7483$$

et

$$a''_{50} = \frac{14,7483}{0,97} = 15,2044.$$

Pour avoir 1^{fr} de rente il faut donc aliéner 15^{fr},2044, et par suite le capital demandé a pour valeur

$$15,2044 \times 1 200 = 18 245^{fr},28.$$

Problème II. — *Une personne âgée de 60 ans veut aliéner un capital de 30000^{fr}. Quel est le montant de l'annuité viagère immédiate qui devra être servie à cette personne ?*

On a
$$a_{60} = 10,653.$$

On en déduit
$$a'_{60} = 10,653 \times 1,05 = 11,18565,$$

et
$$a''_{60} = \frac{11,18565}{0,97} = 11,5316.$$

Autant de fois cette prime commerciale, qui est la valeur de 1^{fr} de rente viagère, sera contenue dans $30\,000^{fr}$, autant de francs il y aura dans la valeur de l'annuité viagère cherchée. Cette valeur est donc égale à
$$\frac{30\,000}{11,5316} = 2\,601^{fr},55.$$

Remarque. — Pour le calcul des chargements, les Compagnies françaises n'appliquent les primes pures a_x déduites de la table R. F., que jusqu'à l'âge de 65 ans inclusivement. Pour les âges plus avancés, ces primes sont majorées au moyen d'un coefficient variable suivant les âges. Cette majoration a pour but de compenser l'influence de la sélection à l'entrée, influence dont les tables ne tiennent pas un compte suffisant. Ces tables ne comportent en effet qu'un nombre restreint d'observations relatives à des personnes ayant fait un contrat viager après l'âge de 65 ans, et par suite les Compagnies d'assurances ne connaissent pas d'une façon suffisamment exacte comment varie la mortalité dans un groupe de personnes toutes bien portantes à l'âge de 66 ans par exemple, ou à un âge supérieur.

Ainsi, à 70 ans, la prime pure calculée avec la table R. F. est de 7,135, et pour le calcul de la prime commerciale elle a été majorée à 7,4631, de telle sorte que l'on a alors
$$a''_{70} = \frac{7,4631 \times 1,05}{0,97} = 8,0786.$$

188. Rentes annuelles différées. — On appelle ainsi les rentes viagères dans lesquelles la première annuité n'est payable que plusieurs années après l'aliénation du capital.

On dit que la rente est *différée de n années* lorsque le premier terme de cette rente est payé $n+1$ années après cette aliénation. On dit encore que le rentier entre *en jouissance* de la rente dans n années.

Nous désignerons par a_x^n le capital que doit aliéner une personne d'âge x pour se constituer une rente viagère annuelle de 1^{fr}, différée de n années. (Dans cette notation la lettre n n'est pas un exposant, mais un simple indice.)

En écrivant que le capital a_x^n est égal à la somme des valeurs actuelles des annuités de 1^{fr} qu'espère toucher l'assuré, on obtient

$$a_x^n = t^{n+1}\frac{v_{x+n+1}}{v_x} + t^{n+2}\frac{v_{x+n+2}}{v_x} + \cdots + t^{\omega-x}\frac{v_\omega}{v_x},$$

ce qu'on peut écrire

$$a_x^n = \frac{t^n}{v_x}(tv_{x+n+1} + t^2 v_{x+n+2} + \cdots + t^{\omega-x-n}v_\omega),$$

ou

$$a_x^n = t^n\frac{v_{x+n}}{v_x}\frac{1}{v_{x+n}}(tv_{x+n+1} + t^2 v_{x+n+2} + \cdots + t^{\omega-(x+n)}v_\omega),$$

ou enfin

$$a_x^n = t^n\frac{v_{x+n}}{v_x}a_{x+n}. \tag{1}$$

Cette formule permet de calculer simplement, en fonction des quantités a_x relatives aux rentes immédiates, les primes pures des rentes annuelles différées.

On peut encore établir la formule (1) en remarquant que si la personne d'âge x vit dans n années et veut à cette époque se constituer une rente viagère annuelle et immédiate de 1^{fr}, elle devra verser à la Compagnie le capital a_{x+n}. La valeur actuelle de ce capital différé et aléatoire a pour expression $t^n\dfrac{v_{x+n}}{v_x}a_{x+n}$, et cette valeur doit être égale à la prime a_x^n qui permet actuellement à l'assuré de se constituer par avance la rente viagère en question ; d'où résulte la formule (1).

Exemple. — *Une personne âgée de 45 ans veut se constituer une rente viagère annuelle de* 1200^{fr}, *différée de cinq années.*

Calculer, avec la table R. F. *et le taux* 3,5 %, *la prime unique pure de cette opération.*

Représentons par Π la prime demandée, nous avons

$$\Pi = 1\,200 \times a_{45}^{5} = 1\,200 \times \frac{1}{1,035^{5}} \times \frac{v_{50}}{v_{45}} \times a_{50},$$

c'est-à-dire, d'après la table R. F. et d'après le tableau du n° 186,

$$\Pi = 1\,200 \times \frac{1}{1,035^{5}} \times \frac{6\,488\,225}{6\,857\,838} \times 14,046,$$

ou

$$\Pi = \frac{16\,855,2 \times 6\,488\,225}{1,035^{5} \times 6\,857\,838}.$$

En employant les logarithmes, on obtient

$$\begin{aligned}
\log 16\,855,2 &= 4,22\,674 \\
\log 6\,488\,225 &= 6,81\,213 \\
5 \operatorname{colog} 1,035 &= \overline{1},92\,530 \\
\operatorname{colog} 6\,857\,838 &= \overline{7},16\,381 \\
\hline
\log \Pi &= 4,12\,798,
\end{aligned}$$

d'où l'on déduit

$$\Pi = 13\,427^{\text{fr}}.$$

Cette prime pure devrait être transformée en prime d'inventaire, puis en prime commerciale. Le calcul est plus compliqué que dans le cas des rentes immédiates ; il dépend de la durée du différé, pendant lequel la Compagnie doit faire face à ses frais de gestion. Nous n'y insisterons pas. Chaque Compagnie met d'ailleurs à la disposition du public des tarifs donnant les primes commerciales dans chacun des principaux cas qui peuvent se présenter.

Primes annuelles. — Les rentes viagères différées, au lieu d'être constituées par l'aliénation d'une prime unique telle que a_x^n, sont ordinairement obtenues au moyen de primes payées par l'assuré pendant un certain nombre d'années.

Recherchons par exemple la valeur π de la prime que doit payer pendant n années, au commencement de chaque année, une personne d'âge x qui veut entrer en jouissance d'une annuité viagère de 1^{fr} à la fin de la n^e année.

La somme des valeurs actuelles des primes que doit payer cette personne est égale à

$$\pi + \pi t\,\frac{v_{x+1}}{v_x} + \pi t^2\,\frac{v_{x+2}}{v_x} + \cdots + \pi t^{n-1}\,\frac{v_{x+n-1}}{v_x}.$$

En écrivant que cette somme est égale à la valeur de la prime unique a_x^n donnée par la formule (1), on obtient l'égalité

$$\pi(v_x + t v_{x+1} + t^2 v_{x+2} + \cdots + t^{n-1} v_{x+n-1}) = t^n v_{x+n} a_{x+n},$$

d'où l'on déduit aisément la valeur de π.

Les rentes viagères différées, constituées au moyen de plusieurs primes, servent de base aux calculs des Caisses de retraite.

189. Rentes semestrielles ou trimestrielles. — Ce sont les rentes viagères dans lesquelles le premier terme est payé six mois ou trois mois après l'aliénation du capital, et ainsi de suite à la fin de chaque semestre ou de chaque trimestre, les arrérages de la rente au moment du décès restant acquis à la Compagnie.

Nous nous occuperons spécialement des rentes semestrielles immédiates. Désignons par Π_x le capital que doit aliéner une personne d'âge x pour entrer en jouissance d'une annuité viagère de $\frac{1}{2}$ fr. payable à la fin de chaque semestre. Soit r' le taux semestriel équivalent au taux annuel r, c'est-à-dire tel que $1 + r' = \sqrt{1 + r}$.

Nous poserons $\quad t' = \dfrac{1}{1 + r'}, \quad$ c'est-à-dire $\quad t' = \sqrt{t}.$

Les décès étant supposés uniformément répartis dans le courant de l'année, le nombre des vivants à la fin du premier semestre sera $\frac{1}{2}(v_x + v_{x+1})$, celui des vivants à la fin du troisième semestre sera $\frac{1}{2}(v_{x+1} + v_{x+2})$, et ainsi de suite. Par conséquent, si nous écrivons que le capital aliéné est égal à la somme des valeurs actuelles des annuités qu'espère toucher le rentier, nous obtenons

$$\Pi_y = \frac{1}{2}t'\frac{\frac{1}{2}(v_y + v_{y+1})}{v_x} + \frac{1}{2}t'^2\frac{v_{x+1}}{v_x}$$

$$+ \frac{1}{2}t'^3\frac{\frac{1}{2}(v_{x+1} + v_{x-2})}{v_y} + \cdots,$$

ce qu'on peut écrire

$$\Pi_y = \frac{t'}{4v_y}\left[v_x + v_{y+1} + t'^2(v_{x+1} + v_{y+2}) + t'^4(v_{x+2} + v_{y+3}) + \cdots\right]$$

$$+ \frac{1}{2v_y}(t'^2 v_{x+1} + t'^4 v_{x+2} + t'^6 v_{y+3} + \cdots).$$

ou, en remplaçant t'^2 par t,

$$\Pi_y = \frac{t'}{4v_y}\left[v_x + v_{y+1} + t(v_{x+1} + v_{y+2}) + t^2(v_{x+2} + v_{y+3}) + \cdots\right]$$

$$+ \frac{1}{2v_y}(t v_{y+1} + t^2 v_{y+2} + t^3 v_{x+3} + \cdots).$$

La seconde ligne de cette dernière égalité est égale à $\frac{1}{2}a_y$. D'autre part, la quantité entre crochets peut s'écrire

$$v_y + v_{x+1} + t v_{y+2} + t^2 v_{y+3} + \cdots$$

$$+ t v_{x+1} + t^2 v_{y+2} + t^3 v_{y+3} + \cdots,$$

c'est-à-dire

$$v_y + \frac{1}{t}v_y a_y + v_y a_y.$$

ou

$$v_y\left(1 + \frac{a_y}{t} + a_y\right).$$

L'égalité ci-dessus peut donc s'écrire

$$\Pi_y = \frac{t'}{4}\left(1 + \frac{a_y}{t} + a_y\right) + \frac{1}{2}a_y.$$

ou

$$\Pi_y = \frac{1}{4}\left(t' + \frac{a_y}{t'} + t'a_y\right) + \frac{1}{2}a_y.$$

ou enfin

$$\Pi_y = \frac{a_y}{4}\left(t' + \frac{1}{t'} + 2\right) + \frac{t'}{4}.$$

Telle est la formule qui donne la prime pure d'une rente viagère de 1^{fr} par an, payable par moitié à la fin de chaque semestre, en fonction de la prime pure de la même rente payable à la fin de chaque année.

Si l'on fait $r = 0,035,$ on a

$$t' = \frac{1}{1 + r'} = \frac{1}{\sqrt{1,035}} = 0,98295,$$

$$\frac{1}{t'} = \sqrt{1,035} = 1,01735,$$

d'où l'on déduit

$$t' + \frac{1}{t'} + 2 = 4,0003$$

et

$$\frac{1}{4}\left(t' + \frac{1}{t'} + 2 \right) = 1,000075.$$

La formule précédente devient alors
$$\Pi_x = a_x \times 1,000075 + 0,24574,$$
ce qu'on peut écrire, sans erreur sensible,
$$\Pi_x = a_x + 0,25.$$

Un calcul analogue à celui qui précède, mais plus compliqué, permet d'obtenir la prime pure d'une rente viagère de 1^{fr} par an, payable par quart à la fin de chaque trimestre. On trouve que cette prime pure est sensiblement égale à
$$a_x + 0,375.$$

Remarque I. — Dans la pratique, les Compagnies d'assurances obtiennent la prime commerciale d'une rente viagère de 1^{fr} par an, payable par semestre ou par trimestre, en ajoutant 0^{fr},25 ou 0^{fr},375 à la prime commerciale a''_x de la même rente payable annuellement.

Plus généralement, si m représente le nombre des paiements égaux à effectuer dans l'année, le prix d'une rente viagère de 1^{fr} par an est obtenu par la formule $a''_x + \dfrac{m - 1}{2m}.$

Supposons, par exemple, qu'une personne âgée de 50 ans veuille se constituer une rente viagère de 1 200^{fr} par an. Nous avons trouvé (n° 187, Problème I) $a''_{50} = 15,2044 ;$ on a alors
$$a''_{50} + 0,25 = 15,4544, \qquad a''_{50} + 0,375 = 15,5794.$$

Par conséquent, si la rente doit être payée semestriellement, le prix en sera

$$15,4544 \times 1\,200 = 18\,545^{fr},28,$$

et si la rente est trimestrielle, on devra payer

$$15,5794 \times 1\,200 = 18\,695^{fr},28.$$

REMARQUE II. — Il existe également des rentes viagères semestrielles ou trimestrielles différées, payables au moyen d'une prime unique, ou au moyen de primes annuelles, semestrielles ou trimestrielles.

190. Rentes viagères variables. — On appelle ainsi des rentes viagères dans lesquelles le montant de chaque annuité augmente ou diminue d'après une loi déterminée. Les calculs auxquels donnent lieu ces rentes sont compliqués, sauf dans quelques cas particuliers, comme le suivant :

Supposons qu'il s'agisse d'une rente payable à raison de 1^{fr} dans un an, 2^{fr} dans deux ans, 3^{fr} dans trois ans, et ainsi de suite jusqu'au décès de l'assuré.

Une telle rente peut être considérée comme formée de plusieurs rentes viagères, à chacune desquelles on peut appliquer les principes précédents :

1° Une rente viagère annuelle immédiate de 1^{fr} ;

2° Une rente viagère annuelle de 1^{fr}, différée d'un an ;

3° Une rente viagère annuelle de 1^{fr}, différée de deux ans, etc.

191. Rentes viagères sur deux têtes. — Il existe des rentes viagères dépendant de l'existence de deux personnes. Deux cas peuvent se présenter : ou bien le paiement de la rente cesse lors du décès de l'une des deux personnes, ou bien ce paiement est continué jusqu'au second décès. Dans ce deuxième cas, la rente est dite *réversible*.

Désignons par x et y les âges des deux personnes assurées et proposons-nous de chercher, dans l'un et l'autre de ces deux cas, le prix d'une annuité viagère, immédiate et annuelle, de 1^{fr}.

1° *La rente cesse au premier décès.* — La probabilité que les deux personnes vivront encore dans n années a pour expression $\dfrac{v_{x+n}}{v_x} \times \dfrac{v_{y+n}}{v_y}$, et par suite la n^e annuité de 1^{fr} a pour valeur actuelle $t^n \times \dfrac{v_{x+n}}{v_x} \times \dfrac{v_{y+n}}{v_y}$. Si nous supposons $x > y$, la Compagnie aura à payer au plus $\omega - x$ annuités.

Désignons par a_{xy} le capital qui doit être aliéné et écrivons que ce capital est égal à la somme des valeurs actuelles des annuités de 1^{fr} que doit donner la Compagnie ; nous obtenons

$$a_{xy} = t \frac{v_{x+1}}{v_x} \cdot \frac{v_{y+1}}{v_y} + t^2 \frac{v_{x+2}}{v_x} \cdot \frac{v_{y+2}}{v_y} + \cdots + t^{\omega-x} \frac{v_\omega}{v_x} \cdot \frac{v_{y+\omega-x}}{v_y}.$$

ou

$$a_{xy} = \frac{1}{v_x v_y} \left(t v_{x+1} v_{y+1} + t^2 v_{x+2} v_{y+2} + \cdots + t^{\omega-x} v_\omega v_{y+\omega-x} \right).$$

Le second membre de cette égalité peut être calculé *a priori* pour toutes les valeurs possibles des âges x et y. On obtient ainsi une table de laquelle on déduit, par une simple multiplication, le capital que doivent aliéner deux personnes pour recevoir à la fin de chacune des années qui suivront le contrat, jusqu'à la mort de l'une d'elles, une annuité déterminée.

Le tableau ci-dessous donne quelques valeurs de a_{xy} calculées

a_{xy}	TABLE DE DÉPARCIEUX	TABLE R. F.
$a_{25,30}$	14,1598	16,708
$a_{30,35}$	13,5405	15,694
$a_{25,35}$	13,7516	16,045
$a_{35,40}$	12,7329	14,520
$a_{40,45}$	11,6158	13,188
$a_{35,45}$	11,9536	13,643
$a_{45,50}$	10,2639	11,716
$a_{50,55}$	8,9271	10,136
$a_{45,55}$	9,4423	10,665
$a_{55,60}$	7,6350	8,499

avec deux tables de mortalité (la table de Deparcieux et le taux 4 %, la table R. F. et le taux 3 1/2 %).

2° **La rente cesse au dernier décès.** — D'après le Problème II du n° 181, la probabilité que les deux personnes ne seront pas mortes toutes deux dans n années a pour expression

$$\frac{v_{x+n}}{v_x} + \frac{v_{y+n}}{v_y} - \frac{v_{x+n}v_{y+n}}{v_x v_y}.$$

Par suite, les valeurs actuelles des annuités successives de 1ᶠʳ que doit servir la Compagnie sont égales à

$$t\left(\frac{v_{x+1}}{v_x} + \frac{v_{y+1}}{v_y} - \frac{v_{x+1}v_{y+1}}{v_x v_y} \right),$$

$$t^2\left(\frac{v_{x+2}}{v_x} + \frac{v_{y+2}}{v_y} - \frac{v_{x+2}v_{y+2}}{v_x v_y} \right),$$

$$t^3\left(\frac{v_{x+3}}{v_x} + \frac{v_{y+3}}{v_y} - \frac{v_{x+3}v_{y+3}}{v_x v_y} \right), \quad \text{etc.}$$

Pour faire la somme de ces valeurs actuelles, nous effectuerons les parenthèses et nous formerons trois groupes, en prenant d'abord la première fraction de chaque parenthèse, puis la deuxième fraction et enfin la troisième.

La somme des fractions du premier groupe est égale à a_x, celle des fractions du second groupe est a_y, et celle des fractions du troisième groupe est a_{xy}. Par conséquent, si nous désignons par $a_{\overline{xy}}$ le capital qui doit être aliéné, il faut avoir l'égalité

$$a_{\overline{xy}} = a_x + a_y - a_{xy},$$

formule qui permet de calculer aisément $a_{\overline{xy}}$ si l'on a à sa disposition les tables qui donnent les valeurs de a_x et de a_{xy}.

REMARQUE I. — Les primes pures a_{xy} et $a_{\overline{xy}}$ que nous venons de déterminer doivent subir les chargements qui ont été indiqués au n° 187. Chacune des primes commerciales ainsi obtenues est en outre majorée de 0ᶠʳ,25 si la rente de 1ᶠʳ par an est payable semestriellement, et de 0ᶠʳ,375 si cette même rente est payable par trimestre.

REMARQUE II. — Dans le cas où la rente ne doit cesser qu'au

dernier décès, on stipule parfois qu'après le premier décès l'annuité devra subir une réduction indiquée sur le contrat. On dit alors que la rente est *réversible en partie*.

Supposons, par exemple, que deux personnes âgées de x et de y années aliènent un capital Π pour se constituer une rente viagère annuelle et immédiate de 1^{fr}, qui devra se réduire à la fraction f après le premier décès. Nous obtiendrons la valeur de Π en écrivant que ce capital est égal à la valeur actuelle de la rente immédiate f servie jusqu'au dernier décès, plus la valeur actuelle de la rente immédiate $1 - f$ servie jusqu'au premier décès, ce qui donne

$$\Pi = f(a_x + a_y - a_{xy}) + (1 - f)a_{xy},$$

ou

$$\Pi = f(a_x + a_y) + (1 - 2f)a_{xy}.$$

Dans le cas particulier où l'on a $f = \dfrac{1}{2}$, cette dernière égalité devient

$$\Pi = \frac{1}{2}(a_x + a_y),$$

résultat qu'il était facile de prévoir, car l'opération revient alors à la constitution d'une annuité viagère de $\dfrac{1}{2}$ fr. sur chacune des deux têtes considérées.

Exemple. — *Deux époux sans enfants, respectivement âgés de 55 et de 60 ans, aliènent un capital de 30000^{fr} pour jouir immédiatement d'une rente viagère semestrielle. On demande de calculer le montant de chacun des termes de cette rente :*

1° En supposant la rente réversible en totalité ;

2° En supposant la rente réversible des 2/3 au premier décès.

On a

$$a_{55} = 12,396, \qquad a_{60} = 10,653, \qquad a_{55,60} = 8,499 ;$$

on en déduit

$$a_{\overline{55,60}} = 12,396 + 10,653 - 8,499 = 14,55.$$

La prime commerciale qui correspond à cette prime pure a pour valeur

$$\frac{14,55 \times 1,05}{0,97} = 15,75.$$

La rente étant payable semestriellement, cette prime doit être majorée de $0^{fr},25$ et devient alors 16^{fr}. Telle est la somme que doivent débourser les deux époux pour avoir une annuité semestrielle de $\frac{1}{2}$ fr. réversible en totalité lors du premier décès.

On déduit de là que l'annuité semestrielle demandée a pour valeur

$$\frac{1}{2} \cdot \frac{30\,000}{16} = 937^{fr},50.$$

En second lieu, d'après la Remarque qui précède, la prime pure d'une rente viagère de 1^{fr} réversible aux 2/3 lors du premier décès est

$$\Pi = \frac{2}{3}(a_{55} + a_{60}) - \frac{1}{3} a_{55,60}$$

$$= \frac{2}{3}\, 23,049 - \frac{1}{3}\, 8,499$$

$$= 15,366 - 2,833 = 12,533.$$

La prime commerciale correspondante a pour valeur

$$\frac{12,533 \times 1,05}{0,97} = 13,5666,$$

et cette prime majorée de $0^{fr},25$ devient $13,8166$.

L'annuité semestrielle qui correspond à la seconde hypothèse est donc

$$\frac{1}{2} \cdot \frac{30\,000}{13,8166} = 1085^{fr},65.$$

RENTES A CAPITAL RÉSERVÉ

192. Les rentes à capital réservé sont des rentes constituées au moyen d'une prime unique ou de plusieurs primes, sous la réserve que le montant des primes versées sera restitué,

en totalité ou en partie, soit au rentier lui-même, soit à d'autres personnes, si certains événements prévus viennent à se produire.

Comme les rentes viagères, les rentes à capital réservé peuvent être immédiates ou différées ; ce sont ces dernières qui donnent lieu au plus grand nombre d'opérations. Nous allons examiner les deux cas.

193. Rentes immédiates. — Problème. — *Une personne âgée de x années verse un capital A, sous condition que ce capital lui sera remboursé si elle est vivante dans n années. La Compagnie sert à cette personne une rente annuelle α, qui cesse si le remboursement du capital a lieu. Trouver la relation qui existe entre ces diverses quantités et le taux de l'intérêt.*

La personne assurée peut toucher au plus n annuités α dont les valeurs actuelles respectives sont

$$\alpha t \frac{v_{x+1}}{v_x}, \qquad \alpha t^2 \frac{v_{x+2}}{v_x}, \qquad \alpha t^3 \frac{v_{x+3}}{v_x}, \qquad \ldots, \qquad \alpha t^n \frac{v_{x+n}}{v_x}.$$

Le remboursement éventuel du capital A devant avoir lieu au moment du paiement de la n^e annuité, le montant de ce remboursement a pour valeur actuelle $\;A t^n \dfrac{v_{x+n}}{v_x}.$

La somme de toutes ces valeurs actuelles doit être égale au capital versé A. On a donc

$$A = A t^n \frac{v_{x+n}}{v_x} + \frac{\alpha}{v_x}\left(t v_{x+1} + t^2 v_{x+2} + \cdots + t^n v_{x+n}\right),$$

La quantité entre parenthèses peut s'écrire

$$t v_{x+1} + t^2 v_{x+2} + \cdots + t^{\omega-x} v_\omega - \left(t^{n+1} v_{x+n-1} + \cdots + t^{\omega-x} v_\omega\right).$$

ou

$$v_x a_x - t^n\left(t v_{x+n+1} + t^2 v_{x+n+2} + \cdots + t^{\omega-x-n} v_\omega\right),$$

ou encore

$$v_x a_x - t^n v_{x+n} a_{x+n},$$

c'est-à-dire, d'après la formule (1) du n° 188,

$$v_x a_x - v_x a''_x \qquad\qquad \text{ou} \qquad\qquad v_x\left(a_x - a''_x\right).$$

L'égalité ci-dessus peut donc s'écrire

$$A = A t^n \frac{v_{c+n}}{v_x} + \alpha(a_x - a_x^n),$$

ou
$$A v_x = A t^n v_{x+n} + \alpha v_x(a_x - a_x^n),$$

ou encore
$$A(v_x - t^n v_{x+n}) = \alpha v_x(a_x - a_x^n).$$

Telle est la relation cherchée. Elle permet de calculer l'une des deux quantités A et α quand on se donne la valeur de l'autre.

194. Rentes différées. — **Problème I.** — *Une personne âgée de x années veut entrer en jouissance d'une rente annuelle α au bout de n années. Quel capital A doit-elle verser si elle désire que ce capital soit remboursé à ses héritiers à quelque époque que son décès se produise?*

D'après ce qui a été dit au n° 188, la somme des valeurs actuelles des annuités successives que touchera jusqu'à son décès la personne assurée est égale à

$$\alpha t^n \frac{v_{x+n}}{v_x} a_{x+n}, \qquad \text{ou} \qquad \alpha a_x^n.$$

D'autre part, la Compagnie devant nécessairement rembourser le capital A, ne pourra jouir que de l'intérêt de ce capital jusqu'au moment du décès.

Or l'assuré vit généralement, après la signature du contrat, pendant un nombre entier d'années plus une certaine fraction d'année, et le calcul exact de la valeur actuelle de l'intérêt de A pendant cette fraction d'année devient très compliqué.

Cette difficulté se présente toutes les fois que les Compagnies d'assurances doivent remettre des sommes aux héritiers d'un assuré, immédiatement après son décès. Ces Compagnies simplifient alors leurs calculs en admettant que les sommes en question sont exigibles, soit au commencement, soit à la fin, soit au milieu de l'année du décès.

La première hypothèse, adoptée pendant longtemps par toutes les Compagnies françaises, revient à supposer que chaque capital payable lors du décès d'un assuré doit être disponible dans la Caisse de la Compagnie au commencement de l'année de ce décès et par suite ne produit pas intérêt, au bénéfice de cette Compagnie, pendant le temps qui doit s'écouler entre ce commencement d'année et le moment du décès.

La seconde hypothèse est adoptée par les Compagnies anglaises.

La troisième hypothèse est la plus rationnelle, car dans chacun des deux semestres de l'année le nombre des décès et leur répartition sont à peu près les mêmes et par suite la perte d'intérêts qu'éprouve la Compagnie à cause des décès du premier semestre se trouve compensée par le gain qui résulte des décès du second semestre. Cette troisième hypothèse est adoptée en France depuis l'année 1894.

Nous allons traiter le problème actuel en nous plaçant successivement dans la première et dans la troisième de ces hypothèses.

1° *Le capital* A *est supposé payable au commencement de l'année.* — Tout se passe alors comme si la personne qui contracte l'assurance ne remettait pas le capital A à la Compagnie, mais s'engageait à lui servir l'intérêt Ar de ce capital, à la fin de chacune des années qui doivent suivre le contrat, tant qu'elle sera en vie.

Par suite, les valeurs actuelles des annuités successives Ar dont doit bénéficier la Compagnie sont respectivement égales à

$$A r t\,\frac{v_{x+1}}{v_x}, \qquad A r t^2\,\frac{v_{x+2}}{v_x}, \qquad A r t^3\,\frac{v_{x+3}}{v_x}, \qquad \text{etc.}$$

La somme de ces valeurs actuelles est A$r a_x$. On doit donc avoir

$$A r a_x = \alpha a''_x,$$

d'où l'on déduit

$$A = \frac{\alpha a''_x}{r a_x}.$$

2° *Le capital* A *est supposé payable au milieu de l'année.* — Au lieu de donner A au milieu de l'année du décès, la Compagnie peut donner $\dfrac{A}{(1+r)^{\frac{1}{2}}}$ au début de cette année. Par suite, tout se passe comme si la Compagnie, qui vient de recevoir A, remettait $\dfrac{A}{(1+r)^{\frac{1}{2}}}$ à l'assuré ou à ses héritiers, à la condition de

recevoir l'intérêt de cette dernière somme à la fin de chacune des années qui doivent suivre le contrat, pendant la vie de l'assuré.

La somme des valeurs actuelles de ces intérêts successifs est

$$\frac{A}{(1+r)^{\frac{1}{2}}}\,ra_x, \qquad \text{ou} \qquad At^{\frac{1}{2}}ra_x.$$

D'autre part, la Compagnie bénéficie actuellement de la différence entre la somme A qu'elle reçoit et la somme $At^{\frac{1}{2}}$ qu'elle donne. On doit donc avoir

$$A - At^{\frac{1}{2}} + At^{\frac{1}{2}}ra_x = \alpha a''_x,$$

d'où l'on déduit

$$A = \frac{\alpha a''_x}{1 - t^{\frac{1}{2}}(1 - ra_x)}.$$

Problème II. — *Une personne âgée de x années veut entrer en jouissance d'une rente annuelle α au bout de n années. Quel capital A doit-elle verser si elle désire que ce capital soit restitué à ses héritiers, dans le cas seulement où elle viendrait à mourir avant les n années?*

La somme des valeurs actuelles des annuités que touchera cette personne est égale à $\alpha a''_x$. Pour évaluer l'espérance mathématique de la Compagnie, nous allons considérer deux cas :

1° *Le capital A est supposé payable au commencement de l'année.* — La Compagnie pourra jouir de l'intérêt de la somme A pendant chacune des années qui précèdent celle du décès, et aussi de cette somme A elle-même si le décès ne se produit pas pendant les n premières années. Les valeurs actuelles de ces diverses sommes sont respectivement égales à

$$Art\frac{v_{x+1}}{v_x}, \qquad Art^2\frac{v_{x+2}}{v_x}, \qquad \ldots, \qquad Art^n\frac{v_{x+n}}{v_x}, \qquad At^n\frac{v_{x+n}}{v_x}.$$

La somme de ces valeurs actuelles peut s'écrire

$$At^n\frac{v_{x+n}}{v_x} + \frac{Ar}{v_x}\left(tv_{x+1} + t^2v_{x+2} + \cdots + t^nv_{x+n}\right),$$

c'est-à-dire, d'après le calcul qui a été fait au n° 193,

$$A t^n \frac{v_{x+n}}{v_x} + \frac{Ar}{v_x}(v_x a_x - v_3 a_x^n).$$

On doit donc avoir l'égalité

$$A t^n \frac{v_{x+n}}{v_x} + A r(a_x - a_x^n) = \alpha a_x^n,$$

d'où l'on déduit

$$A = \frac{\alpha v_x a_x^n}{t^n v_{x+n} + r v_x(a_x - a_x^n)}.$$

2° *Le capital A est supposé payable au milieu de l'année.* — Au lieu de rembourser A au milieu de l'année du décès, la Compagnie peut rembourser $\dfrac{A}{(1+r)^{\frac{1}{2}}}$, c'est-à-dire $A t^{\frac{1}{2}}$, au commencement de cette année. On voit alors que tout se passe comme si la Compagnie, qui vient de recevoir A, remettait $A t^{\frac{1}{2}}$ à l'assuré, sous la double condition de recevoir l'intérêt annuel de cette dernière somme pendant n années au plus, si l'assuré vit à la fin de chacune de ces n années, et de recevoir cette somme elle-même dans n années si le décès ne s'est pas produit.

La Compagnie bénéficie donc actuellement de la différence $A - A t^{\frac{1}{2}}$, et la valeur actuelle des sommes qu'elle a l'espoir de toucher est égale à

$$A r t^{\frac{1}{2}}(a_x - a_x^n) + A t^{\frac{1}{2}} t^n \frac{v_{x+n}}{v_x}.$$

On doit donc avoir l'égalité

$$A - A t^{\frac{1}{2}} + A r t^{\frac{1}{2}}(a_x - a_x^n) + A t^{n+\frac{1}{2}} \frac{v_{x+n}}{v_x} = \alpha a_x^n,$$

d'où l'on déduit aisément la valeur de A.

195. Rentes payables par plusieurs primes. — Il arrive fréquemment qu'au lieu de verser une prime unique A, la personne qui veut se constituer une rente différée, à capital réservé, préfère constituer cette rente au moyen de plusieurs primes de même valeur payées à des intervalles de temps égaux, chaque année par exemple.

Proposons-nous de résoudre le problème suivant :

Une personne âgée de x années veut entrer en jouissance d'une rente annuelle α au bout de n années ; quelle prime doit-elle verser au commencement de chacune de ces n années, si elle désire que le total des primes versées soit remboursé à ses héritiers, à quelque époque que son décès se produise?

La somme des valeurs actuelles des annuités que touchera le rentier est égale à αa_x^n; d'autre part, la Compagnie ne pourra jouir que de l'intérêt de chacune des primes jusqu'au moment du remboursement. Comme précédemment, nous examinerons deux cas :

1° *Les primes sont remboursables au commencement de l'année.* — Soit π le montant de la prime. La Compagnie jouira de l'intérêt annuel πr de cette prime pendant le nombre entier d'années compris entre le paiement de cette prime et le commencement de l'année du décès.

La somme des valeurs actuelles des intérêts de la première prime est égale à $\pi r a_x$. La somme des valeurs actuelles des intérêts de la seconde prime est égale à $\pi r a_x^1$. Pour la troisième prime, cette somme est égale à $\pi r a_x^2$, et ainsi de suite. Pour la n^e prime, cette somme a pour valeur $\pi r a_x^{n-1}$.

Le total de toutes ces valeurs actuelles partielles a pour expression

$$\pi r(a_x + a_x^1 + a_x^2 + \cdots + a_x^{n-1}).$$

En écrivant que ce total est égal à αa_x^n, on obtient une égalité de laquelle on déduit

$$\pi = \frac{\alpha a_x^n}{r(a_x + a_x^1 + a_x^2 + \cdots a_x^{n-1})}.$$

2° *Les primes sont remboursables au milieu de l'année.* — Dans ce cas, la Compagnie peut rembourser les primes au commencement de l'année du décès en donnant pour chaque prime $\pi t^{\frac{1}{2}}$ au lieu de π. Par conséquent, tout se passe comme si la Compagnie remettait, au commencement de chaque année, la somme $\pi t^{\frac{1}{2}}$ à la personne qui lui apporte la somme π, sous la réserve qu'on devra lui servir l'intérêt de cette somme $\pi t^{\frac{1}{2}}$ jusqu'au début de l'année du décès.

D'après ce qui précède, le total des valeurs actuelles des intérêts de toutes les sommes $\pi t^{\frac{1}{2}}$ est égal à

$$\pi r t^{\frac{1}{2}}(a_x + a_x^1 + a_x^2 + \cdots + a_x^{n-1}).$$

D'autre part, la Compagnie bénéficie au commencement de chaque année de la différence $\pi - \pi t^{\frac{1}{2}}$ entre la somme qu'elle reçoit et celle qu'elle donne. Ces différences successives ont pour valeurs actuelles

$$\pi\left(1 - t^{\frac{1}{2}}\right), \quad \pi\left(1 - t^{\frac{1}{2}}\right)t\,\frac{v_{x+1}}{v_x},$$

$$\pi\left(1 - t^{\frac{1}{2}}\right)t^2\,\frac{v_{x+2}}{v_x}, \quad \ldots, \quad \pi\left(1 - t^{\frac{1}{2}}\right)t^{n-1}\,\frac{v_{x+n-1}}{v_x},$$

et le total de ces valeurs actuelles est égal à

$$\pi\left(1 - t^{\frac{1}{2}}\right)\left(1 + a_x - a_x^{n-1}\right).$$

On a donc l'égalité

$$\pi r t^{\frac{1}{2}}(a_x + a_x^1 + a_x^2 + \cdots + a_x^{n-1}) + \pi\left(1 - t^{\frac{1}{2}}\right)\left(1 + a_x - a_x^{n-1}\right) = \alpha a_x^{n},$$

d'où l'on déduit aisément la valeur de π.

ASSURANCES DE CAPITAUX DIFFÉRÉS

196. Dans ces assurances, la Compagnie s'engage à payer, à une époque convenue, un capital déterminé à une personne désignée sur le contrat, si cette personne est vivante à l'époque en question.

Une pareille assurance peut être constituée soit au moyen d'un capital unique, soit par le versement d'une prime annuelle.

Si l'assuré meurt pendant le cours de l'assurance, les primes versées restent acquises à la Compagnie ou sont remises à une autre personne, suivant les conventions du contrat.

Ces assurances ont principalement pour but de constituer une dot à un enfant s'il parvient à un certain âge.

197. Assurances avec primes aliénées. — Cherchons d'abord quelle est la prime unique nécessaire pour assurer à une personne âgée de x années un capital A, payable au bout de n années, si cette personne vit à cette époque.

La valeur actuelle du capital différé et aléatoire A est égale à

$$A\, t^n\, \frac{v_{x+n}}{v_x}.$$ Telle est la prime unique qu'il faut verser.

Si l'on veut assurer le même capital A au moyen d'une prime annuelle π, payable pendant n' années, on obtiendra la valeur de π en écrivant que la prime unique ci-dessus est égale à la somme des valeurs actuelles des primes π.

Exemple. — *On veut assurer à un enfant de 10 ans un capital de 20 000ᶠʳ, qu'il touchera s'il atteint 25 ans. Quel capital unique faut-il aliéner immédiatement?*

En employant la table R.F. et le taux 3 1/2 %, on obtient, en désignant par II la prime unique cherchée,

$$\text{II} = 20\,000 \times \frac{1}{1{,}035^{15}} \times \frac{796\,786}{866\,684},$$

ou

$$\text{II} = \frac{20\,000 \times 0{,}596891 \times 796\,786}{866\,684}.$$

En effectuant les calculs, on trouve

$$\text{II} = 10\,975^{\text{fr}}.$$

Les Compagnies d'assurances demanderont une somme supérieure à la valeur que nous venons d'obtenir, pour les motifs que nous avons plusieurs fois énoncés. Ainsi, nous trouvons dans les tarifs publiés par la *Compagnie d'Assurances générales* que, pour assurer, dans les conditions de l'exemple ci-dessus, un capital de 100ᶠʳ, il faut une prime unique de 57ᶠʳ,77. Par suite, pour une somme de 20 000ᶠʳ, la prime doit être de

$$57{,}77 \times 200 = 11\,554^{\text{fr}}.$$

198. Assurances avec primes remboursées. — Supposons encore qu'on veuille assurer un capital A payable à une personne actuellement âgée de x années, si elle atteint l'âge $x + n$, et proposons-nous de chercher la prime annuelle π qu'il faut verser au commencement de chacune des n années qui précèdent la fin du contrat, les primes versées devant être remboursées par la Compagnie, mais sans intérêt, si l'assuré meurt avant la fin de ce contrat. Nous distinguerons deux cas, selon qu'on suppose les primes remboursables au commencement de l'année du décès ou au milieu de cette année :

1° *Les primes sont remboursables au commencement de l'année.* — Tout se passe comme si la Compagnie ne percevait pas les primes annuelles, mais touchait leur intérêt à la fin de chaque année, pendant la vie de la personne assurée, à la condition de retrancher le total de ces primes de la somme A qu'elle doit donner si l'assuré atteint l'âge convenu.

La somme des valeurs actuelles des intérêts de la première prime est égale à

$$\pi r t \frac{v_{x+1}}{v_x} + \pi r t^2 \frac{v_{x+2}}{v_x} + \cdots + \pi r t^n \frac{v_{x+n}}{v_x},$$

c'est-à-dire, d'après un calcul déjà fait, à

$$\pi r (a_x - a_x^n).$$

La somme des valeurs actuelles des intérêts de la seconde prime est égale à

$$\pi r t^2 \frac{v_{x+2}}{v_x} + \pi r t^3 \frac{v_{x+3}}{v_x} + \cdots + \pi r t^n \frac{v_{x+n}}{v_x},$$

ce qu'on peut écrire

$$\pi r t \frac{v_{x+1}}{v_x} \left(t \frac{v_{x+2}}{v_{x+1}} + t^2 \frac{v_{x+3}}{v_{x+1}} + \cdots + t^{n-1} \frac{v_{x+n}}{v_{x+1}} \right),$$

ou

$$\pi r t \frac{v_{x+1}}{v_x} (a_{x+1} - a_{x+1}^{n-1}).$$

On trouve de même que la somme des valeurs actuelles des intérêts de la troisième prime est égale à

$$\pi r t^2 \frac{v_{x+2}}{v_x} (a_{x+2} - a_{x+2}^{n-2}),$$

et ainsi de suite. Le total de toutes ces sommes partielles, qui sont au nombre de n, peut s'écrire

$$\frac{\pi r}{v_x} \sum_{c=0}^{c=n-1} l^c v_{x+c}(a_{x+c} - a_{x+c}^{n-c}).$$

D'autre part, la somme que la Compagnie doit rembourser, si l'assuré est en vie à la fin de la n^e année, a pour valeur actuelle

$$(\mathrm{A} - n\pi)l^n \frac{v_{x+n}}{v_x}.$$

On doit donc avoir

$$(\mathrm{A} - n\pi)l^n v_{x+n} = \pi r \sum_{c=0}^{c=n-1} l^c v_{x+c}(a_{x+c} - a_{x+c}^{n-c}),$$

égalité qui détermine π.

$2°$ *Les primes sont remboursables au milieu de l'année.* — La Compagnie peut alors rembourser les primes au commencement de l'année du décès en donnant $\pi l^{\frac{1}{2}}$ pour chaque prime, au lieu de donner π. Par conséquent, tout se passe comme si la Compagnie remettait, au début de chaque année, la somme $\pi l^{\frac{1}{2}}$ à la personne qui lui apporte la prime π, sous la réserve qu'elle touchera chaque année l'intérêt de cette somme $\pi l^{\frac{1}{2}}$, jusqu'au début de l'année du décès, et qu'elle déduira le total $n\pi l^{\frac{1}{2}}$ de toutes ces sommes du capital A qu'elle doit donner si l'assuré atteint l'âge convenu.

D'après ce qui précède, le total des valeurs actuelles des intérêts de toutes les sommes $\pi l^{\frac{1}{2}}$ est égal à

$$\frac{\pi r l^{\frac{1}{2}}}{v_x} \sum_{c=0}^{c=n-1} l^c v_{x+c}(a_{x+c} - a_{x+c}^{n-c}).$$

D'autre part, la Compagnie bénéficie au commencement de chaque année de la différence $\pi - \pi l^{\frac{1}{2}}$ entre la somme qu'elle reçoit et celle qu'elle donne. Le total des valeurs actuelles de ces différences successives est égal à

$$\pi\left(1 - l^{\frac{1}{2}}\right) + \pi\left(1 - l^{\frac{1}{2}}\right)l\frac{v_{x+1}}{v_x} + \pi\left(1 - l^{\frac{1}{2}}\right)l^2\frac{v_{x+2}}{v_x}$$
$$+ \cdots + \pi\left(1 - l^{\frac{1}{2}}\right)l^{n-1}\frac{v_{x+n-1}}{v_x}.$$

c'est-à-dire à

$$\pi\left(1 - t^{\frac{1}{2}}\right)\left(1 + a_x - a_x^{n-1}\right).$$

On doit donc avoir

$$(A - n\pi t^{\frac{1}{2}})t^n \frac{v_{x+n}}{v_x} = \pi\left(1 - t^{\frac{1}{2}}\right)\left(1 + a_x - a_x^{n-1}\right)$$

$$+ \frac{\pi r t^{\frac{1}{2}}}{v_x} \sum_{e=0}^{e=n-1} t^e v_{x+e}\left(a_{x+e} - a_{x+e}^{n-e}\right).$$

égalité qui détermine π.

ASSURANCES EN CAS DE DÉCÈS

199. Assurances vie entière. — La Compagnie s'engage à payer, lors du décès de l'assuré, quelle qu'en soit l'époque, une somme déterminée à ses héritiers ou à toute autre personne désignée sur le contrat.

Pour se libérer de l'engagement souscrit par la Compagnie, l'assuré peut employer l'un des trois procédés suivants :

1° Payer une prime unique au moment de la signature du contrat ;

2° S'engager à payer pendant toute sa vie, à intervalles de temps égaux, une prime déterminée. On dit alors que l'assurance est constituée par une *prime viagère* ;

3° S'engager à payer une prime déterminée, à intervalles de temps égaux, jusqu'à une certaine époque fixée sur le contrat, cette prime cessant d'être due s'il meurt avant cette époque. On dit alors que l'assurance est constituée par une *prime temporaire*.

L'assurance vie entière, constituée par une prime viagère ou par une prime temporaire, est l'une des principales opérations des diverses Compagnies.

Le capital qui fait l'objet de l'assurance peut être supposé payable à une époque quelconque de l'année du décès de l'assuré. Ainsi que nous l'avons déjà fait (n° 194), nous supposerons que ce capital est payable soit au commencement de l'année, soit au milieu de l'année.

Dans la première hypothèse, tout se passe comme si la Compagnie remettait le capital à l'assuré au moment de la signature du contrat, l'assuré s'engageant en retour à payer à la Compagnie à la fin de chaque année, en sus des primes convenues, l'intérêt de ce capital, sans arrérages au moment du décès.

Dans la seconde hypothèse, adoptée par les Compagnies françaises depuis 1894, tout se passe comme si la Compagnie, au lieu de payer le capital A au milieu de l'année du décès, payait le capital $Ai^{\frac{1}{2}}$ au commencement de cette année. On peut alors supposer que la Compagnie remet à l'assuré, au moment de la signature du contrat, ce capital $Ai^{\frac{1}{2}}$, à la condition d'en recevoir l'intérêt jusqu'au commencement de l'année du décès. Les formules auxquelles conduisent cette seconde hypothèse se déduiront donc de celles de la première hypothèse, où l'on remplacera A par $Ai^{\frac{1}{2}}$.

Cas d'une prime unique. — Cherchons quelle prime unique Π doit verser une personne d'âge x pour assurer un capital A payable à ses héritiers après son décès.

En se plaçant dans la première hypothèse, on peut dire que la Compagnie donne actuellement le capital A et reçoit en échange : 1° la prime unique Π ; 2° la somme des valeurs actuelles des intérêts éventuels du capital A.

L'intérêt annuel du capital A est Ar et par suite la somme des valeurs actuelles des intérêts éventuels est égale à

$$Ar i \frac{v_{x+1}}{v_x} + Ar i^2 \frac{v_{x+2}}{v_x} + \cdots,$$

c'est-à-dire Ara_x.

On doit donc avoir l'égalité

$$A = \Pi + Ara_x,$$

d'où l'on déduit

$$\Pi = A(1 - ra_x). \tag{1}$$

Telle est la formule qui donne la valeur de la prime unique cherchée, dans le cas de la première hypothèse. Avec la seconde hypothèse, on obtient

$$\Pi = Ai^{\frac{1}{2}}(1 - ra_x). \tag{2}$$

Les valeurs des quantités a_x se trouvent dans des tables spéciales calculées en employant des tables de mortalité différentes de celles que nous avons employées pour les assurances en cas de vie. Les Compagnies françaises ont employé jusqu'en 1894 la table de Duvillard ; elles se servent actuellement de la table A. F.

Le tableau suivant donne quelques valeurs de a_x calculées avec ces deux tables, le taux de l'intérêt étant 4% avec la première et $3\ 1/2\%$ avec la seconde :

a_x	TABLE DE DUVILLARD	TABLE A. F.
a_{25}	15,7469	19,424
a_{30}	15,0210	18,401
a_{35}	14,2138	17,232
a_{40}	13,2856	15,914
a_{45}	12,2176	14,457
a_{50}	11,0160	12,879
a_{55}	9,7093	11,215
a_{60}	8,3416	9,511
a_{65}	6,9646	7,828
a_{70}	5,6345	6,228

Cas de plusieurs primes. — Considérons d'abord le cas d'une prime viagère annuelle, la première prime étant payée au moment de la signature du contrat. Soit π le montant de cette prime. La somme des valeurs actuelles des diverses primes est

$$\pi + \pi t\,\frac{v_{x+1}}{v_x} + \pi t^2\,\frac{v_{x+2}}{v_x} + \cdots,$$

c'est-à-dire

$$\pi + \pi a_x.$$

On doit donc avoir, en supposant que le capital assuré A est payable au commencement de l'année du décès,

$$A = \pi + \pi a_x + A r a_x,$$

ou

$$\pi(1 + a_x) = A(1 - ra_x),$$

d'où

$$\pi = \frac{A(1 - ra_x)}{1 + a_x} \cdot \tag{3}$$

Si le capital A est supposé payable au milieu de l'année, on obtient

$$\pi = \frac{At^{\frac{1}{2}}(1 - ra_x)}{1 + a_x} \cdot \tag{4}$$

On voit que, dans les deux hypothèses, *la prime viagère annuelle s'obtient en divisant la prime unique par* $1 + a_x$.

En second lieu, considérons le cas d'une prime temporaire payable pendant n années, la première prime étant payée au moment de l'assurance. Nous désignerons par $\pi^{(n)}$ le montant de cette prime. La somme des valeurs actuelles des diverses primes est alors

$$\pi^{(n)} + \pi^{(n)}t \frac{v_{x+1}}{v_x} + \pi^{(n)}t^2 \frac{v_{x+2}}{v_x} + \cdots + \pi^{(n)}t^{n-1} \frac{v_{x+n-1}}{v_x},$$

c'est-à-dire, d'après un calcul déjà fait (n° 193),

$$\pi^{(n)} + \pi^{(n)}(a_x - a_x^{n-1}).$$

On doit donc avoir, en supposant que le capital A est payable au commencement de l'année du décès,

$$A = \pi^{(n)} + \pi^{(n)}(a_x - a_x^{n-1}) + Ara_x,$$

d'où l'on déduit

$$\pi^{(n)} = \frac{A(1 - ra_x)}{1 + a_x - a_x^{n-1}} \cdot \tag{5}$$

Si le capital A est supposé payable au milieu de l'année du décès, on remplace dans cette formule A par $At^{\frac{1}{2}}$.

Chargements des primes. — Les primes pures que nous venons de calculer doivent être transformées en primes d'inventaire, puis en primes commerciales (n° 187). A cet effet, les Compagnies françaises appliquent les chargements suivants:

Frais de gestion : $4\ °/_{00}$ annuellement du capital assuré ;

Frais d'acquisition : $1\ °/_{0}$ du capital ;

Frais d'encaissement : 6 °/₀ de la prime.

Considérons, par exemple, le cas d'une assurance en cas de décès, vie entière, pour une personne âgée de 30 ans, cette assurance étant constituée par une prime viagère annuelle.

La prime pure s'obtiendra en appliquant la formule (4) qui devient, en supposant que le capital assuré soit de 100^{fr},

$$\pi = \frac{100 \times \dfrac{1}{1,035^{\frac{1}{2}}} \times (1 - 0,035 \times 18,401)}{19,401},$$

ou

$$\pi = \frac{98,295 \times 0,355965}{19,401} = 1^{fr},80.$$

Les frais de gestion, pour un capital de 100^{fr}, s'élèvent à 0^{fr}.40 et par suite la prime d'inventaire a pour valeur

$$\pi' = 1,80 + 0,40 = 2^{fr},20.$$

Les frais d'acquisition sont de 1^{fr}, et cette somme, transformée en prime viagère dont le premier terme doit être payé immédiatement, donne la prime $\dfrac{1}{1 + a_{30}}$, c'est-à-dire $\dfrac{1}{19,401}$. La prime d'inventaire augmentée des frais d'acquisition devient donc

$$2,20 + \frac{1}{19,401}.$$

Enfin, la Compagnie, donnant 6 °/₀ de frais d'encaissement, ne reçoit que 9 °/₀ de la prime que paye l'assuré, et par suite cette prime, c'est-à-dire la prime commerciale, a pour valeur

$$\pi'' = \frac{2,20 + \dfrac{1}{19,401}}{0,94}.$$

En effectuant les opérations, on obtient 2^{fr},40. C'est en effet la somme indiquée sur les tarifs des Compagnies françaises.

REMARQUE. — Les primes viagères ou temporaires peuvent être annuelles, semestrielles ou trimestrielles. Dans la pratique des Compagnies, la prime semestrielle est égale à la moitié de la prime annuelle majorée de 2 %, et la prime trimestrielle est égale au quart de la prime annuelle majorée de 3 %.

Rappelons d'autre part que l'âge de l'assuré se compte par années et par quarts d'année. Dans les assurances en cas de décès, tout quart (ou trimestre) d'année d'âge commencé est considéré comme accompli. Ainsi, une personne âgée de 35 ans et 20 jours paiera la prime annuelle qui correspond à 35 ans, augmentée du quart de la différence entre cette prime et celle de l'âge de 36 ans.

Exemple. — *Une personne âgée de 40 ans contracte une assurance, vie entière, pour la somme de 20 000^{fr} payable lors de son décès. On demande de trouver le montant des primes que doit donner cette personne, en supposant successivement :*

1° Que la prime est unique :

2° Que la prime est annuelle et viagère ;

3° Que la prime est annuelle et payable pendant 20 ans seulement.

On supposera le capital assuré payable au milieu de l'année du décès, et on emploiera la table A. F. avec le taux 3 1/2 %.

1° *Cas d'une prime unique.* — La prime unique pure, donnée par la formule (2), a pour valeur

$$\Pi = 20\,000 \times \frac{1}{1{,}035^{\frac{1}{2}}}\,(1 - 0{,}035 \times 15{,}914),$$

ou

$$\Pi = \frac{20\,000 \times 0{,}44301}{\sqrt{1{,}035}} = \frac{8\,860{,}2}{1{,}01735} = 8\,709^{fr}{,}10.$$

On obtiendra la prime d'inventaire Π' en ajoutant à cette prime pure les frais de gestion, qui s'élèvent annuellement à

$$0{,}004 \times 20\,000 = 80^{fr}.$$

Cette somme de 80^{fr} est supposée payable au commencement de chaque année, jusqu'au décès de l'assuré ; l'ensemble de ces paiements éventuels a pour valeur actuelle

$$80(1 + a_{40}),$$

c'est-à-dire

$$80 \times 16{,}914 = 1\,353^{fr}{,}12.$$

On a donc

$$\Pi' = 8\,709^{fr},10 + 1\,353^{fr},12 = 10\,062^{fr},22.$$

Les frais d'acquisition s'élèvent à 200^{fr} et par suite la prime commerciale est

$$\frac{10\,262,22}{0,94} = 10\,917^{fr},25.$$

$2°$ *Cas d'une prime viagère.* — D'après la formule (4), la prime viagère pure a pour valeur

$$\pi = \frac{8\,709,10}{1 + a_{40}} = \frac{8\,709,10}{16,914}.$$

Les frais de gestion s'élèvent à 80^{fr} au commencement de chaque année. Les frais d'acquisition, qui sont de 200^{fr}, équivalent à la prime viagère $\dfrac{200}{16,914}$ dont le premier terme doit être payé immédiatement. Par suite, la prime commerciale demandée est

$$\frac{1}{0,94}\left(\frac{8\,709,10}{16,914} + 80 + \frac{200}{16,914} \right),$$

c'est-à-dire

$$\frac{1}{0,94}\left(\frac{8\,909,10}{16,914} + 80 \right) = \frac{606,73}{0,94} = 645^{fr},46.$$

$3°$ *Cas d'une prime temporaire de 20 ans.* — D'après la formule (5), la prime temporaire pure a pour valeur

$$\pi^{(20)} = \frac{8\,709,10}{16,914 - a_{40}^{19}}.$$

Or on a ($n°$ 188)

$$a_{40}^{19} = t^{19}\,\frac{v_{59}}{v_{40}}\,a_{59},$$

ou, en remplaçant a_{59} par sa valeur en fonction de a_{60} ($n°$ 186, Remarque),

$$a_{40}^{19} = t^{19}\,\frac{v_{59}}{v_{40}}\,t\,\frac{v_{60}}{v_{59}}\,(1 + a_{60}) = t^{20}\,\frac{v_{60}}{v_{40}}\,(1 + a_{60}),$$

c'est-à-dire, d'après la table A. F.,

$$a_{40}^{19} = \left(\frac{1}{1,035} \right)^{20} \times \frac{501\,417}{711\,323,8} \times 10,511,$$

ou encore, en remplaçant $\left(\dfrac{1}{1,035}\right)^{20}$ par sa valeur $0,502566$ (Table III),

$$a_{40}^{19} = \frac{0,502566 \times 501\,417 \times 10,511}{711\,323,8}.$$

En effectuant les calculs, on obtient

$$a_{40}^{19} = 3,724.$$

On a alors

$$\pi^{(20)} = \frac{8\,709,10}{13,19}.$$

Les frais de gestion ont pour valeur actuelle, ainsi qu'on l'a vu ci-dessus, $1.353^{\mathrm{fr}},12$. Cette somme équivaut à une prime temporaire de 20 termes, ayant chacun pour valeur $\dfrac{1\,353,12}{13,19}$, le premier terme étant exigible immédiatement.

Les frais d'acquisition équivalent de même à une prime temporaire de 20 termes, ayant chacun pour valeur $\dfrac{200}{13,19}$.

Il résulte de là que la prime commerciale cherchée a pour valeur

$$\frac{1}{0,94}\left(\frac{8\,709,10}{13,19} + \frac{1\,353,12}{13,19} + \frac{200}{13,19}\right),$$

c'est-à-dire

$$\frac{10\,262,22}{0,94 \times 13,19} = 827^{\mathrm{fr}},69.$$

200. **Réserves mathématiques.** — On appelle réserve mathématique d'un contrat d'assurance signé depuis plusieurs années, la somme que devrait équitablement débourser la Compagnie si l'assuré désirait rompre son engagement.

Ces réserves sont relatives soit à des assurances en cas de vie, soit à des assurances en cas de décès.

Supposons par exemple qu'une personne ait contracté il y a n années, alors qu'elle avait l'âge x, une assurance vie entière d'un capital A payable après sa mort.

Si cette assurance a été constituée par une prime unique, la somme que devrait débourser actuellement la Compagnie, pour se libérer de tout engagement, est évidemment égale à la prime unique que devrait lui donner une personne d'âge $x + n$ pour contracter une assurance vie entière du même capital A. La réserve a donc alors pour valeur $A(1 - ra_{x+n})$, ou $At^{\frac{1}{2}}(1 - ra_{x+n})$, selon que le capital assuré est supposé payable au commencement ou au milieu de l'année du décès.

Si l'assurance en question a été contractée, il y a n années, au moyen d'une prime annuelle π, il faut retrancher de la réserve précédente la valeur actuelle de l'ensemble des annuités qui sont encore dues par l'assuré, c'est-à-dire l'un ou l'autre des deux produits

$$\pi(1 + a_{x+n}) \qquad \text{et} \qquad \pi(1 + a_{x+n} - a_{x+n}^{n'-n-1}),$$

selon qu'il s'agit d'une prime viagère ou d'une prime temporaire payable pendant n' années.

L'assuré a toujours le droit de cesser le paiement de ses primes et de demander le remboursement de la réserve de son contrat; ce remboursement prend le nom de *rachat*. Toutefois, les Compagnies se réservent alors le droit de s'indemniser en retenant une fraction déterminée de la réserve et elles refusent le rachat si les primes des trois premières années n'ont pas été complètement payées. Dans ce dernier cas, si l'assuré ne veut plus continuer le versement de la prime, le contrat est annulé et les primes déjà versées restent acquises à la Compagnie.

L'assuré qui a déjà versé les primes des trois premières années peut cesser de payer et laisser néanmoins le solde créditeur de son compte dans les caisses de la Compagnie. Ce solde constitue alors la prime unique d'une nouvelle assurance vie entière dont le capital, inférieur au capital primitif, sera payé lors du décès de l'assuré. Dans ce cas, on dit qu'il y a *réduction de l'assurance*.

L'assuré a également la faculté d'augmenter ou de diminuer sa prime en cours d'assurance.

On appelle réserve mathématique d'une Compagnie d'assurance, le total des réserves de tous les contrats en cours. La situation de cette Compagnie ne sera bonne que si le capital qu'elle

a en caisse est supérieur à sa réserve, et son bénéfice sera égal à
la différence entre ces deux sommes.

En sus de la réserve mathématique, certaines Compagnies
offrent comme garanties d'importantes réserves supplémentaires
qui pourraient être mises à contribution si les valeurs qui représentent les réserves mathématiques subissaient une notable dé-
préciation, ou encore si la mortalité réelle s'écartait dans un sens
défavorable de la mortalité prévue dans les tables.

201. Assurances temporaires. — Dans certains cas, l'assurance en cas de décès n'est contractée que pour un nombre
limité d'années. Une pareille assurance est dite *assurance temporaire*.

La Compagnie s'engage à payer le capital assuré, *dans le cas
seulement* où la personne désignée sur le contrat viendrait à
mourir avant une époque déterminée.

Si l'on suppose que le capital assuré soit payable au commencement de l'année du décès, tout se passe comme si la Compagnie remettait ce capital à l'assuré, ce dernier s'engageant en
retour à payer à la Compagnie, à la fin de chaque année, en sus
des primes convenues, l'intérêt du capital en question, et ce capital
lui-même s'il n'est pas mort à l'époque indiquée sur le contrat.

D'après cela, cherchons quelle prime unique Π doit verser
une personne d'âge x pour assurer un capital A payable à ses
héritiers en cas de décès, mais seulement dans le cas où ce décès
se produirait avant n années.

On peut dire que la Compagnie donne actuellement le capital A et reçoit en échange : 1° la prime unique Π ; 2° la somme
des valeurs actuelles des intérêts éventuels du capital A ; 3° la
valeur actuelle du capital A payable éventuellement dans n années. On doit donc avoir l'égalité

$$A = \Pi + Art\frac{v_{x+1}}{v_x} + Art^2\frac{v_{x+2}}{v_x} + \cdots + Art^n\frac{v_{x+n}}{v_x} + At^n\frac{v_{x+n}}{v_x},$$

c'est-à-dire

$$A = \Pi + Ar(a_x - a''_x) + At^n\frac{v_{x+n}}{v_x},$$

d'où l'on déduit

$$\Pi = A - A r a_x - A t^n \frac{v_{x+n}}{v_x} + A\, r a_x^n,$$

ou, en remplaçant a_x^n par sa valeur $\quad t^n \dfrac{v_{x+n}}{v_x} a_{x+n},$

$$\Pi = A(1 - r a_x) - A t^n \frac{v_{x+n}}{v_x} (1 - r a_{x+n}).$$

Or $A(1 - r a_x)$ est la prime unique que devrait payer l'assuré pour une assurance vie entière du capital A, et $A(1 - r a_{x+n})$ est la prime unique relative au même capital, pour un assuré ayant n années de plus. Il résulte de là que la prime unique cherchée est égale à la prime de l'assurance vie entière diminuée de la valeur actuelle de la prime que paierait le même assuré pour une assurance vie entière dans n années.

Cette conclusion, évidente *a priori*, pouvait permettre d'écrire immédiatement l'égalité ci-dessus.

Remarque. — Si le capital A est supposé payable au milieu de l'année du décès, on obtient Π en remplaçant, dans la formule précédente, A par $A t^{\frac{1}{2}}$.

Dans l'une et l'autre des deux hypothèses, il y a lieu d'augmenter la prime pure fournie par le calcul précédent des chargements relatifs aux assurances temporaires.

Dans la pratique des Compagnies françaises, ces chargements sont les suivants :

Frais de gestion, $8\,°/_{oo}$ annuellement du capital.

Frais d'acquisition, $\dfrac{n}{25}\,°/_{o}$ du capital, avec un maximum de $0,80\,°/_{o}$ correspondant à $n = 20$.

Frais d'encaissement, $6\,°/_{o}$ de la prime.

202. Assurances sur deux têtes. — Les Compagnies d'assurances souscrivent des assurances pour la vie entière sur deux têtes. Le capital assuré est payé au premier décès quelconque de l'une d'elles, ou bien au dernier décès.

Si nous nous plaçons dans l'hypothèse du capital payable au

commencement de l'année du décès, nous voyons que la Compagnie bénéficie de la prime et de l'intérêt annuel du capital assuré jusqu'au début de l'année pendant laquelle ce capital doit être payé.

Soient x et y les âges des deux personnes assurées et soit A le capital prévu par le contrat. Nous allons examiner successivement les deux cas qui peuvent se présenter :

1° **Le capital assuré est payable au premier décès.** — La somme des valeurs actuelles des intérêts éventuels du capital A est égale à

$$Art\,\frac{v_{x+1}}{v_x} \cdot \frac{v_{y+1}}{v_y} + Art^2\frac{v_{x+2}}{v_x} \cdot \frac{v_{y+2}}{v_y} + \cdots,$$

c'est-à-dire à

$$Ara_{xy}.$$

Par conséquent, si l'on désigne par Π_{xy} la prime unique qui correspond à ce cas, on doit avoir l'égalité

$$A = \Pi_{xy} + Ara_{xy}.$$

d'où l'on déduit

$$\Pi_{xy} = A(1 - ra_{xy}).$$

Si, au lieu d'une prime unique, on paye une prime annuelle jusqu'au premier décès, un raisonnement analogue à celui qui a été fait pour une assurance sur une seule tête, vie entière, montre que la prime annuelle doit être égale au quotient

$$\frac{A(1 - ra_{xy})}{1 + a_{xy}}.$$

Les valeurs des quantités a_{xy} n'ont pas été calculées avec la même table de mortalité que dans le cas des assurances en cas de vie. Les Compagnies françaises se servent actuellement de la table A. F. et du taux 3,5 %, après avoir employé jusqu'en 1894 la table de Duvillard et le taux 4 %.

Le tableau suivant donne quelques valeurs de a_{xy}, calculées avec ces deux tables :

a_{xy}	TABLE DE DUVILLARD	TABLE A. F.
$a_{25,30}$	12,0488	15,935
$a_{30,35}$	11,3133	14,770
$a_{25,35}$	11,6030	15,184
$a_{35,40}$	10,4959	13,463
$a_{40,45}$	9,5623	12,032
$a_{35,45}$	9,8962	12,534
$a_{45,50}$	8,5088	10,506
$a_{50,55}$	7,3645	8,929
$a_{45,55}$	7,7663	9,470
$a_{55,60}$	6,1796	7,359

2° **Le capital assuré est payé au second décès.** — La Compagnie bénéficie alors de l'intérêt de A tant que l'une au moins des deux personnes est en vie et par suite la somme des valeurs actuelles des intérêts éventuels du capital A est égale à

$$Art\left(\frac{v_{x+1}}{v_x} + \frac{v_{y+1}}{v_y} - \frac{v_{x+1}v_{y+1}}{v_x v_y}\right)$$
$$+ Art^2\left(\frac{v_{x+2}}{v_x} + \frac{v_{y+2}}{v_y} - \frac{v_{x+2}v_{y+2}}{v_x v_y}\right) + \cdots,$$

c'est-à-dire, d'après ce qui a été vu au n° 191,

$$Ar(a_x + a_y - a_{xy}), \quad \text{ou} \quad Ara_{\overline{xy}}.$$

Par conséquent, si l'on désigne par $\Pi_{\overline{xy}}$ la prime unique qui correspond à ce deuxième cas, on doit avoir l'égalité

$$A = \Pi_{\overline{xy}} + Ara_{\overline{xy}},$$

d'où l'on déduit

$$\Pi_{\overline{xy}} = A(1 - ra_{\overline{xy}}).$$

REMARQUE I. — Cette formule peut s'écrire

$$\Pi_{\overline{xy}} = A[1 - r(a_x + a_y - a_{xy})],$$

ou

$$\Pi_{\overline{xy}} = A[(1 - ra_x) + (1 - ra_y) - (1 - ra_{xy})].$$

et il résulte de là que la prime unique cherchée est égale à la somme des primes que devrait payer chacune des deux personnes pour une assurance vie entière du capital A, moins la prime d'une assurance de ce même capital jusqu'au premier décès.

REMARQUE II. — Au lieu de payer la prime unique $\Pi_{\overline{xy}}$, on peut convenir de payer une prime annuelle jusqu'au premier décès ou jusqu'au dernier décès. On obtient cette prime annuelle en divisant la prime unique par $1 + a_{xy}$ dans le premier cas et par $1 + a_{\overline{xy}}$ dans le second cas.

REMARQUE III. — Si le capital A est supposé payable au milieu de l'année du décès qui fait l'objet du contrat, on doit remplacer A par $A t^{\frac{1}{2}}$ dans les formules précédentes.

Exemple. — *Deux personnes sont respectivement âgées de 35 ans et de 40 ans. Quelles primes annuelles faut-il verser pendant l'existence simultanée de ces deux personnes pour assurer un capital de 50 000ᶠ payable : 1° au premier décès ; 2° au dernier décès ? On supposera que le capital est payable au milieu de l'année du décès et on appliquera la table A. F. avec les chargements suivants : 4 °/₀₀ annuellement du capital assuré, pour frais de gestion ; 1 °/₀ de ce même capital, pour frais d'acquisition ; 6°/₀ de la prime, pour frais d'encaissement.*

Dans le cas du capital payable au premier décès, la prime unique pure est donnée par l'égalité

$$\Pi_{35,40} = 50\,000 \times \frac{1}{\sqrt{1,035}}(1 - 0,035 \times 13,463),$$

c'est-à-dire

$$\Pi_{35,40} = \frac{50\,000 \times 0,528795}{1,01735} = 25\,988^\text{fr},844.$$

La prime annuelle pure s'obtiendra en divisant la prime unique par 14,463.

D'autre part, les frais de gestion s'élèvent annuellement à $0,004 \times 50\,000 = 200^\text{fr}$ et les frais d'acquisition sont de 500^fr. Cette dernière somme, divisée par 14,463, devient une prime annuelle payable pendant l'existence simultanée des deux personnes.

La prime commerciale cherchée a donc pour valeur

$$\frac{1}{0,94}\left(\frac{26\,488,844}{14,463} + 200\right).$$

En effectuant les opérations, on obtient $2\,161^{\text{fr}},15$.

Dans le cas du capital payable au second décès, la prime unique pure est donnée par l'égalité

$$\Pi_{\overline{35,40}} = \frac{50\,000}{\sqrt{1,035}}\left[1 - 0,035(17,232 + 15,914 - 13,463)\right],$$

c'est-à-dire

$$\Pi_{\overrightarrow{35,40}} = \frac{50\,000 \times 0,31085}{1,01735} = 15\,277^{\text{fr}},436.$$

La prime annuelle pure s'obtiendra en divisant cette prime unique par $1 + a_{35,40}$, c'est-à-dire par $14,463$. Les frais de gestion et les frais d'acquisition se calculent comme précédemment, et par suite la prime annuelle commerciale qui correspond à ce deuxième cas a pour valeur

$$\frac{1}{0,94}\left(\frac{15\,777,436}{14,463} + 200\right),$$

c'est-à-dire, en effectuant les opérations, $1\,373^{\text{fr}},28$.

203. Assurances de survie. — L'assurance de survie est le paiement par la Compagnie d'un capital ou d'une rente viagère, lors du décès de l'assuré, au profit d'une personne désignée dans le contrat, à la condition que cette personne *survivra* à l'assuré.

Si la personne désignée meurt la première, la prime cesse d'être due à la Compagnie, qui n'a rien à payer, et les primes versées antérieurement lui restent acquises.

Dans les autres assurances en cas de décès, le bénéficiaire du contrat peut mourir avant l'assuré, mais alors ce sont les héritiers de ce bénéficiaire, ou toute autre personne désignée sur le contrat, qui touchent le capital au décès de l'assuré. L'assurance de survie ne doit donc être employée que lorsque l'assuré veut protéger *une seule personne* contre les risques d'un décès prématuré.

Ce mode d'assurance est peu répandu en France. Cela tient

peut-être à ce que les Compagnies ne lui accordent pas les mêmes avantages qu'aux autres. Ainsi, le paiement de la prime annuelle ne peut avoir lieu par fractions, et, si l'assuré cesse de payer la prime, le contrat est annulé et la Compagnie ne rembourse rien, quel que soit le nombre des primes déjà versées.

Assurance d'un capital. — Soient x l'âge de l'assuré et y l'âge de la personne qui doit bénéficier de l'assurance. Pour abréger le langage, nous désignerons ces deux personnes par les symboles (x) et (y).

Cherchons d'abord la probabilité que le décès de (x) se produira dans le courant de la n^e année, (y) étant vivant au moment de ce décès.

Cet événement peut arriver de deux façons: ou bien (x) mourra dans le courant de la n^e année et (y) vivra encore à la fin de cette n^e année, ou bien (x) et (y) mourront dans le courant de la n^e année, (x) avant (y). La probabilité cherchée est la somme des probabilités de chacune de ces deux causes.

La probabilité que (x) mourra dans le courant de la n^e année a pour valeur $\dfrac{v_{x+n-1} - v_{x+n}}{v_x}$, et la probabilité que (y) vivra encore à la fin de cette n^e année est égale au quotient $\dfrac{v_{y+n}}{v_y}$. Par conséquent, la probabilité de la première cause a pour expression

$$\frac{(v_{x+n-1} - v_{x+n})v_{y+n}}{v_x v_y}.$$

Pour calculer la probabilité de la deuxième cause, nous pouvons admettre que si les deux personnes (x) et (y) doivent mourir toutes deux dans le courant d'une même année, la probabilité que (x) mourra avant (y) est égale à $\dfrac{1}{2}$. En effet, nous avons supposé que les décès qui se produisent pendant une année sont répartis uniformément dans le courant de cette année; il en résulte que si (x) doit mourir pendant cette année, la probabilité que cette personne sera morte au bout de la fraction d'année f est égale à cette fraction f, et il en est de même pour (y). Par conséquent, la probabilité que (x) n'existera plus au bout de la fraction d'année f et que (y) vivra encore, a pour valeur $f(1-f)$, et ce produit est aussi la probabilité qu'à cette même époque (y) aura disparu et (x) survivra. Nous sommes donc en présence de deux événements dont l'un doit se produire dans le courant de la n^e année, *survie de* (y) ou *survie de* (x), et ces deux événements ont des probabilités égales ; par suite, la probabilité de l'arrivée de l'un d'entre eux est égale à $\dfrac{1}{2}$.

Ce raisonnement suppose que les deux personnes (x) et (y) ne peuvent pas disparaître, *au même instant*, dans le courant de la n^e année. Un pareil événement est exceptionnel et, lorsqu'il se produit, son observation exacte est impossible. Dans certains cas douteux, celui par exemple où les deux personnes périssent ensemble dans une catastrophe, les législateurs ont établi une *présomption de survie* basée sur les circonstances du fait ainsi que sur les conditions d'âge et de sexe.

Nous aurons donc la probabilité que (x) mourra avant (y) dans le courant de la n^e année, en multipliant par $\dfrac{1}{2}$ la probabilité du décès des deux personnes dans le courant de cette n^e année, ce qui donne

$$\frac{(v_{x+n-1} - v_{x+n})(v_{y+n-1} - v_{y+n})}{2v_x v_y}.$$

En ajoutant cette probabilité à la précédente, on voit que la probabilité totale cherchée a pour valeur

$$\frac{2(v_{x+n-1} - v_{x+n})v_{y+n} + (v_{x+n-1} - v_{x+n})(v_{y+n-1} - v_{y+n})}{2v_x v_y},$$

ou

$$\frac{(v_{x+n-1} - v_{x+n})(v_{y+n-1} + v_{y+n})}{2v_x v_y}.$$

Les probabilités de survie relatives aux années qui suivent le contrat s'obtiendront en remplaçant successivement dans cette dernière expression le nombre n par $1, 2, 3,\ldots$ jusqu'à ce qu'on obtienne un numérateur nul.

Cherchons d'après cela quelle prime unique il faut verser pour assurer un capital de 1^{fr}, payable dans le cas où (y) survit à (x). Nous désignerons cette prime par $\Pi_{\overline{xy}}$ et nous ferons le calcul en supposant que le capital assuré est payable au commencement de l'année du décès.

Si l'assurance était contractée dans le cas seulement où la survie de (y) se produirait dans le courant de la n^e année, la prime unique de cette assurance devrait être égale au produit de la probabilité qui précède par l^{n-1}, qui est la valeur actuelle de 1^{fr} payable au commencement de cette n^e année.

Comme l'assurance est contractée pour n'importe quelle année, la prime unique est égale au total de tous les produits qu'on déduit du précédent en y remplaçant n successivement par 1, 2, 3, ... On a donc

$$\Pi_{\overline{xy}} = \frac{(v_x - v_{x+1})(v_y + v_{y+1})}{2 v_x v_y}$$
$$+ \frac{(v_{x+1} - v_{x+2})(v_{y+1} + v_{y+2})}{2 v_x v_y} l$$
$$+ \frac{(v_{x+2} - v_{x+3})(v_{y+2} + v_{y+3})}{2 v_x v_y} l^2 + \cdots$$

Dans le second membre de cette égalité, chaque numérateur est la somme de quatre termes et ces termes peuvent être groupés comme il suit :

$$\Pi_{\overline{xy}} = \frac{1}{2 v_x v_y} (v_x v_y + l v_{x+1} v_{y+1} + l^2 v_{x+2} v_{y+2} + \cdots)$$
$$- \frac{1}{2 v_x v_y} (v_{x+1} v_{y+1} + l v_{x+2} v_{y+2} + l^2 v_{x+3} v_{y+3} + \cdots)$$
$$+ \frac{1}{2 v_x v_y} (v_x v_{y+1} + l v_{x+1} v_{y+2} + l^2 v_{x+2} v_{y+3} + \cdots)$$
$$- \frac{1}{2 v_x v_y} (v_{x+1} v_y + l v_{x+2} v_{y+1} + l^2 v_{x+3} v_{y+2} + \cdots).$$

Il est aisé de voir que les deux premières de ces quatres lignes sont respectivement égales à

$$\frac{1}{2}(1 + a_{xy}) \qquad \text{et} \qquad - \frac{1}{2l} a_{xy},$$

et par suite leur somme a pour valeur

$$\frac{1}{2}\left[1-\left(\frac{1}{l}-1\right)a_{xy}\right], \qquad \text{c'est-à-dire} \qquad \frac{1}{2}\left(1-ra_{xy}\right).$$

La troisième ligne peut s'écrire

$$\frac{v_{y+1}}{2v_y}+\frac{v_{y+1}}{2v_y}\cdot\frac{1}{v_x v_{y+1}}\left(lv_{x+1}v_{y+2}+l^2 v_{x+2}v_{y+3}+\cdots\right),$$

c'est-à-dire

$$\frac{v_{y+1}}{2v_y}+\frac{v_{y+1}}{2v_y}a_{x,y+1}, \qquad \text{ou} \qquad \frac{v_{y+1}}{2v_y}\left(1+a_{x,y+1}\right).$$

On voit de la même façon que la quatrième ligne est égale à

$$-\frac{v_{x+1}}{2v_x}\left(1+a_{x+1,y}\right).$$

On peut donc écrire la formule suivante :

$$\Pi_{\overline{xy}}=\frac{1}{2}\left[1-ra_{xy}+\frac{v_{y+1}}{v_y}\left(1+a_{x,y+1}\right)-\frac{v_{x+1}}{v_x}\left(1+a_{x+1,y}\right)\right].$$

Cette formule est connue sous le nom de *formule de Maas*.

Si le capital assuré est supposé payable au milieu de l'année du décès, la prime ainsi calculée doit être multipliée par $t^{\frac{1}{2}}$.

Dans le cas particulier où l'on a $x=y$, la formule ci-dessus devient

$$\Pi_{\overline{xx}}=\frac{1}{2}\left(1-ra_{xx}\right).$$

REMARQUE I. — Au lieu de payer la prime unique $\Pi_{\overline{xy}}$, on peut convenir de payer une prime annuelle jusqu'au premier décès de l'une des deux personnes (x) et (y). Le montant d'une telle prime a pour valeur $\dfrac{\Pi_{\overline{xy}}}{1+a_{xy}}$.

REMARQUE II. — La prime unique de l'assurance d'un capital de 1^{fr}, payable au décès de (y) si (x) survit, a pour valeur

$$\Pi_{x\overline{y}}=\frac{1}{2}\left[1-ra_{xy}+\frac{v_{x+1}}{v_x}\left(1+a_{x+1,y}\right)-\frac{v_{y+1}}{v_y}\left(1+a_{x,y+1}\right)\right].$$

On voit que l'on a

$$\Pi_{\overline{xy}} + \Pi_{\overline{xy}} = 1 - ra_{xy},$$

et l'on retrouve ainsi la prime de l'assurance d'un capital sur deux têtes, payable au premier décès.

Assurance d'une rente viagère. — Une telle assurance contractée sur une tête d'âge x, au profit d'une autre tête d'âge y, a pour objet le paiement d'une rente annuelle et viagère dont le premier terme sera payable à la personne (y) un an après le décès de la personne (x).

Proposons-nous de trouver la valeur de la prime unique qu'il faut verser à la Compagnie pour assurer dans ces conditions une rente de 1^{fr} par an.

L'hypothèse du capital payable au début de l'année du décès revient ici à l'hypothèse de l'entrée en jouissance de la rente au début de cette même année, c'est-à-dire au paiement de la première annuité à la fin de l'année du décès de (x). Résolvons d'abord le problème avec cette hypothèse.

Si nous écrivons que la prime unique cherchée Π est égale à la somme des espérances mathématiques relatives aux annuités que peut toucher (y) à la fin de chaque année, nous obtenons

$$\Pi = \frac{v_{y+1}}{v_y}\left(1 - \frac{v_{x+1}}{v_x}\right)t + \frac{v_{y+2}}{v_y}\left(1 - \frac{v_{x+2}}{v_x}\right)t^2 + \cdots,$$

ou

$$\Pi = \frac{1}{v_y}(tv_{y+1} + t^2 v_{y+2} + \cdots) - \frac{1}{v_x v_y}(tv_{x+1}v_{y+1} + t^2 v_{x+2}v_{y+2} + \cdots),$$

c'est-à-dire

$$\Pi = a_y - a_{xy}.$$

Ce résultat aurait pu s'écrire immédiatement, en remarquant que tout se passe comme si la Compagnie s'engageait à servir au bénéficiaire une rente viagère immédiate de 1^{fr} par an, rente que ce bénéficiaire devrait rendre à la Compagnie tant que l'assuré serait en vie.

La prime unique ainsi obtenue, divisée par $1 + a_{xy}$, donne la prime annuelle équivalente qu'il faut payer jusqu'au premier décès.

Résolvons maintenant le problème dans l'hypothèse de l'entrée en jouissance de la rente au milieu de l'année du décès.

La personne (y) touchera la première annuité au milieu d'une année, à la double condition qu'elle soit en vie et que la personne (x) soit morte dans le courant de l'année précédente.

Or, les probabilités de vie de (y) au milieu de la deuxième année, de la troisième année, etc., sont respectivement égales à

$$\frac{v_{y+1} + v_{y+2}}{2v_y}, \qquad \frac{v_{y+2} + v_{y+3}}{2v_y}, \qquad \ldots$$

On doit donc avoir

$$\Pi = \frac{v_{y+1} + v_{y+2}}{2v_y}\left(1 - \frac{v_{x+1}}{v_x}\right)t^{\frac{3}{2}} + \frac{v_{y+2} + v_{y+3}}{2v_y}\left(1 - \frac{v_{x+2}}{v_x}\right)t^{\frac{5}{2}} + \cdots,$$

ou

$$\Pi = \frac{1}{2}t^{\frac{1}{2}}\left[\left(\frac{v_{y+1}}{v_y} + \frac{v_{y+2}}{v_y}\right)\left(1 - \frac{v_{x+1}}{v_x}\right)t \right.$$
$$\left. + \left(\frac{v_{y+2}}{v_y} + \frac{v_{y+3}}{v_y}\right)\left(1 - \frac{v_{x+2}}{v_x}\right)t^2 + \cdots\right],$$

ou encore, d'après le calcul précédent,

$$\Pi = \frac{1}{2}t^{\frac{1}{2}}\left[a_y - a_{xy} + \frac{v_{y+2}}{v_y}\left(1 - \frac{v_{x+1}}{v_x}\right)t \right.$$
$$\left. + \frac{v_{y+3}}{v_y}\left(1 - \frac{v_{x+2}}{v_x}\right)t^2 + \cdots\right],$$

ou enfin

$$\Pi = \frac{1}{2}t^{\frac{1}{2}}\left[a_y - a_{xy} + \frac{v_{y+1}}{v_y}(a_{y+1} - a_{x,\,y+1})\right].$$

Remarque. — L'assurance d'une rente viagère de survie peut être contractée au profit de l'une quelconque des deux personnes (x) et (y). La prime unique d'une pareille opération est évidemment égale à la prime de l'assurance au profit de (y) augmentée de la prime de l'assurance au profit de (x). On a alors, en se plaçant dans l'hypothèse de l'entrée en jouissance de la rente au commencement de l'année du décès,

$$\Pi = a_y - a_{xy} + a_x - a_{xy},$$

c'est-à-dire

$$\Pi = a_x + a_y - 2a_{xy}$$

204. Contre-assurances. — Une contre-assurance est un

deuxième contrat, ordinairement fait par une personne qui a déjà souscrit une assurance de rente viagère ou de capital différé. Par ce deuxième contrat la Compagnie s'engage, si l'assuré meurt avant l'époque où il doit jouir des avantages indiqués sur le premier contrat, à rembourser à ses héritiers, mais sans intérêts, les primes déjà versées par cet assuré.

C'est donc une assurance en cas de décès qui s'ajoute à une assurance en cas de vie.

Pour les calculs, on devra considérer que la valeur de chacune des primes éventuelles qui seront versées à la Compagnie constituera un capital assuré *temporairement* jusqu'à l'époque indiquée sur le premier contrat et on évaluera à l'époque actuelle la contre-assurance relative à chacun de ces capitaux.

Ces opérations de contre-assurances sont peu avantageuses pour l'assuré ; aussi sont-elles très rares en France, surtout depuis le développement des assurances mixtes et des assurances à terme fixe, dont nous allons parler.

ASSURANCES MIXTES

205. L'assurance mixte est un contrat d'après lequel la Compagnie s'engage à payer une somme déterminée, soit à l'assuré lui-même s'il est vivant à une époque convenue, soit à ses héritiers ou ayants droit *aussitôt après son décès*, s'il vient à mourir avant cette époque convenue.

Une telle assurance participe à la fois de l'assurance en cas de vie et de l'assurance en cas de décès. Elle est recherchée par les personnes qui, tout en voulant garantir leur famille des risques d'un décès prématuré, veulent accroître leur aisance sur la fin de leurs jours, alors que leur famille sera à l'abri du besoin.

En France, depuis quelques années, la plupart des assurances en cas de décès se font sous la forme mixte.

Proposons-nous de chercher la prime unique Π que doit verser une personne d'âge x pour assurer un capital de 1^{fr}, payable à ses héritiers si elle meurt avant n années, et payable à elle-même si elle vit encore au bout de ces n années.

Un pareil contrat équivaut évidemment à une double assurance : 1° une assurance temporaire en cas de décès; 2° une assurance de capital différé de n années. Par suite, la prime cherchée doit être la somme des primes relatives à ces deux assurances.

Dans la pratique des Compagnies, on se sert de la même table de mortalité pour le calcul de chacune de ces deux primes, dont l'une est relative à une opération en cas de décès et l'autre à une opération en cas de vie. Les Compagnies, considérant l'assurance mixte comme une opération en cas de décès, ont employé pendant longtemps la table de Duvillard et emploient actuellement la table A.F.

Si, en cas de décès de l'assuré avant n années, on suppose que le capital assuré est payable au commencement de l'année du décès, on peut écrire, d'après les formules des n°ˢ 197 et 201,

$$\Pi = 1 - ra_x - t^n \frac{v_{x+n}}{v_x}(1 - ra_{x+n}) + t^n \frac{v_{x+n}}{v_x},$$

c'est-à-dire

$$\Pi = 1 - ra_x + rt^n \frac{v_{x+n}}{v_x} a_{x+n},$$

ou encore

$$\Pi = 1 - r(a_x - a_x^n).$$

Si le capital assuré est supposé payable au milieu de l'année du décès, hypothèse admise actuellement par les Compagnies françaises, la prime unique est donnée par la formule

$$\Pi = t^{\frac{1}{2}}\left[1 - ra_x - t^n \frac{v_{x+n}}{v_x}(1 - ra_{x+n})\right] + t^n \frac{v_{x+n}}{v_x}.$$

Dans l'une et l'autre des deux hypothèses, la prime unique se transforme en prime annuelle payable pendant n années, pendant la vie de l'assuré, en la divisant par $1 + a_x - a_x^{n-1}$.

Les primes pures ainsi obtenues subissent les chargements dont nous avons parlé au n° 199; toutefois, le taux des frais de gestion est alors de $3\,1/2\,°/_{oo}$ au lieu de $4°/_{oo}$.

EXEMPLE. — *Une personne âgée de 40 ans contracte pour 20 ans une assurance mixte de 20 000ᶠʳ; quelle prime annuelle doit-elle verser?*

Si nous employons la table A. F. et l'hypothèse du capital payable au milieu de l'année du décès, nous aurons le calcul suivant :

$$1 - ra_{40} = 1 - 0,035 \times 15,914 = 0,44301,$$
$$1 - ra_{60} = 1 - 0,035 \times 9,511 = 0,667115,$$
$$l^{20}\,\frac{v_{60}}{v_{40}} = \frac{1}{1,035^{20}} \cdot \frac{v_{60}}{v_{40}} = \frac{0,502566 \times 5\,014\,170}{7\,113\,238}$$
$$= 0,354262,$$
$$l^{20}\,\frac{v_{60}}{v_{40}}\,(1 - ra_{60}) = 0,354262 \times 0,667115$$
$$= 0,236333.$$

On a d'autre part $\quad l^{\frac{1}{2}} = \dfrac{1}{\sqrt{1,035}} = \dfrac{1}{1,01735}$, et par suite la prime unique pure relative à un capital de 1^{fr} a pour valeur

$$\Pi = \frac{0,44301 - 0,236333}{1,01735} + 0,354262.$$

En effectuant les calculs, on obtient

$$\Pi = 0,557414.$$

Pour avoir la prime annuelle pure, il faut diviser cette prime unique par $\quad 1 + a_{40} - a_{40}^{19}$. Or on a

$$a_{40}^{19} = l^{19}\,\frac{v_{59}}{v_{40}}\,a_{59},$$

ou, en remplaçant a_{59} par sa valeur en fonction de a_{60} (n° 186),

$$a_{40}^{19} = l^{19}\,\frac{v_{59}}{v_{40}}\,l\,\frac{v_{60}}{v_{59}}\,(1 + a_{60}),$$

ou

$$a_{40}^{19} = l^{20}\,\frac{v_{60}}{v_{40}}\,(1 + a_{60}),$$

c'est-à-dire

$$a_{40}^{19} = 0,354262 \times 10,511 = 3,724.$$

On a donc

$$1 + a_{40} - a_{40}^{19} = 16,914 - 3,724 = 13,19,$$

et par suite la prime annuelle pure a pour valeur $\dfrac{0,557414}{13,19}$.

Or, pour un capital de 1^{fr} les frais de gestion s'élèvent annuellement à $0^{fr},0035$ et les frais d'acquisition sont de $0^{fr},01$. Cette dernière somme, divisée par $13,19$, devient une prime annuelle payable pendant 20 ans au plus.

La prime annuelle commerciale relative à l'assurance d'un capital de 20000^{fr} a donc pour valeur

$$\frac{20000}{0,94}\left(\frac{0,557414}{13,19} + 0,0035 + \frac{0,01}{13,19}\right).$$

En effectuant les calculs, on obtient $989^{fr},80$.

ASSURANCES A TERME FIXE

206. L'assurance à terme fixe est un contrat par lequel le capital assuré n'est payé par la Compagnie qu'à l'époque convenue, soit à l'assuré s'il est vivant à cette époque, soit à ses héritiers ou ayants droit s'il est décédé avant cette époque.

Une telle assurance n'est généralement pas contractée au moyen d'une prime unique, car elle équivaudrait alors à un placement ordinaire, indépendant de toute loi de mortalité. Cette assurance est payée au moyen de primes égales, à intervalles égaux, et la prime cesse d'être due au décès de l'assuré.

Supposons qu'il s'agisse d'un capital de 1^{fr} assuré par une personne âgée de x années, pour le terme fixe $x+n$. La prime unique serait égale à la valeur actuelle d'un capital non éventuel de 1^{fr} payable dans n années, c'est-à-dire à t^n. Par suite, la prime annuelle temporaire que doit payer l'assuré, pendant n années au plus, est égale à

$$\frac{t^n}{1 + a_x - a_x^{n-1}}.$$

Les chargements de cette prime pure se font comme dans le cas des assurances mixtes.

Exemple. — *Un père de famille âgé de 40 ans contracte une assurance à terme fixe relative à un capital de 20 000^{fr} payable dans 20 ans : quelle prime annuelle doit-il verser ?*

Si on emploie la table A. F. et le taux $3\ 1/2\ \%$, on a,

d'après le calcul de l'exemple précédent,

$$\frac{I''}{1 + a_x - a_y''^{-1}} = \frac{0,502566}{13,19}.$$

On en déduit que la prime commerciale demandée a pour valeur

$$\frac{20000}{0,94} \left(\frac{0,502566}{13,19} + 0,0035 + \frac{0,01}{13,19} \right),$$

c'est-à-dire, en effectuant les opérations, 901^{fr},30.

ASSURANCES MUTUELLES

207. Les Compagnies d'assurances dont nous venons d'étudier les principales opérations sont constituées par actions et sont dites à *primes fixes*, car moyennant le paiement de sommes fixées à l'avance, la Compagnie s'engage à rembourser éventuellement des sommes également bien déterminées.

En outre de ces Compagnies, il existe d'autres sociétés de prévoyance, plus anciennes que les premières, connues sous les noms de *Tontines*, de *Caisses dotales* ou de *Compagnies d'assurances mutuelles*. Dans ces associations, le fonds social est constitué par les assurés eux-mêmes, soit par un capital unique, soit par primes périodiques, et ce fonds, augmenté de ses intérêts, est réparti après un certain nombre d'années entre tous les sociétaires survivants, qui reçoivent ainsi des sommes plus ou moins fortes selon que la mortalité a été plus ou moins grande.

D'un autre côté, dans la plupart de ces associations, pour garantir les héritiers ou ayants droit des sociétaires contre les risques d'un décès prématuré, chaque adhérent est autorisé, moyennant une prime minime, à contracter une assurance en cas de décès. L'ensemble de ces primes et de leurs intérêts forme une caisse de contre-assurance distincte de la première. A la fin de chaque année, le montant de cette caisse est réparti entre les héritiers des sociétaires décédés dans le courant de l'année.

D'autres associations ont principalement pour but le paiement d'une somme déterminée aux héritiers ou ayants droit de chaque sociétaire, immédiatement après son décès.

Les calculs relatifs aux nombreuses combinaisons que peuvent présenter de pareilles associations sont identiques à ceux qui précèdent.

Les partisans de ce système d'assurances reprochent aux Compagnies à primes fixes les dividendes qu'elles doivent servir à leurs actionnaires, dividendes qui ont pour conséquence une augmentation dans la valeur des primes demandées aux assurés. Néanmoins le public paraît s'adresser plus volontiers aux Compagnies à primes fixes, car *il préfère connaître exactement la somme éventuelle que peut rapporter son engagement* et d'autre part, moyennant une légère augmentation de la valeur de chaque prime, il peut participer aux bénéfices produits par les opérations de ces Compagnies.

Certaines associations mutuelles sont cependant très florissantes et d'autres prennent un développement de plus en plus grand. Leur fonctionnement convient généralement mieux à la petite épargne que celui des autres Compagnies ; elles sont ainsi appelées à rendre de réels services à la classe si nombreuse et si *intéressante des humbles travailleurs.*

ASSURANCES GARANTIES PAR L'ÉTAT

208. Caisse nationale des retraites pour la vieillesse. — Cette institution, créée sous la garantie de l'État par la loi du 18 juin 1850, est actuellement régie par la loi du 20 juillet 1886 et le décret du 28 décembre suivant, qui ont abrogé les dispositions antérieures.

Elle a pour objet d'assurer, à partir d'un âge compris entre 50 et 65 ans, une rente viagère de 2^{fr} au moins et de 1 200^{fr} au plus à tout individu, âgé de plus de trois ans, au compte duquel des versements auront été effectués soit de ses deniers, soit de ceux d'un tiers.

Cette rente est incessible et insaisissable jusqu'à concurrence de 360^{fr}.

Chaque versement fait à cette Caisse doit être de 1^{fr} au moins, sans fraction de franc. Ces versements sont reçus à n'importe

quelle époque ; ils peuvent être aussi nombreux qu'on le désire.
Toutefois, le total des sommes versées dans une même année, sur
une même tête, ne peut excéder 500^{fr} (loi du 26 juillet 1893).
Chacun de ces versements donne lieu à une liquidation distincte,
c'est-à-dire constitue une rente viagère différée jusqu'à un âge
compris entre 50 et 65 ans, au choix du déposant.

Les versements peuvent être faits à capital *aliéné* ou à capital
réservé. Dans le second cas, quelle que soit la date de la mort du
déposant, le capital versé est payé, sans intérêts, aux héritiers ou
ayants droit de ce déposant.

Tout capital réservé peut être aliéné ultérieurement en vue
d'augmenter la rente primitive.

Les intérêts des sommes déposées se capitalisent par trimestre, à partir du premier jour du trimestre qui suit la date du
versement. Les trimestres commencent les 1er janvier, 1er avril,
1er juillet, 1er octobre. Le taux trimestriel est équivalent à un
taux annuel fixé au mois de décembre de chaque année par un
décret du Président de la République, et la liquidation à laquelle
donne lieu chaque versement se fait avec le taux en vigueur à
l'époque de ce versement. Le taux annuel a été successivement
de 5 % en 1850, de 4 1/2 % en 1853, de 5 % en 1872, de
4 1/2 % en 1882 ; il est actuellement de 3 1/2 %.

La table de mortalité employée a été celle de Deparcieux jusqu'en 1888. Depuis cette époque, on emploie une table, dite *table
C.R.*, dressée spécialement pour la Caisse nationale des retraites.

L'âge du déposant se compte par trimestres et cet âge est calculé comme si le déposant était né le premier jour du trimestre
qui a suivi la date de sa naissance.

La rente viagère commence à courir du premier jour du trimestre qui suit celui dans lequel le déposant a accompli l'année
d'âge à laquelle il aura déclaré vouloir entrer en jouissance de la
rente. Cette rente est payée trimestriellement les 1er mars,
1er juin, 1er septembre et 1er décembre de chaque année, la première échéance comprenant seulement le montant des deux premiers mois échus depuis l'époque d'entrée en jouissance.

Lorsque le rentier meurt en jouissance de sa rente, la Caisse paye à ses héritiers ou ayants droit les arrérages de la rente jusqu'au jour du décès. Cela constitue une différence essentielle avec la pratique des Compagnies d'assurances.

Sont remboursées sans intérêts les sommes qui, lors de la liquidation définitive, seraient insuffisantes pour produire une rente viagère annuelle de 2^{fr} ou qui dépasseraient le capital nécessaire pour produire une rente de $1\,200^{fr}$.

Tout déposant réduit à l'incapacité absolue de travailler est mis en possession, avant l'âge d'entrée en jouissance, d'une rente proportionnelle à son âge et à ses versements. Cette rente peut être bonifiée par une subvention de l'État. ·

CALCUL DES RENTES. — Les calculs relatifs à la détermination des rentes de la Caisse nationale des retraites se font d'après les mêmes principes que ceux des rentes viagères ordinaires différées, à l'aide de la table C.R. et en admettant que les décès qui se produisent pendant un an sont uniformément répartis pendant les quatre trimestres de cette année.

On obtient des formules analogues, dans lesquelles les lettres x, y, etc., représentent alors des trimestres, au lieu de représenter des années, la lettre r représentant d'autre part le taux trimestriel équivalent au taux annuel employé.

Nous n'entrerons pas dans le développement de ces calculs; nous indiquerons seulement la modification qu'il y a lieu d'apporter à ceux que nous avons déjà faits, si nous supposons maintenant que les arrérages dus au décès du rentier sont payés à ses héritiers, ainsi que cela se produit avec la Caisse nationale des retraites. Nous traiterons à ce sujet le problème suivant, qui sert de type à toutes les combinaisons analogues :

Une personne âgée de x années veut entrer en jouissance dans n années d'une annuité viagère de valeur α dont les arrérages devront être payés à ses héritiers ou ayants droit lors de son décès. Quel capital A doit-elle verser à une Compagnie d'assurances, si elle désire : 1° aliéner ce capital ; 2° le réserver pour ses héritiers à quelque époque que son décès se produise ?

D'après l'hypothèse d'une répartition uniforme des décès d'une année, les arrérages qui seront dus par la Compagnie aux héritiers d'un rentier, à son décès, auront pour valeur moyenne $\dfrac{\alpha}{2}$.

Nous supposerons que ces arrérages, ainsi que le capital A, lorsqu'il est réservé, sont payables au milieu de l'année du décès.

1° *Le capital A est aliéné.* — Les héritiers du rentier toucheront la somme $\dfrac{\alpha}{2}$ si ce rentier meurt après l'entrée en jouissance de sa rente. L'espérance mathématique relative à cette somme doit être ajoutée au total des valeurs actuelles des annuités qu'espère toucher la personne qui aliène le capital A. Or, cette espérance mathématique est évidemment égale à la valeur actuelle du capital qu'il faudrait verser à la Compagnie, dans n années, en cas de vie de la personne assurée, pour contracter une assurance vie entière de la somme $\dfrac{\alpha}{2}$ payable lors du décès de cette personne. D'après la formule (2) du n° 199, le capital nécessaire à cette assurance est égal à

$$\frac{\alpha}{2} t^{\frac{1}{2}}(1 - r a_{x+n}),$$

et, puisque cette assurance ne doit être contractée que dans n années, à la condition que la personne actuellement âgée de x années ne soit pas morte, le capital ci-dessus a pour valeur actuelle

$$\frac{\alpha}{2} t^{n+\frac{1}{2}} \frac{v_{x+n}}{v_x}(1 - r a_{x+n}).$$

L'opération sera donc équitable si le capital aliéné A est égal à cette dernière somme augmentée du total des valeurs actuelles des annuités successives α, c'est-à-dire si l'on a

$$A = \alpha t^n \frac{v_{x+n}}{v_n} a_{x+n} + \frac{\alpha}{2} t^{n+\frac{1}{2}} \frac{v_{x+n}}{v_x}(1 - r a_{x+n}),$$

ou

$$A = \alpha t^n \frac{v_{x+n}}{v_x}\left[a_{x+n} + \frac{1}{2} t^{\frac{1}{2}}(1 - r a_{x+n}) \right].$$

2° *Le capital A est réservé.* — Ce capital devant être remis aux héritiers de l'assuré, lors du décès, sa valeur actuelle est celle d'une prime unique d'assurance en cas de décès, vie entière, contractée par une personne âgée de x années. Le capital réservé A a donc pour valeur actuelle

$$A l^{\frac{1}{2}}(1 - r a_x).$$

Cette valeur actuelle doit s'ajouter à celles dont nous venons de parler dans le cas des rentes à capital aliéné ; on doit donc avoir l'égalité

$$A = a l^n \frac{v_{x+n}}{v_x}\left[a_{x+n} + \frac{1}{2} l^{\frac{1}{2}}(1 - r a_{x+n}) \right] + A l^{\frac{1}{2}}(1 - r a_x),$$

d'où l'on déduit aisément A en fonction de a, ou inversement.

Tarifs de la Caisse nationale. — La Caisse nationale des retraites ne cherche à réaliser aucun bénéfice dans ses opérations en rentes viagères. Ces rentes représentent intégralement ce que les fonds déposés ont produit par l'accumulation des intérêts combinée avec les chances de mortalité. C'est dire que la prime pure déduite de la définition mathématique de chaque contrat ne subit aucun chargement.

Il en résulte que les tarifs de cette Caisse sont plus avantageux pour le déposant que ceux des Compagnies d'assurances.

Ces tarifs sont établis sur un versement de 1^{fr} ; ils sont calculés par trimestre pour le versement et par année pour l'entrée en jouissance de la rente. Les calculs sont effectués jusqu'à la quatrième décimale inclusivement.

Divers tarifs ont été établis sur un taux d'intérêt gradué par quart de franc. Un décret du Président de la République fixe chaque année celui qui doit être appliqué.

Un extrait des instructions concernant le fonctionnement de la Caisse et un extrait des tarifs sont transmis, sur demande adressée au Directeur général de la Caisse des dépôts et consignations (rue de Lille, n° 56, à Paris), contre l'envoi de 15 centimes en timbres-poste pour chaque extrait.

Les deux tableaux de la page ci-contre ont été extraits d'un tarif à 3 1/2 %, publié en 1903 par l'administration de la Caisse des dépôts et consignations.

Rentes viagères produites par chaque versement de 1 fr.

| AGES AU VERSEMENT | CAPITAL ALIÉNÉ | | | | CAPITAL RÉSERVÉ | | | |
| | AVEC JOUISSANCE A L'AGE DE | | | | AVEC JOUISSANCE A L'AGE DE | | | |
	50 ANS	55 ANS	60 ANS	65 ANS	50 ANS	55 ANS	60 ANS	65 ANS
Ans								
3	0,5122	0,7466	1,1477	1,9032	0,4115	0,5998	0,9221	1,5291
5	0,4715	0,6873	1,0566	1,7522	0,3772	0,5499	0,8453	1,4017
10	0,3895	0,5677	0,8727	1,4472	0,3025	0,4409	0,6779	1,1241
15	0,3215	0,4686	0,7205	1,1947	0,2407	0,3508	0,5393	0,8943
20	0,2618	0,3816	0,5866	0,9727	0,1899	0,2768	0,4256	0,7058
25	0,2116	0,3084	0,4741	0,7862	0,1488	0,2169	0,3335	0,5530
30	0,1715	0,2499	0,3842	0,6371	0,1155	0,1684	0,2589	0,4293
35	0,1389	0,2024	0,3112	0,5161	0,0886	0,1291	0,1985	0,3291
40	0,1122	0,1635	0,2513	0,4167	0,0668	0,0973	0,1496	0,2480
45	0,0900	0,1311	0,2016	0,3342	0,0492	0,0717	0,1102	0,1828

Rentes viagères produites par le versement annuel de 1 fr.

| AGES AU 1er VERSEMENT | CAPITAL ALIÉNÉ | | | | CAPITAL RÉSERVÉ | | | |
| | AVEC JOUISSANCE A L'AGE DE | | | | AVEC JOUISSANCE A L'AGE DE | | | |
	50 ANS	55 ANS	60 ANS	65 ANS	50 ANS	55 ANS	60 ANS	65 ANS
Ans								
3	11,0852	16,6051	26,0532	43,8422	8,0247	11,9032	18,5114	30,9162
5	10,0819	15,1427	23,8050	40,1141	7.2192	10,7291	16,7064	27,9230
10	7,8970	11,9580	18,9089	31,9951	5,4883	8,2059	12,8275	21,4908
15	6,0891	9,3228	14,8577	25,2771	4,1042	6,1884	9,7259	16,3476
20	4,6044	7,1588	11,5306	19,7601	3,0064	4,5884	7,2661	12,2687
25	3,4001	5,4035	8,8321	15,2854	2,1426	3,3292	5,3301	9,0585
30	2,4259	3,9837	6,6492	11,6657	1,4679	2,3457	3,8181	6,5513
35	1,6364	2,8329	4,8800	8,7319	0,9464	1,5856	2,6495	4,6135
40	0,9975	1,9016	3,4483	6,3575	0,5490	1,0064	1,7591	3,1370
45	0,4827	1,1514	2,2949	4,4450	0,2518	0,5733	1,0934	2,0331

209. Caisse d'assurance en cas de décès. — Cette Caisse, créée par la loi du 11 juillet 1868, est gérée, comme la Caisse nationale des retraites pour la vieillesse, par la Caisse des dépôts et consignations. Le capital assuré sur une même tête ne peut excéder 3 000[fr] et cette assurance peut être contractée par le versement d'une prime unique ou de primes annuelles. Dans ce dernier cas, la prime peut être temporaire ou viagère.

L'assurance peut être contractée sur toute tête âgée de 16 ans au moins et de 60 ans au plus. Si le décès de l'assuré se produit moins de deux ans après le contrat, l'assurance demeure sans effet ; il en est de même lorsque le décès, quelle qu'en soit l'époque, résulte de suicide, de duel ou de condamnation judiciaire. Dans ces cas, les sommes versées sont restituées aux héritiers ou ayants droit avec les intérêts simples à 4 %.

Des dispositions spéciales sont relatives aux assurances collectives contractées par les Sociétés de secours mutuels.

Depuis le 1er janvier 1894, les tarifs de la Caisse d'assurance en cas de décès sont établis d'après le taux 3 % et la table de mortalité de Deparcieux.

Primes à payer pour une assurance de 1000 francs.

AGE de L'ASSURÉ	PRIMES UNIQUES	PRIMES ANNUELLES A PAYER PENDANT				
		5 ANS	10 ANS	15 ANS	20 ANS	LA DURÉE de la vie
	fr. c.	fr. c.	fr. c.	fr. c.	fr. c.	fr. c.
16 à 17 ans.	368 50	79 40	43 60	31 80	26 10	16 20
20 à 21	389 20	84 10	46 25	33 80	27 75	17 60
25 à 26 .. .	414 40	89 65	49 35	36 10	29 60	19 45
30 à 31 ...	443 20	96 00	52 90	38 70	31 75	21 75
35 à 36	476 40	103 20	56 80	41 60	34 30	24 60
40 à 41	518 20	112 20	61 90	45 65	37 95	28 75
45 à 46	569 15	123 75	69 00	51 45	43 20	34 65
50 à 51	623 25	137 15	77 45	58 40	49 70	42 30
55 à 56	675 70	150 20	85 90	65 80	57 30	51 65
59 à 60	719 60	161 35	93 65	73 50	65 55	61 50

Le tableau ci-dessus, extrait d'une notice publiée par l'administration de la Caisse, donne, pour quelques âges particuliers, les primes temporaires ou viagères d'une assurance d'un capital de 1 000^{fr} payable au décès de l'assuré.

Ces tarifs ont été établis avec majoration de 6 % sur les primes pures, afin de couvrir les frais d'administration. Ils sont néanmoins plus avantageux pour l'assuré que ceux des Compagnies d'assurance. L'État, qui n'a pas à rechercher des bénéfices en pareille matière, a voulu favoriser ainsi les personnes peu fortunées; le maximum de 3 000^{fr} fixé pour l'assurance montre bien qu'il n'a pas désiré la clientèle des classes riches et c'est la même pensée qui l'a engagé à fixer à 1 200^{fr} le maximum de rente viagère que l'on peut obtenir à la Caisse nationale des retraites pour la vieillesse.

Le tarif complet de la Caisse d'assurance en cas de décès est mis à la disposition du public au prix de 10 centimes, ou envoyé par la poste au prix de 15 centimes.

La Caisse d'assurance en cas de décès accepte également des contrats d'assurances mixtes ayant pour but le paiement d'un capital déterminé, n'excédant pas 3 000^{fr}, soit aux assurés eux-mêmes, s'ils sont vivants à une époque fixée d'avance, soit à leurs ayants droit, et aussitôt après le décès, si les assurés meurent avant cette époque.

L'assuré peut stipuler que moitié seulement de la somme assurée sera payable à ses ayants droit s'il décède au cours du contrat.

Une assurance mixte peut être contractée par toute personne âgée de 16 ans au moins. La durée en est fixée de manière à ne pas reporter le terme de l'assurance après l'âge de 65 ans.

Indépendamment des assurances indiquées ci-dessus, la Caisse d'assurance en cas de décès consent des assurances temporaires ayant pour objet de garantir le paiement des annuités à échoir restant dues par l'acheteur ou le constructeur d'une *habitation à bon marché* qui viendrait à décéder avant l'échéance de la dernière annuité.

Les conditions particulières des assurances de cette nature

sont indiquées dans une notice spéciale remise à toute personne qui en fait la demande.

210. Caisse d'assurance en cas d'accidents. — Cette Caisse, créée par la loi du 11 juillet 1868, a pour objet de constituer des pensions viagères aux personnes assurées qui, dans l'exécution de travaux agricoles ou industriels, seront atteintes de blessures entraînant une incapacité permanente de travail, et de donner des indemnités aux veuves et aux enfants mineurs ou, à leur défaut, au père ou à la mère sexagénaire des assurés qui ont péri par suite d'accidents survenus dans l'exécution desdits travaux.

La loi du 24 mai 1899 a étendu les opérations de cette Caisse aux risques prévus par la loi du 9 avril 1898, concernant les responsabilités des accidents dont les ouvriers sont victimes dans leur travail.

PROBLÈMES A RÉSOUDRE

207. La probabilité d'un sinistre étant de $\dfrac{1}{1\,000}$, on demande de calculer la probabilité que sur 100 assurances le nombre des sinistres ne dépassera pas 3. On prendra $\log 999 = 2{,}9995655$.

208. Calculer, à l'aide de la table de Deparcieux, la probabilité que deux personnes, actuellement âgées de 35 ans et de 40 ans, seront mortes toutes deux dans 20 ans.

209. Deux amis sont actuellement âgés de 42 ans et de 50 ans. Quelle est la probabilité que l'un des deux au moins sera mort dans 15 ans ? On se servira de la table de Deparcieux.

210. Dans un ménage, le mari a 35 ans et la femme 29 ans. On demande de trouver, d'après la table de Deparcieux : 1° la probabilité qu'ils seront vivants l'un et l'autre dans 30 ans ; 2° la probabilité que le mari sera veuf dans 30 ans ; 3° la probabilité que les deux époux seront morts dans 30 ans.

211. En désignant par a et b les probabilités respectives que deux personnes ont de vivre encore dans p années, on demande quelles sont les probabilités : 1° que ces deux personnes seront en vie dans p années ; 2° que ces deux personnes seront mortes dans p années ; 3° que l'une au moins sera en vie ; 4° que l'une au moins sera morte.

212. Deux personnes sont respectivement âgées de n et de n' années ; quelle est la probabilité que dans p années l'une de ces deux personnes sera morte et l'autre vivante ?

213. Trois personnes sont âgées de 25 ans, 32 et 40 ans. On demande de calculer la probabilité qu'elles seront mortes toutes trois dans 25 ans.

214. Dans une famille de trois enfants l'aîné a 18 ans, le cadet 15 ans et le plus jeune 10 ans ; quelle est la probabilité que dans 30 ans le cadet sera mort et les deux autres vivants ? On emploiera la table de Deparcieux.

215. Trois amis sont âgés de 18, 20 et 24 ans. Quelle est la probabilité que dans 25 ans le plus âgé sera en vie et les deux autres morts ?

216. En désignant par a, b, c les probabilités respectives que trois personnes ont de vivre encore encore dans p années, on demande quelles sont les probabilités que dans p années : 1° ces trois personnes seront en vie ; 2° ces trois personnes seront mortes ; 3° l'une au moins sera en vie ; 4° l'une au moins sera morte.

217. Dans le problème précédent, calculer : 1° la probabilité que dans p années l'une quelconque des trois personnes sera morte et les deux autres survivantes ; 2° la probabilité qu'à cette même époque l'une quelconque des trois personnes sera en vie et les deux autres décédées.

218. Calculer avec la table de Deparcieux la vie probable et la vie moyenne pour une personne âgée de 45 ans.

219. Calculer d'après la table R. F., et avec le taux 3 1/2 °/₀, les valeurs de a_{39} et de a_{41}, sachant que l'on a $a_{40} = 16,930$.

220. Une personne âgée de 44 ans aliène un capital de 50 000fr pour avoir une rente viagère annuelle immédiate. Quel sera le montant de cette rente, d'après la table R. F. et le taux 3 $1/2$ °/₀ ? On tiendra compte des chargements.

221. Une personne âgée de 40 ans veut se constituer une rente viagère annuelle de 1 800ᶠʳ, différée de 10 ans. Quel capital doit-elle aliéner, en opérant d'après la table de Deparcieux, avec le taux 4 °/₀ et sans tenir compte des chargements ?

222. Une personne âgée de 45 ans veut constituer une rente viagère annuelle de 1 500ᶠʳ, différée de quatre ans, au moyen de quatre primes annuelles égales, dont la première doit être versée immédiatement. On demande de calculer, sans les chargements, la valeur de cette prime annuelle, à l'aide de la table R. F., avec le taux 3 $1/2$ °/₀.

223. Une personne vient d'aliéner 30 000ᶠʳ pour se constituer une rente viagère immédiate de 800ᶠʳ par semestre. Quel capital aurait dû aliéner cette même personne pour avoir une rente viagère immédiate de 400ᶠʳ par trimestre ?

224. Une personne âgée de 40 ans aliène un capital de 50 000ᶠʳ pour entrer en jouissance immédiate d'une rente viagère annuelle qui devra être doublée à partir de la 10ᵉ annuité. Calculer le montant de la première annuité (prime pure), d'après la table R. F. et le taux 3 $1/2$ °/₀.

225. Deux personnes, respectivement âgées de 45 ans et de 50 ans, aliènent conjointement un capital de 40 000ᶠʳ. Quelle est la rente annuelle immédiate, réversible de moitié, que doit servir la Compagnie jusqu'au dernier décès ? On emploiera la table R. F. et on tiendra compte des chargements.

226. Une personne âgée de 40 ans verse à une Compagnie d'assurances un capital de 40 000ᶠʳ, sous la réserve que si elle n'est pas morte dans dix ans ce capital lui sera remboursé, sans intérêts. On demande de calculer le montant de la rente annuelle immédiate que doit servir la Compagnie jusqu'au moment du remboursement éventuel. Employer la table de Deparcieux et le taux 4 °/₀.

227. Une personne âgée de 40 ans aliène un capital de 40 000ᶠʳ pour entrer dans 5 ans en jouissance d'une rente viagère qu'on demande de calculer par la condition que le capital soit remboursé aux héritiers de l'assuré si le décès se produit avant l'entrée en jouissance. On supposera le capital payable au milieu de l'année du décès et on emploiera la table R. F. avec le taux 3 $1/2$ °/₀.

228. Même problème, en supposant que la Compagnie n'ait que 20 000^{fr} à rembourser à l'époque du décès, que ce décès ait lieu avant ou après l'entrée en jouissance de la rente.

229. Même problème, en supposant que la Compagnie ne doit rembourser 20 000^{fr} que si le décès se produit avant l'entrée en jouissance de la rente.

230. Résoudre les problèmes I et II du numéro 194, en supposant que le capital A soit payable à la fin de l'année du décès.

231. On veut assurer à une personne âgée de 25 ans un capital de 50 000^{fr} si elle atteint l'âge de 46 ans. Quelle prime annuelle pure faut-il verser au commencement de chaque année, pendant 21 ans, en supposant les primes aliénées ? On emploiera la table R. F. et le taux 3 1/2 %.

232. Une personne âgée de 35 ans veut contracter une assurance en cas de décès, vie entière, pour un capital de 50 000^{fr}. On demande de calculer la valeur de la prime annuelle commerciale que cette personne doit donner à la Compagnie au commencement de chaque année ? Employer la table A. F. et supposer le capital payable au milieu de l'année du décès.

233. En employant la table A. F. et le taux 3 1/2 %, et en supposant toujours le capital payable au milieu de l'année, calculer la prime temporaire que l'assuré du problème précédent devrait payer annuellement pendant 10 ans.

234. Trouver, en employant la table A. F. et le taux 3 1/2 %, et en supposant le capital payable au milieu de l'année du décès, la prime unique pure que doit verser une personne de 35 ans pour contracter une assurance temporaire de 15 ans relative à un capital de 30 000^{fr}.

235. Calculer le montant de la prime annuelle commerciale qu'il faut payer pendant l'existence simultanée de deux personnes respectivement âgées de 30 et de 35 ans pour assurer un capital de 45 000^{fr} payable au premier décès. On appliquera la table A. F. avec les chargements indiqués au n° 199.

236. Résoudre le problème précédent, en supposant que 25 000^{fr} seront payables au premier décès et 20 000^{fr} au second.

237. Un mari âgé de 45 ans veut contracter au profit de sa femme, âgée de 36 ans, l'assurance d'une rente de survie de 2 000ᶠʳ par an. On demande de trouver la prime pure annuelle de cette opération. On emploiera la table A. F. et on supposera que le premier terme de la rente est payé à la fin de l'année du décès.

238. Calculer la prime annuelle commerciale d'une assurance mixte de 30 000ᶠʳ contractée pour 15 ans par une personne âgée de 35 ans. On supposera le capital payable au milieu de l'année du décès.

239. Calculer le montant de l'assurance mixte que peut contracter pour 25 ans une personne âgée de 30 ans qui s'engage à payer une prime commerciale annuelle de 250ᶠʳ.

240. Une personne âgée de 39 ans contracte une assurance à terme fixe relative à un capital de 25 000ᶠʳ payable dans 16 ans. Quelle prime annuelle commerciale doit-elle verser ?

TABLE I

Valeurs de log (1 + r)

1 + r	LOG	1 + r	LOG
1,02	0086 0017	1,0240	0102 9996
1,0201	0086 4275	1,0241	0103 4237
1,0202	0086 8532	1,0242	0103 8477
1,0203	0087 2789	1,0243	0104 2717
1,0204	0087 7045	1,0244	0104 6957
1,0205	0088 1301	1,0245	0105 1196
1,0206	0088 5556	1,0246	0105 5435
1,0207	0088 9811	1,0247	0105 9674
1,0208	0089 4066	1,0248	0106 3912
1,0209	0089 8320	1,0249	0106 8149
1,0210	0090 2574	**1,025**	0107 2387
1,0211	0090 6828	1,0251	0107 6623
1,0212	0091 1081	1,0252	0108 0860
1,0213	0091 5333	1,0253	0108 5096
1,0214	0091 9585	1,0254	0108 9331
1,0215	0092 3837	1,0255	0109 3566
1,0216	0092 8088	1,0256	0109 7801
1,0217	0093 2339	1,0257	0110 2036
1,0218	0093 6590	1,0258	0110 6269
1,0219	0094 0840	1,0259	0111 0503
1,0220	0094 5090	1,0260	0111 4736
1,0221	0094 9339	1,0261	0111 8969
1,0222	0095 3588	1,0262	0112 3201
1,0223	0095 7836	1,0263	0112 7433
1,0224	0096 2084	1,0264	0113 1664
1,0225	0096 6332	1,0265	0113 5895
1,0226	0097 0579	1,0266	0114 0126
1,0227	0097 4826	1,0267	0114 4356
1,0228	0097 9072	1,0268	0114 8586
1,0229	0098 3318	1,0269	0115 2815
1,0230	0098 7563	1,0270	0115 7044
1,0231	0099 1808	1,0271	0116 1273
1,0232	0099 6053	1,0272	0116 5501
1,0233	0100 0297	1,0273	0116 9729
1,0234	0100 4541	1,0274	0117 3956
1,0235	0100 8785	1,0275	0117 8183
1,0236	0101 3028	1,0276	0118 2410
1,0237	0101 7270	1,0277	0118 6636
1,0238	0102 1513	1,0278	0119 0861
1,0239	0102 5754	1,0279	0119 5087

Valeurs de log $(1 + r)$ *(Suite)*

$1 + r$	LOG	$1 + r$	LOG
1,0280	0119 9311	1,0320	0136 7970
1,0281	0120 3536	1,0321	0137 2178
1,0282	0120 7760	1,0322	0137 6385
1,0283	0121 1984	1,0323	0138 0593
1,0284	0121 6207	1,0324	0138 4800
1,0285	0122 0430	1,0325	0138 9006
1,0286	0122 4652	1,0326	0139 3212
1,0287	0122 8874	1,0327	0139 7418
1,0288	0123 3096	1,0328	0140 1623
1,0289	0123 7317	1,0329	0140 5828
1,0290	0124 1537	1,0330	0141 0032
1,0291	0124 5758	1,0331	0141 4236
1,0292	0124 9978	1,0332	0141 8440
1,0293	0125 4197	1,0333	0142 2643
1,0294	0125 8416	1,0334	0142 6846
1,0295	0126 2635	1,0335	0143 1048
1,0296	0126 6853	1,0336	0143 5250
1,0297	0127 1071	1,0337	0143 9452
1,0298	0127 5289	1,0338	0144 3653
1,0299	0127 9506	1,0339	0144 7854
1,03	0128 3722	1,0340	0145 2054
1,0301	0128 7939	1,0341	0145 6254
1,0302	0129 2155	1,0342	0146 0453
1,0303	0129 6370	1,0343	0146 4652
1,0304	0130 0585	1,0344	0146 8851
1,0305	0130 4800	1,0345	0147 3050
1,0306	0130 9014	1,0346	0147 7247
1,0307	0131 3228	1,0347	0148 1445
1,0308	0131 7441	1,0348	0148 5642
1,0309	0132 1654	1,0349	0148 9839
1,0310	0132 5867	**1,035**	0149 4035
1,0311	0133 0079	1,0351	0149 8231
1,0312	0133 4290	1,0352	0150 2426
1,0313	0133 8502	1,0353	0150 6621
1,0314	0134 2713	1,0354	0151 0816
1,0315	0134 6923	1,0355	0151 5010
1,0316	0135 1133	1,0356	0151 9204
1,0317	0135 5343	1,0357	0152 3398
1,0318	0135 9552	1,0358	0152 7591
1,0319	0136 3761	1,0359	0153 1783

Valeurs de log (1 + r) (*Suite*)

1 + r	LOG	1 + r	LOG
1,0360	0153 5976	1,04	0170 3334
1,0361	0154 0167	1,0401	0170 7510
1,0362	0154 4359	1,0402	0171 1685
1,0363	0154 8550	1,0403	0171 5860
1,0364	0155 2740	1,0404	0172 0034
1,0365	0155 6931	1,0405	0172 4208
1,0366	0156 1120	1,0406	0172 8382
1,0367	0156 5310	1,0407	0173 2555
1,0368	0156 9499	1,0408	0173 6728
1,0369	0157 3687	1,0409	0174 0901
1,0370	0157 7876	1,0410	0174 5073
1,0371	0158 2063	1,0411	0174 9245
1,0372	0158 6251	1,0412	0175 3416
1,0373	0159 0438	1,0413	0175 7587
1,0374	0159 4624	1,0414	0176 1757
1,0375	0159 8811	1,0415	0176 5927
1,0376	0160 2996	1,0416	0177 0097
1,0377	0160 7182	1,0417	0177 4266
1,0378	0161 1367	1,0418	0177 8435
1,0379	0161 5551	1,0419	0178 2604
1,0380	0161 9735	1,0420	0178 6772
1,0381	0162 3919	1,0421	0179 0940
1,0382	0162 8102	1,0422	0179 5107
1,0383	0163 2285	1,0423	0179 9274
1,0384	0163 6468	1,0424	0180 3440
1,0385	0164 0650	1,0425	0180 7606
1,0386	0164 4832	1,0426	0181 1772
1,0387	0164 9013	1,0427	0181 5937
1,0388	0165 3194	1,0428	0182 0102
1,0389	0165 7375	1,0429	0182 4267
1,0390	0166 1555	1,0430	0182 8431
1,0391	0166 5734	1,0431	0183 2595
1,0392	0166 9914	1,0432	0183 6758
1,0393	0167 4093	1,0433	0184 0921
1,0394	0167 8271	1,0434	0184 5083
1,0395	0168 2449	1,0435	0184 9245
1,0396	0168 6627	1,0436	0185 3407
1,0397	0169 0804	1,0437	0185 7568
1,0398	0169 4981	1,0438	0186 1729
1,0399	0169 9158	1,0439	0186 5890

Valeurs de log $(1+r)$ *(Suite)*

$1+r$	LOG	$1+r$	LOG
1,0440	0187 0050	1,0480	0203 6128
1,0441	0187 4210	1,0481	0204 0272
1,0442	0187 8369	1,0482	0204 4416
1,0443	0188 2528	1,0483	0204 8559
1,0444	0188 6686	1,0484	0205 2701
1,0445	0189 0844	1,0485	0205 6843
1,0446	0189 5002	1,0486	0206 0985
1,0447	0189 9159	1,0487	0206 5127
1,0448	0190 3316	1,0488	0206 9268
1,0449	0190 7473	1,0489	0207 3409
1,045	0191 1629	1,0490	0207 7549
1,0451	0191 5785	1,0491	0208 1689
1,0452	0191 9940	1,0492	0208 5828
1,0453	0192 4095	1,0493	0208 9967
1,0454	0192 8250	1,0494	0209 4106
1,0455	0193 2404	1,0495	0209 8244
1,0456	0193 6557	1,0496	0210 2382
1,0457	0194 0711	1,0497	0210 6520
1,0458	0194 4864	1,0498	0211 0657
1,0459	0194 9016	1,0499	0211 4794
1,0460	0195 3168	**1,05**	0211 8930
1,0461	0195 7320	1,0501	0212 3066
1,0462	0196 1472	1,0502	0212 7201
1,0463	0196 5623	1,0503	0213 1337
1,0464	0196 9773	1,0504	0213 5471
1,0465	0197 3923	1,0505	0213 9606
1,0466	0197 8073	1,0506	0214 3740
1,0467	0198 2222	1,0507	0214 7873
1,0468	0198 6371	1,0508	0215 2006
1,0469	0199 0520	1,0509	0215 6139
1,0470	0199 4668	1,0510	0216 0272
1,0471	0199 8816	1,0511	0216 4404
1,0472	0200 2963	1,0512	0216 8535
1,0473	0200 7110	1,0513	0217 2666
1,0474	0201 1257	1,0514	0217 6797
1,0475	0201 5403	1,0515	0218 0928
1,0476	0201 9549	1,0516	0218 5058
1,0477	0202 3694	1,0517	0218 9187
1,0478	0202 7839	1,0518	0219 3317
1,0479	0203 1984	1,0519	0219 7446

Valeurs de log $(1 + r)$ *(Suite)*

$1 + r$	LOG	$1 + r$	LOG
1,0520	0220 1574	1,0560	0236 6392
1,0521	0220 5702	1,0561	0237 0504
1,0522	0220 9830	1,0562	0237 4616
1,0523	0221 3957	1,0563	0237 8728
1,0524	0221 8084	1,0564	0238 2839
1,0525	0222 2210	1,0565	0238 6950
1,0526	0222 6337	1,0566	0239 1061
1,0527	0223 0462	1,0567	0239 5171
1,0528	0223 4588	1,0568	0239 9280
1,0529	0223 8713	1,0569	0240 3390
1,0530	0224 2837	1,0570	0240 7499
1,0531	0224 6961	1,0571	0241 1607
1,0532	0225 1085	1,0572	0241 5715
1,0533	0225 5208	1,0573	0241 9823
1,0534	0225 9331	1,0574	0242 3931
1,0535	0226 3454	1,0575	0242 8038
1,0536	0226 7576	1,0576	0243 2144
1,0537	0227 1698	1,0577	0243 6250
1,0538	0227 5819	1,0578	0244 0356
1,0539	0227 9940	1,0579	0244 4462
1,0540	0228 4061	1,0580	0244 8567
1,0541	0228 8181	1,0581	0245 2671
1,0542	0229 2301	1,0582	0245 6776
1,0543	0229 6421	1,0583	0246 0880
1,0544	0230 0540	1,0584	0246 4983
1,0545	0230 4658	1,0585	0246 9086
1,0546	0230 8777	1,0586	0247 3189
1,0547	0231 2895	1,0587	0247 7291
1,0548	0231 7012	1,0588	0248 1393
1,0549	0232 1129	1,0589	0248 5495
1,055	0232 5246	1,0590	0248 9596
1,0551	0232 9362	1,0591	0249 3697
1,0552	0233 3478	1,0592	0249 7797
1,0553	0233 7594	1,0593	0250 1897
1,0554	0234 1709	1,0594	0250 5997
1,0555	0234 5824	1,0595	0251 0096
1,0556	0234 9938	1,0596	0251 4195
1,0557	0235 4052	1,0597	0251 8293
1,0558	0235 8166	1,0598	0252 2392
1,0559	0236 2279	1,0599	0252 6489

TABLE II

Valeurs de $(1 + r)^n$.

n	2 %	2 ½ %	3 %	3 ½ %	4 %	4 ½ %	5 %	6 %
1	1,02	1,025	1,03	1,035	1,04	1,045	1,05	1,06
2	1,040 400	1,050 625	1,060 900	1,071 225	1,081 600	1,092 025	1,102 500	1,123 600
3	1,061 208	1,076 891	1,092 727	1,108 718	1,124 864	1,141 166	1,157 625	1,191 016
4	1,082 432	1,103 813	1,125 509	1,147 523	1,169 859	1,192 519	1,215 506	1,262 477
5	1,104 081	1,131 408	1,159 274	1,187 686	1,216 653	1,246 182	1,276 282	1,338 226
6	1,126 162	1,159 693	1,194 052	1,229 255	1,265 319	1,302 260	1,340 096	1,418 519
7	1,148 686	1,188 686	1,229 874	1,272 279	1,315 932	1,360 862	1,407 100	1,503 630
8	1,171 659	1,218 403	1,266 770	1,316 809	1,368 569	1,422 101	1,477 455	1,593 848
9	1,195 093	1,248 863	1,304 773	1,362 897	1,423 312	1,486 095	1,551 328	1,689 479
10	1,218 994	1,280 085	1,343 916	1,410 599	1,480 244	1,552 969	1,628 895	1,790 848
11	1,243 374	1,312 087	1,384 234	1,459 970	1,539 454	1,622 853	1,710 339	1,898 299
12	1,268 242	1,344 889	1,425 761	1,511 069	1,601 032	1,695 881	1,795 856	2,012 196
13	1,293 607	1,378 511	1,468 534	1,563 956	1,665 074	1,772 196	1,885 649	2,132 928
14	1,319 479	1,412 974	1,512 590	1,618 695	1,731 676	1,851 945	1,979 932	2,260 904
15	1,345 868	1,448 298	1,557 967	1,675 349	1,800 944	1,935 282	2,078 928	2,396 558
16	1,372 786	1,484 506	1,604 706	1,733 986	1,872 981	2,022 370	2,182 875	2,540 352
17	1,400 241	1,521 618	1,652 848	1,794 676	1,947 900	2,113 377	2,292 018	2,692 773
18	1,428 246	1,559 659	1,702 433	1,857 489	2,025 817	2,208 479	2,406 619	2,854 339
19	1,456 811	1,598 650	1,753 506	1,922 501	2,106 849	2,307 860	2,526 950	3,025 600
20	1,485 947	1,638 616	1,806 111	1,989 789	2,191 123	2,411 714	2,653 298	3,207 135
21	1,515 666	1,679 582	1,860 295	2,059 431	2,278 768	2,520 241	2,785 963	3,399 564
22	1,545 980	1,721 571	1,916 103	2,131 512	2,369 919	2,633 652	2,925 261	3,603 537
23	1,576 899	1,764 611	1,973 587	2,206 114	2,464 716	2,752 166	3,071 524	3,819 750
24	1,608 437	1,808 726	2,032 794	2,283 328	2,563 304	2,876 014	3,225 100	4,048 935
25	1,640 606	1,853 944	2,093 778	2,363 245	2,665 836	3,005 434	3,386 355	4,291 871
26	1,673 418	1,900 293	2,156 591	2,445 959	2,772 470	3,140 679	3,555 673	4,549 383
27	1,706 886	1,947 800	2,221 289	2,531 567	2,883 369	3,282 010	3,733 456	4,822 346
28	1,741 024	1,996 495	2,287 928	2,620 172	2,998 703	3,429 700	3,920 129	5,111 687
29	1,775 845	2,046 407	2,356 566	2,711 878	3,118 651	3,584 036	4,116 136	5,418 388
30	1,811 362	2,097 568	2,427 262	2,806 794	3,243 398	3,745 318	4,321 942	5,743 491
31	1,847 589	2,150 007	2,500 080	2,905 031	3,373 133	3,913 857	4,538 039	6,088 101
32	1,884 540	2,203 757	2,575 083	3,006 708	3,508 059	4,089 981	4,764 941	6,453 387
33	1,922 231	2,258 851	2,652 335	3,111 942	3,648 381	4,274 030	5,003 189	6,840 590
34	1,960 676	2,315 322	2,731 905	3,220 860	3,794 316	4,466 362	5,253 348	7,251 025
35	1,999 890	2,373 205	2,813 862	3,333 590	3,946 089	4,667 348	5,516 015	7,686 087
36	2,039 887	2,432 535	2,898 278	3,450 266	4,103 932	4,877 378	5,791 816	8,147 252
37	2,080 685	2,493 349	2,985 227	3,571 025	4,268 090	5,096 860	6,081 407	8,636 087
38	2,122 299	2,555 682	3,074 783	3,696 011	4,438 813	5,326 219	6,385 477	9,154 253
39	2,164 745	2,619 574	3,167 027	3,825 371	4,616 366	5,565 899	6,704 751	9,703 507
40	2,208 040	2,685 064	3,262 038	3,959 260	4,801 021	5,816 365	7,039 989	10,285 718
41	2,252 200	2,752 191	3,359 899	4,097 834	4,993 061	6,078 101	7,391 988	10,902 861
42	2,297 244	2,820 995	3,460 696	4,241 258	5,192 784	6,351 616	7,761 587	11,557 032
43	2,343 189	2,891 520	3,564 517	4,389 702	5,400 495	6,637 438	8,149 667	12,250 455
44	2,390 053	2,963 808	3,671 452	4,543 342	5,616 515	6,936 123	8,557 150	12,985 482
45	2,437 854	3,037 903	3,781 596	4,702 359	5,841 176	7,248 248	8,985 008	13,764 611
46	2,486 611	3,113 851	3,895 044	4,866 941	6,074 823	7,574 420	9,434 258	14,590 488
47	2,536 344	3,191 697	4,011 895	5,037 284	6,317 816	7,915 269	9,905 971	15,465 916
48	2,587 070	3,271 489	4,132 252	5,213 589	6,570 528	8,271 456	10,401 270	16,393 872
49	2,638 812	3,353 277	4,256 220	5,396 065	6,833 350	8,643 671	10,921 333	17,377 504
50	2,691 588	3,437 109	4,383 906	5,584 927	7,106 683	9,032 636	11,467 400	18,420 154

TABLE III

Valeurs de $\dfrac{1}{(1+r)^n}$.

n	2 %	2 ½ %	3 %	3 ½ %	4 %	4 ½ %	5 %	6 %
1	0,980 392	0,975 610	0,970 874	0,966 184	0,961 538	0,956 938	0,952 381	0,943 396
2	961 169	951 814	942 596	933 511	924 556	915 730	907 030	889 996
3	942 322	928 599	915 142	901 943	888 996	876 297	863 838	839 619
4	923 845	905 951	888 487	871 442	854 804	838 561	822 703	792 094
5	905 731	883 854	862 609	841 973	821 927	802 451	783 526	747 258
6	887 971	862 297	837 484	813 501	790 315	767 896	746 215	704 961
7	870 560	841 265	813 091	785 991	759 918	734 829	710 681	665 057
8	853 490	820 747	789 409	759 412	730 690	703 185	676 839	627 412
9	836 755	800 728	766 417	733 731	702 587	672 904	644 609	591 898
10	820 348	781 198	744 094	708 919	675 564	643 928	613 913	558 395
11	804 263	762 145	722 421	684 946	649 581	616 199	584 679	526 788
12	788 493	743 556	701 380	661 783	624 597	589 664	556 837	496 969
13	773 032	725 420	680 951	639 404	600 574	564 272	530 321	468 839
14	757 875	707 727	661 118	617 782	577 475	539 973	505 068	442 301
15	743 015	690 466	641 862	596 891	555 265	516 720	481 017	417 265
16	728 446	673 625	623 167	576 706	533 908	494 469	458 112	393 646
17	714 163	657 195	605 016	557 204	513 373	473 176	436 297	371 364
18	700 159	641 166	587 395	538 361	493 628	452 800	415 521	350 344
19	686 431	625 528	570 286	520 156	474 642	433 302	395 734	330 513
20	672 971	610 271	553 676	502 566	456 387	416 643	376 889	311 805
21	659 776	595 386	537 549	485 571	438 834	396 787	358 942	294 155
22	646 839	580 865	521 893	469 151	421 955	379 701	341 850	277 505
23	634 156	566 697	506 692	453 286	405 726	363 350	325 571	261 797
24	621 721	552 875	491 934	437 957	390 121	347 703	310 068	246 979
25	609 531	539 391	477 606	423 147	375 117	332 731	295 303	232 999
26	597 579	526 235	463 695	408 838	360 689	318 402	281 241	219 810
27	585 862	513 400	450 189	395 012	346 817	304 691	267 848	207 368
28	574 375	500 878	437 077	381 654	333 477	291 571	255 094	195 630
29	563 112	488 661	424 346	368 748	320 651	279 015	242 946	184 557
30	552 071	476 743	411 987	356 278	308 319	267 000	231 377	174 110
31	541 246	465 115	399 987	344 230	296 460	255 502	220 360	164 255
32	530 633	453 771	388 337	332 590	285 058	244 500	209 866	154 957
33	520 229	442 703	377 026	321 343	274 094	233 971	199 872	146 186
34	510 028	431 905	366 045	310 476	263 552	223 896	190 355	137 911
35	500 028	421 371	355 383	299 977	253 416	214 254	181 290	130 105
36	490 223	411 094	345 032	289 833	243 669	205 028	172 657	122 741
37	480 611	401 067	334 983	280 032	234 297	196 199	164 436	115 793
38	471 187	391 285	325 226	270 562	225 285	187 750	156 605	109 239
39	461 948	381 741	315 754	261 413	216 621	179 665	149 148	103 056
40	452 890	372 431	306 557	252 572	208 289	171 929	142 046	097 222
41	444 010	363 347	297 628	244 031	200 278	164 525	135 282	091 719
42	435 304	354 485	288 959	235 779	192 575	157 440	128 840	086 527
43	426 769	345 839	280 543	227 806	185 168	150 661	122 704	081 630
44	418 401	337 404	272 372	220 102	178 046	144 173	116 861	077 009
45	410 197	329 174	264 439	212 659	171 198	137 964	111 297	072 650
46	402 154	321 145	256 737	205 468	164 614	132 023	105 997	068 538
47	394 268	313 313	249 259	198 520	158 283	126 338	100 949	064 658
48	386 538	305 671	241 999	191 806	152 195	120 898	096 142	060 998
49	378 958	298 216	234 950	185 320	146 341	115 692	091 564	057 546
50	371 528	290 942	228 107	179 053	140 713	110 710	087 204	054 288

TABLE IV

Valeurs de $\displaystyle\sum_{1}^{n}(1+r)^i$

n	2 %	2 ½ %	3 %	3 ½ %	4 %	4 ½ %	5 %	6 %
1	1.02	1.025	1.03	1.035	1.04	1.045	1.05	1.06
2	2.060 400	2.075 625	2.090 900	2.106 225	2.121 600	2.137 025	2.152 500	2.183 600
3	3.121 608	3.152 516	3.183 627	3.214 943	3.246 464	3.278 191	3.310 125	3.374 616
4	4.204 040	4.256 328	4.309 136	4.362 466	4.416 323	4.470 710	4.525 631	4.637 093
5	5.308 121	5.387 737	5.468 410	5.550 152	5.632 975	5.716 892	5.801 913	5.975 319
6	6.434 283	6.547 430	6.662 462	6.779 408	6.898 294	7.019 152	7.142 008	7.393 838
7	7.582 969	7.736 116	7.892 336	8.051 687	8.214 226	8.380 014	8.549 109	8.897 468
8	8.754 628	8.954 519	9.159 106	9.368 496	9.582 795	9.802 114	10.026 564	10.491 316
9	9.949 721	10.203 382	10.463 879	10.731 393	11.006 107	11.288 209	11.577 893	12.180 795
10	11.168 715	11.483 466	11.807 796	12.141 992	12.486 351	12.841 179	13.206 787	13.971 643
11	12.412 090	12.795 553	13.192 030	13.601 962	14.025 805	14.464 032	14.917 127	15.869 941
12	13.680 331	14.140 442	14.617 790	15.113 030	15.626 838	16.159 913	16.712 983	17.882 138
13	14.973 938	15.518 953	16.086 324	16.676 986	17.291 911	17.932 109	18.598 632	20.015 066
14	16.293 417	16.931 927	17.598 914	18.295 681	19.023 588	19.784 054	20.578 564	22.275 970
15	17.639 285	18.380 225	19.156 881	19.971 030	20.824 531	21.719 337	22.657 492	24.672 528
16	19.012 071	19.864 730	20.761 588	21.705 016	22.697 512	23.741 707	24.840 366	27.212 880
17	20.412 312	21.386 349	22.414 435	23.499 691	24.645 413	25.855 084	27.132 385	29.905 653
18	21.840 559	22.946 008	24.116 868	25.357 180	26.671 229	28.063 562	29.539 004	32.759 992
19	23.297 370	24.544 658	25.870 374	27.279 682	28.778 079	30.371 423	32.065 954	35.785 591
20	24.783 317	26.183 274	27.676 486	29.269 471	30.969 202	32.783 137	34.719 252	38.992 727
21	26.298 985	27.862 856	29.536 780	31.328 902	33.247 970	35.303 378	37.505 214	42.392 290
22	27.844 963	29.584 427	31.452 884	33.460 414	35.617 889	37.937 030	40.430 475	45.995 828
23	29.421 862	31.349 038	33.426 470	35.666 528	38.082 604	40.689 196	43.501 999	49.815 577
24	31.030 300	33.157 764	35.459 261	37.949 857	40.645 908	43.565 210	46.727 099	53.864 512
25	32.670 905	35.011 708	37.553 042	40.313 102	43.311 745	46.570 645	50.113 454	58.156 383
26	34.344 324	36.912 001	39.709 634	42.759 060	46.084 214	49.711 324	53.669 126	62.705 766
27	36.031 210	38.859 801	41.930 923	45.290 627	48.967 583	52.993 333	57.402 583	67.528 112
28	37.792 235	40.856 296	44.218 850	47.910 799	51.966 286	56.423 033	61.322 712	72.639 798
29	39.568 079	42.902 703	46.574 416	50.622 677	55.084 938	60.007 070	65.438 848	78.058 186
30	41.379 441	45.000 271	49.002 678	53.429 471	58.328 335	63.752 388	69.760 790	83.801 677
31	43.227 030	47.150 278	51.502 759	56.334 502	61.701 469	67.666 245	74.298 829	89.889 778
32	45.111 570	49.354 035	54.077 841	59.341 510	65.209 527	71.756 236	79.063 771	96.343 165
33	47.033 801	51.612 885	56.730 177	62.453 152	68.857 909	76.030 256	84.066 959	103.183 755
34	48.994 478	53.928 207	59.462 082	65.674 013	72.652 225	80.496 618	89.320 307	110.434 780
35	50.994 367	56.301 413	62.275 944	69.007 603	76.598 314	85.163 966	94.836 323	118.120 867
36	53.034 254	58.733 948	65.174 223	72.457 869	80.702 246	90.041 344	100.628 139	126.268 119
37	55.114 940	61.227 297	68.159 449	76.028 895	84.970 336	95.138 205	106.709 546	134.904 206
38	57.237 238	63.782 979	71.234 233	79.724 906	89.409 150	100.464 424	113.095 023	144.058 458
39	59.401 983	66.402 554	74.401 260	83.550 278	94.025 516	106.030 323	119.799 774	153.761 966
40	61.610 023	69.087 617	77.663 297	87.509 537	98.826 536	111.846 688	126.839 763	164.047 684
41	63.862 223	71.839 808	81.023 197	91.607 371	103.819 598	117.924 788	134.231 751	174.950 545
42	66.159 468	74.660 803	84.483 892	95.858 629	109.012 382	124.276 404	141.993 339	186.507 577
43	68.502 657	77.552 323	88.048 409	100.238 331	114.412 877	130.913 842	150.143 006	198.758 032
44	70.892 710	80.516 131	91.719 861	104.781 673	120.029 392	137.849 965	158.700 156	211.743 514
45	73.330 565	83.554 034	95.501 457	109.484 031	125.870 568	145.098 214	167.685 164	225.508 125
46	75.817 176	86.667 885	99.396 501	114.350 973	131.945 390	152.672 633	177.119 422	240.098 612
47	78.333 519	89.859 582	103.408 396	119.388 257	138.263 206	160.587 902	187.025 393	255.564 529
48	80.940 590	93.131 072	107.540 648	124.601 846	144.833 734	168.859 357	197.426 663	271.958 401
49	83.579 401	96.484 349	111.796 867	129.997 910	151.667 084	177.503 028	208.347 996	289.335 905
50	86.270 990	99.921 458	116.180 773	135.582 837	158.773 767	186.535 665	219.815 395	307.756 059

TABLE V

Valeurs de $\displaystyle\sum_{1}^{n} \frac{1}{(1+r)^z}$

n	2 %	2 ½ %	3 %	3 ½ %	4 %	4 ½ %	5 %	6 %
1	0.980 392	0.975 610	0.970 874	0.966 184	0.961 538	0.956 938	0.952 381	0.943 396
2	1.941 561	1.927 424	1.913 470	1.899 604	1.886 095	1.872 668	1.859 410	1.833 393
3	2.883 883	2.856 024	2.828 611	2.801 637	2.775 091	2.748 964	2.723 248	2.673 012
4	3.807 729	3.761 974	3.717 098	3.673 079	3.629 895	3.587 526	3.545 950	3.465 106
5	4.713 459	4.645 828	4.579 707	4.515 052	4.451 822	4.389 977	4.329 477	4.212 364
6	5.601 431	5.508 125	5.417 191	5.328 553	5.242 137	5.157 872	5.075 692	4.917 324
7	6.471 991	6.349 391	6.230 283	6.114 544	6.002 055	5.892 701	5.786 373	5.582 381
8	7.325 481	7.170 137	7.019 692	6.873 955	6.732 745	6.595 886	6.463 213	6.209 794
9	8.162 237	7.970 865	7.786 109	7.607 686	7.435 332	7.268 790	7.107 822	6.801 692
10	8.982 585	8.752 064	8.530 203	8.316 605	8.110 896	7.912 718	7.721 735	7.360 087
11	9.786 848	9.514 209	9.252 624	9.001 551	8.760 477	8.528 917	8.306 414	7.886 875
12	10.575 341	10.257 765	9.954 004	9.663 334	9.385 074	9.118 581	8.863 252	8.383 844
13	11.348 374	10.983 185	10.634 955	10.302 738	9.985 648	9.682 852	9.393 573	8.852 683
14	12.106 249	11.690 912	11.296 073	10.920 520	10.563 123	10.222 825	9.898 641	9.294 984
15	12.849 264	12.381 378	11.937 935	11.517 411	11.118 387	10.739 546	10.379 658	9.712 249
16	13.577 709	13.055 003	12.561 102	12.094 117	11.652 296	11.234 015	10.837 770	10.105 895
17	14.291 872	13.712 198	13.166 118	12.651 321	12.165 659	11.707 191	11.274 066	10.477 260
18	14.992 031	14.353 364	13.753 513	13.189 682	12.659 297	12.159 992	11.689 587	10.827 603
19	15.678 462	14.978 891	14.323 799	13.709 837	13.133 939	12.593 294	12.085 321	11.158 116
20	16.351 433	15.589 162	14.877 475	14.212 403	13.590 326	13.007 936	12.462 210	11.469 921
21	17.011 209	16.184 549	15.415 024	14.697 974	14.029 160	13.404 724	12.821 153	11.764 077
22	17.658 048	16.765 413	15.936 917	15.167 125	14.451 115	13.784 425	13.163 003	12.041 582
23	18.292 204	17.332 110	16.443 608	15.620 410	14.856 842	14.147 775	13.488 574	12.303 379
24	18.913 926	17.884 986	16.935 542	16.058 368	15.246 963	14.495 478	13.798 642	12.550 357
25	19.523 456	18.424 376	17.413 148	16.481 515	15.622 080	14.828 209	14.093 945	12.783 356
26	20.121 035	18.950 611	17.876 842	16.890 352	15.982 769	15.146 611	14.375 185	13.003 166
27	20.706 898	19.464 011	18.327 031	17.285 364	16.329 586	15.451 303	14.643 034	13.210 534
28	21.281 272	19.964 889	18.764 108	17.667 019	16.663 063	15.742 873	14.898 127	13.406 164
29	21.844 385	20.453 550	19.188 455	18.035 767	16.983 715	16.021 888	15.141 074	13.590 721
30	22.396 456	20.930 293	19.600 441	18.392 045	17.292 033	16.288 888	15.372 451	13.764 831
31	22.937 701	21.395 407	20.000 428	18.736 276	17.588 494	16.544 391	15.592 810	13.929 086
32	23.468 335	21.849 178	20.388 765	19.068 865	17.873 551	16.788 891	15.802 677	14.084 043
33	23.988 564	22.291 881	20.765 792	19.390 208	18.147 646	17.022 862	16.002 549	14.230 230
34	24.498 592	22.723 786	21.131 837	19.700 684	18.411 198	17.246 758	16.192 904	14.368 141
35	24.998 619	23.145 157	21.487 220	20.000 661	18.664 613	17.461 012	16.374 194	14.498 246
36	25.488 842	23.556 251	21.832 252	20.290 494	18.908 282	17.666 041	16.546 852	14.620 987
37	25.969 553	23.957 318	22.167 235	20.570 525	19.142 579	17.862 240	16.711 287	14.736 780
38	26.440 841	24.348 603	22.492 462	20.841 087	19.367 864	18.049 990	16.867 893	14.846 019
39	26.902 589	24.730 344	22.808 215	21.102 500	19.584 485	18.229 656	17.017 041	14.949 075
40	27.355 479	25.102 775	23.114 772	21.355 072	19.792 774	18.401 584	17.159 086	15.046 297
41	27.799 489	25.466 122	23.412 400	21.599 104	19.993 052	18.566 109	17.294 368	15.138 016
42	28.234 794	25.820 607	23.701 359	21.834 883	20.185 627	18.723 550	17.423 208	15.224 513
43	28.661 562	26.166 446	23.981 902	22.062 689	20.370 795	18.874 210	17.545 912	15.306 173
44	29.079 963	26.503 849	24.254 274	22.282 791	20.548 841	19.018 383	17.662 773	15.383 182
45	29.490 160	26.833 024	24.518 712	22.495 450	20.720 040	19.156 347	17.774 070	15.455 832
46	29.892 314	27.154 170	24.775 449	22.700 918	20.884 654	19.288 371	17.880 066	15.524 370
47	30.286 582	27.467 483	25.024 708	22.899 438	21.042 936	19.414 709	17.981 016	15.589 028
48	30.673 120	27.773 154	25.266 707	23.091 241	21.195 131	19.535 606	18.077 158	15.650 037
49	31.052 078	28.071 369	25.501 657	23.270 564	21.341 472	19.651 298	18.168 722	15.707 572
50	31.423 606	28.362 312	25.729 764	23.455 618	21.482 183	19.762 008	18.255 925	15.761 861

TABLE VI

Table de mortalité de Deparcieux.

AGES	VIVANTS	AGES	VIVANTS	AGES	VIVANTS	AGES	VIVANTS
0		25	774	50	581	75	211
1		26	766	51	571	76	192
2		27	758	52	560	77	173
3	1000	28	750	53	549	78	154
4	970	29	742	54	538	79	136
5	948	30	734	55	526	80	118
6	930	31	726	56	514	81	101
7	915	32	718	57	502	82	85
8	902	33	710	58	489	83	71
9	890	34	702	59	476	84	59
10	880	35	694	60	463	85	48
11	872	36	686	61	450	86	38
12	866	37	678	62	437	87	29
13	860	38	671	63	423	88	22
14	854	39	664	64	409	89	16
15	848	40	657	65	395	90	11
16	842	41	650	66	380	91	7
17	835	42	643	67	364	92	4
18	828	43	636	68	347	93	2
19	821	44	629	69	329	94	1
20	814	45	622	70	310	95	0
21	806	46	615	71	291		
22	798	47	607	72	271		
23	790	48	599	73	251		
24	782	49	590	74	231		

TABLE VII

Table de mortalité de Duvillard.

AGES	VIVANTS	AGES	VIVANTS	AGES	VIVANTS	AGES	VIVANTS
0	1 000 000	28	451 635	56	248 782	84	15 175
1	767 525	29	444 932	57	240 214	85	11 886
2	671 834	30	438 183	58	231 488	86	9 224
3	624 668	31	431 398	59	222 605	87	7 165
4	598 713	32	424 583	60	213 567	88	5 670
5	583 151	33	417 744	61	204 380	89	4 686
6	573 025	34	410 886	62	195 054	90	3 830
7	565 838	35	404 012	63	185 600	91	3 093
8	560 245	36	397 123	64	176 035	92	2 466
9	555 486	37	390 219	65	166 377	93	1 938
10	551 122	38	383 300	66	156 651	94	1 499
11	546 888	39	376 363	67	146 882	95	1 140
12	542 630	40	369 404	68	137 102	96	850
13	538 255	41	362 419	69	127 347	97	621
14	533 711	42	355 400	70	117 656	98	442
15	528 969	43	348 342	71	108 070	99	307
16	524 020	44	341 235	72	98 637	100	207
17	518 863	45	334 072	73	89 404	101	135
18	513 502	46	326 843	74	80 423	102	84
19	507 949	47	319 539	75	71 745	103	51
20	502 216	48	312 148	76	63 424	104	29
21	496 317	49	304 662	77	55 511	105	16
22	490 267	50	297 070	78	48 057	106	8
23	484 083	51	289 361	79	41 107	107	4
24	477 777	52	281 527	80	34 705	108	2
25	471 366	53	273 560	81	28 886	109	1
26	464 863	54	265 450	82	23 680	110	0
27	458 282	55	257 193	83	19 106		

TABLE VIII

Table R. F. des Compagnies françaises.

AGES	VIVANTS	AGES	VIVANTS	AGES	VIVANTS	AGES	VIVANTS
0	1 000 000	27	786 827,1	54	613 493,7	81	145 552,6
1	963 985	28	781 810,9	55	603 633,9	82	125 890,7
2	937 488	29	776 763,6	56	593 301,8	83	107 374,3
3	917 939	30	771 680,7	57	582 465,2	84	90 184,8
4	903 486	31	766 555,8	58	571 091,7	85	74 447,3
5	892 765	32	761 383,0	59	559 148,8	86	60 372,1
6	884 754	33	756 155,8	60	546 604,1	87	47 947,2
7	878 676	34	750 866,4	61	533 426,9	88	37 231,9
8	873 932	35	745 507,5	62	519 587,6	89	28 204,0
9	870 056	36	740 070,0	63	505 059,8	90	20 791,1
10	866 684	37	734 544,7	64	489 820,3	91	14 874,0
11	863 520	38	728 921,7	65	473 850,8	92	10 295,8
12	860 371	39	723 190,0	66	457 138,9	93	6 872,9
13	857 043	40	717 337,7	67	439 680,0	94	4 408,4
14	853 426	41	711 352,1	68	421 478,3	95	2 706,3
15	849 446	42	705 219,3	69	402 548,6	96	1 583,0
16	845 069	43	698 924,5	70	382 918,6	97	878,1
17	840 298	44	692 451,7	71	362 630,3	98	459,4
18	835 173	45	685 783,8	72	341 741,3	99	225,4
19	829 762	46	678 902,0	73	320 327,6	100	103,0
20	824 159	47	671 787,0	74	298 483,9	101	43,6
21	818 471	48	664 417,2	75	276 324,5	102	16,9
22	812 809	49	656 770,3	76	253 984,3	103	6,0
23	807 271	50	648 822,5	77	231 617,8	104	1,9
24	801 926	51	640 548,4	78	209 397,7	105	0,5
25	796 786	52	631 921,0	79	187 512,4	106	0,1
26	791 817,3	53	622 912,6	80	166 161,9	107	0,0

TABLE IX

Table **A. F.** des Compagnies françaises.

AGES	VIVANTS	AGES	VIVANTS	AGES	VIVANTS	AGES	VIVANTS
0	1 000 000	27	786 713,1	54	584 593,5	81	91 046,9
1	963 985	28	781 578,4	55	572 246,3	82	76 093,8
2	937 488	29	776 368,2	56	559 322,1	83	62 587,8
3	917 939	30	771 074,6	57	545 796,8	84	50 588,3
4	903 486	31	765 689,5	58	531 649,4	85	40 117,7
5	892 765	32	760 203,2	59	516 861,2	86	31 159,3
6	884 754	33	754 606,0	60	501 417,0	87	23 657,9
7	878 676	34	748 887,2	61	485 306,6	88	17 522,7
8	873 932	35	743 035,6	62	468 525,2	89	12 631,9
9	870 056	36	737 038,6	63	451 074,5	90	8 841,1
10	866 684	37	730 883,6	64	432 964,3	91	5 991,6
11	863 520	38	724 556,0	65	414 213,5	92	3 920,0
12	860 371	39	718 041,5	66	394 851,3	93	2 467,9
13	857 043	40	711 323,8	67	374 918,2	94	1 489,9
14	853 426	41	704 385,8	68	354 467,7	95	859,2
15	849 446	42	697 209,8	69	333 567,3	96	471,3
16	845 069	43	689 777,0	70	312 298,8	97	244,8
17	840 298	44	682 066,8	71	290 759,4	98	119,8
18	835 173	45	674 058,2	72	269 061,5	99	54,9
19	829 762	46	665 728,9	73	247 332,5	100	23,4
20	824 159	47	657 055,9	74	225 713,7	101	9,3
21	818 471	48	648 014,8	75	204 358,5	102	3,4
22	812 809	49	638 580,6	76	183 429,6	103	1,1
23	807 271	50	628 727,4	77	163 096,4	104	0,3
24	801 926	51	618 429,0	78	143 529,5	105	0,1
25	796 786	52	607 658,5	79	124 896,2		
26	791 780,2	53	596 388,8	80	107 354,4		

TABLE DES MATIÈRES

CHAPITRE I

Équations et Problèmes.

§ 1 à § 36.

Pages

Équations du premier degré. — Rappel des règles permettant de résoudre les équations du premier degré à une ou à plusieurs inconnues. 1

Équations et systèmes se ramenant au premier degré. 8

Analyse indéterminée du premier degré. 11

Équations du second degré. — Cas particuliers. Équation générale du second degré à une inconnue. Formules (b) et (b'). Exemples. 16

Relations entre les coefficients et les racines. Applications de ces relations : 1° détermination des signes des racines ; 2° recherche de deux nombres quand on connaît leur somme et leur produit ; 3° transformation du trinome $ax^2 + bx + c$ en un produit de facteurs du 1er degré. . . 26

Systèmes se ramenant au second degré 31

Équations bicarrées. 35

Équations réciproques. — Résolution des équations réciproques du 3e, du 4e et du 5e degré 37

Autres équations. — Résolution de certaines équations à l'aide de transformations simples. 43

Problèmes. — Mise en équation. Résolution. Discussion. . . . 46

Exemples de problèmes divers conduisant à des équations ou à des systèmes du premier et du second degré. 47

ÉQUATIONS ET PROBLÈMES A RÉSOUDRE. 56

CHAPITRE II

Progressions et Logarithmes.

§ 37 à § 63.

Progressions arithmétiques. — Définitions. Formules fondamentales. Les termes successifs d'une progression arithmétique croissante augmentent indéfiniment. Moyens arithmétiques 65

Somme des n premiers nombres entiers. Somme des carrés et somme des cubes des n premiers nombres entiers. Sommation des piles de boulets. 70

Progressions géométriques. — Définitions. Formules fondamentales. Théorèmes sur les puissances successives d'un nombre supérieur ou inférieur à l'unité, et application aux progressions géométriques croissantes ou décroissantes. Limite de la somme des termes d'une progression géométrique décroissante illimitée. Moyens géométriques. . . . 75

Logarithmes. — Définitions. Propriétés des logarithmes : logarithme d'un produit, logarithme d'un quotient, logarithme d'une puissance, logarithme d'une racine. Puissances fractionnaires et négatives. 86

Logarithmes vulgaires. Caractéristique. Logarithmes à caractéristique négative. Usage des tables de logarithmes à cinq décimales. 90

Opérations sur les logarithmes. Calcul des formules à l'aide des logarithmes. 98

Équations exponentielles. 103

PROBLÈMES A RÉSOUDRE. 105

CHAPITRE III

Compléments d'algèbre élémentaire.

§ 64 à § 91.

Arrangements. — *Permutations.* — *Combinaisons.* — Formules établies dans le cas de m lettres groupées p à p. Examen du cas où ces m lettres ne sont pas distinctes. 109

ome de Newton. — Développement de $(x + a)^m$, m étant
un nombre entier positif. Règle pratique pour écrire les
termes successifs. Développement de $(x - a)^m$ 120

plication du binome de Newton à la démonstration des inégalités suivantes, dans lesquelles x représente un nombre
positif :

$$(1 + x)^m > 1 + mx \qquad \text{si l'on a} \quad m > 1 \dots \quad 125$$
$$(1 + x)^m < 1 + mx \qquad \text{si l'on a} \quad m < 1 \dots \quad 126$$
$$\frac{1}{(1 + x)^m} > 1 - mx \dots \dots \quad 127$$

miles. — Définitions et théorèmes. Série e. Limite de
$\left(1 + \frac{1}{m}\right)^m$ quand m croit indéfiniment. Limite de
$\left(1 + \frac{x}{m}\right)^m$ 128

ogarithmes népériens.   141

onctions. — Fonction d'une variable indépendante. Fonction
continue. Représentation graphique. Interpolation par
parties proportionnelles   143

ROBLÈMES A RÉSOUDRE.   154

CHAPITRE IV

Intérêts composés.

§ 92 à § 111.

éfinitions et formules. — Notations. Formule des intérêts
composés lorsque la durée du placement est exprimée par
un nombre entier n : $A = a (1 + r)^n$ 157
aux équivalents. Taux proportionnels. Taux instantané. . .   159
ormule des intérêts composés lorsque n est fractionnaire,
$n = p + \dfrac{h}{k}$:

1° Solution rationnelle $A = a(1 + r)^p\left(1 + \dfrac{h}{k}\,r\right)$ 165

2° Solution des financiers $A = a(1 + r)^{p + \frac{h}{k}}$ 165
omparaison de ces deux formules   167

roblèmes sur l'intérêt composé. — Quatre problèmes différents :
recherche du capital final A, recherche du capital initial a, recherche du taux, recherche du temps. Emploi des
deux formules. Usage de tables spéciales   168

Valeur actuelle. Escompte. — Capitaux équivalents. Comparaison des trois systèmes d'escompte. Escompte fait sur plusieurs capitaux. Échéance commune. Échéance moyenne,   18

PROBLÈMES A RÉSOUDRE 19

CHAPITRE V

Rentes et Annuités.

§ 112 à § 146.

Rentes. — Définitions d'une rente et des diverses espèces de rentes. Valeur actuelle d'une rente : 1° cas d'une rente immédiate ; 2° cas d'une rente différée ; 3° cas d'une rente anticipée. — Cas où la période de capitalisation n'est pas égale à la période de la rente. 198

Annuités de placement. — Problème général de la constitution d'un capital par annuités. Formule :

$$ C = \frac{a(1 + r)\left[(1 + r)^n - 1\right]}{r} \quad \text{ou} \quad C = a \sum_1^n (1 + r)^i. \quad 206 $$

Quatre problèmes différents, lorsqu'on se propose de trouver la valeur de l'une des quatre quantités qui figurent dans cette formule. Exemples numériques. Usage de tables spéciales. 207

Caisse d'amortissement. 218

Annuités d'amortissement. — Problème général de l'amortissement d'une dette par annuités. Formule de l'amortissement :

$$ A(1 + r)^n = \frac{a\left[(1 + r)^n - 1\right]}{r} \quad . . . . . . 221 $$

Autres formes de cette formule. 222

Quatre problèmes différents. Exemples numériques. 223

Valeur de la dette après le paiement de plusieurs annuités. . . 234

Les deux parties de l'annuité : l'une qui sert à payer l'intérêt de la dette, et l'autre à diminuer la valeur de cette dette. 235

Amortissement différé. 236

Amortissement des emprunts hypothécaires faits au Crédit Foncier — Système des intérêts anticipés. 237

Amortissement des emprunts par obligations. — Généralités. Cas où le tirage au sort et le paiement des intérêts ont lieu ensemble une fois par an. Tableau d'amortissement. Exemple numérique. 245

où le tirage au sort a lieu une fois par an et le paiement des intérêts deux fois. Cas des obligations à lots. Cas des obligations avec prime de remboursement 251

fruit et nue propriété des titres d'un emprunt 254

probable, vie moyenne et vie mathématique des obligations 256

OBLÈMES A RÉSOUDRE. 258

CHAPITRE VI

Probabilités et Jeux de hasard.

§ 147 à § 175.

obabilité simple 263

obabilité composée 265

obabilité totale. — Théorème de Bayes. 267

obabilité de la répétition d'un événement 271

éorème de Jacques Bernoulli 287

ux de hasard. — Jeu équitable. Espérance mathématique. Jeu équitable entre deux joueurs 293

ude de quelques jeux. — Tirages dans une urne. Pile ou face. — Pair ou impair. — Loterie. — Obligations à lots . . . 300

OBLÈMES A RÉSOUDRE. 313

CHAPITRE VII

Assurances.

§ 176 à § 210.

éfinitions et généralités 317

ssurances sur les choses. 319

ortalité. — Tables de mortalité ; usage de ces tables. Vie probable et vie moyenne. 323

ssurances en cas de vie. — Rentes viagères immédiates ou différées. Rentes viagères sur deux têtes. Rentes à capital réservé. Assurances de capitaux différés 330

Assurances en cas de décès. — Assurance vie entière. Assuranc
temporaire. Assurance sur deux têtes. Assurance de su
vie. . . . .

Assurances mixtes . . . .

Assurances à terme fixe . . . .

Assurances mutuelles . . . .

Assurances garanties par l'État. — Caisse nationale des retraites
pour la vieillesse. — Caisse d'assurance en cas de décès . .

PROBLÈMES A RÉSOUDRE. . . . .

Tables.

Table I, donnant, avec huit chiffres décimaux, les logarithmes
vulgaires de $1 + r$, pour les valeurs du taux r augmentant de l'une à l'autre de 1 dix-millième, depuis 0,02 jusqu'à 0,06. . . . .

Table II, donnant les valeurs des puissances entières de $1 + r$,
depuis la puissance 1 jusqu'à la puissance 50, pour les
valeurs principales du taux, de 2 °/₀ à 6 °/₀. . . . . . .

Table III, donnant, pour les mêmes valeurs du temps et du
taux, les valeurs de $\dfrac{1}{(1 + r)^n}$ . . . .

Table IV, donnant les valeurs de $\displaystyle\sum_1^n (1 + r)^x$ 4

Table V, donnant les valeurs de $\displaystyle\sum_1^n \dfrac{1}{(1 + r)^x}$ 4

Table VI. Table de mortalité de Deparcieux 4

Table VII. Table de mortalité de Duvillard. 4

Table VIII. Table de mortalité des rentiers français (table R.F.). 41

Table IX. Table de mortalité des assurés français (table A.F.). 41

Bar-le-Duc. — Imp. Comte-Jacquet, Facdouel, Dir.

www.ingramcontent.com/pod-product-compliance
Lightning Source LLC
Chambersburg PA
CBHW061257030726
47595CB00001B/101

NOUVELLES SUITES

A

BUFFON,

FORMANT,

avec les œuvres de cet auteur,

UN COURS COMPLET D'HISTOIRE NATURELLE.

Collection

accompagnée de Planches.

PARIS

A LA LIBRAIRIE ENCYCLOPÉDIQUE DE RORET,
Rue Hautefeuille, N.º 10 bis.
POURRAT Frères, Rue des Petits Augustins, N.º 5.

HISTOIRE NATURELLE

DES

VÉGÉTAUX.

—

PHANÉROGAMES.

XII.

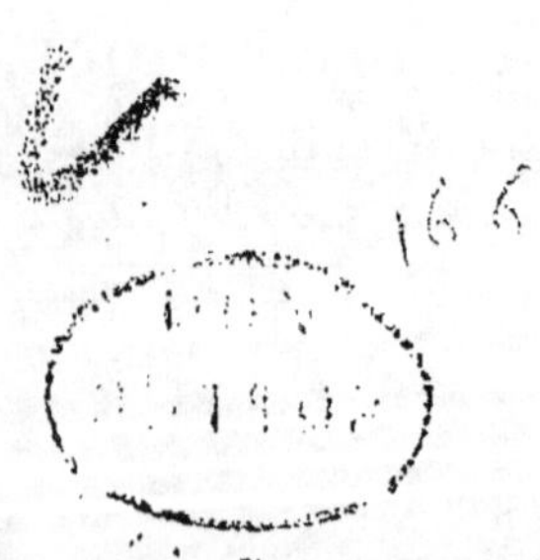